최신 전기전자공학개론

공학박사 김동희 · 이광식 · 조규판 공저

東 明 社

머 리 말

오늘날 지식기반 정보화사회로 불리는 21세기에는 과거의 산업사회와 비교하면 각 공업기술에 이용되는 학문영역들이 상호 밀접한 보완관계를 형성하고 있을 뿐만 아니라 다양해진 까닭에, 어느 한 가지 학문만으로 독자적으로 이용되고 연구되기는 극히 어려운 것이 현실이다. 따라서 서로 다른 분야의 학문을 이해하고 응용하기 위해서는 이들과의 유대를 가져야만 자기분야에 있어서 소기의 목적을 원활히 이룰 수 있을 것이다.

우리들의 일상 생활을 비롯한 사회의 모든 활동은 전기와 더불어 시작되고 전기와 더불어 마무리된다고 해도 과언이 아니다. 그리고 제조기반 산업사회의 비약적인 발전은 전기·전자와 통신 분야의 학문과 기술이 큰 역할을 하였다고 할 수 있는데, 이 모든 분야의 기초가 바로 전기·전자공학이라는 것은 누구도 부인할 수 없는 것이 사실이다.

전기·전자공학에 대한 기본 원리를 설명하는 과정은 매우 복잡하고 난해하기 때문에 이해하기가 어려운 것이 현실이다. 본서는 전반적으로 어려운 수학적인 수식의 전개는 가급적 줄이고 전기·전자공학적 원리와 정의를 기본으로 하여, 처음 접하는 학생들에게 이 과목에 흥미를 유발시키도록 알기 쉽게 표현하였고, 대학에서는 물론 현장기술자에게도 쉽게 이해할 수 있도록 다년간의 강의 경험을 바탕으로 하여 집필하였다.

본서의 특징으로는

1) 각 장마다 이해를 돕기 위하여 다양한 그림과 실물사진을 첨부하여 전기·전자공학을 종합적으로 이해하도록 노력하였다.
2) 기본개념 파악에 역점을 두어 중요한 장에는 실제 응용에 필요한 예제를 제시하여 아주 쉬운 풀이로 자신감을 갖도록 하였다.
3) 각 장에 연습문제를 수록하여 스스로 내용을 정리하도록 하였다.
4) 각 장의 연습문제풀이를 수록하여 학습에 도움이 되도록 하였다.

이 책을 통하여 전기 및 전자공학 관련 기본지식을 이해하여 본인의 전공관련 분야에 미약하나마 도움이 될 수 있으면 하는 마음이다. 또한 내용 중 부족하고 미비한 부분에 대해서는 기회가 닿는 대로 계속 수정·보완할 것이며, 선·후배 여러분의 아낌없는 비판과 충고를 바라는 바이다.

끝으로 이 책의 출간을 위해 협조해 주신 도서출판 동명사 사장님과 이하 임직원 여러분께도 진심으로 감사드린다.

저자 씀

차 례

제1장 전기의 정체

제2장 전기의 기초 개념

제4장 공진현상

제5장 교류전력

제6장 전기의 수송과 배분

제7장 조 명

제8장 전기기기

제9장 전 열

제10장 전기와 생활

제11장 반도체의 기초

제12장 자동화의 기초

1 전기의 정체

1.1 전기란 무엇인가?

전기를 영어로 일렉트릭시티(electricity)라고 하는데 이것은 그리스어의 일렉트론(electron)에서 유래한 말로, 본래는 호박(琥珀)을 의미한다. 기록에 남아 있기로는, 기원전 600년경에 그리스 사람들은 호박을 마찰하면 물체가 흡인되는 것을 알고 있었고, 이것이 전기현상을 발견한 최초라고 전해 내려오고 있다. 즉, 장식품으로 사용하던 호박을 헝겊으로 문지르면 먼지나 실오라기 따위를 끌어당기는 이른바 마찰전기현상이 일찍부터 알려져 있었다고 한다. 우리 동양에서 쓰는 전기의 '電'자는 번개를 뜻하는 '雷'자에서 유래하였고 번개도 구름에 모인 마찰전기가 일으키는 불꽃이다.

에디슨이 백열전구를 발명(1879년)하고 20년쯤 지나서 영국의 물리학자 톰슨(Thomson, J. J.)이 전기의 정체를 맨 처음 밝혀냈다. 톰슨은 여러 가지 실험 끝에 전기라는 것이 아주 미세한 입자라는 것을 알아냈다. 그는 이 작은 입자가 빛도 만들고 열도 나게 한다는 것을 알고 전자(일렉트론)라고 이름을 붙였다.

1.2 전기의 기원과 역사

인류 역사에서 전기에 관한 최초의 기록은 기원전 600년경에 그리스의 철학자 탈레스(Thales)가 호박(琥珀)이라는 광물을 천에 문지르면 가벼운 종이나 털 등을 끌어당기는 현상을 발견한 것이 최초이며, 이때의 이상한 힘을 전기(electricity)라고 이름지은 것이다.

그 이후로는 16세기 이후에서야 과학적으로 전기에 관하여 연구가 시작되었는데, 16세기에 영국의 과학자 길버트(Gilbert, W)는 전기와 자기에 관한 실험으로부터, 마찰전기에는 양(+)과 음(−)의 두 종류가 있다는 것과, 지구는 하나의 커다란 자석이라는 것도 발견하였다. 또, 17세기에 독일의 게리케(Guericke)는 정전유도작용을 발견하여 유황공을 회전시켜 마찰전기를 대량으로 발생시키는 마찰 정전기를 발명하였다.

1572년 미국의 프랭클린(Franklin, B.)은 연을 날려 번개가 전기에 의하여 일어나는 현상임을 입증하였고, 또 피뢰침을 발명하였다. 프랑스의 쿨롱(Coulomb, C. A.)은 1785년에 양·음의 전기 사이에 작용하는 힘에 관한 쿨롱의 법칙을 발견하였고, 이탈리아의 볼타(Volta, A.)는 1800년에 볼타전지를 발명하였다. 이로 인해 연속적인 전류를 발생할 수 있는 장치인 전원을 얻을 수 있게 되어, 전기의 성질과 전류를 이용하는 연구를 과학적으로 수행할 수 있게 되었다.

19세기에 들어서 전류에 관한 연구가 활발히 이루어졌고, 그 결과 중요한 현상과 법칙이 잇달아 발견되었다. 1820년 덴마크의 외르스테드(Örsted, H. C.)는 전류와 자기와의 밀접한 관계를 발견하였고, 프랑스의 앙페르(Ampère, A. M.)는 이 관계를 정량화시켰다. 1872년에 독일의 옴(Ohm, G. S.)은 전기공학에 있어서 극히 중요한 전기회로의 옴의 법칙을 발표하였다.

1813년 영국의 패러데이(Faraday, M.)는 발전기와 변압기 등의 원리가 되는 전자유도법칙을 발견하였다. 그리고 영국의 줄(Joule, J. P.)은 전류가 흐르면 열이 발생한다고 하는 줄의 법칙을 발견하였다.

19세기 중반에 독일의 키르히호프(Kirchhoff, G. R.)는 전기회로에 적용되는 키르히호프의 법칙을 발견하였다.

1864년에 영국의 맥스웰(Maxwell, J. C.)은 유명한 전자파 기본방정식을 세워서 전자파의 존재를 예언하였고, 이것은 1887년에 독일의 헤르츠(Hertz, H. R.)에 의하여 실험적으로 확인되었다. 그리고, 19세기 말에는 전자와 음극선이 발견됨으로써 전기분야의 비

표 1·1 전기의 발달 역사

인명	국적	연대	업 적	
Thales	그리스	B.C.500	마찰전기	(B.C.600)
Gilbert, W.	영국	1540~1603	자기의 연구	(1600)
Newton, I.	영국	1642~1727	만유인력	(1665)
Galvani, L.	이탈리아	1737~1798	전류의 발견	(1780)
Coulomb, C. A.	프랑스	1736~1806	Coulomb의 법칙	(1785)
Volta, A.	이탈리아	1745~1827	전지의 발명	(1799)
Ampere, A. M.	프랑스	1775~1836	전류의 자기이론	(1822)
Örsted, H. C.	덴마크	1777~1851	전류의 자기작용	(1820)
Ohm, G. S.	독일	1787~1854	Ohm의 법칙	(1827
Henry, J.	미국	1797~1878	자기유도작용	(1830)
Gauss, R. F.	독일	1777~1855	기자기의 이론	(1832)
Joules, J. R.	영국	1818~1889	Joule의 법칙	(1840)
Faraday, M.	영국	1791~1867	전자유도작용	(1831)
Maxwell, J. C.	영국	1831~1879	광의 전자파설	(1873)
Bell, A. G.	미국	1847~1922	전화의 발명	(1876)
Edison, T. A.	미국	1847~1931	백열전등의 발명	(1879)
Hertz, H. R.	독일	1857~1894	전자파의 발견	(1885~1889)
Siemens, E. W.	독일	1816~1892	발전기의 발견	(1888)
Thomson, J. J.	영국	1856~1940	전자의 발견	(1890)
Marconi, G.	이탈리아	1874~1937	무선 전신의 발명	(1895)
Curie, M.	프랑스	1867~1934	Radium의 발견	(1898
Plank, H.	독일	1853~1947	양자론	(1900)
Einstein, A.	독일	1879~1955	특수 상대성 이론	(1905)
Bohr, N.	덴마크	1885~1962	원자모형	(1913)
Chadwick, J.	영국	1891~	중성자의 발견	(1932)
Anderson, C.	미국	1905~	양전자의 발견	(1932)

약적인 발전이 이루어졌다. 이러한 전기의 발달 역사에 관한 것을 표 1·1에 나타낸다.

1.3 전자(電子)의 발견

톰슨은 그림 1·1과 같이 공기를 뺀 유리관의 양쪽 끝에 전극을 설치하고 높은 전압을 걸어서 관찰한 결과 유리관 내의 음극 쪽에서 양극 쪽으로 빛과 같은 것이 흐르는 것을 발견하였다.

그후 실험을 계속하여 빛과 같은 것이 아주 작은 알갱이(입자)의 흐름인 것을 알아내었다. 그 당시에는 음극이나 양극이라는 명칭의 개념이 분명하지 않았고 다만 마이너스 쪽에서 플러스 쪽으로 입자(전자)가 흐른다는 것을 발견한 자체가 중요하였다.

톰슨은 자기가 발견한 입자의 이름을 전자(electron)라고 명명하였다.

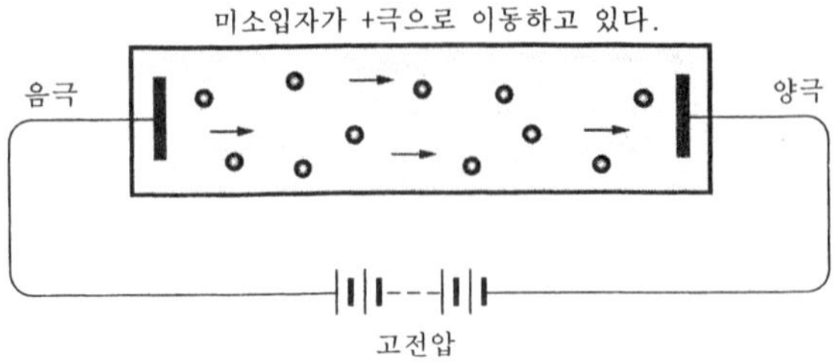

그림 1·1 진공방전

톰슨의 실험에서와 같이 공기를 뺀 진공상태에서 전기를 흘리는 것을 진공방전이라고 하며, 그 유리관을 진공방전관이라 하고, 유리관 내에서 흐르는 빛과 같은 것을 음극선이라 한다.

지구상에 존재하는 모든 물질들을 구성하고 있는 분자 속을 들여다보면 원자들로 이루어져 있음을 알 수 있다. 원자의 구조는 한 가운데에 원자핵이 있고 그 주위를 전자가 공전하고 있다. 좀더 자세히 살펴보면 중심에 있는 원자핵은 플러스 전기를 가진 양성자(양자)와 전기를 가지지 않은 중성자, 그리고 이 둘을 결합해주고 있는 중간자로 되어 있고, 마이너스 전기를 가진 전자는 자전(spin)하면서 구름(電子雲)의 형태로 원자핵 주위를 공전하고 있다.

그림 1·2에 원자번호 3번인 리듐원자의 구조를 예로 들어 이동하는 전자를 설명한다.

정상적인 보통의 경우 모든 원자는 원자핵 속에 있는 양성자 1개가 가지고 있는 전기량과 전자 1개가 가지고 있는 전기량이 각각 플러스와 마이너스로 성질은 다르지만 같기 때문에 양성자와 전자의 수가 같아서 전기적으로는 중성을 유지한다. 그러나 모든 원자가 핵과 전자의 결합이 견고한 것은 아니고, 원자의 종류에 따라 각각 그 결합력이 다르기 때문에 결합력이 약한 원자로 구성된 물질에서는 제일 바깥쪽 궤도에 위치한 전자

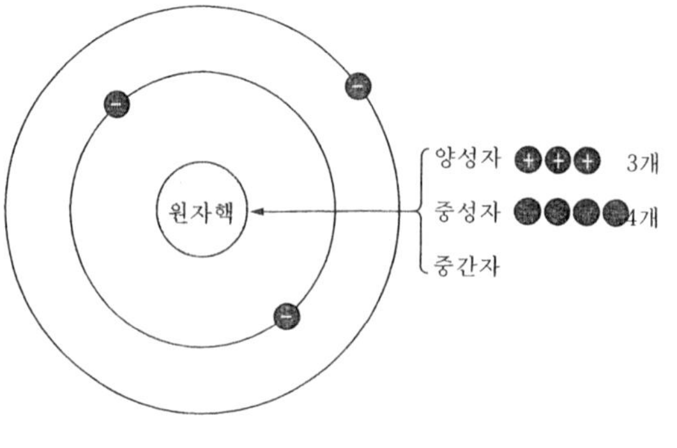

그림 1·2 리듐원자의 구조

가 외부에서 공급되는 어떤 에너지(전기, 열, 빛 등)를 받아서 자신의 에너지가 높아지면 그 궤도를 이탈하여 자유롭게 돌아다니게 된다. 이러한 전자를 **자유전자**라고 하는데 이 자유전자들이 일정한 방향(플러스극 쪽)으로 이동하는 것이 전자의 흐름으로, 바로 전기가 흐르는 현상인 것이다. 자유전자를 많이 가지고 있는 물질들은 일반적으로 금속인 경우가 많다. 그렇기 때문에 금속이 전기를 잘 흘리는 것이다. 이때 전자를 잃어버린 원자는 전기적으로 플러스 성질을 띠게 되며 이것을 플러스이온(양이온)이라고 한다.

1.4 전하와 전류

약 2500년 전, 그리스의 탈레스는 호박(돌의 일종)의 조각을 양털에 문질렀을 때 그 호박은 가벼운 밀집이나 먼지조각들을 끌어당길 수 있는 능력을 얻는다는 사실을 발견하였다. 그러나 밀집이나 먼지의 작은 입자들을 끌어당기는 이 성질을 파악하려는 실험이 본격적으로 시행되기는 18세기가 되어서였다.

많은 학자들이 비단에 유리막대를 문지르거나 또는 고양이 털의 한 조각으로 에보나이트 막대를 문질러 탈레스의 실험을 재현해 보면서 자연에 있는 일부 물질은 마찰에 의해 성질이 변화하며, 이것은 이 물질들이 전기를 갖게 되기 때문임을 알았다.

이와 같이 마찰에 의하여 발생한 전기는 유리나 수지와 같은 물질에는 잠시 머물러 있게 되는데 이러한 전기를 **마찰전기** 또는 **정전기**라고 한다. 그리고 물질이 전기를 띠게

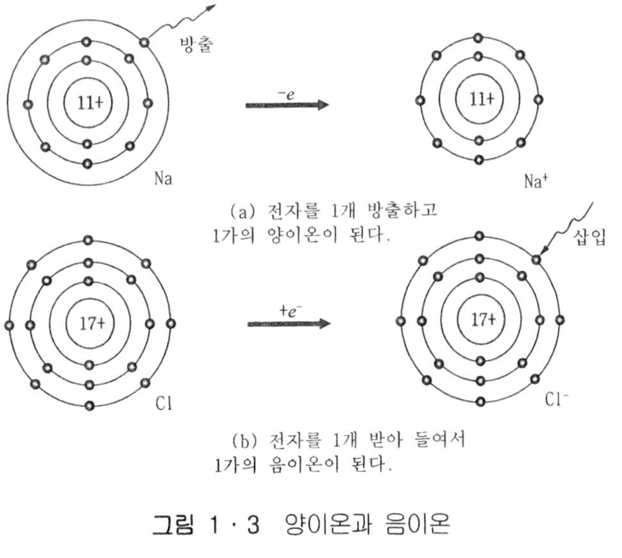

그림 1 · 3 양이온과 음이온

되는 현상을 **대전**(charging)되었다고 하고, 이때 물체에 대전된 물체를 **대전체**라고 한다. 대전되어 있는 전기량을 **전하**(electric charge)라고 한다.

마찰에 의하여 물체가 대전되는 원인은 마찰이나 다른 자극을 받게 될 때, 그 물질을 구성하고 있는 분자나 원자의 특성에 의하여 전자를 쉽게 잃거나 받아들이게 됨으로써 전기를 띄게 된다.

전기회로의 특성과 동작을 설명하는 데 가장 기본적인 양은 **전하** 또는 **전기량**(quantity of electricity)이다. 모든 전기적 효과는 전하와 그 공간적 분포 및 그 운동에 의하여 일어난다. 전하에는 양자와 양이온(positive ion)이 가지는 정전하와 전자나 음이온(negative ion)이 가지는 부전하의 두 가지가 있다. 전하의 단위로 쿨롱(coulomb)을 사용하고 [C]로 표시하며 전자 1개의 전하는 1.60219×10^{-19} [C]이다. 따라서 $1/1.602\times10^{-19}$ $\fallingdotseq 6.25\times10^{18}$개의 전자가 모여 1 [C]이 된다.

■ 정전하실험

①번 유리봉을 비단에 문지르고 비단실로 천장에 매단다.

②번 유리봉도 비단에 문지른 후 ①번 봉에 가까이 한다.

→ 결과 : 두 봉은 서로 반발한다.

③번의 딱딱한 고무봉을 모피에 문지르고 ①번에 가까이 한다.

→ 결과 : 두 봉은 서로 흡인한다.

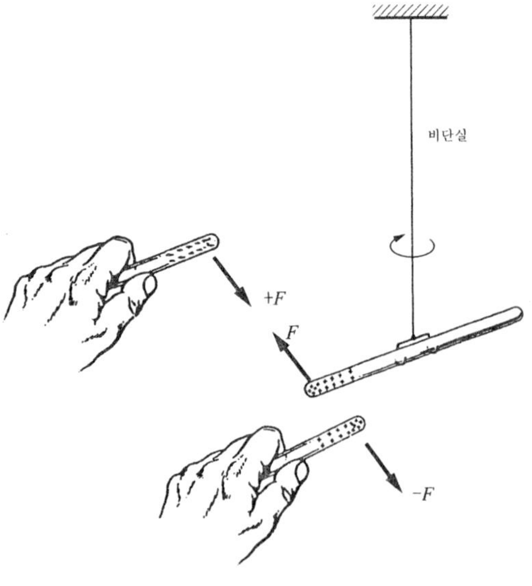

그림 1·4 대전전하의 실험

여기서 다음을 알 수 있다.

· 봉을 문지름으로 해서 봉에 전하가 생긴다. 즉 물체에 전기가 발생한다. 여기서 전하는 전기가 물체에 주어졌을 때 그 물체가 갖는 전기량으로 정의할 수 있다.
· 두 봉에 생긴 전하는 서로 상대방에 힘을 미친다.
· 유리봉과 고무봉에 생긴 전하의 종류는 다르다.

이러한 현상은 다른 마찰에서도 생긴다.

미국의 물리학자 벤자민 프랭클린도 유리봉에 생기는 전하는 양성(+ : positive)이라 하고 고무봉에 생기는 전하는 음성(− : negative)이라 명명했다.

결론적으로 같은 전하는 서로 반발하고 다른 전하는 서로 흡인하는 것이 되는데 이것을 정전력(靜電力)이라 한다.

유리봉 대신 금속봉을 쥐고 문지르면 전하가 생기지 않는데 이것은 금속이 전기를 통하는 도체(conductor)이므로 금속에서 손과 인체를 통하여 접지됨으로 전하의 이동통로가 마련되어 전하가 빠져나갔기 때문이다.

반면에 유리, 고무, 플라스틱 등은 전하가 빠져나가지 못한다. 즉 이들 물체에 전기를 주었을 때 이들은 전기가 다른 곳으로 이동하지 못하는 것이므로 이들을 비도전체(dielectrics) 또는 절연체라 한다.

■ 쿨롱의 실험

프랑스의 과학자 쿨롱은 그림 1 · 5와 같은 장비로 반발력과 흡인력을 측정하였다. 그리고 전하량과 반발력, 흡인력과의 관계에서 다음과 같은 식이 성립함을 알아냈다.

$$F \propto \frac{q_1 q_2}{r^2}$$

여기서 q_1, q_2 : a, b에 주어진 전기량(즉, 전하의 양)

이 식은 뉴턴의 만유인력의 법칙과 비슷하게 표시되는 식으로, 여기서 2개의 구가 단위길이(1 m)만큼 떨어져 있고 이때 작용하는 힘 F가 단위힘(1 Newton)만큼 작용하도록 2개의 구에 전하량 q를 준다면 이 q는 전하(전기량)의 기본단위가 될 것이다.

이것을 전기량(전하) q의 M.K.S. 기본단위인 쿨롱이라 하고 [C]로 표시한다.

전하는 정적인 개념으로서 이 전하가 회로의 한 점에서 다른 점으로 이동할 때 이 전하의 이동을 전류(electric current)라 한다.

전류의 세기는 어느 회로의 단면을 단위시간에 통과하는 전하량으로 정의되며 그 MKS 단위[1)]는 암페어(ampere)이고 [A]로 표시한다. 1 [A]는 1초간에 1 [C]의 비율로 전

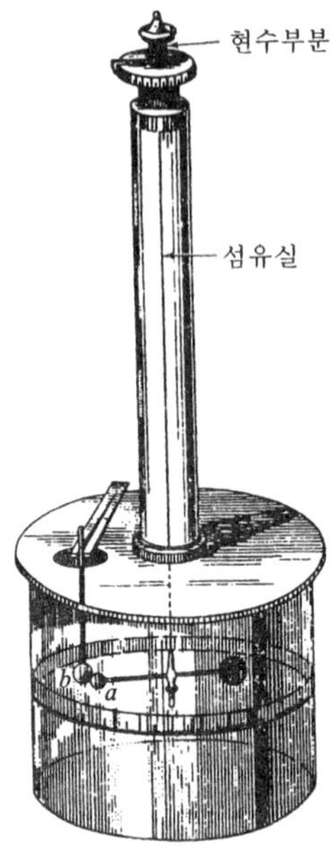

그림 1·5 쿨롱의 실험장치

하가 이동할 때의 전류이다. 따라서 일정한 비율로 t [s] 동안에 Q [C]의 전하가 이동했다면 이때 전류 I는

$$I=\frac{Q}{t}\ [\mathrm{A}] \tag{1·1}$$

로 표시되는데, 만일 이동하는 전하의 값이 시간에 따라 변화한다면 전류 i는 변화하는 값으로서 전하 q의 시간적 변화율로 나타내며

$$i=\frac{dq}{dt}\ [\mathrm{A}] \tag{1·2}$$

$$q=\int idt\ [\mathrm{C}] \tag{1·3}$$

로 정의된다.

예제 1·1 전선에 전류 $i(t)=6t^2-2t$ [A]가 10 [sec] 동안 흘렀을 때 통과한 전하량을 구하라.

풀이 식 (1·3)에서

1) CGS 단위계 : (cm). (g). (sec)
MKS 단위계 : (m). (kg). (sec)

$$q = \int_0^{10} i(t)dt = \int_0^{10} (6t^2 - 2t)dt = 1900\ [\mathrm{C}]$$

1.5 정전기의 발생

1.5.1 정전기란?

정전기현상의 발견에 대한 기록은 고대 그리스의 철학자 탈레스가 호박을 양피에 마찰시켜 정전기를 발생시킨 것이 시초였으며, electricity라는 말은 호박(그리스어로 electron)에서 유래되었다.

정전기는 고분자 물질을 많이 취급하는 우리 생활 주변에서 빈번히 발생될 뿐만 아니라 자연현상에서도 많이 볼 수 있는데 그 대표적인 예가 뇌구름에 의한 번개나 낙뢰현상이 그 대표적인 예이다. 여기에서 말하는 정전기를 정확히 정의한다는 것은 쉽지 않으나 우리가 통상 쓰고 있는 전기(動電氣)와 비교하여 "전하의 공간적 이동이 적어 이 전류에 의한 자계효과가 전계효과에 비해 무시할 정도로 아주 적은 전기"라고 할 수 있으며, 이 정전계에 의한 제반현상을 정전현상이라고 한다.

우리의 일상생활에서 특히 겨울철에 자주 경험하는 일이지만, 스웨터나 합성섬유로 된 옷을 벗을 때 "찍찍"하는 소리가 나거나 어두운 곳에서는 작은 불꽃이 일어날 때가 있다. 그리고 책받침을 옷에 문지른 후 머리에 갖다대면 머리카락이 일어나는 것을 경험으로부터 아는 사실이다. 이러한 현상은 물체와 물체가 마찰하여 발생한 전기가 방전하는 소리로서, 한쪽은 양전기(+)전기를 띠고 다른 한쪽은 음(−)전기를 가진다. 이와 같이 물체가 전기를 띤, 즉 전기를 갖은 것을 대전이라 하고, 대전된 전기를 전하(charge)라 부르며, 발생한 전하가 정지한 상태로 있는 경우를 정전기라고 한다. 여기서 물체가 대전하는 성질을 설명하면 다음과 같다.

물체를 구성하는 원자 중에서 음전기(−)를 가진 전자가 다른 한쪽의 물체로 이동하면 물체가 전기를 띤 상태, 즉 대전된 것을 의미한다. 이것은 음전기를 가진 전자가 이동해온 쪽의 물체는 음전기로 대전되고, 음전기를 가진 전자가 나간 쪽의 물체는 양전기로 대전됨을 의미한다. 이와 같이 전자의 이동은 물질이 양전기나 음전기를 갖게 하는 원인이 된다.

물질이 마찰하였을 때 어느 쪽이 (+)로 대전되고, 어느 쪽이 (−)로 대전되는지를 알 수 있도록 일목요연하게 작성한 것을 물질의 정전서열이라고 한다(그림 1·6 참조).

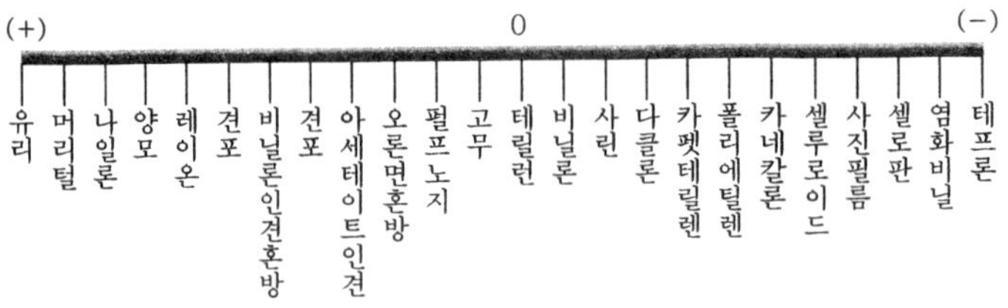

그림 1 · 6 물질의 정전서열

1.5.2 정전기의 대전현상

정전기는 일반적으로 서로 다른 물질이 상호운동할 때 그 접촉면에서 발생되며, 고체 상호에서 뿐만 아니라 고체와 액체, 액체상호, 액체와 기체 간에서도 발생한다.

[1] 마찰대전

두 물질 사이의 마찰에 의한 접촉과 분리과정이 계속되면 이에 따른 기계적 에너지 차에 의한 자유전자의 방출 또는 흡입으로 정전기가 발생되는 현상을 말한다. 고체 · 액체류 또는 분체류에서의 대전은 주로 마찰대전에 기인되며 그림 1 · 6은 고분자 물질의 대전서열을 나타낸 것이다. 그림 1 · 6에서 두 물질을 서로 마찰시킬 경우 좌측의 것은 (+), 우측의 것은 (−)로 대전된다.

[2] 박리대전

상호밀착되어 있는 물질이 떨어질 때 전하분리에 의한 정전기의 발생을 말한다. 박리대전은 접착면의 밀착면, 박리속도 등에 의해서 대전량이 변화되며, 일반적으로 마찰대전보다 큰 정전기가 발생하게 된다.

[3] 유동대전

액체류를 파이프 등으로 수송할 때 액체류와 파이프 등의 고체류와 접촉하면서 이 두 물질 사이의 경계에서 전기 2중층이 형성되고, 이 2중층을 형성하는 전하의 일부가 액체류의 유동과 같이 이동하여 대전되는 현상이다. 유동대전은 주로 액체류와 고체의 접촉에 의해서 발생되며, 액체류의 유동속도가 대전량에 큰 영향을 미친다.

[4] 분출대전

분체류, 액체류, 기체류가 단면적이 작은 분출구를 통해 공기 중으로 분출될 때 분출되는 물질과 분출구의 마찰에 의해 발생되는 현상을 말한다. 분출대전은 분출되는 물질과 분출구를 구성하는 물질과의 직접적인 마찰에 의해서도 발생되지만 실제로는 분출되는 물질구성입자 간의 상호충돌에 의해 더 많은 정전기가 발생된다.

[5] 유도대전

도체가 전기장에 노출되면 도체에는 전하의 분극이 일어나 가까운 쪽에는 반대극성의 전하가, 먼 쪽에는 같은 극성의 전하로 대전되는 현상을 말한다. 유도대전은 접지되지 않은 도체가 대전물체 가까이 있을 경우에 주로 발생된다.

[6] 기타 대전

이외에도 분체류에 의한 입자상호 간이나 입자와 고체와의 충돌에 의한 접촉, 분리과정에서 발생되는 충돌대전, 고체·분체류 등이 파괴될 때의 전하분리로 인한 파괴대전, 액체류의 교반, 수송중에 발생되는 교반대전 또는 침강대전 등이 있다.

1.5.3 정전기의 성질

[1] 역학현상

정전기는 전기적 작용인 쿨롱(Coulomb)력에 의해 대전물체 가까이에 있는 물체를 흡인하거나 반발하게 하는 성질이 있는데 이를 정전기의 역학현상이라 한다. 이 현상은 일반적으로 대전물체의 표면전하에 의해 작용하기 때문에 무게에 비해 표면적이 큰 종이, 필름, 섬유, 분체, 미세입자 등에서 발생하기 쉬우며, 각종 생산 장해의 원인이 된다.

2개의 전하 간에 작용하는 정전력 F [N]은 각각의 전하량 Q_1, Q_2 [C]에 비례하고 양전하 간의 거리 r [m]의 제곱에 반비례하며 이 힘은 같은 부호끼리는 반발력, 다른 부호끼리는 흡인력이 작용한다.

$$F = Q_1 Q_2 / 4\pi\varepsilon r^2 = 9\times10^9\times Q_1 Q_2 / r^2\,[\mathrm{N}] \qquad (\varepsilon: \text{유전율})$$

[2] 정전유도현상

대전물체 부근에 절연된 도체가 있을 시에는 그림 1·7과 같이 정전계에 의해 대전물체에 가까운 쪽의 도체 표면에는 대전물체와 반대극성의 전하가, 반대쪽에는 같은 극성의 전하가 대전되는데 이를 정전유도현상이라고 한다.

정전유도의 크기는 전계에 비례하고 대전체로부터의 거리에 반비례하며, 도체의 형상에 의해서도 영향을 받는데 이는 유도대전을 일으켜 각종 장애, 재해의 원인이 되기도 하며, 이 원리를 이용하여 대전전위, 전하량 등을 측정하기도 한다.

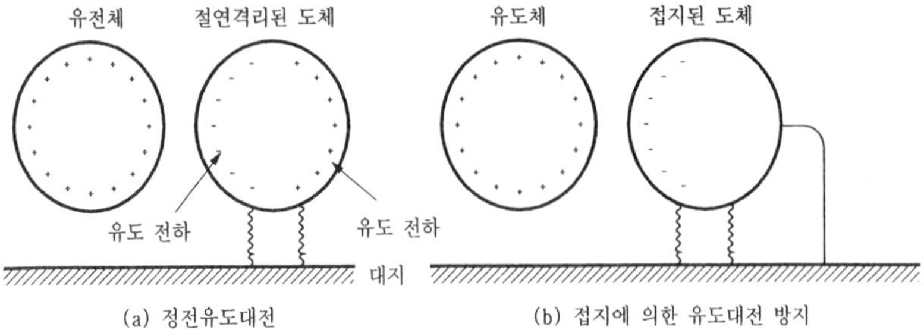

그림 1·7 정전유도현상

[3] 방전현상

정전기 방전은 정전기의 전기적 작용에 의해 일어나는 전리작용으로, 대전물체에 의한 정전계가 공기의 절연파괴강도(직류의 경우 30 [kV])에 달한 경우 일어나는 기체의 전리작용으로, 방전이 일어나면 대전체에 축적되어 있는 정전에너지는 방전에너지로서 공간에 방출되어 열, 발광, 전자파 등으로 변환·소멸되는데 이 에너지가 커지면 화재·폭발 등을 일으켜 장애, 재해의 주원인이 된다.

대전물체에서의 방전은 대기 중에서 발생하는 기중 방전과 대전체의 표면을 따라 발생되는 연면 방전으로 대별된다.

기중 방전에는 코로나 방전, 스트리머 방전, 불꽃 방전의 3종류가 있다. 코로나 방전은 대전체나 방전물체의 돌기부분과 같은 끝부분에서 미약한 발광이 일어나는 현상으로, 방전에너지의 밀도가 낮아 재해의 원인이 되는 확률이 비교적 적은 반면, 스트리머 방전은 비교적 높은 기압에서 긴 간격의 영역에서 발생한다. 불꽃 방전은 대전체 또는 접지체의 형태가 비교적 평활하고 그 간격이 작은 경우 그 공간에서 발생하는 강한 발광과 파괴음을 가진 것으로, 방전에너지가 커 착화 및 전격이 일어날 확률이 매우 높다.

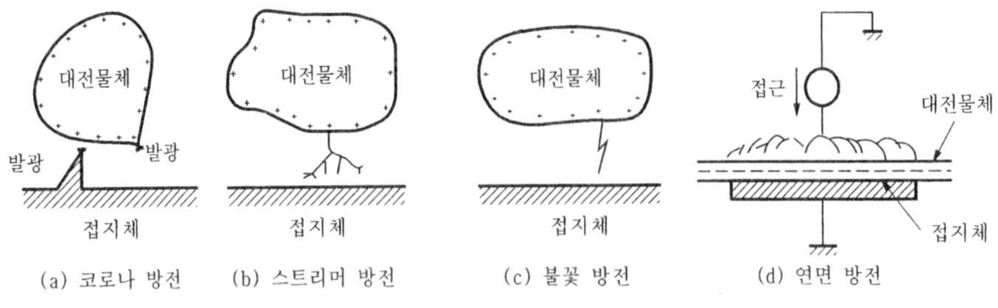

그림 1·8 정전기 방전의 종류

1.6 전기의 흐름

본래 정전기라 함은 머물러 있는 전기, 정지해 있는 전기라는 뜻이다. 그러나 정전기도 흐를 수 있는 통로만 생기면 이동할 수 있다. 일반적으로 이야기하는 전기의 흐름은 전자들의 이동현상으로 전류라고 한다. 여기서 말하는 전자는 원자핵 주위를 공전하고 있는 전자를 일컫는다.

그렇다면 모든 물질들은 근본적으로 원자들로 이루어져 있고 그 원자에는 전자들이 모두 존재하는데 도체라고 부르는 은, 구리, 금, 알루미늄 등과 같은 금속물질은 전기가 잘 통하고, 부도체 혹은 절연체라고 부르는 고무, 유리, 도자기, 스티로폼 같은 물질은 그렇지 않은 이유가 무엇일까? 또 순수한 물은 전기가 잘 통하지 않지만 순수하지 않은 물은 전기가 통하는 이유는 무엇일까? 그 이유는 앞에서도 언급했듯이 도체인 금속에는 원자핵에 구속되어 있지 않고 자유롭게 돌아다닐 수 있는 자유전자가 많이 존재하고, 부도체인 경우는 그렇지 못하기 때문이다.

보통 상태의 금속에서는 자유전자가 무질서하게 여러 방향으로 돌아다니기 때문에 자유전자의 이동방향을 전체적으로 보면 서로 상쇄되어 결국은 전자의 흐름이 겉으로 나타나지는 않는다. 그러나 전압이 걸리면 전자는 그림 1·9에서와 같이 마이너스 전기를 띠고 있기 때문에 플러스극 쪽으로 끌리는 힘을 받아 플러스극 쪽으로 일제히 이동하여 전류가 흐르게 되는 것이다.

순수한 물의 경우는 물을 구성하고 있는 수소나 산소원자에서는 전자가 원자핵의 구속에서 벗어나기가 어렵기 때문에 자유전자가 존재하기 어려운 것이고, 불순물이 있는 물의 경우는 예를 들어 소금(NaCl)을 물에 녹이면 소금분자는 Na^+의 플러스 이온과 Cl^-의 마이너스 이온으로 분해되어 나트륨 원자는 플러스, 염소원자는 마이너스의 전기적인 성질을 띠게 된다. 이와 같은 액체를 전해액이라고 하며 전해액에 전압을 걸면

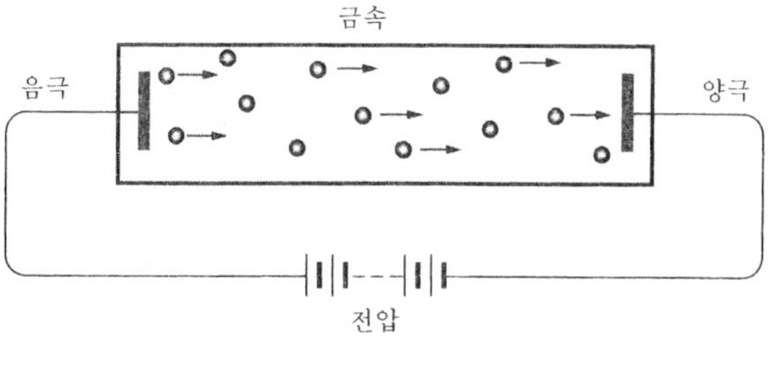

그림 1·9 자유전자의 이동

그 이온들이 각각 마이너스극과 플러스극 쪽으로 이동하게 되어 전류가 흐르게 되는 것이다. 그러니까 소금물의 경우는 전자가 이동하여 전류가 흐르는 것이 아니고 양이온과 음이온이 이동하여 전류가 흐르는 것이다. 어쨌든 전기적인 성질을 띤 것이 이동하면 그것 또한 전류인 것이다. 우리는 마이너스 전기를 띤 알갱이를 음전하(陰電荷), 플러스 전기를 띤 알갱이를 양전하(陽電荷)라고 한다. 그러므로 전자는 음전하의 대표적인 것이라고 할 수 있다.

일반적으로 전류라고 하면 전자가 플러스극 쪽으로 이동하는 것을 일컫는다. 그러나 전류는 플러스 쪽에서 마이너스 쪽으로 흐르는 것이라고 우리 모두는 알고 있다. 그 이유는 전기흐름의 현상이 밝혀지기 전에 전류의 흐름이 마치 물이 높은 곳에서 낮은 곳으로 흐르는 것처럼 전류도 전위(電位 : 전기의 위치)가 높은 곳에서 전위가 낮은 곳으로 흐를 것이라고 생각하여 전류는 플러스 쪽에서 마이너스 쪽으로 흐른다고 생각하여 전류방향에 관계되는 모든 것을 그렇게 해석하고 풀이해 왔었기 때문이다. 전류흐름의 현상이 정확히 밝혀진 후 전류방향을 제대로 잡으려 했지만 그때까지의 모든 이론을 다 바꾸기가 불가능하였고, 전류방향을 바꾸지 않아도 전기에 관한 제반현상을 해석하고 풀이하는데 실질적으로 영향이 거의 없기 때문에 그대로 두었다. 다만 전류방향을 이론적으로는 플러스 쪽에서 마이너스 쪽으로 하되 실제로는 전자의 흐름이기 때문에 마이너스 쪽에서 플러스 쪽으로 흐른다는 사실만은 제대로 알고 있기로 약속하였던 것이다.

우리는 전기의 속도가 빛의 속도와 같다고 알고 있다. 그런데 재미있게도 전자는 1초에 수 [mm] 이하의 속도로 매우 느리게 이동한다. 결론부터 말하면 전자의 이동속도는 느리지만 흐름을 전달해 주는 전달속도는 빛의 속도라는 것이다.

이를 설명하기 위해서 그림 1 · 10 (a)와 같이 전지에 꼬마전구를 잇는 전선(구리도체)에는 자유전자가 많이 존재할 것이다. 이해를 돕기 위해서 전선 내부에 자유전자나 구리원자가 일렬로 정렬해 있다고 가정하고, 회로에서 스위치를 닫으면(ON하면) 그림 1 · 10 (b)와 같이 전지의 음극에서 1개의 전자가 나와 전선으로 들어간다고 가정한다. 그 전까지는 전선 내에 있는 전자와 양자의 수가 같아서 전기적으로 안정된 상태였으나 외부에서 들어온 전자가 전선입구의 가장 가까운 구리원자에 부딪히면서 가지고 있던 에너지를 원자에게 전달한다.

전자로부터 에너지를 받은 원자에서는 전자 1개가 튀어 나가서 자유전자가 되고, 그 빈자리에 전지로부터 들어온 전자가 들어간다. 이때 원자에서 튀어 나온 자유전자는 바로 옆에 있는 원자에 부딪히고, 그 원자에서는 다시 자유전자가 튀어 나간다. 마치 구슬을 일렬로 붙여 놓고 한쪽 끝에 충격을 가하면 반대쪽 구슬이 순간적으로 튀어 나가는

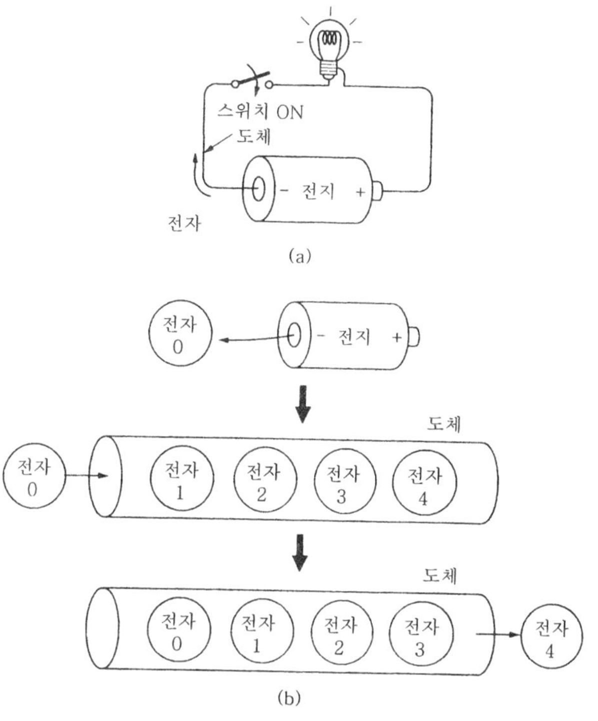

그림 1 · 10 전류의 흐름

것과 똑같다. 이런 식으로 차례차례 전자가 튀어 나가서 마지막에는 전지의 양극으로 전자가 들어감으로써 전류는 회로를 한 바퀴 돌게 되는 것이다.

전류는 전지의 양극과 음극에서 양전하와 음전하가 균형을 이룰 때까지 흐른다.

1.7 최초의 전기저장

두 물질을 마찰해서 만들었던 정전기(마찰전기)는 그대로 두면 차츰 전기적인 성질을 잃게 된다. 그래서 전기를 어떻게든 저장해 두고자 하는 노력이 18세기 중엽에 네덜란드 라이덴 대학의 뮈센브뢰크에 의해 성공을 거두게 되었다. 그때 전기를 모았던 병을 라이덴(Leiden)병이라고 하는데 그림 1 · 11과 같은 구조로 되어 있다. 간단히 말하면 유리병의 밑과 옆면에 얇은 주석판을 입힌 것으로, 절연체인 마개의 중앙을 통하여 유리병의 안으로 금속막대를 넣고 그 끝에 금속으로 된 사슬을 연결시켜 유리병 밑바닥의 주석판에 접촉시킨다. 그리고 절연이 잘 되게 하기 위하여 유리에는 셸락(shellac)을 칠해 두었다.

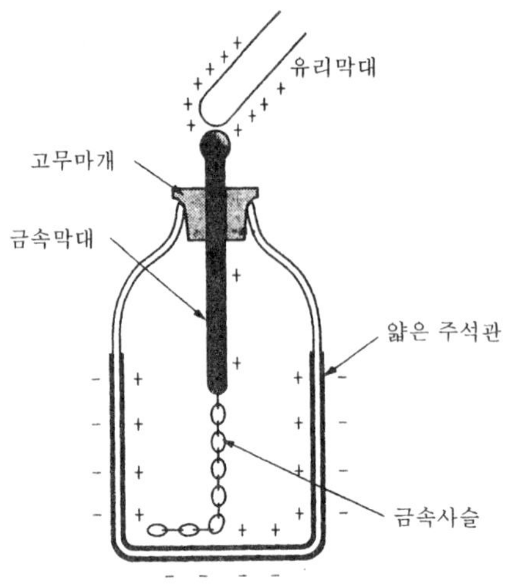

그림 1 · 11 라이덴병

여기에 전기를 저장했던 방법을 설명하면 유리막대를 무명천으로 문질러서 유리막대에는 플러스 전기가, 무명천에는 마이너스 전기가 대전되게 한다. 이 유리막대를 라이덴병 위에 나와 있는 금속막대에 갖다대면 유리막대의 플러스 전기가 금속막대와 금속사슬을 통해 라이덴병 안쪽에 있는 주석판에 전달된다. 그러면 라이덴병 안쪽의 주석판은 플러스로 대전하고 바깥쪽의 주석판은 정전유도작용에 의해 마이너스로 대전한다.

이렇게 함으로써 라이덴병 안쪽에 플러스 전기, 바깥쪽에 마이너스 전기가 서로 잡아당기는 힘이 작용하기 때문에 전기가 도망가지 못하고 그대로 저장되는 것이다. 유리막대를 무명천으로 마찰하여 금속막대의 상부에 접촉시키는 일을 계속 반복하면 수만 볼트의 전기를 저장할 수도 있다. 뮈센브뢰크는 병 바깥쪽의 주석판과 병 상부의 금속막대 부분을 철사로 접촉시켜 저장된 전기가 방전되는 현상을 보고 전기가 저장된 사실을 확인하였다.

1.8 전기의 발생

1.8.1 화학작용에 의한 전기

[1] 볼타의 전지

전기는 1800년 이탈리아의 물리학자인 볼타(Volta, A. : 1724~1827)가 「전퇴(電堆)와 볼타전지」를 발명하기 전까지는 자연현상에 지나지 않았고, 인간은 정전기를 모았다가 방전시키는 불꽃 방전을 즐기는 정도가 고작이었다.

1780년 이탈리아의 동물학자 갈바니는 두 종류의 금속을 연결한 것의 양쪽 끝을 죽은 개구리의 뒷다리 근육에 접촉시키면 개구리의 발이 경련을 일으켜 움찔움찔 움직이는 것을 실험을 통하여 알게 되었다. 그는 이것이 정전기를 모아둔 축전병(라이덴병)의 안쪽과 바깥쪽의 주석판을 도선으로 연결할 때와 같이 방전이 일어나는 것으로 생각하고 전기가 개구리의 신경 속에 숨겨져 있다고 판단하여 여기에 동물전기라는 이름을 붙였다. 그런데 이 실험은 한 종류의 금속으로는 절대로 개구리 발에서 경련이 일어나지 않았다. 여기에 의문을 품은 볼타는 갈바니의 실험에서 전기의 근원이 개구리에 있지 않고 종류가 다른 두 금속의 접촉에 있다는 것을 발견하게 되었다.

그후 볼타는 1800년에 마침내 그림 1·12와 같은 은판과 아연판 사이에 알칼리 용액으로 적신 헝겊을 끼운 것을 여러 겹 쌓은 볼타의 전퇴를 발표하였다.

볼타는 연구를 거듭하여 이 전퇴의 원리를 이용해서 묽은 황산 속에 구리와 아연을 넣어 구리를 플러스극으로, 아연을 마이너스극으로 하고 묽은 황산을 전해액으로 하는 볼타전지를 발명하였다.

볼타전지를 설명하면 여기서는 구리보다 아연 쪽의 이온화 경향이 크기 때문에(이온이 되기 쉬워서) 아연은 아연이온 Zn^{++}이 되어 전해액으로 녹아 나온다. 두 극을 전선으로 연결하면 아연판의 전자는 구리판으로 이동하고, 수소이온 H^{-}에 전자를 주어 수소가스가 된다. 전지는 이온화 경향이 큰 쪽의 금속이 음극이 되고 작은 쪽이 양극이 된다.

이 볼타전지는 기전력이 약 1.1 [V] 정도였으며, 분극에 의한 전압강하가 심하게 일어나는 문제가 있었으나 이것이 인류가 만든 최초의 전지였다.

볼타의 그 공로를 인정하여 전압의 단위를 '볼트'라고 이름지은 것이다.

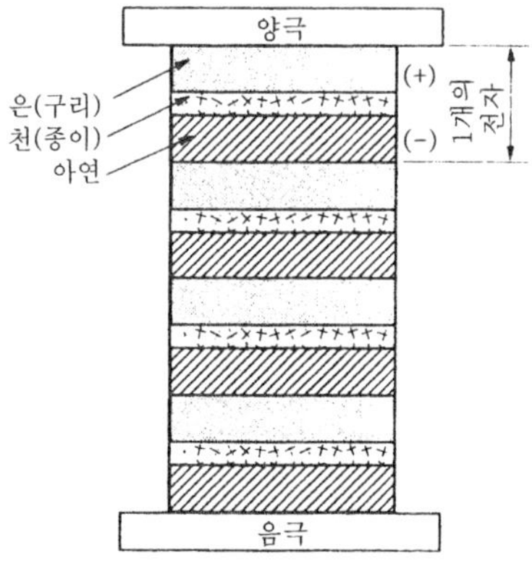

그림 1·12 볼타의 전퇴

[2] 레몬에서의 전기발생

그림 1·13과 같이 레몬에 동판과 아연판을 끼우면 동판은 플러스극이 되고 아연판은 마이너스극이 되어 테스터로 측정하면 약 1[V] 정도의 전압이 나오는 것을 알 수 있다.

이것은 레몬 속의 산성액이 볼타전지의 전해액 역할을 하고 아연과 구리가 레몬의 산속에서 볼타전지에서와 같은 화학작용을 일으켜 두 금속판 사이에 전압을 발생시키는 것이다. 요즈음 사용하고 있는 건전지나 축전지 등의 경우도 이러한 화학작용을 이용한 것이다.

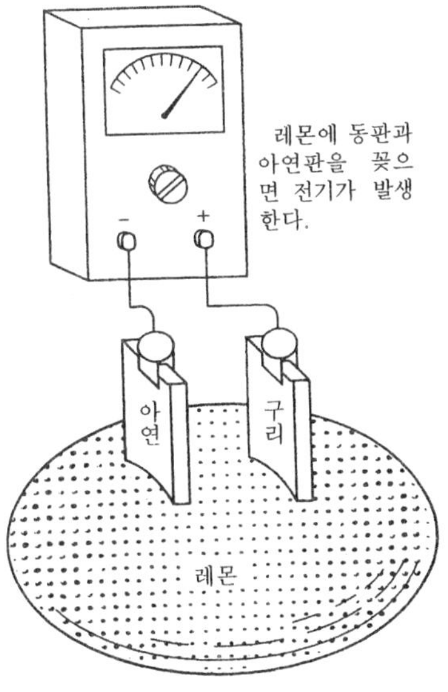

그림 1·13 레몬에서의 전기발생

1.8.2 전자유도에 의한 전기

도체가 자계 중을 이동하면서 자속을 끊으면 도체에는 기전력이 발생한다. 이것은 패러데이의 전자유도법칙을 이용한 방법이다. 그림 1·14와 같이 코일과 자석으로 전기를 만드는 방법으로 에나멜선을 여러 번 감아서 만든 코일에 검류계를 연결하고 이 코일에 자석을 넣고 왕복하면 검류계의 바늘이 움직인다.

이때 전류의 방향은 자석을 넣을 때와 뺄 때가 서로 반대임을 알 수 있다. 이 경우 코일의 감은 수가 많을수록 또 자석이 강할수록, 그리고 자석을 왕복시키는 움직임이 빠를수록 코일에 흐르는 전류가 강해지는 것을 알 수 있다. 현재 발전소에서 사용하는 발

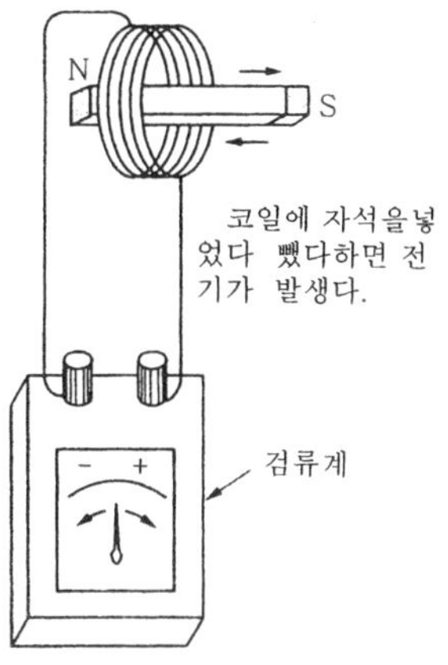

그림 1 · 14 전자유도에 의한 전기발생

전기의 원리가 바로 이 현상을 이용한 것이다.

1.8.3 수력발전(水力發電)

수력발전은 댐을 건설하기 위한 초기투자비용이 많이 들어가지만 하천에 흐르는 물을 사용하기 때문에 매우 경제적인 발전방식 중 하나이다. 이는 높은 곳에서 낮은 곳으로 떨어지는 물이 물레방아를 돌리는 것과 비슷한 원리로 수차를 돌리게 되고 그 수차와 같은 축에 물려 있는 발전기가 돌아가면서 발전을 하는 구조로 되어 있다.

높은 곳에 있는 물을 낙하시켜 물이 가지고 있는 위치에너지를 기계에너지로 바꾸고 기계에너지를 다시 전기에너지로 변환하는 것이다.

지금 1초 동안에 수량 $Q\,[m^3]$의 물이 유효낙차 $H\,[m]$를 낙하할 때 얻는 동력을 P_w라 하면 다음과 같이 된다.

$$P_w = 1000\,QH\ [kg \cdot m/s]$$

그런데 물 1 $[m^3]$의 무게는 1000 [kg]이고, 1 [kg · m]=9.8 [J], 그리고 1 [kW]=10^3 [J/s]이므로 이론수력(이론출력)은 다음과 같다.

$$P_w = 9.8\,QH\ [kW] \qquad (1 \cdot 4)$$

여기에 수차와 발전기의 효율을 합한 종합효율을 k라 하면 실제 출력은 다음 식으로 나타난다.

$$P_w = 9.8\,kQH\ [kW] \qquad (1 \cdot 5)$$

[1] 일반적인 수력발전

1) 수로식 발전소(水路式發電所)

유량은 어느 정도 확보되지만 지리적 조건이 대규모의 댐을 시설하지 못하는 하천의 경우 경사나 굴곡 등의 지형을 이용하여 수로를 시설함으로써 낙차를 얻는 방식이다.

이 형식은 짧은 수로로서 가급적 큰 낙차를 얻을 수 있는 경우에 유리하므로 일반적으로 급경사로 굴곡이 많은 하천의 상류 또는 중류부분에 시설한다.

2) 댐식 발전소(dam式發電所)

그림 1·15와 같이 하천 상류부분의 수위를 높이기 위해서 하천을 가로질러서 댐을 만들어 높은 낙차를 얻는 방식이다.

이 형식은 댐의 건설비용이 제일 적게 들고 최대의 낙차와 저수량을 얻을 수 있는 지리적 요건의 장소선정이 중요하며 하천의 경사가 완만하고 유량이 풍부한 하천의 중류나 하류에 설치하는 경우가 많다. 북한강에 건설되어 있는 수력발전소가 이에 속한다.

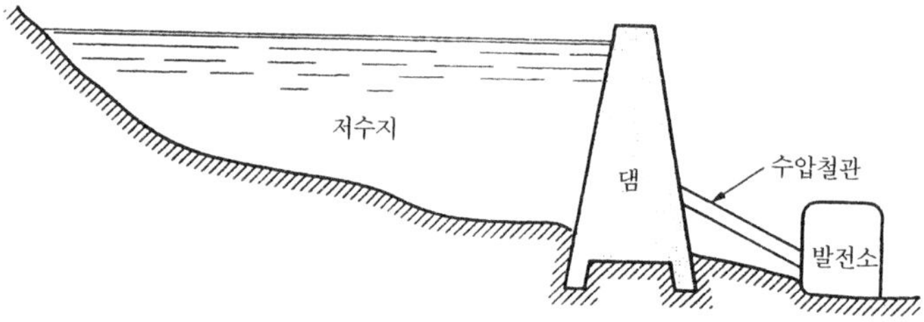

그림 1·15 댐식 발전소

3) 댐수로식 발전소

그림 1·16과 같은 구조로 되어 있으며 수로식과 댐식을 혼합한 것이다.

이 형식은 댐을 건설하기에 적합한 곳에서는 낙차를 얻을 수 없으나 그곳보다 하류에

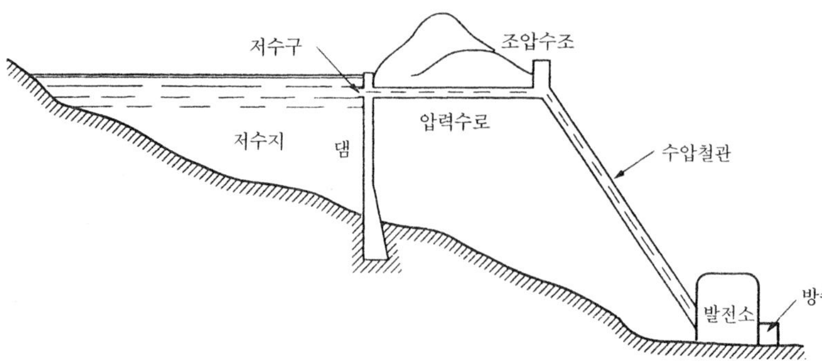

그림 1·16 댐수로식 발전소

서는 낙차를 얻을 수 있을 때 하천의 경사가 완만하지만 댐을 건설하기에 적합한 곳에 댐을 건설하여 저수하고 인공으로 수로를 파서 그보다 하류의 낙차를 얻기 쉬운 곳으로 물을 보내서 발전하는 방식이다. 주로 하천의 상류나 중류에 시설하는 경우가 많다. 이 때 물은 압력수로(지름길)을 통해서 같은 하천의 하류로 흐르게 된다.

4) 유역변경식 발전소(流域變更式發電所)

동일 하천에서 낙차를 얻을 수 없을 때 다른 하천으로 물을 흘려보내서 낙차를 얻어 발전하는 방식이다. 위의 댐수로식 발전소와 같은 방식이나, 발전한 후의 물을 다른 하천으로 흘려보내는 것이 댐수로식 발전과 다른 점이다. 전라북도 정읍군 칠보면에 일제 강점기에 건설된 이 형식의 발전소가 지금도 발전을 하고 있으며, 이 발전소의 수로는 주로 산을 뚫어서 건설하였다.

평화의 댐을 건설하게 했던 북한의 금강산댐 중에는 물길을 동해안으로 변경하여 발전하도록 한 이 방식의 발전소가 있다.

5) 양수발전소(揚水發電所)

그림 1 · 17과 같은 구조이며 청평에 있는 양수발전소도 산꼭대기에 인공적으로 상부 저수지를 만들고 산 정상으로부터 산 중심부를 뚫어서 수로를 개설하여 산 중심부의 맨 밑에 발전소를 건설한 형태로 되어 있다. 발전에서 사용한 물은 발전소 하류에 하부저수지를 만들어 그곳에 모아두었다가 전기사용이 가장 적은 심야에 발전소 외부로부터 전력을 공급받아서 하부 저수지의 물을 상부저수지로 품어 올린다(揚水한다).

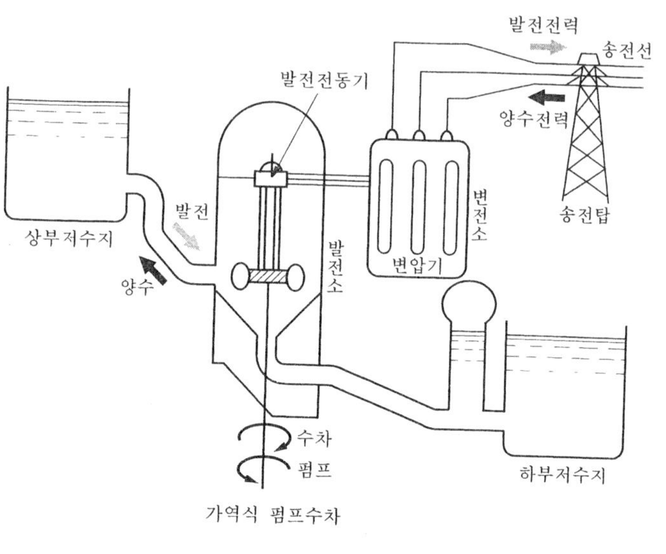

그림 1 · 17 양수발전소

이런 발전소는 발전용량이 적고, 수량도 한정되어 있으므로 전력소비가 많아서 전기가 일시적으로 부족할 때 발전하는 방식으로 운영된다. 그래서 첨두(尖頭 : peak)부하용 발전소로 이용하고 있다.

[2] 기타 수력발전

1) 조력발전(潮力發電)

조력발전이란 바닷물의 간조와 만조 때의 수위 차를 이용해서 발전하는 것을 말한다. 즉, 완만한 경사의 바다 속에 댐을 건설해서 만조 때 들어온 바닷물을 가둬놓았다가 간조 때 바닷물을 내보내면서 발전하는 방식이다. 이 방식은 수위의 차이가 별로 없기 때문에 주로 낙차와 수량이 동시에 확보되는 것을 전제로 하며 하천에 건설하는 발전소에서 사용하는 수차는 사용할 수가 없다. 즉, 물의 낙차가 매우 낮기 때문에 식 (1・5)에서 알 수 있듯이 유효낙차 H보다는 수량 Q에 의해서 출력이 결정되기 때문이다. 그러므로 일반 수력발전소에서 사용하는 수차는 세로로 서 있는 반면, 조력발전소의 수차는 가로로 누워 있다. 이러한 조력발전 방식은 프랑스에서 활용하고 있으며 상당한 수준에 이르고 있다.

우리나라도 서해안의 조수가 간만의 차가 매우 크기 때문에 언젠가는 개발할 필요가 있다고 보여진다. 다만 바다 속에 댐을 건설하는 등 건설공법이 까다롭고 비용 또한 매우 많이 들어가는 것이 가장 큰 걸림돌이다.

2) 다목적 댐식 발전

하천의 물을 자원화하여 보다 높은 이용을 목적으로 건설한 댐을 다목적 댐이라고 한다. 이 댐은 홍수 조절용, 상수도원, 농・공업용수원, 발전 등의 목적을 갖고 건설된다.

우리나라 북한강 유역에 있는 모든 댐은 서울의 홍수 조절기능을 하지만 소양강 댐이 대표적인 다목적 댐이며, 금강 유역에서는 대청댐이 이 방식에 속한다고 할 수 있다.

앞으로는 발전보다는 수자원의 확보 측면에서 많은 소규모의 댐이 건설되어야 할 것이다.

1.8.4 화력발전(火力發電)

화력발전소(thermal power plant)는 주로 화석연료를 태워서 연료가 갖고 있는 열에너지를 전기에너지로 변환하기 위하여 기본적으로 보일러시설과 매연이나 분진을 제거하기 위한 집진시설이 갖춰져 있는 곳을 말한다. 실제로 화력발전소는 보일러 계통의 시설이 발전소 크기의 대부분을 차지하고 있으며 집진시설 또한 큰 용량을 차지하고 있

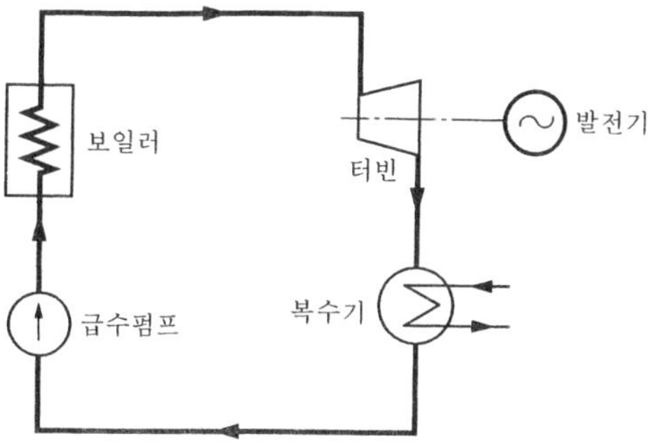

그림 1·18 랭킨 사이클 장치선도

다. 집진시설에서 나온 분진은 주로 석탄이 완전연소된 재로 방화벽돌이나 일반벽돌 혹은 화훼농가에서 사용하기도 한다.

화력발전은 연료에서 나온 열을 이용하여 물을 끓여서 수증기를 만들고 다시 수증기를 가열해서 과열증기(가스상태에 가까움)로 만든 다음 이를 터빈에 보내 터빈을 돌리면 같은 축에 물려 있는 발전기가 회전하면서 전기를 생산하는 방식이다. 이는 수력발전에 비해 초기 투자비용인 건설비가 저렴하고 공사기간도 짧은 장점이 있지만 지속적으로 연료가 필요하다는 것과 부속설비가 복잡하다는 단점이 있다.

화력발전에서 증기가 순환하는 장치 사이클의 가장 간단한 예는 그림 1·18과 같은 것으로 랭킨 사이클 장치선도라 한다.

[1] 열원(熱源)에 의한 화력발전소의 종류

1) 기력발전소(汽力發電所 : steam power plant)

2) 내연력발전소(內燃力發電所 : internal combustion power plant)

3) 특수 화력발전소

① 열공급 발전소(熱供給發電所)

② 가스터빈 발전소

③ 폐열이용 발전소(廢熱利用發電所)

④ 지열발전소(地熱發電所)

⑤ 원자력발전소(原子力發展所)

[2] 용도에 의한 화력발전소의 발전소

1) 기저부하(基底負荷) 발전소 및 상시(常時) 발전소

2) 피크(peak)부하 발전소

3) 보급발전소(補給發電所)

[3] 수력발전과 화력발전의 비교

	수력발전	화력발전
건설비	건설비가 많이 들고 건설기간이 길다.	건설비가 적게 들고 건설기간이 짧다.
운전비	운전비용이 적게 든다.	연료비가 필요하며 운전비용이 많이 든다.
건설장소	하천에 따라서 건설장소가 결정되므로 공업지역이나 대도시와는 거리가 멀다.	소용량인 경우 비교적 입지선택이 쉬운 반면, 대용량은 용지(用地)와 용수(用水)의 확보, 연료수송, 공해 등의 문제로 여러 가지 제약을 받는다.
용량	하천의 조건에 따라서 결정된다.	용지만 확보되면 제약을 거의 받지 않는다.
운전의 융통성	물의 낙차와 유량에 의해 발전하므로 융통성이 있다.	고온 고압의 열에너지를 사용하므로 기기의 열적 영향으로 융통성이 적다.
공해문제	공해가 전혀 없다.	매연이나 석탄이 연소된 가루 등이 섞여 있어서 공해를 일으킬 수 있다.
연료확보	비만 내리면 그것이 모두 연료이다.	국내에서 생산되는 연료는 저질탄이어서 외국에 의존한다.

1.8.5 원자력발전(原子力發展; nuclear power plant)

인류가 석탄이나 석유 등의 화석연료 이외의 에너지 공급원으로 원자력을 이용하게 된 역사는 그다지 길지 않다. 1934년 페르미(Fermi, E.)가 최초로 우라늄의 핵분열 실험을 한 이후 1938년 독일의 오토 한(Otto Hahn)과 슈트라스만(Strassman)에 의해 우라늄은 스스로 핵분열을 하여 막대한 에너지를 방출한다는 사실이 발표되었으며, 첫 원자력의 이용은 원자폭탄의 형태로 인류역사에 오점을 남기기도 하였다. 그후 원자력의 평화적 이용에 대한 노력의 결과가 원자력발전이라는 형태에 집중하게 되었다.

1956년 영국의 콜더홀(Calder-Hall) 원자력발전소가 세계 최초로 상업발전을 시작하였고 우리나라는 1978년 고리원자력 1호기(시설용량 600 [MW])를 준공함으로써 세계 21번째의 원자력 발전국의 대열에 서게 되었다.

고리 1호기의 원자로는 미국의 웨스팅하우스(Westinghouse)사가 개발한 가압수형경수로(加壓水型輕水爐 : Pressurized Water Reactor, PWR)를 사용하였고, 2차 계통은 영국의 GEC사가 맡았다. 그후 1983년 4월에 상업발전을 시작한 월성 1호기는 캐나다가 개발한 가압수형중수로(캐나다형 중수감속 가압수형 중수냉각로 : Canadian Deuterium Reactor Pressurized Heavy Water Reactor, CANDU-PHW)를 채택하여 핵연료 공급면에서 다원화를 꾀하였다.

원자력발전의 확대는 장차 고갈될 화석연료에 대비한다는 가장 큰 의미를 갖고 있다. 그러나 환경에 대한 방사능오염은 적다고 하더라도 발전 이후의 방사성 폐기물의 처리 문제가 큰 문제로 대두되고 있다. 또한 실제로 지구상의 우라늄 분포는 지각 중의 평균 부존량이 약 0.0004 [%]이며 그나마 북미와 남아프리카에 편재되어 있다. 토륨(Th)은 지각 중 평균 부존량이 우라늄의 3배 정도지만 경제성이 있는 것은 우라늄의 절반 정도밖에 되지 않는다.

우리나라의 경우 우라늄이 약 15,000 [ton] 매장되어 있는 것으로 추정되나 원광석에 우라늄의 농축비율이 낮기 때문에 우라늄 농축기술의 개발이 선행되어야만 실제로 사용할 수 있다.

1.9 전류의 작용

우리는 일상생활에서 전기를 이용하여 빛, 열, 힘 등을 얻기도 하고, 전기분해, 도금 등을 하기도 한다. 이러한 것들은 대표적으로 몇 가지만 적은 것이고 그들을 세분하면 무수히 많은 이용사례를 열거할 수 있으나, 크게 다음의 세 가지 정도로 전류의 작용을 분류할 수 있다.

1) 열을 낸다

도체(금속) 내에는 전기저항이라고 하는 것이 있어서, 전류의 흐름을 방해하려고 하는데 전류가 이 방해를 극복하고 흐르기 위해서는 저항성분과 부딪쳐야 되고 그 와중에서 열이 발생하게 된다. 이 열의 발생량은 전기저항의 크기와 전류의 제곱과 전류가 흐른 시간의 곱에 비례한다. 열을 이용하는 경우는 전열기만을 생각하여 따뜻하고, 뜨거운 것만을 생각하기 쉬우나 백열전구와 같이 빛을 내는 것도 열에 의한 경우가 있다. 형광등은 그렇지 않지만 백열전구는 필라멘트의 온도를 섭씨 500도 이상 가열하여 빛을 내게 하는 구조로 되어 있다. 어느 물체든지 열을 가하여 온도를 차차 높이면 처음에는 검붉은 빛을 내기 시작하다가 차차 흰빛을 내게 된다. 그러니까 전열기도 열선의 온도를 더 높게 하면 열과 동시에 빛도 내게 되는 것이다. 다시 말해서 전열기와 백열전구의 차이는 열을 내는 부분의 온도를 적절하게 조절해서 우리가 원하는 용도로 이용하고 있는 것이다.

2) 자기(磁氣 : 자석의 기운)를 만든다

그림 1·19와 같이 자성체에 코일을 감아 전류를 흘리면 클립 같은 쇠붙이를 끌어당

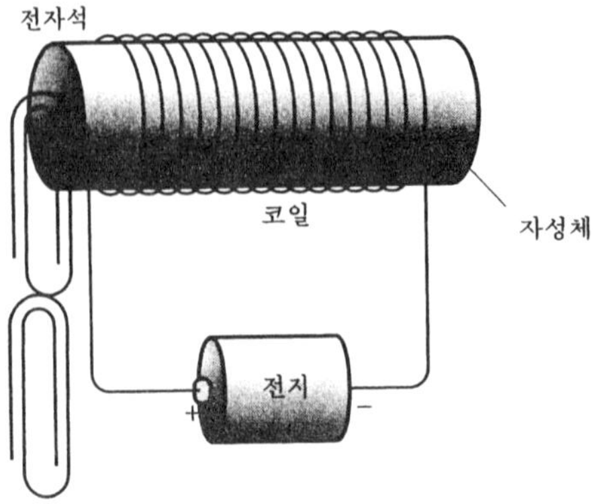

그림 1·19 전류의 자기작용

긴다. 이런 현상은 코일 내에 자계(磁界)가 생겼기 때문이다. 이렇게 전류에 의해 자석의 기운이 생기고, 자계 내에 도선을 놓고 전류를 흘리면 그 도선은 일정한 방향으로 힘을 받는다. 이 힘을 전자력(電磁力)이라고 하며 이 원리를 이용한 것이 전동기이다. 또한 그 역작용도 성립하여 자계 내에서 도선에 힘을 가하여 이동시키면 그 도선에는 전류가 흐른다. 이 원리를 이용한 것이 발전기인 것이다.

3) 화학작용(전기분해나 도금)을 한다

물을 전기분해하여 수소와 산소를 분리하는 일, 혹은 도금을 하는 일 등은 전류가 화학적인 작용을 한다는 것이다. 그림 1·20과 1·21에 각각 소금물의 전기분해와 은도금의 예를 나타내었다.

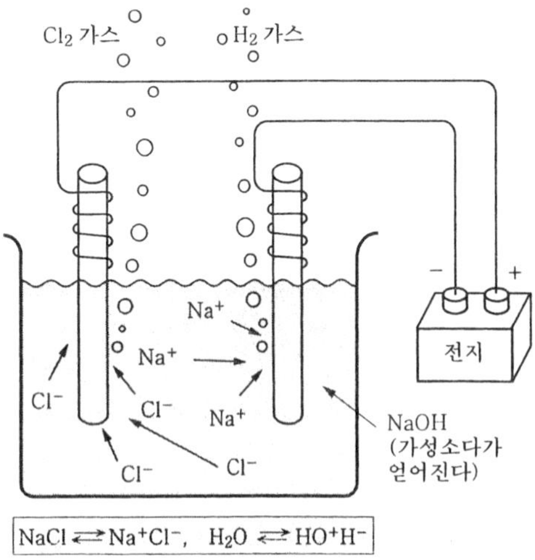

그림 1·20 소금물의 전기분해

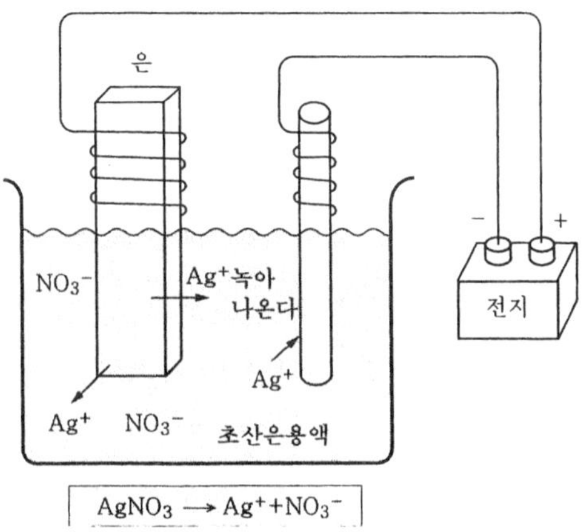

그림 1·21 은도금

연습문제

1. 전기란 무엇인가?

2. 전기발생 에너지원의 종류를 기술하라.

3. 전하 1 [C]에는 몇 개의 전자가 있는가?

4. 전기가 우리 생활에 미치는 영향에 대하여 설명하라.

2 전기의 기초 개념

2.1 전기회로

그림 2・1 (a)에서 스위치 S를 닫으면, 전류의 흐름은 건전지의 양극 점 a에서 스위치 S를 지나 꼬마전구 점 b・점 c를 경유하여 건전지의 음극 점 d로 흐르게 된다. 이와 같이 전류가 흐르는 통로를 전기회로(electric circuit) 또는 간단히 회로(circuit)라고 부른다. 여기서 그림 2・1 (b)는 전기심벌을 사용하여 그림 2・1 (a)를 알아보기 쉽게 간단히 나타낸 것으로 회로도(circuit diagram)라고 한다.

그림 2・1에서 전지와 같은 전기의 공급원을 전원(electric source)이라 하며, 꼬마

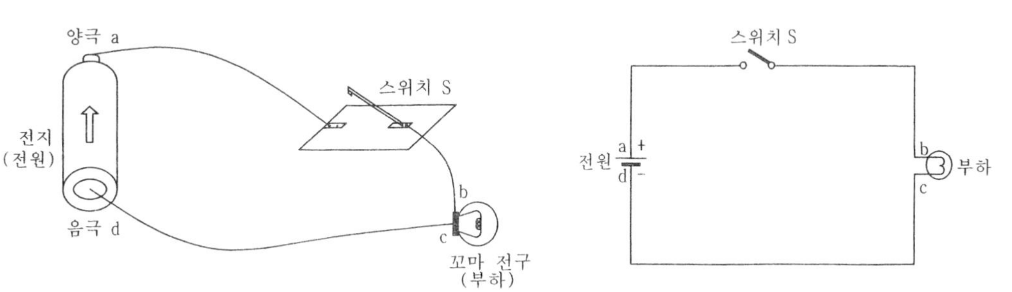

그림 2・1 전기회로

전구와 같이 전류가 흘러 전기가 소비되는 것을 부하(load)라 한다.

2.2 전 류

그림 2·1과 같은 전기회로에서, 스위치를 닫으면 꼬마전구에 불이 켜진다. 이것은 전선을 통하여 꼬마전구에 전류가 흘렀기 때문이다. 이때 전류의 방향은 전지의 (+)에서 (−)쪽으로 흐른다고 약속이 되어 있는데, 이와 같은 사실은 자유전자가 도선을 통하여 (−)에서 (+)쪽으로 이동하였기 때문인 것이다.

이러한 전류의 흐름방향을 그림 2·2에 나타낸다.

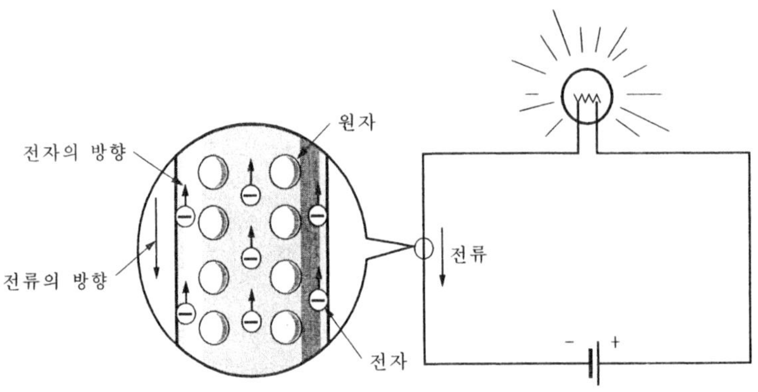

그림 2·2 전류의 방향

이와 같은 전하의 이동을 전류(electric current)라고 한다.

전류의 크기는 도체의 단면을 단위시간에 통과하는 전하량으로 정의하며, 단위는 암페어(ampere)를 사용한다. 즉, 1초 동안에 1 [C]의 전하가 이동했을 때의 전류의 크기를 1 [A]라고 한다.

지금 t초 동안에 Q[C]의 전하가 이동했을 때 흐른 전류의 크기를 I라고 하면,

$$I = \frac{Q}{t} \text{ [A]} \qquad (2 \cdot 1)$$

로 표시되는데, 만일 이동하는 전하의 비율이 시간에 따라 변화한다면 i는 전하 q의 시간적 변화율로 나타나며

$$i = \frac{dq}{dt} \text{ [A]} \qquad (2 \cdot 2)$$

$$q = \int i dt \,[\mathrm{C}] \tag{2·3}$$

로 정의된다.

2.3 전 위

전기의 흐름은 물의 흐름과 유사하므로 물의 흐름에 비유해서 전기의 흐름을 설명하기로 한다.

2.3.1 전위란 무엇인가?

전위라 함은 전기의 위치라고 할 수 있는 것으로 일반적으로 물의 높낮이인 수위(水位)를 생각하면 이해가 쉽다. 그림 2·3에 전위와 수위를 비교 설명하고 있다.

물은 수위가 높은 곳에서 낮은 곳으로 흐르면서 외부에 일을 하기도 한다. 예를 들어 물레방아를 돌린다든지, 발전을 한다든지 하는 것들이다. 반대로 물을 낮은 곳에서 높은 곳으로 운반하려면 외부에서 에너지를 가하여 일을 해야만 가능하다. 이처럼 위치의 높낮이라는 것이 일과 관계가 있다. 전위도 일과 관련이 있으므로 다음과 같이 설명할 수 있다.

전계 내에 전하를 놓으면 전기력(쿨롱의 힘)을 받는데 이 힘에 의해서 전하가 어느 거리만큼 옮겨졌다면 전계가 전하에 대하여 일을 하였다고 한다.

그림 2·4와 같이 전계 E에서 전하 q[C]을 점 A에서 점 B까지 운반하는 데 요하는 일을 구할 때 이를 식으로 나타내면 다음과 같다.

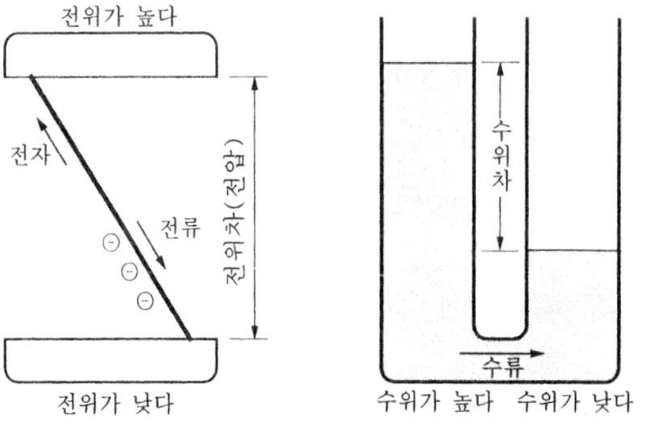

그림 2·3 전위와 수위

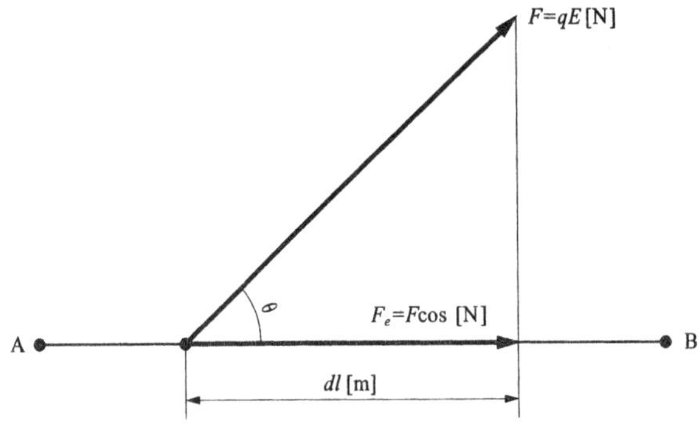

그림 2 · 4 전하를 운반할 때 일

$$dW = -F_e \cdot dl = -F \cos\theta dl \ [\text{J}] \tag{2·4}$$

여기서 (−)부호는 전하 q [C]을 전계와 반대방향으로 운반한 일임을 의미한다. 따라서 전하를 점 A에서 점 B까지 운반하는 데 요하는 일을 W_{BA}라 하면 다음 식과 같이 표현된다.

$$W_{BA} = -\int_A^B F_e \cdot dl = -\int_A^B F\cos\theta dl \ [\text{J}] \tag{2·5}$$

또한 $F = qE$의 관계에 의해서 다음 식과 같이 된다.

$$W_{BA} = -q\int_A^B E \cdot dl = -q\int_A^B E\cos\theta dl \ [\text{J}] \tag{2·6}$$

특히 단위전하(1 [C])를 점 A에서 점 B까지 운반하는 데 요하는 일을 두 점 A, B 사이의 전위차(electric potential difference)라고 한다. 이를 V_{BA}로 표시하면 다음 식과 같다.

$$V_{BA} = -\int_A^B E \cdot dl = -\int_A^B E\cos\theta dl \ [\text{J}] \tag{2·7}$$

일반적으로 전계의 작용이 미치지 않는 무한원점을 기준점으로 하여 이것과 점 P 사이의 전위차를 점 P의 전위라고 정의하면 다음 식과 같다.

$$V_P = -\int_\infty^P E \cdot dl = -\int_\infty^P E\cos\theta dl \ [\text{V}] \tag{2·8}$$

여기서 전위 및 전위차의 단위를 볼트(volt)라 하며, 1 [C]의 전하를 운반하는 데 요하는 일이 1 [J]일 때의 전위차를 1 [V]라고 한다. 전위의 기준점은 무한원점을 0 [V]로 하고 있으나 실용상으로는 대지의 전위를 0 [V]로 하여 이것을 기준으로 하고 있다.

여기서 이해를 쉽게 하기 위해서 물의 흐름과 전기의 흐름과 관련된 용어를 비교 정리하여 나타내면 표 2·1과 같다.

표 2·1 물과 전기의 비교

물의 흐름	전기의 흐름
① 수위	전위
② 수위차	전위차
③ 수압	전압
④ 수위기준	전위기준 : 대지전위
⑤ 물의 양	전류의 양 : 쿨롱/초=암페어
⑥ 펌프 : 물의 보충	발전기 : 전기생산
⑦ 저수지	전지

2.3.1 전압의 단위

전압은 전기를 흐르게 하는 압력으로서, 그 MKS 단위는 볼트(volt : [V])이고, 표현은 V, v를 사용한다. 1볼트([V])는 1쿨롱([C])의 전하가 두 지점 간을 이동할 때 얻거나 잃는 에너지가 1줄(joule : [J])일 때의 전압(전위차)이다. 따라서 Q[C]의 전하가 전위차가 일정한 두 지점 간을 이동할 때 얻거나 잃는 에너지를 W[J]이라면 두 지점 간의 전위차 V는

$$V = \frac{W}{Q}\ [\mathrm{V}] \quad \text{또는} \quad W = VQ\ [\mathrm{J}] \tag{2·9}$$

와 같이 되고, 전압값이 작을 때는 밀리볼트[mV], 클 때는 킬로볼트[kV]를 사용한다.

2.3.2 기전력

전류를 지속해서 흐르게 하려면 전압을 계속해서 만들어 내어야 한다. 이와 같이 전압을 만들어 내는 힘을 기전력이라 하고, 기전력을 발생시키는 장치를 전원이라고 말한다. 기전력의 단위는 전압과 동일하게 볼트(volt : [V])를 사용한다. 예로서 전지나 발전기는 전류를 계속해서 흐르게 하는 작용으로서, 물을 퍼올리는 펌프와 저장하는 저수지에 비교할 수 있고, 이러한 것들을 전기를 흐르게 하는 원천이라고 할 수 있으며 간단히 전원이라 한다.

2.4 옴의 법칙

그림 2·1에서 꼬마전구를 용량(watt)이 다른 것으로 바꾸면, 회로에 흐르는 전류의 크기가 변화하므로 밝기가 달라진다. 그 이유는 꼬마전구마다 전류의 흐름을 방해하는 성질이 있기 때문이며, 이것을 전기저항(electric resistance) 또는 저항(resistance)이라도 한다. 저항의 크기를 나타내는 기호로는 R이며 단위는 옴[Ω]으로 표시한다. 따라서 2·1 (a)를 그림 2·5처럼 나타내었을 때, 옴의 법칙(ohm's law)은 다음과 같이 설명된다.

즉, 도체에 흐르는 전류의 크기는 가해진 전압의 크기에 비례하며 전기저항에 반비례한다. 이 법칙을 수식으로 나타내면 다음과 같다.

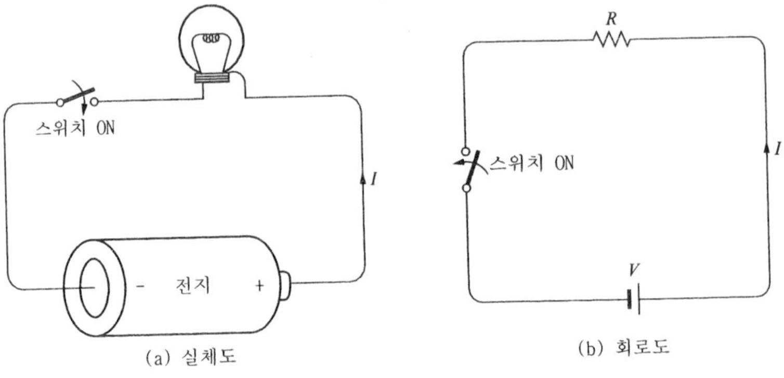

그림 2·5 옴의 법칙

$$I=\frac{V}{R}\,[\mathrm{A}],\quad R=\frac{V}{I}\,[\Omega],\quad V=IR\,[\mathrm{V}] \tag{2·10}$$

V-I 평면상에 식 (2·10)을 그래프로 나타내면 그림 2·6 (b)처럼 원점을 지나는 직선이 된다. 이와 같이 회로소자의 전압과 전류관계가 1차 방정식으로 표시되어 전압과 전류의 비가 상수일 때 그 소자를 **선형저항기**(linear resistor)라 한다.

$$1\,[\mathrm{k}\Omega]=10^3\,[\Omega],\quad 1\,[\mathrm{M}\Omega]=10^6\,[\Omega],\quad 1\,[\mathrm{G}\Omega]=10^9\,[\Omega]$$

저항에 전압 V를 인가하여 전류 I를 흘려줄 때 저항기가 흡수하는 전력은

$$P=V\cdot I=I^2R=\frac{V^2}{R}\,[\mathrm{W}] \tag{2·11}$$

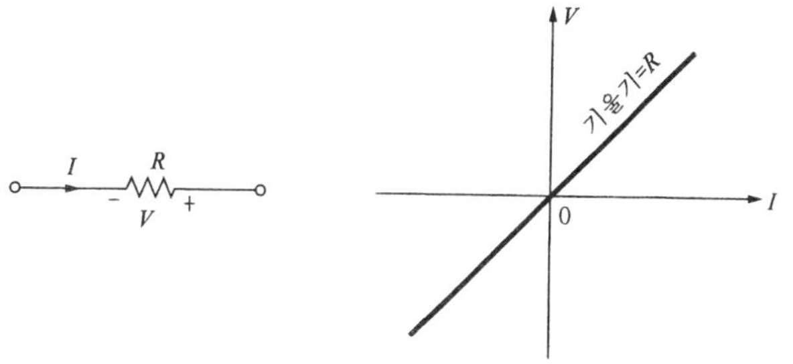

(a) 저항기호　　(b) 전압, 전류 관계

그림 2·6 저항기호와 전압, 전류 관계

이다. 저항기는 소비전력이 언제나 (+)의 값을 갖는 수동회로 소자[1]이며 전력을 발생하거나 에너지를 축적할 수는 없고, 흡수된 전력은 열로 소비되어 버린다. 저항의 역수를 **콘덕턴스**(conductance)라 하며 단위는 모[℧]이다.

$$G=\frac{1}{R}=\frac{I}{V}\ [℧] \qquad (2 \cdot 12)$$

도선의 저항은 길이에 비례하고, 단면적에 반비례한다. 그림 2·7과 같이 도체의 단면적을 $S\,[\mathrm{m}^2]$, 도체의 길이를 $L\,[\mathrm{m}]$라 할 때 도체의 저항 R은

$$R=\rho\frac{L}{S}\ [\Omega] \qquad (2 \cdot 13)$$

이 된다.

여기서 ρ는 도선의 재질에 따라 결정되는 상수로서, 이를 **고유저항** 또는 **저항률**(electric resistivity)이라 하며 이것은 다음으로부터 정의된다.

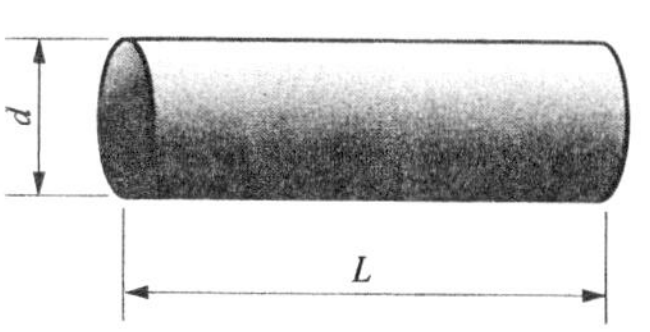

그림 2·7 도체저항 R

1) 수동 소자 : 자체의 내부에 에너지발생원 또는 신호증폭 기능을 갖지 않는 회로 소자
능동 소자 : 자체의 내부에 에너지발생원 또는 신호증폭 기능을 갖는 회로 소자

표 2·2 금속 도체의 고유저항

(단위 : 10^{-8} [Ω·m])

원소(20 [℃])				합금(상온)	
은	1.62	니 켈	6.9	강	10~20
동	1.69	철	10.0	규소강(Fe-Si 4.5%)	
알루미늄	2.83	백 금	10.5		62.5
마그네슘	4.46	주 석	11.4	니크롬강(Ni-Cr-Fe)	100~110
몰리브덴	4.47	아 연	21.9	망가닌(Cu-Mn)	34~100
아 연	6.1	수 은	95.8	놋쇠(Cu-Zn)	5~7

예제 2·1 다음 그림 2·8에서 전류 $I=0.1$ [A]이고 저항값은 2 [kΩ]이다. 저항 양단에 걸리는 전압을 구하라.

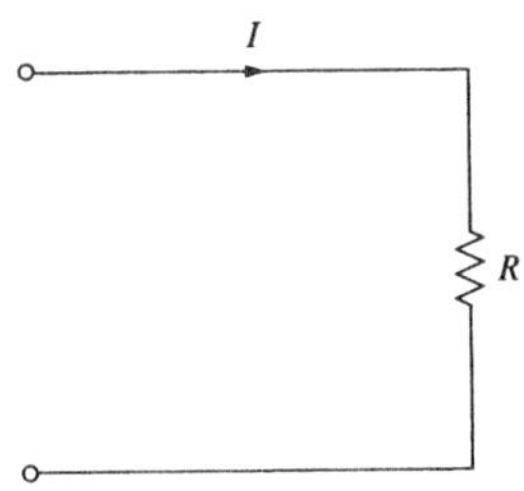

그림 2·8 예제 2·1 그림

풀이 $V=IR=0.1\times2000=200$ [V]

예제 2·2 길이가 150 [m]이고 지름이 10 [mm]인 동선의 상온에서의 저항값을 구하라.

풀이 표 2·2에서 $\rho=1.69\times10^{-8}$ [Ω·m]이므로

$$R=\rho\frac{L}{S}=1.69\times10^{-8}\times\frac{150}{\pi\left(\frac{10}{2}\times10^{-3}\right)^2}\fallingdotseq0.032\ [\Omega]$$

2.5 저항의 접속

대부분의 전기회로는 2개 이상의 저항을 접속하여 구성하게 되는 경우가 많다. 이때 저항의 접속방법으로는 직렬접속(series connection), 병렬접속(parallel connection) 및 직・병렬접속(series-parallel connection) 등이 있는데, 이들의 합성저항과 전류에 대하여 알아보기로 한다.

2.5.1 직렬접속

그림 2・9 (a)와 같이 저항을 일렬로 접속하는 것을 직렬접속이라 하고, 이 저항들과 전원이 모두 직렬로 접속되어 있는 것을 직렬회로라고 한다. 그림 2・9 (a)에서 전구 대신 저항으로 표시하여 나타낸 회로도를 그림 2・9 (b)에 나타낸다.

위와 같은 직렬회로에서 각 저항의 합성저항(combined resistance) R은 다음과 같이 된다.

$$R = R_1 + R_2 + R_3 \ [\Omega] \tag{2・14}$$

그러므로 회로에 흐르는 전류 I는 옴의 법칙에 의하여

$$I = \frac{V}{R} = \frac{V}{R_1 + R_2 + R_3} \ [\mathrm{A}] \tag{2・15}$$

로 구할 수 있다. 그리고, 각각의 저항에 걸리는 전압은 각 저항의 크기에 비례하는데,

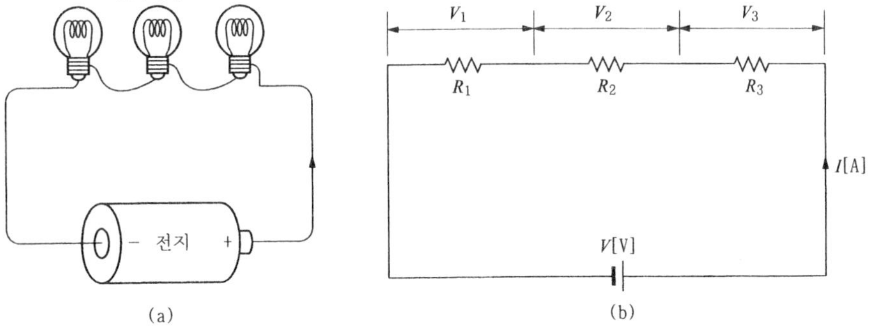

그림 2・9 저항의 직렬접속

$$V_1 = IR_1\,[\mathrm{V}],$$
$$V_2 = IR_2\,[\mathrm{V}], \qquad (2 \cdot 16)$$
$$V_3 = IR_3\,[\mathrm{V}]$$

의 관계로 된다.

2.5.2 병렬접속

그림 2 · 10 (b)와 같이 저항의 양끝을 각각 1개소에서 접속하는 방법을 저항의 병렬접속이라 하고, 이 저항들이 전원과 접속되어 있는 회로를 병렬회로라고 한다.

그림 2 · 10 (b)와 같은 병렬회로에서의 합성저항 $R\,[\Omega]$은 다음과 같이 구할 수 있다.

$$R = \frac{1}{\dfrac{1}{R_1} + \dfrac{1}{R_2} + \dfrac{1}{R_3}}\,[\Omega] \qquad (2 \cdot 17)$$

그리고, 각 저항에 흐르는 전류 I_1, I_2, $I_3\,[\mathrm{A}]$는 각각 식 (2 · 18)과 같이 된다.

$$I_1 = \frac{V}{R_1}\,[\mathrm{A}]$$
$$I_2 = \frac{V}{R_2}\,[\mathrm{A}] \qquad (2 \cdot 18)$$
$$I_3 = \frac{V}{R_3}\,[\mathrm{A}]$$

따라서, 전체 전류 I는

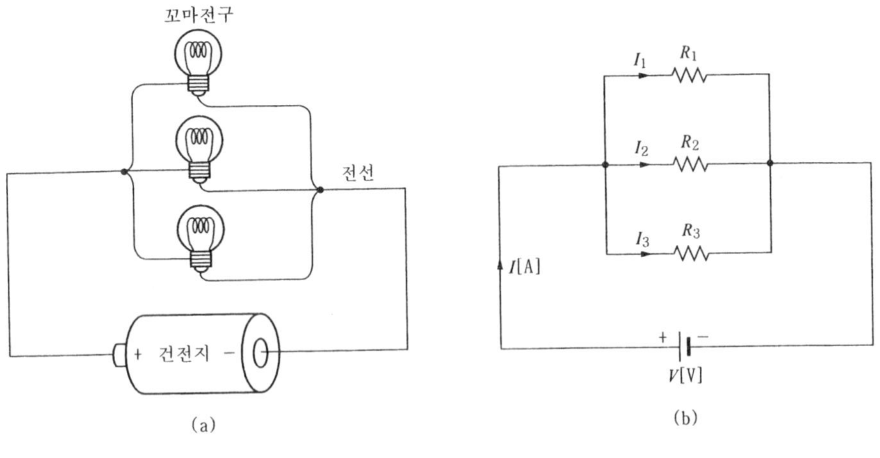

그림 2 · 10 저항의 병렬접속

$$I = I_1 + I_2 + I_3 = \frac{V}{R_1} + \frac{V}{R_2} + \frac{V}{R_3} \,[\mathrm{A}] \tag{2·19}$$

만큼 흐르게 된다.

2.5.3 직 · 병렬접속

저항의 직·병렬접속은 직렬접속과 병렬접속 회로를 적당히 조합한 것이다. 그림 2·11에 여러 가지 직·병렬접속의 예를 나타낸다.

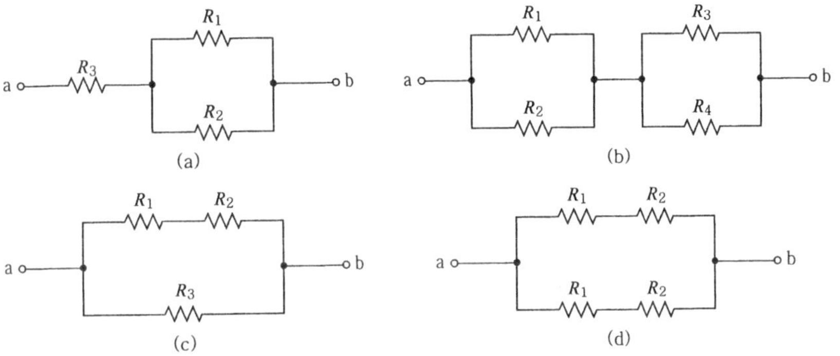

그림 2·11 저항의 직·병렬접속

2.5.4 브리지 회로

■ 휘트스톤 브리지(Wheatstone bridge)

저항을 측정하는 휘트스톤 브리지가 있다. 이 브리지는 브리지 회로의 기본형으로서 회로구성은 그림 2·12와 같다. 브리지 회로는 저항 이외에 인덕턴스, 커패시턴스 및 주파수 등을 측정하는 데 사용되며, 다른 계기에 의한 측정보다 정확하다.

검류계 D를 흐르는 전류가 0일 때 브리지는 평형상태가 되어 다음 관계식이 성립한다.

$$I_1 Z_1 = I_2 Z_2, \quad I_1 Z_3 = I_2 Z_4$$

$$\frac{I_2}{I_1} = \frac{Z_1}{Z_2} = \frac{Z_3}{Z_4}$$

$$Z_1 Z_4 = Z_2 Z_3 \tag{2·20}$$

실용화되고 있는 교류 브리지에는 여러 가지가 있으나 대표적인 것으로 휘트스톤 브리지(Wheatstone bridge), 맥스웰 브리지(Maxwell bridge), 빈 브리지(Wien bridge)가 있다.

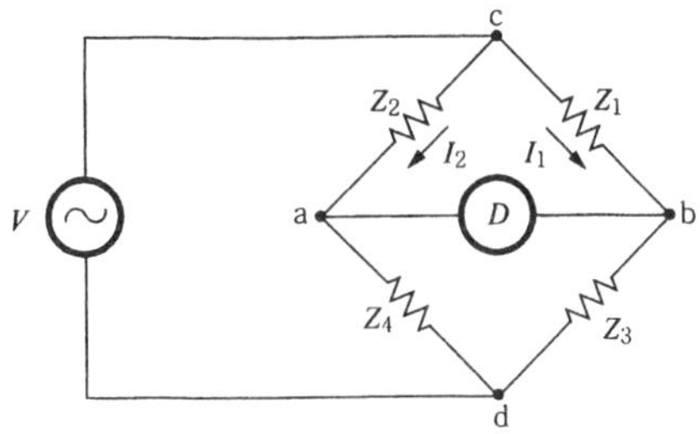

그림 2 · 12 브리지 회로

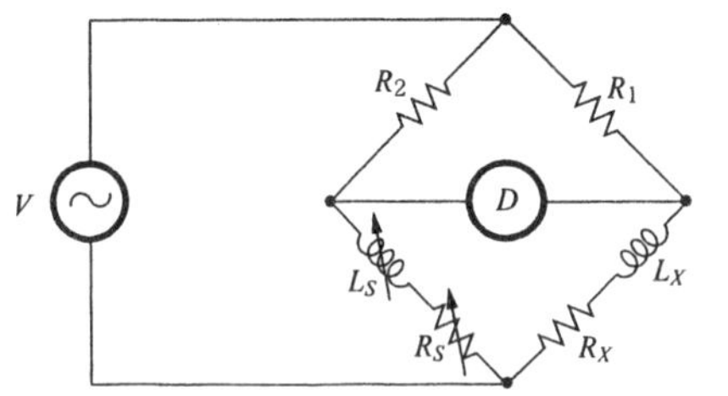

그림 2 · 13 맥스웰 브리지 회로

2.5.4 분로전류

여러 개의 저항을 그림 **2 · 14**와 같이 병렬로 연결하고 각각의 저항에 흐르는 전류를 구해보자.

$$E = V_1 = V_2 = V_3$$

$$I_1 = \frac{V_1}{R_1} = \frac{E}{R_1} = \frac{1}{R_1} IR_T$$

$$= \frac{1}{R_1} \frac{R_1R_2R_3}{R_1R_2 + R_2R_3 + R_3R_1} I$$

$$= \frac{R_2R_3}{R_1R_2 + R_2R_3 + R_3R_1} I \tag{2 · 21}$$

$$I_2 = \frac{V_2}{R_2} = \frac{E}{R_2}$$

$$= \frac{R_1R_3}{R_1R_2 + R_2R_3 + R_3R_1} I \tag{2 · 22}$$

$$I_3 = \frac{V_3}{R_3} = \frac{E}{R_3}$$

$$= \frac{R_1R_2}{R_1R_2 + R_2R_3 + R_3R_1} I \tag{2 · 23}$$

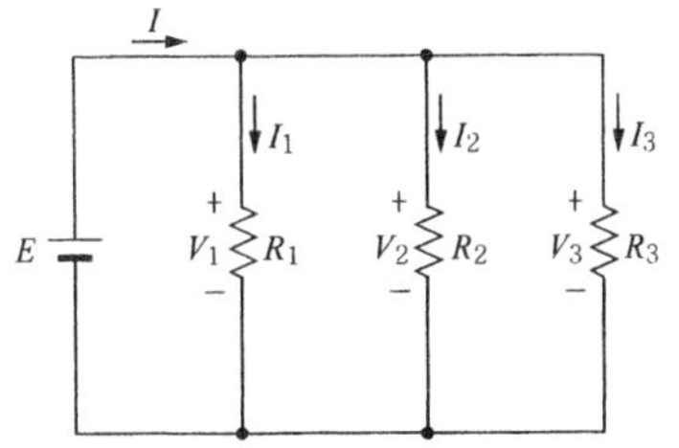

그림 2 · 14 병렬회로

예제 2·3 그림 2·15의 회로에서 전전류 I 및 분로전류 I_1과 I_2를 구하라.

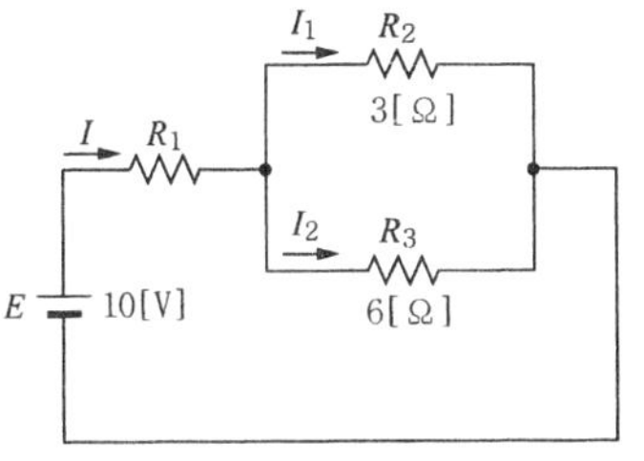

그림 2·15 예제 2·3의 그림

풀이

$$R_T = R_1 + \frac{R_2R_3}{R_2+R_3} = 5\ [\Omega]$$

$$I = \frac{E}{R_T} = 2\,[\mathrm{A}]$$

$$I_1 = \frac{E_1}{R_2} = \frac{I}{R_2}\,\frac{R_2R_3}{R_2+R_3} = \frac{R_3}{R_2+R_3} = \frac{4}{3}\,[\mathrm{A}]$$

$$I_2 = \frac{V}{R_3} = \frac{2}{3}\,[\mathrm{A}]$$

2.6 키로히호프의 법칙

■ 제1법칙(전류법칙)

회로망 중 임의의 접합점(마디)에 유입되는 전류와 마디로부터 나오는 유출되는 전류의 대수적 총합은 0이다. 즉

$$\sum_{n=1}^{N} i_n = 0 \tag{2·24}$$

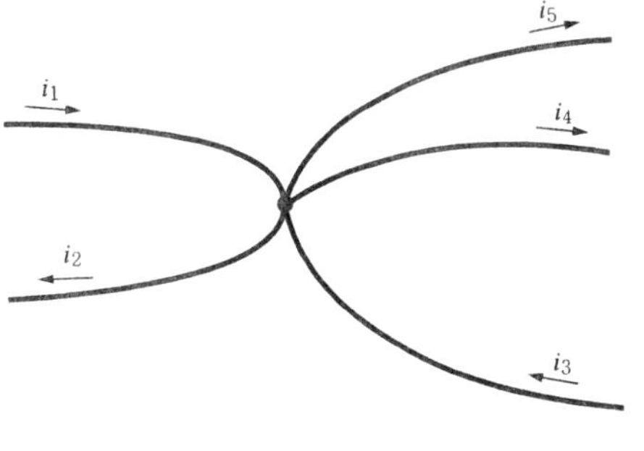

그림 2·16 키르히호프의 전류법칙

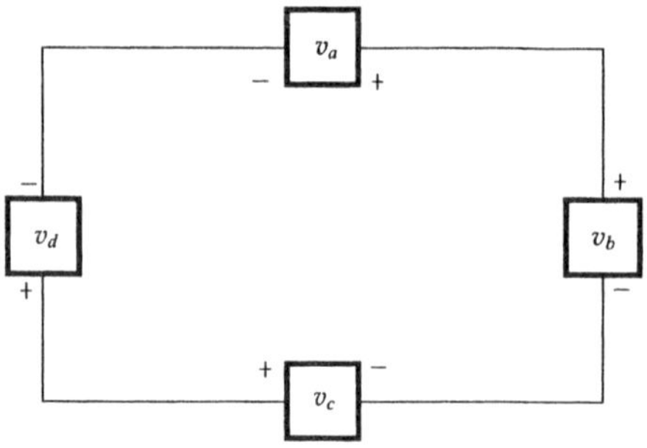

그림 2 · 17 키르히호프의 전압법칙

그림 2 · 16에서 접합(●)점에 들어가는 전류를 (+), 접합(●)점으로부터 나오는 전류를 (−)라 하면

$$i_1+(-i_2)+i_3+(-i_4)+(-i_5)=0 \tag{2・25}$$

■ **제2법칙**(전압법칙)

회로망 중 임의의 폐회로(closed circuit)를 따라서 일주하면서 계산한 전압상승의 총합은 그 폐회로에서의 전압강하의 총합과 같다. 즉,

$$\sum_{n=1}^{N} v_n=0 \tag{2・26}$$

그림 2 · 17의 폐회로에서 시계방향으로 일주할 때 전압상승을 (+), 전압강하를 (−)로 하여 합을 취하면

$$v_a-v_b+v_c-v_d=0$$

이다.

예제 2 · 4 그림 2 · 18의 회로에서 전지의 기전력이 $E_1=4\,[\mathrm{V}]$, $E_2=2\,[\mathrm{V}]$, 저항

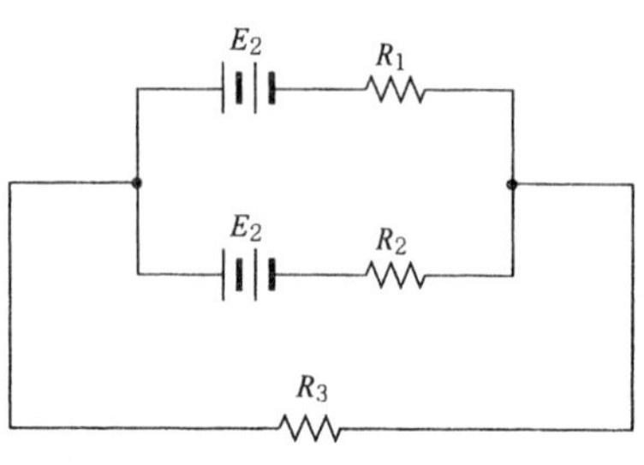

그림 2 · 18 예제 2 · 4의 그림

$R_1 = 0.25\,[\Omega]$, $R_2 = 0.1\,[\Omega]$, $R_3 = 0.1\,[\Omega]$일 때 R_1, R_2, R_3에 흐르는 전류를 구하라. 단, 전지의 내부저항은 무시한다.

풀이 R_1에 흐르는 전류를 I_1, R_2에 흐르는 전류를 I_2, R_3에 흐르는 전류를 I_3라 하면 키르히호프의 제1법칙(전류법칙)에 의하여

$$I_3 = I_1 + I_2$$

R_1, R_3 회로에 키르히호프의 제2법칙(전압법칙)을 적용하면

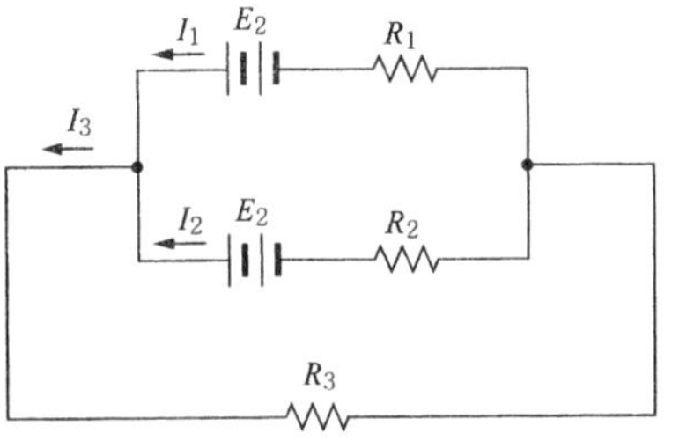

그림 2 · 19

$$I_1R_1 + (I_1 + I_2)R_3 = E_1$$

R_2, R_3 회로에서

$$I_2R_2 + (I_1 + I_2)R_3 = E_2$$

주어진 수치를 넣으면

$$0.25I_1 + 0.1(I_1 + I_2) = 4$$
$$0.1I_1 + 0.1(I_1 + I_2) = 2$$

이를 정리하면

$$0.35I_1 + 0.1I_2 = 4$$
$$0.2I_1 + 0.1I_2 = 2$$

이 방정식을 행렬로 표시하면 다음과 같다.

$$\begin{bmatrix} 0.35 & 0.1 \\ 0.2 & 0.1 \end{bmatrix} \begin{bmatrix} I_1 \\ I_2 \end{bmatrix} = \begin{bmatrix} 4 \\ 2 \end{bmatrix}$$

$$I_1 = \frac{\begin{vmatrix} 4 & 0.1 \\ 2 & 0.2 \end{vmatrix}}{\begin{vmatrix} 0.35 & 0.1 \\ 0.2 & 0.1 \end{vmatrix}} = \frac{4 \times 0.2 - (0.1 \times 2)}{0.35 \times 0.1 - (0.2 \times 0.1)} = \frac{0.8 - 0.2}{0.035 - 0.02}$$

$$= \frac{0.6}{0.015} = 40\,[\text{A}]$$

$$I_2 = \frac{\begin{vmatrix} 0.35 & 4 \\ 0.1 & 2 \end{vmatrix}}{\begin{vmatrix} 0.35 & 0.1 \\ 0.2 & 0.1 \end{vmatrix}} = \frac{0.35 \times 2 - (4 \times 0.1)}{0.015} = \frac{0.7 - 0.4}{0.015}$$

$$= \frac{0.3}{0.015} = 20\,[\text{A}]$$

$$I_3 = I_1 + I_2 = 40 + 20 = 60\,[\text{A}]$$

$$\therefore\ I_1 = 40\,[\text{A}],\ I_2 = 20\,[\text{A}],\ I_3 = 60\,[\text{A}]$$

예제 2·5 그림 2·20의 회로에서 전원전압에 의해 전달되는 전력과 저항에 의해 소비되는 전력을 구하라.

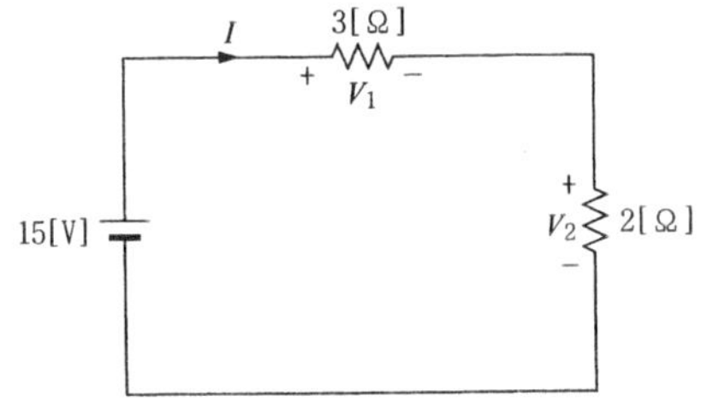

그림 2·20 예제 2·5의 그림

풀이 전류의 방향을 시계방향으로 잡고 키르히호프의 전압법칙을 적용하면

$$15 = 3I + 2I$$

$$I = 3\,[\text{A}]$$

따라서, 각 소자의 전압은 다음과 같다.

$$V_1 = 3 \times 3 = 9\,[\text{V}]$$

$$V_2 = 3 \times 2 = 6\,[\text{V}]$$

전압전원에 의해 전달되는 전력(P_S)은

$$P_S = 15I = 45\,[\text{W}]$$

이며, 2개의 저항에 의해 흡수되는 전력(P_1, P_2)은

$$P_1 = 9I = 27\ [\text{W}]$$

$$P_2 = 6I = 18 \text{ [W]}$$

이다.

따라서 전원에 의해 공급(전달)되는 전력은 소자에서 소비(흡수)되는 전력의 합과 같다는 것을 알 수 있으며, 이것을 **전력보존의 법칙**(law of power conservation)이라 한다.

예제 2 · 6 그림 2 · 21 회로에서 전압 V_x, V_y와 전류 I_x, I_y를 구하라.

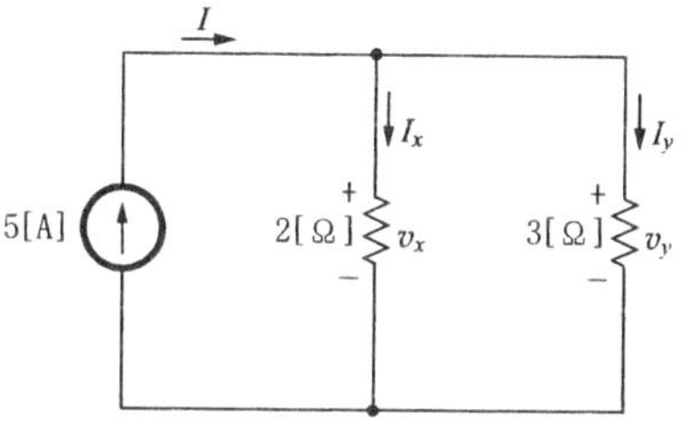

그림 2 · 21 예제 2 · 6의 그림

풀이 우측의 폐회로에서 키르히호프의 전압법칙을 적용하면

$$V_x = V_y = V$$

$$I_x = \frac{V}{2}$$

$$I_y = \frac{V}{3}$$

이 되고, 좌측 폐회로에 키르히호프의 전류법칙을 적용하면

$$10 = \frac{V_x}{2} + \frac{V_y}{3} = \frac{V}{2} + \frac{V}{3}$$

$$10 = \frac{V}{2} + \frac{V}{3} \quad \leftarrow \text{ 양변에 6을 곱하면}$$

$$60 = 3V + 2V$$

$$60 = 5V$$

$$V = \frac{60}{5} = 12 \text{ [V]}$$

이다. 따라서 구하고자 하는 전압, 전류는 다음과 같다.

$$V_x = V_y = 12 \text{ [V]}$$

$$I_x = 6 \text{ [A]}$$

$$I_y = 4 \text{ [A]}$$

2.7 인덕턴스

도선에 전류가 흐르면 도선 주위에 자장(magnetic field)이 생기고 자장의 모양은 오른나사 법칙에 의해서 자력선(magnetic flux line)이 나타남을 알 수 있다. 즉 전류의 방향이 나사가 진행하는 방향이라면, 자장은 나사가 돌아가는 방향이 된다. 이 자력선을 한 묶음으로 생각하여 이것을 자속(magnetic flux)이라 부르며, 보통 ϕ로써 표시하고 단위는 웨버(weber)이다.

1831년경 영국의 패러데이(Faraday)와 미국의 헨리(Henry)는 자기유도에 대해 각각 다음과 같은 관계를 알아내었다.

패러데이의 법칙

그림 2·22와 같이 1회 감은 코일에 검류계(G)를 연결하고 폐회로를 구성하면 이 회로에는 전원 소스가 없으므로 전류가 흐르지 않는다. 그러나 막대자석을 하나 집어 북극(N극)을 코일로 향하여 움직이면 검류계가 움직인다. 막대자석을 코일로 향하여 움직인 후 가만있으면 검류계는 움직이지 않는다. 다시 막대자석을 코일로부터 바깥쪽으로 빼면 검류계는 움직인다. 그러나 방향은 반대방향이다.

만약 N극 대신 S극을 코일 쪽으로 움직이면 이때도 검류계가 움직인다. 그 방향은 N극과 반대이다. 자석을 정지시키고 코일을 움직여도 같은 현상이 일어난다.

결론적으로 코일과 자석의 상대적 움직임에 따라 코일회로에 전류가 발생한다는 것이다. 이것을 전자유도(電磁誘導)라 하고 유도된 전류를 유기전류라 하며 기전력이 유도되었다고 한다.

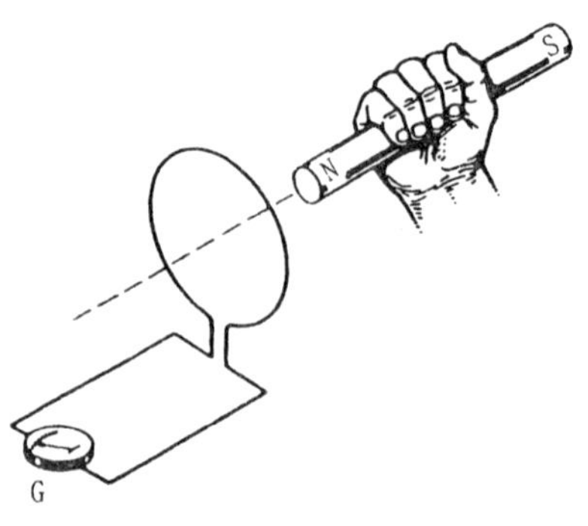

그림 2·22 자석에 의한 전자유도

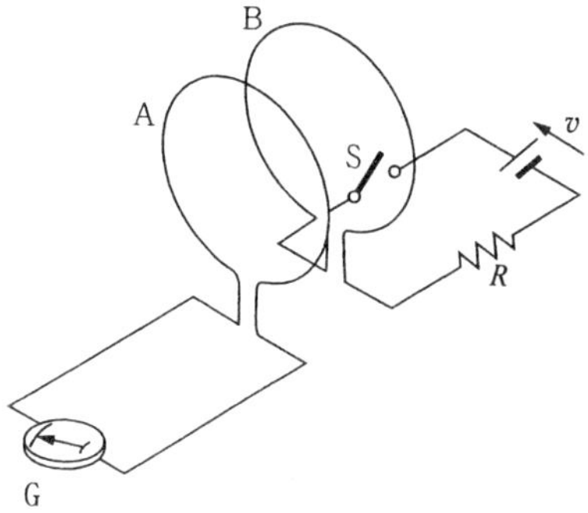

그림 2 · 23 코일 전류에 의한 전자유도

다음에 그림 2 · 23과 같이 같은 동일한 코일 A에 이번에는 막대자석 대신 다른 또 하나의 코일 B를 만들어 배터리를 연결하고 스위치를 부착하여 도통하도록 한 것을 가까이 두고 스위치 S를 ON, OFF시켰다. 그 결과 스위치를 ON하거나 OFF할 때에도 검류계의 바늘이 움직였으며 그 방향은 반대방향이었다. 그러나 배터리 용량을 크게 하여도 스위치를 닫거나 열린 상태로 정지하여 있으면 검류계는 움직이지 않았다.

여기서 우리는 다음과 같은 결론을 얻을 수 있다.

- 코일 A에 대한 자속 ϕ의 변화가 코일 A에 유기기전력을 일으킨다.
- 이 자속 ϕ는 막대자속에서 발생하거나 또는 코일 B의 전류변화에 의해 코일 B에서 발생한 것이다.
- 코일 A 회로 내에 발생하는 유기기전력 e는 그 회로 내를 관통하는 자속의 변화를 반대하는 방향으로(즉, 자속의 변화를 억제하는 쪽으로) 발생한다.

만약 시간당 자속의 변화가 weber/sec라면 발생하는 유기기전력 v는 volt가 될 것이다.

$$v = -\frac{d\phi}{dt} \text{ (여기서 “−”는 방향이 반대임을 표시한다)}$$

이것을 패러데이의 법칙이라 한다.

만약 A코일의 턴수가 n횟수만큼 감겼다면 유기기전력은 각 코일에 생긴 것을 모두 합한 값과 같을 것이므로

$$v = -N \cdot \frac{d\phi}{dt} = -\frac{d(N \cdot \phi)}{dt} \text{ [V]} \tag{2 · 27}$$

로 표시된다.

즉, 패러데이 법칙에 의하면 도선에 전류가 흘러서 생기는 자속을 도선이 쇄교(link)

하면 도선에는 유기기전력(induced voltage)이 생기는데 자속을 ϕ[Wb], 코일(coil)의 권수를 n[turn]이라면 자속쇄교수(number of flux linkage) Φ는

$$\Phi = n\phi \,[\text{Wb} \cdot \text{Turn}] \qquad (2 \cdot 28)$$

이 되고, 유기기전력 v는 자속쇄교수의 시간에 대한 비율로 나타나며 식은 다음과 같다.

$$v = \frac{d\Phi}{dt} \,[\text{V}] \qquad (2 \cdot 29)$$

여기서 $\Phi(=n\phi)$는 유도작용에 있어 중요한 특성값으로서 이 값은 전류의 크기에 비례한다. 즉 전류가 많이 흐르면 자속이 많이 발생한다.

한 회로의 전류와 이로 인하여 생기는 자속의 쇄교가 그림 2·24와 같은 관계를 가지고 변할 때, 직선적으로 변하는 범위에서는

$$\Phi = Li \,[\text{Wb} \cdot \text{Turn}] \qquad (2 \cdot 30)$$

라 쓸 수 있다. 여기서 L은 직선부분의 기울기이고, 회로의 자기 인덕턴스 또는 단순히 인덕턴스(self-inductacne, inductance)라고 불린다.

식 (2·30)으로부터

$$L = \frac{\Phi}{i} = \frac{n\phi}{i} \qquad (2 \cdot 31)$$

이고, 단위는 헨리 [H]이다.

$$1\,[\text{mH}] = 10^{-3}\,[\text{H}], \; 1\,[\mu\text{H}] = 10^{-6}\,[\text{H}]$$

식 (2·29)와 식 (2·30)에서

$$v = L\frac{di}{dt} \,[\text{V}] \qquad (2 \cdot 32)$$

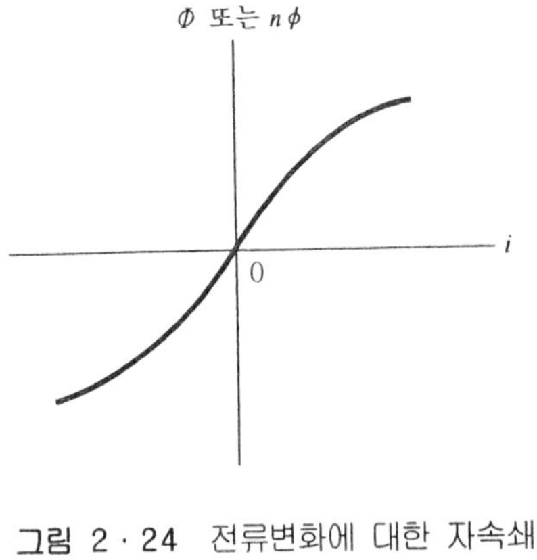

그림 2·24 전류변화에 대한 자속쇄교수

그림 2·25 인덕턴스 회로

식 (2 · 32)에서 전류 i가 일정하다면, 전압 v는 0이 된다는 것을 알 수 있다. 즉 코일은 직류전류에 대해 단락회로처럼 동작한다.

그림 2 · 25는 인덕턴스 회로에서의 전류, 전압의 기준방향을 나타낸 것이다.

예제 2 · 7 인덕턴스 0.1 [H]를 갖는 무손실 공심코일에 그림 2 · 26 (a)에 표시한 바와 같은 전류가 흐르고 있다. 코일 양단에 생기는 전압강하를 구하고 그래프로 그려라.

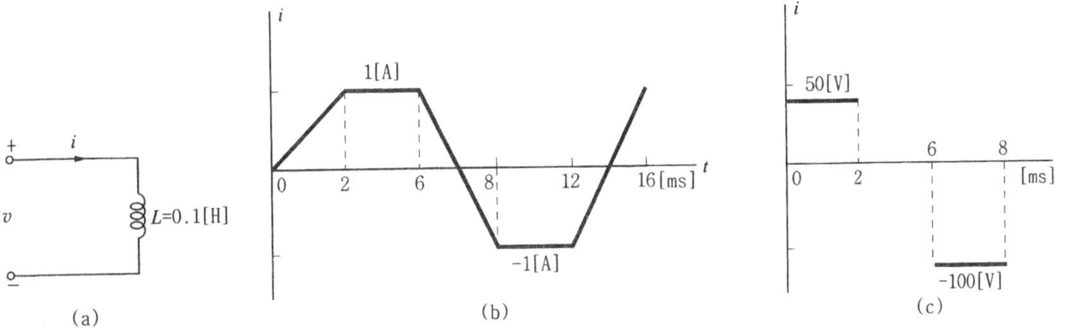

그림 2 · 26 예제 2 · 7의 그림

풀이 $0<t<2$: $\dfrac{di}{dt}=\dfrac{1-0}{2-0}=0.5\times10^3$ [A/sec]

$$v=L\frac{di}{dt}=0.1\times0.5\times10^3=50\,[\text{V}]$$

$2<t<6$: $\dfrac{di}{dt}=0$

$$v=0$$

$6<t<8$: $\dfrac{di}{dt}=\dfrac{-1-1}{8-6}=-10^3$ [A/sec]

$$v=L\frac{di}{dt}=0.1\times(-10^3)=-100[\text{V}]$$

그림 2 · 27 (a)에 나타낸 직렬로 연결된 N개의 인덕턴스를 그림 2 · 27 (b)와 같이 간단한 등가회로로 표시하였다.

그림 2 · 27 (a)의 회로에 KVL를 적용하면

$$\begin{aligned}v&=v_1+v_2+\cdots\cdots+v_n\\&=L_1\frac{di}{dt}+L_2\frac{di}{dt}+\cdots\cdots+L_n\frac{di}{dt}\end{aligned}$$

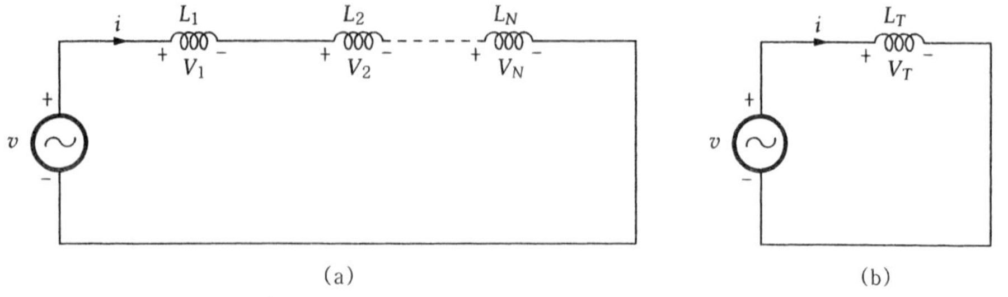

그림 2·27 인덕턴스의 직렬연결

$$=(L_1+L_2+\cdots\cdots L_n)\frac{di}{dt} \tag{2·33}$$

이다. 그림 2·25 (b)의 등가회로에서는

$$v=L_T\frac{di}{dt} \tag{2·34}$$

이므로 식 (2·33)과 식 (2·34)에서

$$L_T=L_1+L_2+\cdots\cdots+L_n$$

$$=\sum_{n=1}^{N}L_n \tag{2·35}$$

다음에는 그림 2·28 (a)에 나타낸 인덕턴스의 병렬연결을 살펴보자. 식 (2·32)의 $v=L\frac{di}{dt}$에서

$$i=\frac{1}{L}\int_0^t v\,dt+K \tag{2·36}$$

여기서 K는 적분상수이다. 식 (2·36)의 적분을 $t=0$에서부터 취한다면 상수 K는 $t=0$ 이전의 값을 나타내게 되므로, 식 (2·36)은 다음과 같이 쓸 수 있다.

$$i=\frac{1}{L}\int_{-\infty}^{0} v\,dt+\frac{1}{L}\int_0^t v\,dt \tag{2·37}$$

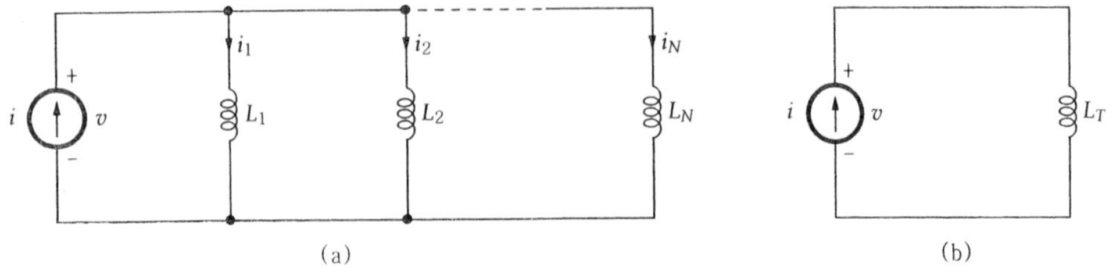

그림 2·28 인덕턴스의 병렬연결

식 (2・35)의 첫 항은 위에서 설명한 상수항으로서 전압을 가하기 전 코일에 축적된 에너지에 의한 초기전류로서 **초기값**(initial value)이라 하며 일반적으로 $i(0)$로 표시한다.

그림 2・28 (a) 회로에 KCL을 적용하면

$$i=\sum_{n=1}^{N} i_n=\sum_{n=1}^{N}\left[\frac{1}{L_n}\int_{t_0}^{t} v dt+i_n(t_0)\right]$$
$$=\sum_{n=1}^{N}\frac{1}{L_n}\int_{t_0}^{t} v dt+\sum_{n=1}^{N} i_n(t_0) \qquad (2・38)$$

이다. 그림 2・28 (b)가 등가회로에서

$$i=\frac{1}{L_T}\int_{t_0}^{t} v dt+i(t_0) \qquad (2・39)$$

이고, 키르히호프의 전류법칙에서 $i(t_0)$는 t_0에서 $\sum_{n=1}^{N} i_n(t_0)$와 같아야 하므로 등가 인덕턴스는 다음과 같이 표현된다.

$$L_r=\frac{1}{\dfrac{1}{L_1}+\dfrac{1}{L_2}+\cdots\cdots+\dfrac{1}{L_n}} \qquad (2・40)$$

예제 2・8 그림 2・29와 같은 2개의 인덕턴스를 직렬로 연결한 회로에서 L_1의 인덕턴스와 전체 인덕턴스에 걸리는 전압비를 구하라.

풀이 임의의 시간에 L_1과 L_2의 양단전압은

$$v_a=L_1\frac{di}{dt}$$
$$v_b=L_2\frac{di}{dt}$$

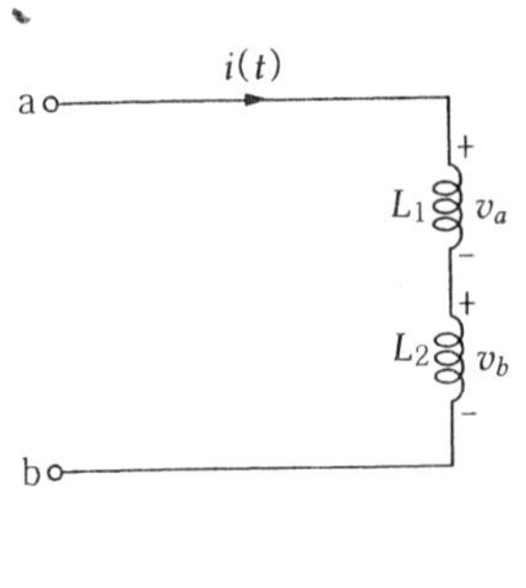

그림 2・29 직렬 인덕턴스

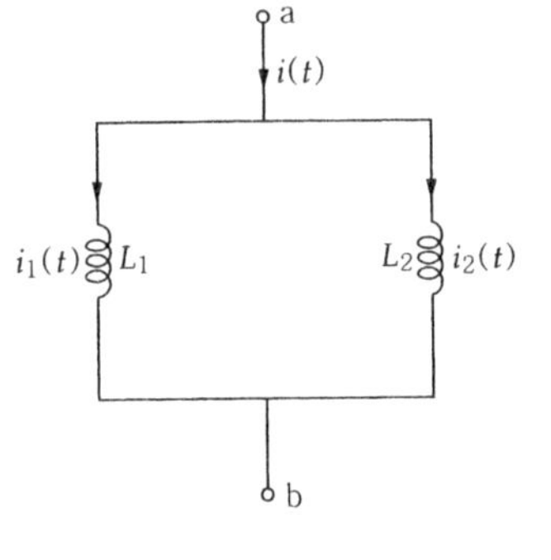

그림 2・30 병렬 인덕턴스에서의 전류분배

$$\frac{v_a}{v_b} = \frac{L_1}{L_2} \text{(전압비=인덕턴스의 비)}$$

$$L_T = L_1 + L_2$$

$$\frac{v_a}{v_{ab}} = \frac{L_1}{L_1 + L_2}, \quad \frac{v_b}{v_{ab}} = \frac{L_2}{L_1 + L_2}$$

예제 2·9 그림 2·30과 같은 병렬 인덕턴스 회로에서 $t>0$인 경우에 각 인덕턴스에 흐르는 전류비를 구하라.

풀이 각 인덕턴스에 흐르는 전류는 다음과 같다.

$$i_1(t) = i_1(0) + \frac{1}{L_1}\int_0^t v_{ab}\,dt$$

$$i_2(t) = i_2(0) + \frac{1}{L_2}\int_0^t v_{ab}\,dt$$

$$\frac{i_1(t)}{i_2(t)} = \frac{L_2}{L_1} \text{〔}i_1(0) = i_2(0) = 0\text{으로 가정〕}$$

2.8 커패시턴스

절연체를 사이에 두고 서로 대면하고 있는 두 도체 사이에 전위차가 존재하면, 전위가 높은 도체에 (+)전하, 전위가 낮은 도체에 같은 양의 (−)전하가 축적된다.

즉, 그림 2·31에서 커패시터(capacitor)의 평행 양극판 사이에 전위차 v를 가할 때, 커패시터에 축적되는 전하 q의 관계가 그림 2·32와 같이 직선적인 부분에서는 비례관계가 성립하며 비례상수를 C라 했을 때

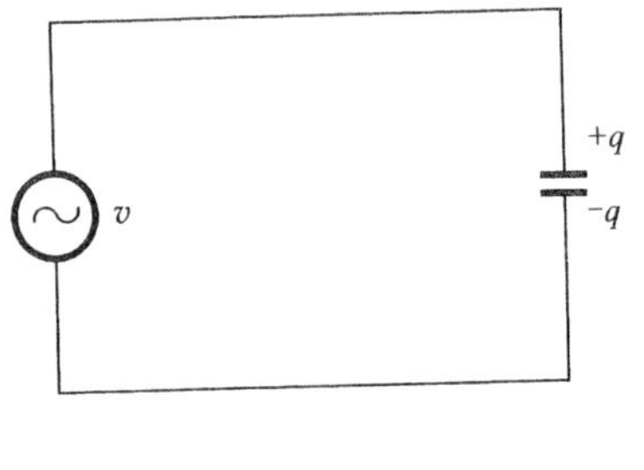

그림 2·31 커패시턴스 회로

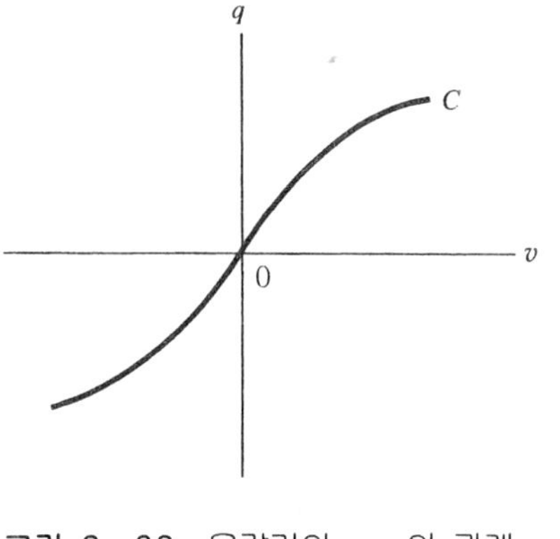

그림 2·32 용량기의 q-v의 관계

$$q = Cv\,[\mathrm{C}] \tag{2·41}$$

라 놓을 수 있다.

여기서 비례상수 C는 직선부분의 기울기이고, 평판의 면적, 평판 사이의 거리 및 판 사이에 있는 절연체에 의해 결정되는 정수로서 이것을 커패시턴스(capacitance)라 부르고 단위는 Farad [F]로 나타낸다.

$$1\,[\mu\mathrm{F}] = 10^{-6}\,[\mathrm{F}], \qquad 1\,[\mathrm{pF}] = 10^{-12}\,[\mathrm{F}]$$

식 (1・2)에서

$$i = \frac{dq}{dt}$$

$$= C\frac{dv}{dt} \tag{2·42}$$

$$v = \frac{1}{C}\int idt + k \tag{2·43}$$

여기서 k는 적분상수로서 $t=0$ 이전에 커패시턴스에 충전되어 있는 전압값을 나타낸다. 이를 커패시턴스의 초기전압이라 하며 $v(0)$로 표기한다. 따라서

$$v = \frac{1}{C}\int_0^t idt + v(0) \tag{2·44}$$

이다.

그림 2・33 (a)에 나타낸 직렬로 연결된 n개의 커패시턴스를 그림 2・31 (b)와 같이 등가회로로 표시했다.

그림 2・33 (a)의 회로에 키르히호프의 전압법칙을 적용하면

$$v = v_1 + v_2 + \cdots\cdots + v_n$$

$$= \frac{1}{C_1}\int_{t_o}^t idt + v_1(t_o) + \frac{1}{C_2}\int_{t_o}^t idt + v_2(t_o) + \cdots\cdots + \frac{1}{C_n}\int_{t_o}^t idt + v_n(t_o)$$

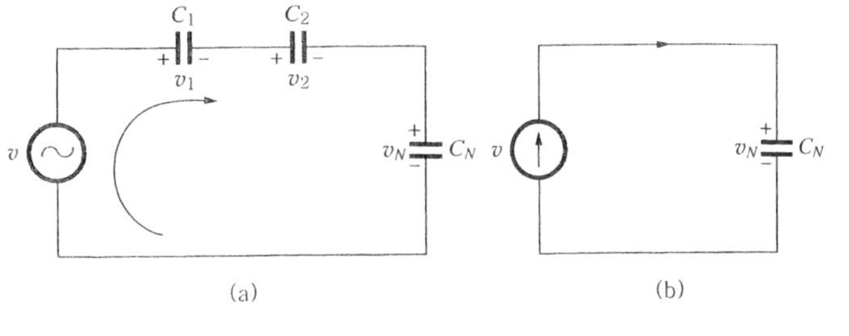

그림 2・33 커패시터의 직렬연결

$$= \sum_{n=1}^{N} \frac{1}{C_n} \int_{t_o}^{t} i dt + \sum_{n=1}^{N} v_n(t_o) \qquad (2 \cdot 45)$$

이 되고, 그림 2·33(b)의 등가회로에서

$$v = \frac{1}{C_T} \int_{t_o}^{t} i dt + v(t_o) \qquad (2 \cdot 46)$$

이므로 등가 커패시턴스는 다음과 같다.

$$C_T = \frac{1}{\frac{1}{C_1} + \frac{1}{C_2} + \cdots\cdots \frac{1}{C_N}} = \frac{1}{\sum_{n=1}^{N} \frac{1}{C_N}} \qquad (2 \cdot 47)$$

다음에는 그림 2·34와 같이 N개의 커패시터를 병렬로 연결하는 경우를 생각해 보자.

그림 2·34(a)의 회로에 키르히호프의 전류법칙을 적용하면

$$i = C_1 \frac{dv}{dt} + C_2 \frac{dv}{dt} + \cdots\cdots + C_N \frac{dv}{dt}$$

$$= \sum_{n=1}^{N} C_n \frac{dv}{dt} \qquad (2 \cdot 48)$$

이며, 그림 2·34(b)의 등가회로로부터 다음 식을 얻는다.

$$i = C_T \frac{dv}{dt} \qquad (2 \cdot 49)$$

따라서 병렬연결의 등가 커패시턴스는 다음과 같다.

$$C_T = C_1 + C_2 + \cdots\cdots + C_N$$

$$= \sum_{n=1}^{N} C_n \qquad (2 \cdot 50)$$

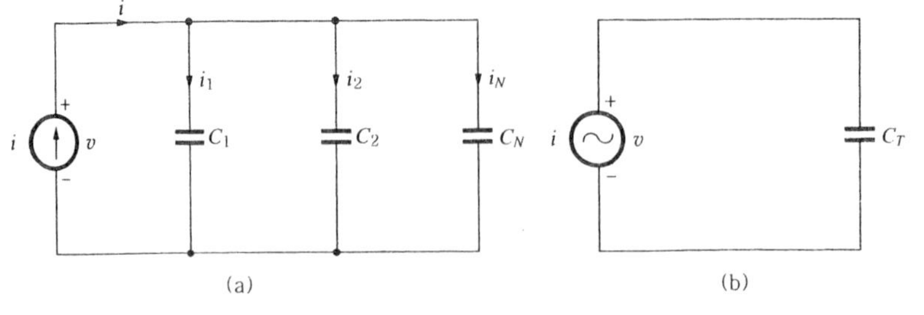

그림 2·34 커패시터의 병렬연결

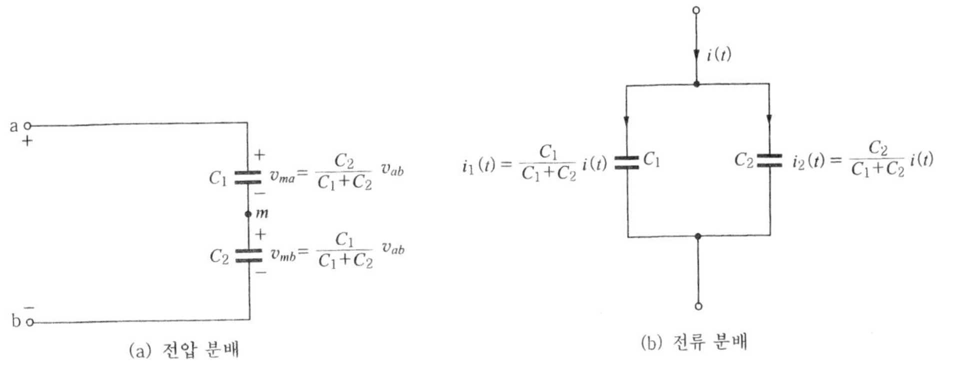

그림 2 · 35 커패시턴스의 전압 및 전류 분배

2개의 커패시터를 직렬 또는 병렬 연결하는 경우 전압, 전류 분배식은 저항의 병렬 또는 직렬연결인 경우와 동일한 결과이며 그림 2 · 35에 표시하였다.

예제 2 · 10 회로 내의 콘덴서 양단의 전압강하 v가 그림 2 · 36 (a)와 같이 변하고 있다. 콘덴서의 커패시턴스가 10 [μF]일 때 흐르는 전류를 구하고, 그 결과를 그래프로 그려라.

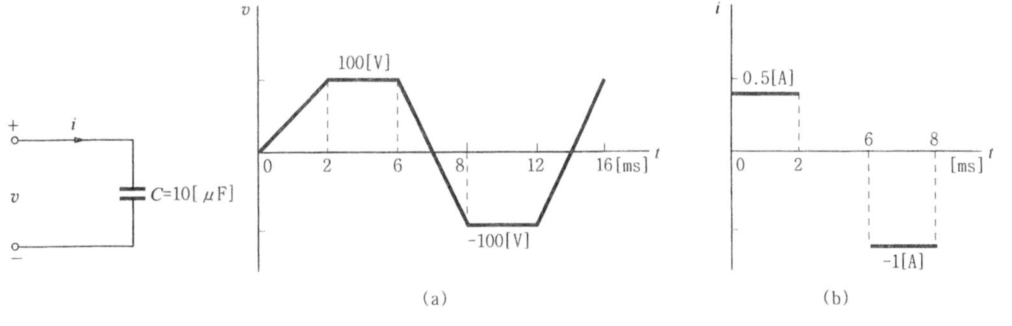

그림 2 · 36 예제 2 · 10의 그림

풀이

$$0<t<2 : \ i=C\frac{dv}{dt}=10\times10^{-6}\frac{100-0}{(2-0)10^{-3}}=0.5\,[\text{A}]$$

$$2<t<6 : \ i=0$$

$$6<t<8 : \ i=10\times10^{-6}\frac{-(100-(-100))}{(2-0)10^{-3}}=-1\,[\text{A}]$$

2.9 전 력

전열기, 전동기 및 각종 전기기기에 전압을 가하면 전류가 흘러 여러 가지 일을 하게 된다. 이때 전기가 한 일의 양을 나타내는 전력과 전력량에 관하여 배우고, 이와 관련된 줄의 법칙을 배우기로 한다.

2.9.1 전력과 전력량

단위시간에 전기가 하는 일의 양을 전력(electric power)이라 하고, 단위로는 와트(watt, 기호 [W])를 사용한다.

지금 그림 2·37과 같이 R[Ω]의 저항에 전류 I[A]가 흐를 때, 저항에서 소비되는 전기에너지 P를 구하면 다음과 같이 되는데,

$$P = VI = I^2R = \frac{V^2}{R} \text{ [W]} \tag{2·51}$$

이 P가 회로에서 소비되는 전력이다. 또한 전력 1 [W]란 1 [sec] 동안에 1 [J]의 일을 하는 일률(power)이므로

$$1 \text{ [W]} = 1 \text{ [J/S]} \tag{2·52}$$

와 같은 것이다.

다음은 전류가 흐르는 시간 동안 한 일의 양을 전력량(electric energy)이라 한다. 즉 이것은 전력 P[W]와 이 전력을 사용한 시간 t[sec]를 곱한 것으로, 단위는 와트초(watt·sec, 기호 [Ws])이다. 실제로는 대개 전력량의 단위로서 킬로와트시(kilowatt-hour, 기호 [kWh])를 사용한다. 전력량을 W로 표시하면,

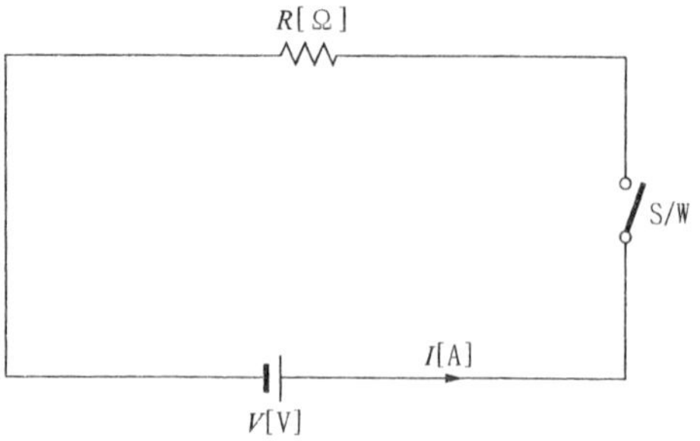

그림 2·37 회로의 저력

표 2·3 전력과 전력량의 단위

전력	mW W kW	$1\,[\text{mW}] = \frac{1}{1000}\,[\text{W}]$ 1 [kW]=1000 [W]
전력량	Ws Wh kWh	1 [W]의 전력에서 1 [s] 동안, 1 [J] 1 [W]의 전력에서 1 [h] 동안, 3600 [Ws] 1 [kW]의 전력에서 1 [h] 동안, 1000×3600 [Ws]

$$W = Pt\,[\text{Ws}] \tag{2·53}$$

실제로는 전력량의 단위로서 킬로와트시(kilowatt-hour, 기호 [kWh])를 사용한다.

$$\begin{aligned}1\,[\text{kWh}] &= 10^3\,[\text{Wh}] = 10^3\,[\text{W}]\times 3600\,[\text{s}] = 3.6\times 10^6\,[\text{Ws}]\\ &= 3.6\times 10^6\,[\text{J}]\end{aligned} \tag{2·54}$$

전력은 전력계를 사용하여 측정하고, 전력량은 전력량계로 측정한다. 전력과 전력량의 단위를 정리하여 표 2·3에 나타낸다.

2.9.2 줄의 법칙

전구, 전열기 등과 같이 저항값이 큰 부하에 전압을 가하여 전류를 흘리면 열이 발생한다. 이와 같은 작용을 전류의 발열작용이라 하는데, 이때 발생하는 열을 줄열(Joule heat)이라 한다.

이 열량과 관련해서 다음과 같은 성질이 있는데, 즉 $R\,[\Omega]$의 저항에 $I\,[\text{A}]$의 전류를 $t\,[\text{sec}]$ 동안 흘렸을 때 발생하는 열량 H는

$$H = I^2RT\,[\text{J}] \tag{2·55}$$

로 표시되는데, 이것을 줄의 법칙(Joule's law)이라 한다.

열량을 표시할 때는 칼로리 [cal]라는 단위도 많이 사용하는데

$$1\,[\text{J}] = 0.24\,[\text{cal}] \tag{2·54}$$

의 관계가 있으므로, 식 (2·56)을 칼로리로 표시하면

$$H = 0.24I^2Rt\,[\text{cal}] \tag{2·55}$$

가 된다.

이러한 줄열은 가정용 및 공업용에 널리 이용되고 있다. 가정용으로는 전기밥솥, 전기난로, 전기다리미, 백열전구 등에 이용되고, 공업용으로는 전기용접기, 전기로 등에 이용되고 있다.

연습문제

1. 시간 0.01초 동안에 1×10^{11}개의 전자가 도선을 이동할 때 흐른 전류는 몇 [A]인가? 단, 1개의 전자는 1.602×10^{-19} [C]의 전하를 갖고 있다.

2. 6 [A · h]는 몇 [C]인가?

3. 2초 동안에 12 [C]의 전하가 이동했을 때 흐른 전류는 몇 [A]인가?

4. 1000 [W]의 전력을 소비하는 전열기를 10시간 사용하였을 때의 전력량은 몇 [kWh] 인가?

5. 20 [Ω]의 저항에 4 [A]의 전류를 6분 동안 흘렸을 때 발생하는 열량은 얼마인가?

6. 그림 2 · 38과 같은 회로의 합성저항은 얼마인가?

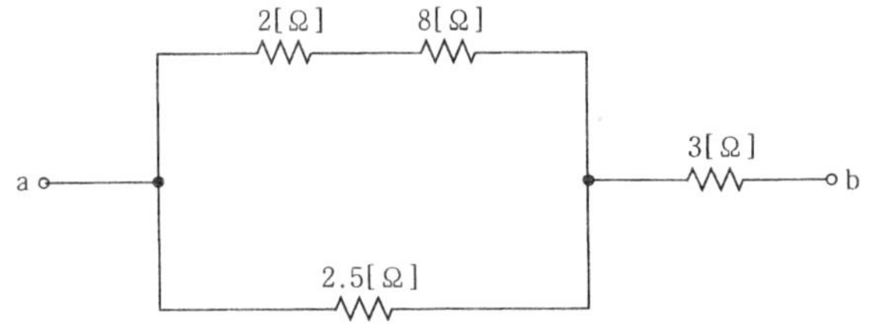

그림 2 · 38

7. 그림 2 · 39와 같은 회로의 합성저항은 얼마인가?

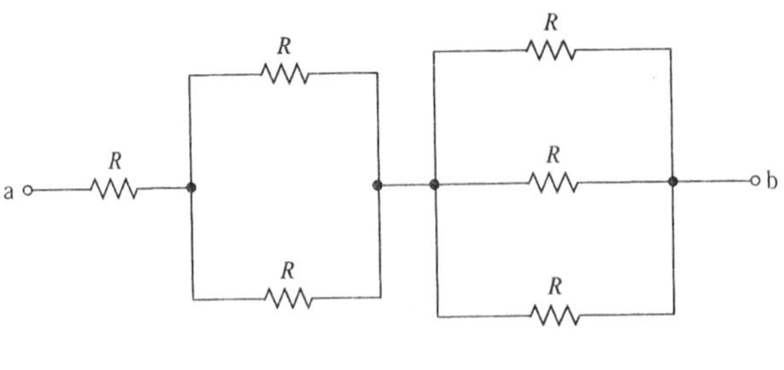

그림 2 · 39

8. 그림 2 · 40과 같은 회로에서 100 [V]에서 인가했을 때 1 [A]의 전류가 흘렀다. 저항 R의 값을 얼마인가?

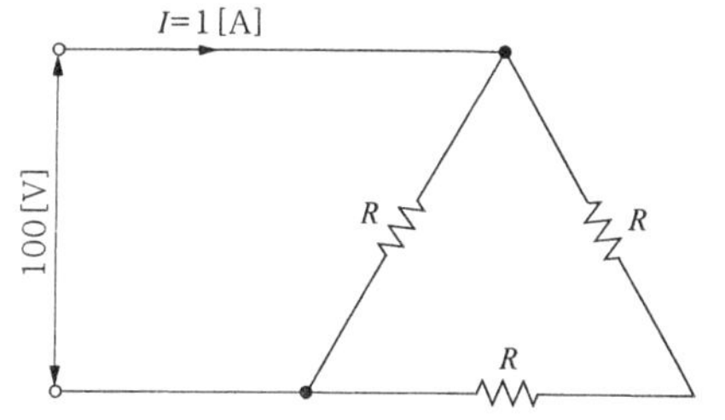

그림 2 · 40

9. 그림 2 · 41과 같은 회로에 전압 100[V]를 가했을 때 10[Ω] 저항으로 흐르는 전류는 몇 [A]인가?

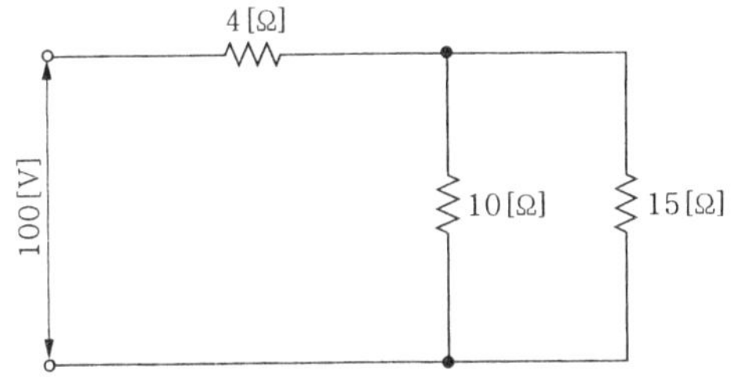

그림 2 · 41

10. 그림 2 · 42와 같은 직 · 병렬회로에서 30[Ω] 저항으로 흐르는 전류는 몇 [A]인가?

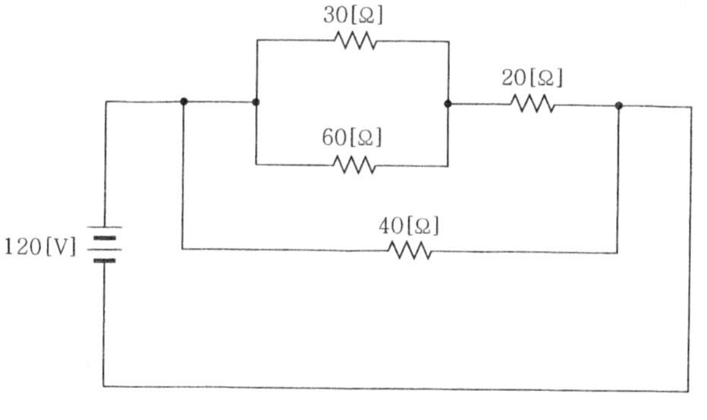

그림 2 · 42

11. 그림 2 · 43에서 전체 전류 I는 몇 [A]인가?

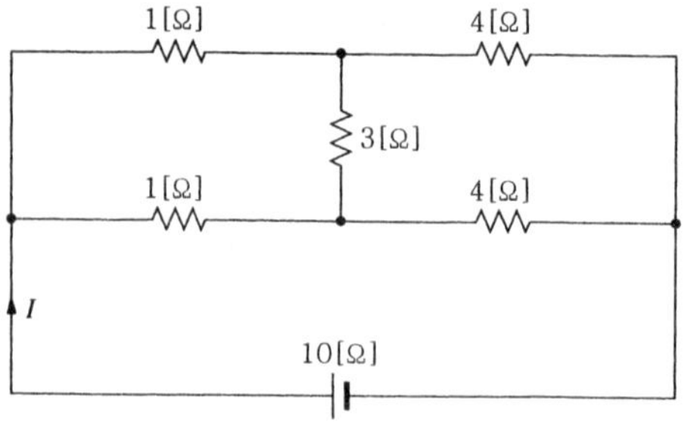

그림 2 · 43

12. 그림 2 · 44에서 a, b 간의 합성저항 및 c, d 간의 합성저항을 구하라.

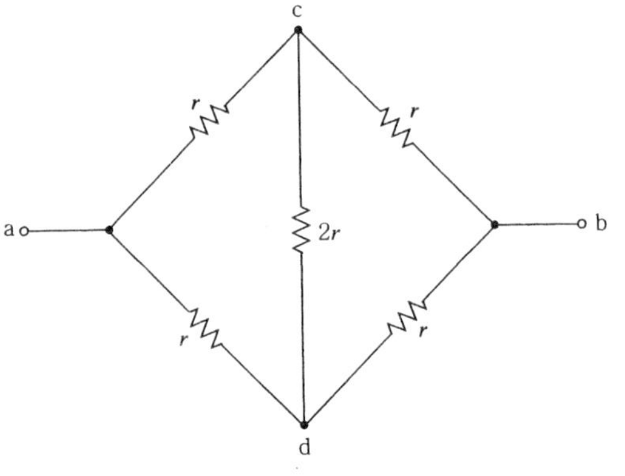

그림 2 · 44

13. 그림 2 · 45에서 3[Ω]의 저항에 흐르는 전류가 2[A]이다. 단자 a, b 간의 전압강하는 얼마인가?

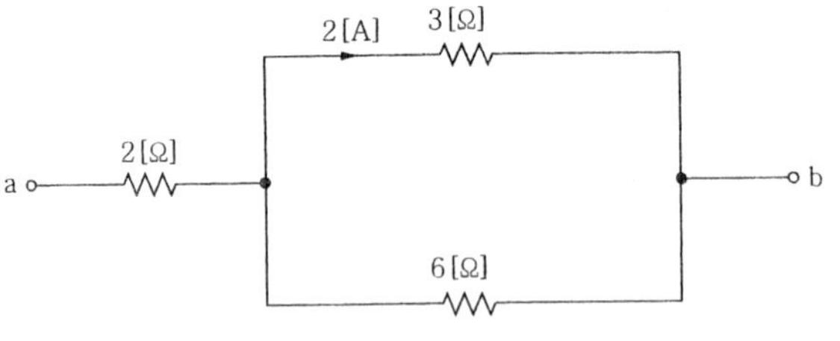

그림 2 · 45

14. 그림 2 · 46에서 4[Ω]에 소비되는 전력은 얼마인가?

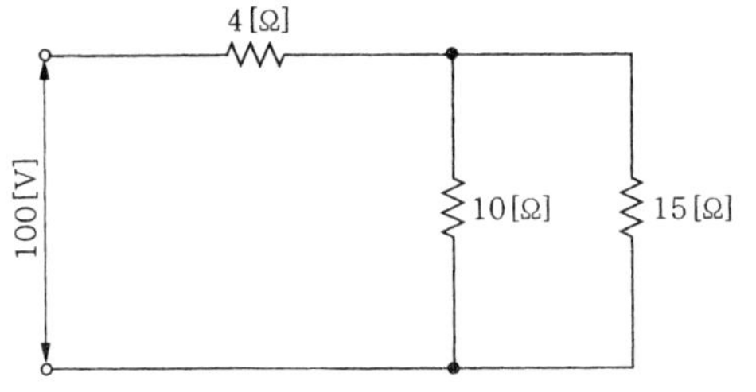

그림 2 · 46

15. 그림 2 · 47의 회로에서 A, B 간의 합성용량은 얼마인가?

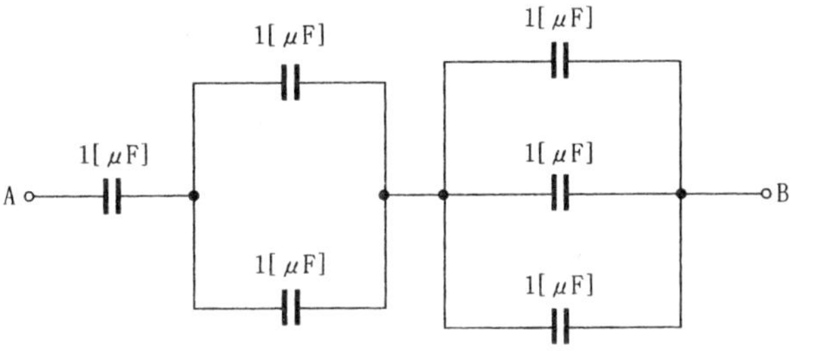

그림 2 · 47

16. 그림 2 · 48에서 C_1 양단의 전압은 얼마인가?

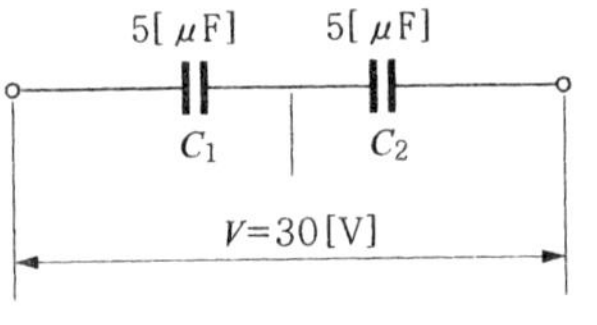

그림 2 · 48

3 교 류

3.1 교류란?

제2장까지는 주로 직류에 대하여 알아보았는데, 직류회로에 있어서는 전압, 전류, 전력 등의 계산이 비교적 쉬웠다. 그러나 교류전압은 그 크기와 방향이 계속 변하므로 계산방법이 약간 복잡해질 것이다.

3.1.1 직류와 교류

직류(直流; direct current, DC)란 그림 3·1 (a)와 같이 전압 및 전류의 크기와 방향이 항상 일정한 전기이며, 교류(交流; alternating current, AC)란 그림 3·1 (b)와 같이 전압 및 전류의 크기와 방향이 시간에 따라 변하는 전기를 말한다.

교류의 크기와 방향이 시간에 따라 어떻게 변하는지를 그림으로 나타낸 것을 파형(wave form)이라 하는데 파형을 나타낼 때는 수평축에 시간을, 수직축에 교류의 전압 및 전류값을 나타낸다. 그림 3·2에 여러 가지 모양의 교류 파형을 나타냈으며, 특히 그림 3·2 (a)의 파형은 사인파의 형태를 가지므로 이러한 파형의 교류를 사인파 교류(sinusoidal wave AC)라고 하며, 제3장에서는 사인파 교류에 대하여만 취급하기로 한다.

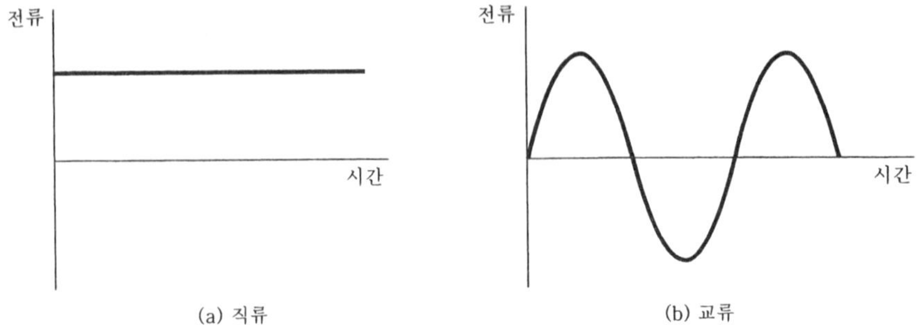

그림 3 · 1 직류와 교류의 차이

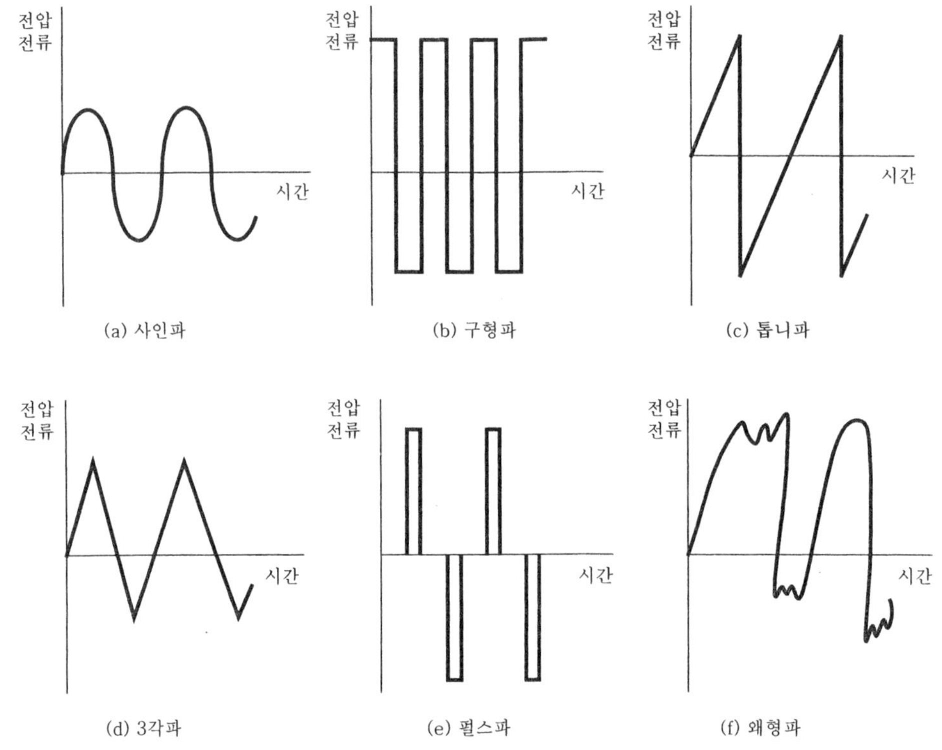

그림 3 · 2 교류 파형의 종류

3.1.2 교류의 발생 원리

그림 3 · 3 (a)와 같이 N, S극의 자장 속에 코일을 놓고 회전시키면, 이 코일에는 그림 3 · 3 (c)와 같이 전압이 발생한다.

이때 코일에 발생되는 전압을 외부로 끌어내기 위해서는 대개 그림 3 · 3 (a)와 같이

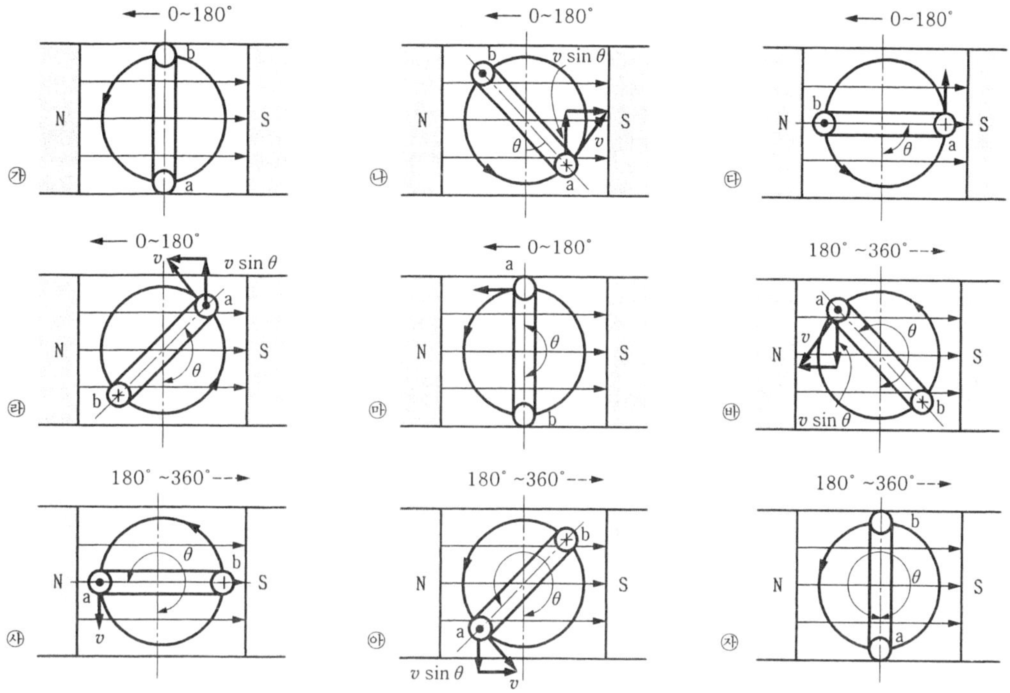

(c)

그림 3 · 3 교류의 발생 원리도

슬립링(slip ring)을 사용하여, 부하저항 R에 연결한다. 그러면 저항 R는 코일이 0~180° 회전시에는 화살표 방향으로 전류가 흐르게 되고, 코일이 180~360° 회전시에는 반대방향인 점선방향으로 전류가 흐른다.

이때 발생되는 기전력의 파형은 그림 3 · 3 (b)와 같이 될 것이며, 그 크기는 다음과 같다.

$$v = 2Blv\sin\theta[\mathrm{V}] = V_m \sin\theta[\mathrm{V}] \qquad (3 \cdot 1)$$

로 나타낸다. 여기서는 도체가 2개이므로 계수 2가 붙은 것이다. 그리고 $\theta = 90°$일 경우에 발생전압이 최대가 될 것이기 때문에 이것을 최대값(maximum value)이라 하고, V_m으로 나타낸다.

3.1.3 주기와 주파수

각속도(angular velocity)란 1초 동안에 회전한 각도를 말하며, 기호 ω[rad/sec]를 사용한다.

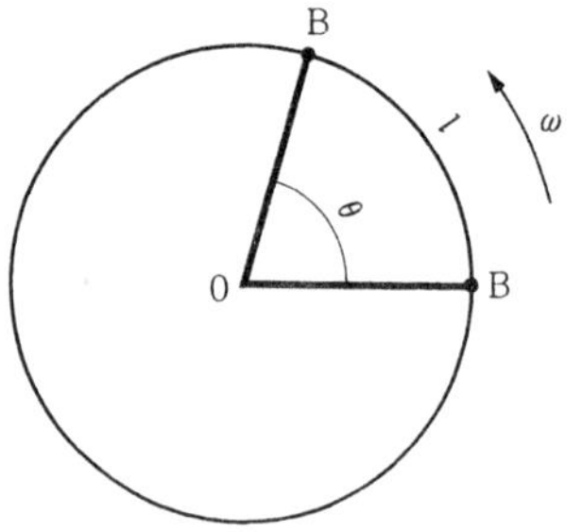

그림 3·4 각속도

그림 3·4에서 t초 동안에 θ[rad]만큼 회전했을 때의 각속도 ω는

$$\omega=\frac{\theta}{t}\,[\mathrm{rad/sec}] \tag{3·2}$$

가 되므로, 결국 회전각 θ는

$$\theta=\omega t\,[\mathrm{rad}] \tag{3·3}$$

으로 나타낼 수가 있다.

따라서, 식 (3·3)을 식 (3·1)에 대입하면 다음과 같이 된다.

$$v=V_m\sin\theta\,[\mathrm{V}]=V_m\sin\omega t\,[\mathrm{V}] \tag{3·4}$$

그림 3·4에서 1회전(사이클)에 필요한 각도는 2π [rad]이므로, 주기 T[sec]와 각속도 ω[rad/sec] 사이에는

$$T=\frac{2\pi}{\omega}\,[\mathrm{sec}] \tag{3·5}$$

의 관계가 성립된다. 이와 같이 1 사이클의 변화에 필요로 하는 시간을 주기(period) T로 표시하며, 단위는 초([sec])이다. 그리고 주파수(frequency) f는 1초 동안에 반복하는 사이클의 수를 말하며, 단위로는 헤르츠(hertz)를 사용하며, 기호 f[Hz]로 나타낸다. 따라서 주기 T[s]와 주파수 f[Hz] 및 각속도 ω[rad/s] 사이에는 다음의 관계가 성립한다.

$$f=\frac{1}{T}\,[\mathrm{Hz}] \quad \text{또는} \quad T=\frac{1}{f}\,[\mathrm{sec}] \tag{3·6}$$

$$\omega=2\pi f\,[\mathrm{rad/s}] \tag{3·7}$$

이와 같이 ω는 주파수 f와 관계가 있으므로, ω를 각주파수(angular frequency)라고 하며, 식 (3·7)을 식 (3·4)에 대입하면

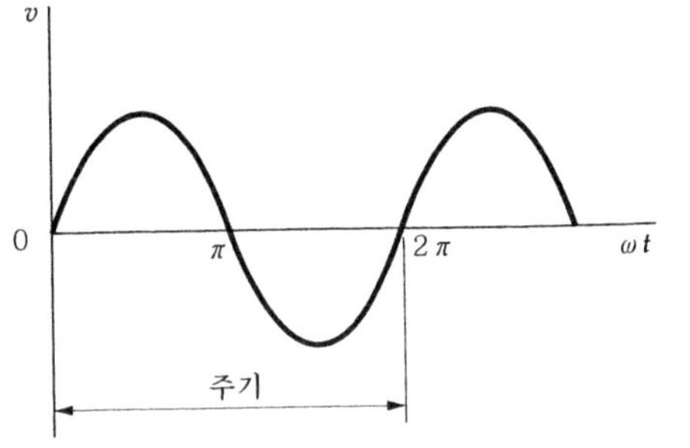

그림 3 · 5 주기와 주파수

$$\begin{aligned} v &= V_m \sin\theta\,[\mathrm{V}] \\ &= V_m \sin\omega t\,[\mathrm{V}] \qquad (3 \cdot 8) \\ &= V_m \sin 2\pi f t\,[\mathrm{V}] \end{aligned}$$

와 같이 나타낼 수 있다. 이 관계를 그림으로 나타낸 것이 그림 **3 · 5**이다.

발전소에서 보통 발전되는 주파수는 60, 50 [Hz] 등인데, 우리나라의 교류 전기는 모두 60 [Hz]만 사용되고 있으나, 외국에서는 50 [Hz]도 사용되고 있다. 이 60 [Hz]를 상용 주파수(commercial frequency)라고 하며, 그 외에 전파 및 통신 분야에서 사용되는 주파수의 범위를 표 **3 · 1**에 나타낸다.

표 3 · 1 주파수의 종류

주파수의 종류	주파수	용 도
상용 주파수(常用周波數)	60 [Hz]	전등, 전력용
가청 주파수(可聽周波數)	20 ~ 20,000 [Hz]	전화기, 스피커
반송 주파수(搬送周波數)	10 ~ 200 [kHz]	유선통신용
무선 주파수(無線周波數)	30 [kHz] ~ 30×10^5 [MHz]	방송, 무선전화, 텔레비전, 레이더

예제 3 · 1 $v = 141\sin\left(100\pi t - \dfrac{\pi}{3}\right)[\mathrm{V}]$인 파형의 주파수는 몇 [Hz]인가?

풀이

$$\omega t = 100\pi t$$

$$\omega = 100\pi$$

$$f = \frac{1}{T} = \frac{\omega}{2\pi} = \frac{100\pi}{2\pi} = 50\,[\mathrm{Hz}]$$

예제 3 · 2 $i = 50\sin 120\pi t\,[\mathrm{A}]$인 전류의 주기는 얼마인가?

풀이 $\omega = 120\pi,\ f = \dfrac{120\pi}{2\pi} = 60\,[\mathrm{Hz}],\ \ T = \dfrac{1}{f} = 0.0167\,[\mathrm{sec}]$

3.1.4 위상각과 위상차

일반적으로 정현파는 그림 3·6과 같이 위상을 가지고 있을 때

$$v = V_m \sin(\omega t + \theta)\,[\mathrm{V}] \tag{3·9}$$

로 표시된다. 이 θ를 위상(phase) 또는 위상각(phase angle)이라고 한다.

식 (3·9)로부터 알 수 있듯이 정현파는 진폭 V_m, 각주파수 ω, 위상각 θ의 세 양으로서 완전히 규정된다.

그림 3·7에는 동일 주파수의 두 정현파의 상대적 위치를 표시하였다. 그림 3·7(b)에서 v, i는 같은 순간에 영점 또는 최대점에 도달하며, 이 두 파를 동상(in phase)이라고 한다. 그림 3·7(a)에서 v는 i보다 각이 θ만큼 앞서서 영점 또는 최대점에 도달하므로 v는 i보다 각이 θ만큼 위상이 앞선다(lead)라고 말하며, 반대로 i는 v보다 θ만큼 위상이 늦다(lag)라고 말한다.

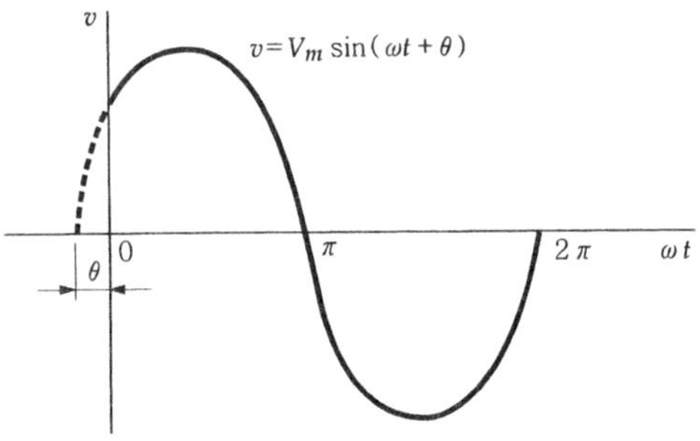

그림 3·6 위상각을 갖는 정현파

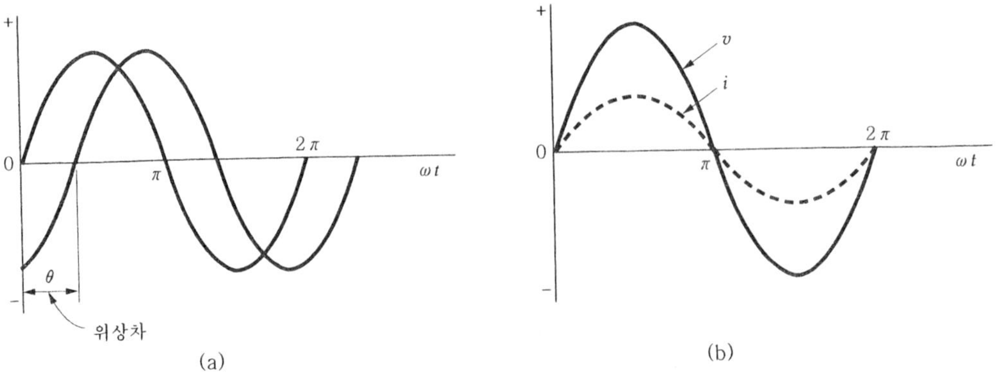

그림 3·7 동일 주파수의 두 정현파의 위상차

시간 또는 각의 기점을 그림 3 · 7 (a)의 관계를 수식으로 표시하면 다음과 같다.

$$v_1 = V_{m2} \sin \omega t [\mathrm{V}]$$

$$v_2 = V_{m2} \sin(\omega t - \theta) [\mathrm{V}] \qquad (3 \cdot 10)$$

와 같이 표시된다. 따라서 θ를 이 두 파의 위상차 또는 단순히 상차(phase difference)라고 한다.

지금까지는 정현파를 정의하는 데 있어서 여현함수(cosine function)보다는 정현함수(sine function)를 사용하였다. 그러나 정현파나 여현파의 차이는 단지 위상각뿐이므로

$$\sin\left(\omega t + \frac{\pi}{2}\right) = \cos \omega t$$

$$\cos\left(\omega t - \frac{\pi}{2}\right) = \sin \omega t \qquad (3 \cdot 11)$$

의 표현식 중 어느 것을 사용하여도 무관하다.

두 정현파의 위상을 비교하기 위해서는 둘 다 똑같이 정현파 또는 여현파로 표시되어야 하고, 모두 동일한 주파수이어야 한다. 예를 들어 $v_1(t)$와 $v_2(t)$가 다음과 같은 함수라 하자.

$$v_1(t) = 2\cos(5t - 30°)$$

$$v_2(t) = -\sin(5t + 10°) = \sin(5t + 10° + 180°)$$

$$= \cos(5t + 10° + 180° - 90°) = \cos(5t + 100°)$$

$v_1(t)$와 $v_2(t)$를 비교할 경우 $v_1(t)$는 $v_2(t)$보다 위상이 130° 뒤진다고 말하며, $v_2(t)$는 $v_1(t)$보다 130° 위상이 앞선다고 해도 같은 의미이다.

같은 주파수를 갖는 정현함수와 여현함수의 합은 동일한 주파수의 다른 정현함수가 된다. 즉, 그림 3 · 8로부터

$$a \sin \omega t + b \cos \omega t = \sqrt{a^2 + b^2}\left(\frac{a}{\sqrt{a^2 + b^2}} \sin \omega t + \frac{b}{\sqrt{a^2 + b^2}} \cos \omega t\right)$$

$$= \sqrt{a^2 + b^2}(\sin \omega t \cos \phi + \cos \omega t \sin \phi)$$

$$= \sqrt{a^2 + b^2} \sin(\omega t + \phi) \qquad (3 \cdot 12)$$

$$\phi = \tan^{-1} \frac{b}{a} \qquad (3 \cdot 13)$$

이다.

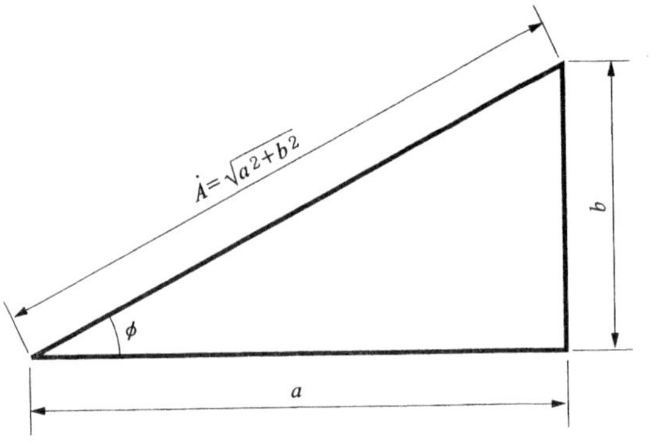

그림 3 · 8

3.2 교류의 표시

교류는 직류와 달라서 전압과 전류의 크기가 항상 일정하지 않다. 그런데 교류에서도 몇 볼트, 몇 암페어 등으로 정하여 부르는 것은 무엇을 의미하는 것인지 알아보기로 한자. 대개 교류를 표시하는 데는 순시값, 최대값, 실효값, 평균값 등이 있다.

3.2.1 순시값

위에서 살펴본 바와 같이 교류전압은 식 (3 · 4)에서처럼

$$v = V_m \sin\omega t\,[\mathrm{V}] \tag{3 · 14}$$

로 나타내며, 이 식이 나타내는 파형은 그림 3 · 9와 같이 된다.

순시값(instantaneous value)이란 어떤 시간에 있어서의 교류전압이나 전류의 값을

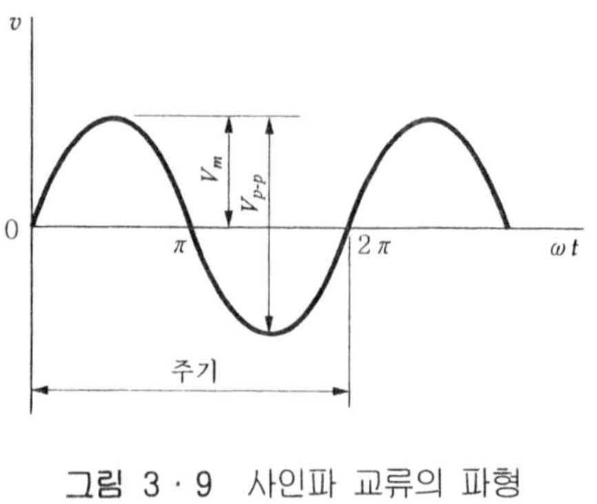

그림 3 · 9 사인파 교류의 파형

말하며 식 (3・14)에서처럼 v, i 등의 기호를 사용한다.

3.2.2 최대값

최대값(maximum value)이란 식 (3・14)의 순시값 중에서 가장 큰 값을 말하며 진폭(amplitude)이라고도 하고, 기호는 V_m, I_m을 사용한다. 아울러 그림 3・9에서 파형의 양(+)의 최대값과 음(−)의 최대값 사이의 값인 V_{p-p}를 피크-피크값(peak-to-peak value)이라고 한다.

이 최대값은 전기절연 재료의 절연파괴를 나타내는 경우와 그림 3・2에서처럼 사인파 이외의 교류의 크기를 나타낼 때 사용한다.

3.2.3 평균값과 실효값

[1] 평균값

주기파의 평균값(average value)은 다음과 같이 정의한다.

$$I_{av}=\frac{1}{T}\int_0^T i\,dt \tag{3・15}$$

여기서 T는 주기이다. 대개의 DC전압계나 전류계는 주기파의 평균값을 지시한다. 그림 3・10 (a)와 같이 (+), (−)의 파형이 같은 모양을 하고 있는 대칭파(symmetrical)나 정현파에서는 1주기간의 평균값은 0이다.

따라서 이때는 반주기 평균값(half-period average value)을 생각한다. 즉

$$I_{ha}=\frac{2}{T}\int_0^{T/2} i\,dt \tag{3・16}$$

정현파의 반주기 평균값은

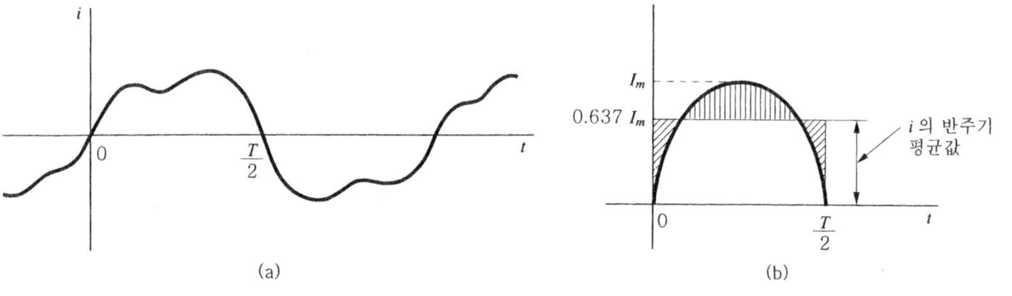

그림 3・10 대칭파의 평균값

$$I_{ha} = I_a = \frac{2}{T}\int_0^{T/2} I_m \sin\omega t dt = \frac{2}{T}\frac{I_m}{\omega}\left[-\cos\omega t\right]_0^{T/2}$$

$$\frac{I_m}{\pi}[-\cos\pi + \cos 0] = \frac{2}{\pi}I_m = 0.637 I_m$$

으로 그림 3·10(b)에서 수평선을 그은 두 부분의 면적의 합이 수직선을 그은 부분의 면적과 같아지는 높이이다.

[2] 실효값

실효값이란 교류전류가 흐를 때 하는 일의 크기에 따라 정해진다.

그림 3·11(a)에서 R[Ω]의 저항에 I[A]의 전류를 흘리면 I^2R[W]의 전력이 소비된다. 그런데 그림 3·11(b)와 같이 똑같은 저항 R[Ω]에 교류전류 i[A]를 흘렸을 때 소비된 전력은 i^2R[W]가 될텐데, 이때

$$I^2R = i^2R\,[\mathrm{W}] \qquad (3\cdot17)$$

가 되는 교류전류 i[A]를 직류전류와 동일한 것으로 간주해서 I[A]로 표시하며, 이것을 교류 i[A]의 **실효값**(effective valve)이라고 한다.

파형이 다른 여러 가지 주기파의 크기를 비교할 때 그 최대값만으로는 불충분하고, 여러 파를 거친 장시간에 대한 정현파의 평균값은 0이 되므로 흔히 다음에 정의하는 실효값으로써 비교한다. 이것은 주기파의 열효과의 대소를 나타내는 값이다.

직류나 교류가 저항을 통하면 열이 발생한다. 지금 순시값이 i[A]인 주기전류(정현파가 아니라도 무방)가 저항 R을 통할 때 각 순간에 i^2R의 전력이 소비되며, 이것은 시간의 함수이다. 따라서 1주기 T초 동안에 발생되는 열량은 이것을 적분하여 $\int_0^t i^2R\,dt$와 같이 구해진다.

지금 같은 시간 T초 동안에 같은 저항 R를 통하여 동일한 열량을 발생할 직류(즉,

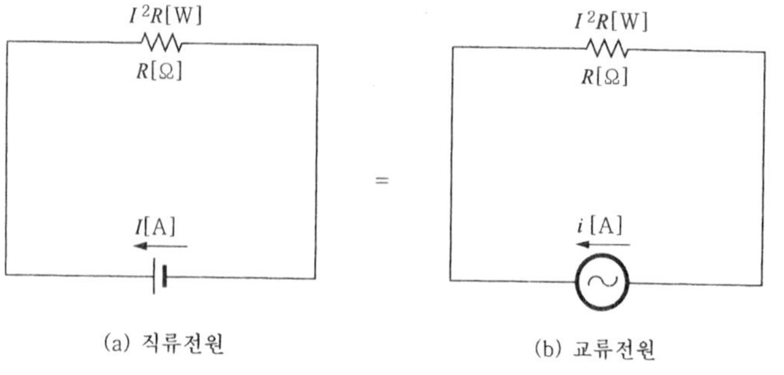

그림 3·11 실효값의 의미

주기전류와 동일한 열효과를 나타낼 직류)를 I[A]라 하면

$$\int_0^T RI^2 dt = \int_0^T Ri^2 dt$$

$$I^2 = \frac{1}{T}\int_0^T i^2 dt \tag{3·18}$$

$$I = \sqrt{\frac{1}{T}\int_0^T i^2 dt}\ [\text{A}] \tag{3·19}$$

이 된다. 가령 실효값 5[A]의 주기전류(정현전류가 아니라도 무방)와 5[A]의 직류는 같은 열효과를 나타낸다.

실효값을 나타내기 위해서 I_{eff} 또는 I_{rms}(root mean square value)라고 표시할 때도 있으나 보통은 I, V, E와 같은 대문자를 쓴다(순시값은 i, v, e와 같은 소문자를 쓴다).

교류의 전압이나 전류의 크기는 특별한 언급이 없을 때는 모두 실효값으로 나타낸다. 그래서 우리가 보통 몇 Amp 또는 몇 Volt의 교류라 할 때 그것은 실효값을 의미한다.

전류력계형, 가동철편형, 열전형, 열선형 등 직류와 교류를 다 측정할 수 있는 전류계, 전압계는 모두 실효값을 지시한다.

$i = I_m \sin\omega t$[A]인 정현전류의 실효값을 구해보자.

$$I = \sqrt{\frac{2}{T}\int_0^{T/2} i^2 dt} = \sqrt{\frac{2}{T}\int_0^{T/2} I_m{}^2 \sin^2\omega t\, dt}$$

$$= \sqrt{\frac{2I_m{}^2}{T}\int_0^{T/2}\frac{1}{2}(1-\cos 2\omega t)dt} \tag{3·20}$$

$$= \sqrt{\frac{I_m^2}{T}\times\frac{T}{2}} = \frac{I_m}{\sqrt{2}}\ [\text{A}] \tag{3·21}$$

따라서 우리 가정에서 사용하는 100[V] 교류전압은 실효값을 나타낸 것이며, 최대값

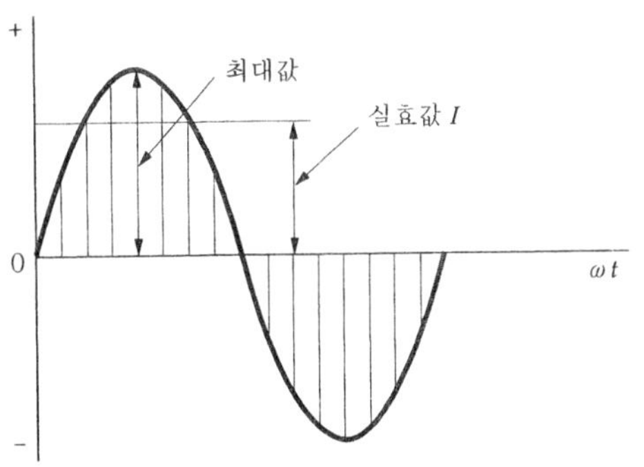

그림 3·12 실효값과 최대값

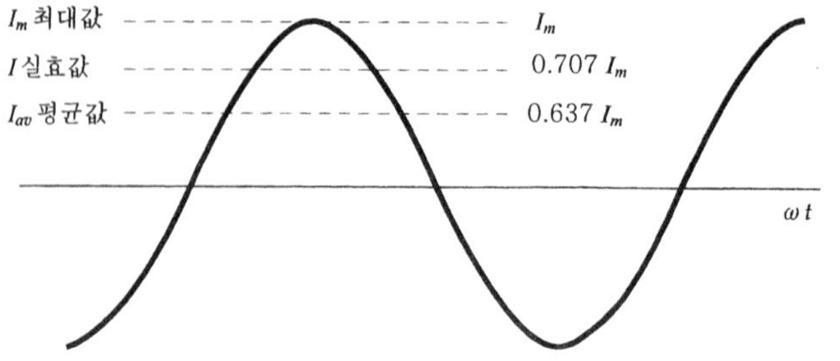

그림 3 · 13

은 141.4 [V]가 되는 것이다. 실효값과 최대값의 관계를 그림 3 · 12에 나타낸다.

그림 3 · 13에는 정현파의 최대값, 실효값, 평균값의 크기 비교를 표시한다.

예제 3 · 3 어떤 회로에 전압이 그림 3 · 14와 같이 변하는 주기파일 때, 이 파형의 평균값과 실효값을 구하라.

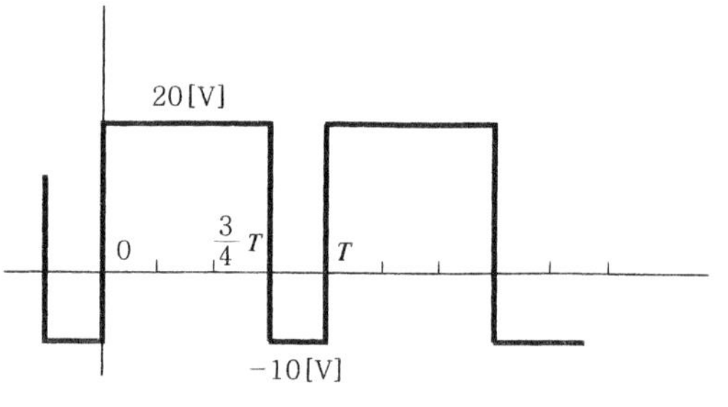

그림 3 · 14 예제 3 · 3의 그림

풀이 평균값 $V_{av}=\frac{1}{T}\left[\int_0^{3/4T}20\,dt+\int_{3/4T}^{T}(-10)\,dt\right]$

$$=\frac{1}{T}\left[20\times\frac{3}{4}T+(-10)\times\frac{T}{4}\right]$$

$$=12.5\,[\mathrm{V}]$$

실효값 $V=\sqrt{\frac{1}{T}\left[\int_0^{3/4T}20^2dt+\int_{3/4T}^{T}(-10)^2dt\right]}$

$$=\sqrt{\frac{1}{T}\left[400\times\frac{3}{4}T+100\times\frac{1}{4}T\right]}$$

$$\fallingdotseq 18\,[\mathrm{V}]$$

3.2.4 파형률과 파고율

교류의 크기는 보통 실효값으로 나타내는데 실효값으로는 파형을 알 수 없으므로 파형의 개략을 알기 위한 방법으로 파형률(wave form factor)과 파고율(wave crest factor)이라는 계수를 쓴다.

$$\text{파형률} = \frac{\text{실효값}}{\text{평균값}}, \quad \text{파고율} = \frac{\text{최대값}}{\text{실효값}} \tag{3 · 22}$$

정현파 전압에 대해서는

$$\text{파형률} = \frac{\frac{1}{\sqrt{2}} V_m}{\frac{2}{\pi} V_m} = \frac{\pi}{2\sqrt{2}} = 1.111$$

$$\text{파고율} = \frac{V_m}{\frac{1}{\sqrt{2}} V_m} = \sqrt{2} = 1.414$$

이다. 대표적인 파형에 대한 파형률과 파고율을 표 3·2에 표시했다.

표 3·2 대표적인 파형에 대한 파형률과 파고율

명 칭	구형파	정현파	삼각파
파 형	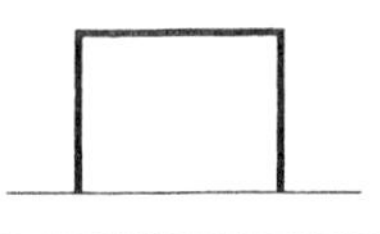	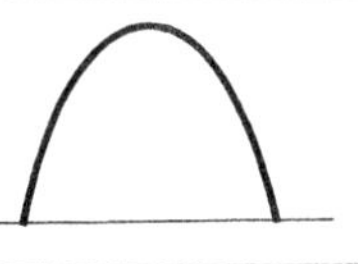	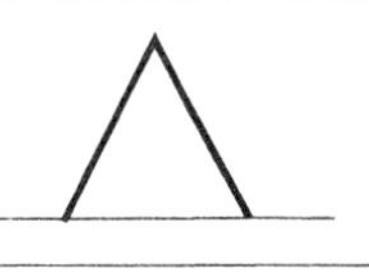
파형률	1.00	1.11	1.15
파고율	1.00	1.41	1.73

정, 부의 파형이 대칭적이고, 정현파에 비해 뾰족한 파형(예 : 삼각파)은 항상 1.11보다 큰 파형률을 가지며, 한편 상하가 정현파보다 평평한 파형(예 : 구형파)의 파형률은 1.11 이하이다. 따라서 파형률을 알면 대칭파의 모양에 대해서 어느 정도 추측할 수 있다.

3.3 교류의 벡터 표시법

3.3.1 벡터의 기초

물리량이나 기하학적인 양 중에서 길이, 질량, 온도 등과 같이 크기만을 표시하는 양을 스칼라양(scalar quantity)이라 하고 힘, 속도, 자장 등과 같이 크기와 방향을 나타내는 양을 벡터량(vector quantity)이라 한다.

벡터량을 나타낼 때는 그림 3·15와 같이 크기를 선분의 길이로, 방향을 각도로 나타낸다. 이러한 그림을 벡터도(vector diagram)라고 한다. 특히 벡터를 문자로 표시할 때는 $\dot{V}$, $\dot{I}$ 등과 같이 문자 위에 점(dot)을 찍고, 벡터 V 또는 V 도트라고 읽는다. 그냥 V, I 라고 표시한 것은 크기만을 나타낸 것이 다른 점이다.

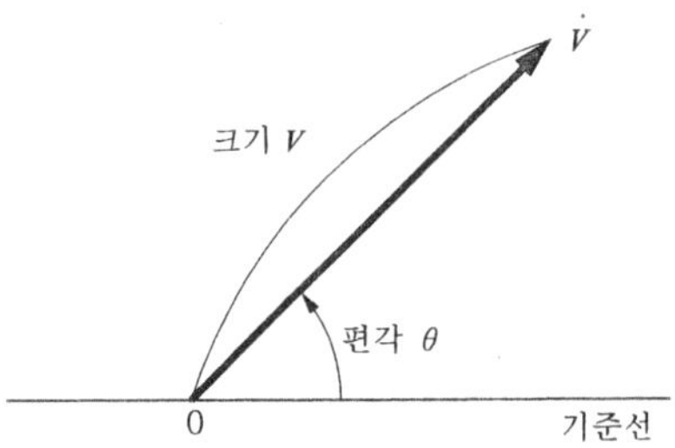

그림 3·15 벡터의 표시

3.3.2 교류의 벡터 표시법

사인파 교류를 나타낼 때는 회전 벡터와 정지 벡터가 있는데, 일반적으로 벡터라 하면 정지 벡터를 의미하며 이것에 대하여 설명하기로 한다.

다음과 같은 사인파 교류전류를 생각한다.

$$i = I_m \sin(\omega t + \theta) = \sqrt{2}\, I \sin(\omega t + \theta)\,[\mathrm{A}] \tag{3·23}$$

벡터의 크기는 실효값으로 나타내므로, 위의 식에서 실효값이 I이고 위상이 θ만큼 앞선 벡터를 그려보면 그림 3·16과 같이 된다.

그리고 벡터의 표시는

$$\dot{I} = I \angle \theta\,[\mathrm{A}] \tag{3·24}$$

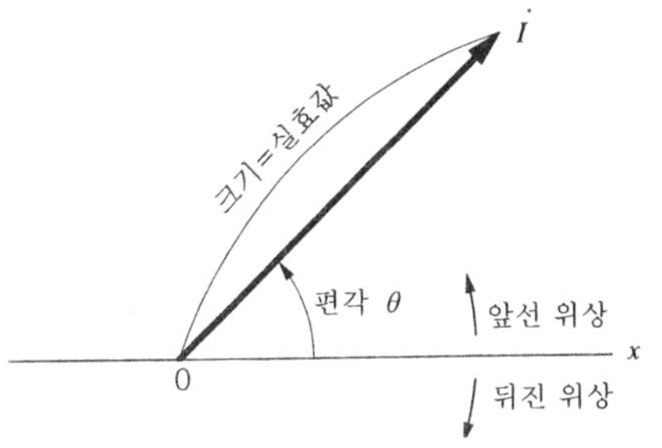

그림 3 · 16 정지 벡터

로 나타내며, 이는 전류의 크기가 I이고 위상이 θ임을 의미하는 것이다.

벡터는 반시계방향을 앞선 위상의 방향으로 약속한다.

3.4 교류의 R, L, C 기본회로

교류회로에서 가장 기본이 되는 회로의 요소는 저항 R, 인덕턴스 L 및 커패시터 C이다. 이들이 교류전원에 접속되었을 때 어떠한 작용을 하는지 알아보기로 한다.

3.4.1 저항의 회로

그림 3 · 17 (a)와 같이 저항 $R[\Omega]$ 회로에 교류전압 $v=V_m \sin\omega t$[V]를 가하였을 때, 저항성분은 교류전압에 대하여 자기유도작용은 없으므로 매 순간마다 다음과 같은 옴의 법칙이 성립된다.

$$i=\frac{v}{R}=\frac{V_m}{R}\sin\omega t\,[\mathrm{A}] \tag{3 · 25}$$

이때 전압 v와 전류 i는 그림 3 · 17 (b)와 같이 기준점 0 및 최대값의 시작이 같고 같은 방향인데, 이러한 관계를 "전압과 전류는 위상이 같다"라고 말한다. 이것을 벡터로 나타내면 그림 3 · 17 (c)와 같다.

식 (3 · 25)에서 전압과 전류의 실효값을 각각 V, I로 표시하면

$$I=\frac{V}{R}\,[\mathrm{A}] \tag{3 · 26}$$

의 관계가 성립한다.

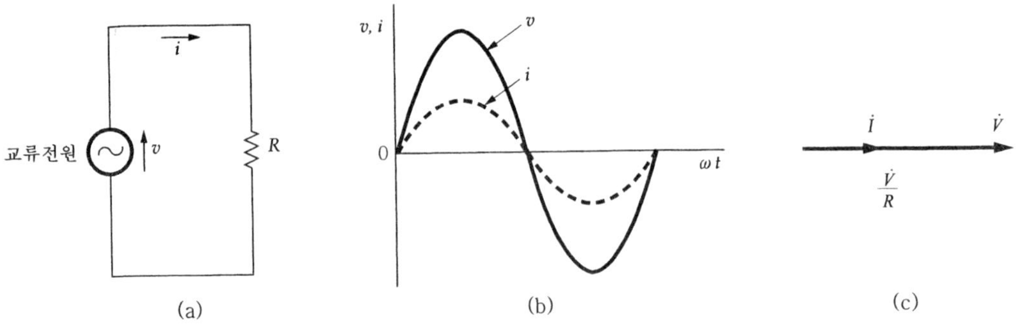

그림 3 · 17 저항회로의 전압과 전류 및 벡터도

예제 3 · 4 두 저항 $R_1=20\,[\Omega]$, $R_2=30\,[\Omega]$이 직렬로 연결되어 있는 회로의 양단자에 100 [V], 60 [Hz]의 교류전압을 인가할 때 R_2 양단의 전압을 구하라.

풀이 $v=V_m\sin\omega t\,[\mathrm{V}]$에서 $V_m=\sqrt{2}\,V$이므로 $V_m=100\sqrt{2}$이고, $\omega=2\pi f$이므로

$$\omega=2\times3.14\times60=377\,[\mathrm{rad/s}]$$

이다. 따라서,

$$v=100\sqrt{2}\sin377t\,[\mathrm{V}]$$

$$i=\frac{v}{R_1+R_2}=\frac{100\sqrt{2}}{50}\sin377t=2\sqrt{2}\sin377t\,[\mathrm{A}]$$

R_2 양단의 전압 v_2는

$$v_2=iR_2=60\sqrt{2}\sin377t\,[\mathrm{V}]$$

실효값 $V_2=\dfrac{V_{m2}}{\sqrt{2}}$이므로

$$V_2=60\,[\mathrm{V}]$$

이다.

3.4.2 인덕턴스 회로

그림 3 · 18 (a)와 같이 인덕턴스 L [H]인 코일만의 회로에 교류전류 i [A]를 흐르게 할 때에는, 자기유도작용에 의하여 전류의 변화를 방해하는 방향으로 기전력 v_L [V]를 유기하여 다음과 같이 된다.

$$v_L=-L\frac{\Delta i}{\Delta t}\,[\mathrm{V}] \tag{3·27}$$

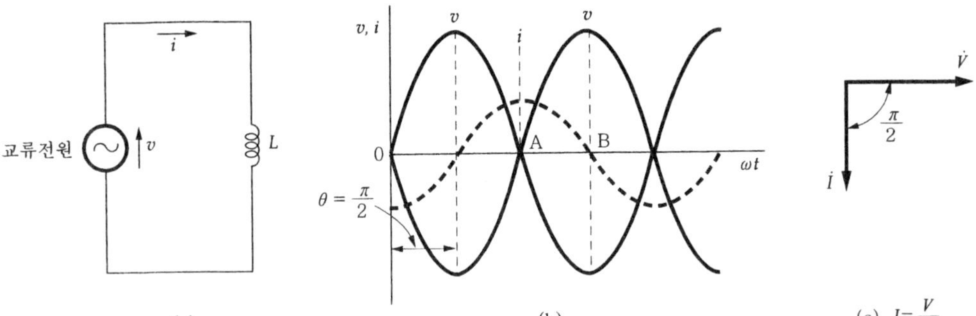

(a) (b) (c) $I=\frac{V}{\omega L}$

그림 3 · 18 인덕턴스 회로의 전압과 전류 및 벡터도

이 유기기전력 v_L의 파형은 그림 3 · 18 (b)와 같이 되는데, 점 A에서의 전류 i의 변화비율은 0이며, 점 B에서의 전류 i의 변화비율은 최대로 되므로, 유도기전력 v_L은 전류 i보다 $\pi/2$ [rad]만큼 위상이 늦게 유도된다. 이 유도기전력 v_L에 대항하여 전류 i를 계속 흐르게 하려면, v_L과 크기가 같고 방향이 반대인 기전력 v를 가해 주어야 한다.

따라서, 교류전압 $v=V_m \sin\omega t$ [V]에 의하여 회로에 흐르는 전류 i는 $\pi/2$ [rad]만큼 위상이 늦으므로 다음과 같이 나타낼 수 있다.

$$i=\frac{V_m}{X_L}\sin\left(\omega t-\frac{\pi}{2}\right)[\text{A}] \qquad (3 \cdot 28)$$

이 관계를 벡터로 나타내면 그림 3 · 18 (c)와 같이 된다.

또한, 전압, 전류를 실효값으로 표시하면 다음과 같이 된다.

$$I=\frac{V}{X_L}=\frac{V}{\omega L}=\frac{V}{2\pi fL}\ [\text{A}] \qquad (3 \cdot 29)$$

여기서 $X_L=\omega L$은 저항과 같이 전류의 흐름을 방해하는 일종의 교류저항으로, 이것을 유도 리액턴스(inductive reactance)라고 하며, 단위는 [Ω]을 사용한다.

예제 3 · 5 20 [mH]인 코일이 있다.

(a) 이 코일에 실효값 220 [V], 주파수 60 [Hz]인 교류전압을 인가할 때 코일의 리액턴스 및 전류의 실효값을 구하라.

(b) 이 주파수를 2배로 하면 전류는 얼마가 되겠는가?

풀이 (a) $X_{L1}=\omega L=2\pi fL$ [Ω]

$=2\times3.14\times60\times20\times10^{-3}=7.53$ [Ω]

$$I_1 = \frac{V}{X_{L1}} = \frac{220}{7.53} = 29.22\,[\mathrm{A}]$$

(b) $X_{L2} = 2 \times 3.14 \times 120 \times 20 \times 10^{-3} = 15.06\,[\Omega]$

$$I_2 = \frac{220}{15.06} = 14.61\,[\mathrm{A}]$$

3.4.3 커패시터 회로

그림 3·19 (a)와 같이 정전용량 C [F]인 커패시터 회로에 교류전압 $v = V_m \sin\omega t$ [V]를 가하면, 콘덴서의 두 전극에는 $+q$ [C]와 $-q$ [C]의 전하가 서로 되풀이하여 나타난다. 따라서 이 회로에는 전기가 계속 이동하므로 전류 i가 흐르게 된다.

그림 3·19 (b)를 보면 $\omega t = 0$에서 $q = 0$이지만 $\omega t = \pi/2$ [rad]로 시간이 경과함에 따라 $q_m = \omega C V_m$ [C]만큼 최대값으로 전하가 증가한다. 결국, 1초 동안에 평균 $(2\omega C V_m)/\pi$의 비율로 전기가 이동한 것으로 볼 수 있다. 이것은 전류의 평균값이지만, 사인파에서의 실효값은 평균값의 $\pi/(2\sqrt{2})$배이므로 전류의 실효값은 각각 다음과 같이 된다.

$$I = \frac{\pi}{2\sqrt{2}} \times \frac{2}{\pi}\omega C V_m$$

$$= \frac{\omega C V_m}{\sqrt{2}} = \omega C V\,[\mathrm{A}] \qquad (3 \cdot 30)$$

$$I_m = \omega C V_m$$

그리고, 그림 3·19 (b)에서 전류 i는 q의 최대점에서 0이 되고, q의 최소점에서 최대로 되며, 전압 v보다 $\pi/2$만큼 위상이 빠르다. 그러므로 전류는

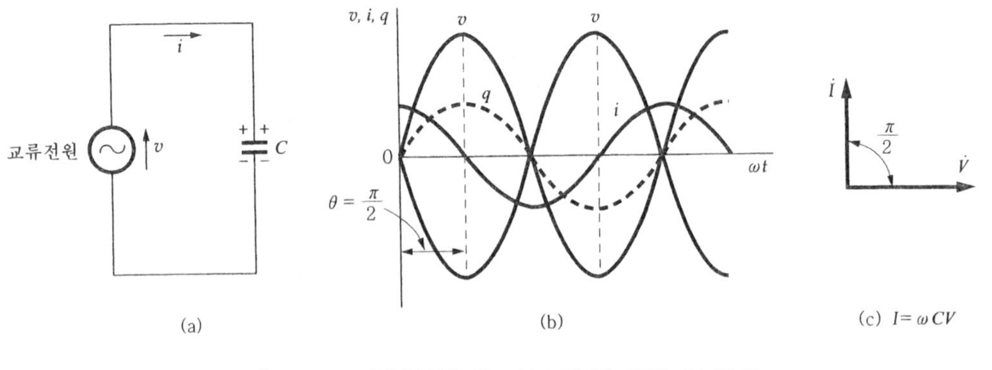

그림 3·19 커패시터 회로의 전압과 전류 및 벡터도

$$i = \omega C V_m \sin\left(\omega t + \frac{\pi}{2}\right) [\mathrm{A}] \tag{3·31}$$

로 되며, 벡터도로 나타내면 그림 **3·19** (c)와 같이 된다. 또한 전압, 전류를 실효값으로 나타내면 다음과 같이 된다.

$$I = \omega C V = \frac{V}{1/\omega C} = \frac{V}{X_C} [\mathrm{A}] \tag{3·32}$$

여기서 $X_C = 1/(\omega C)$은 앞에서 말한 $X_L = \omega L$과 같은 일종의 교류저항인데, 이것을 용량 리액턴스(capacitive reactance)라고 하며, 단위는 [Ω]을 사용한다.

예제 3·6 커패시턴스가 0.01 [μF]인 콘덴서가 있다.

(a) 실효값 220 [V], 주파수 100 [Hz]인 교류전압을 인가할 때 콘덴서의 리액턴스 및 전류의 실효값을 구하라.

(b) 주파수를 2배로 하면 전류는 얼마가 되겠는가?

풀이 (a) $X_{C1} = -\dfrac{1}{2\pi f C} = -159.2 \times 10^3 [\Omega]$

$$I_1 = \frac{V}{|X_C|} = \frac{220}{159.2 \times 10^3} = 1.382 [\mathrm{mA}]$$

(b) $X_{C2} = -\dfrac{1}{2 \times 3.14 \times 200 \times 0.01 \times 10^{-6}} = -79.6 \times 10^3 [\Omega]$

$$I_2 = \frac{220}{|79.6 \times 10^3|} = 2.763 [\mathrm{mA}]$$

교류의 기본회로인 *R*, *L*, *C* 소자에 대하여 이상을 정리하면 표 **3·3**과 같다.

표 3·3 *R*, *L*, *C* 기본회로의 특성

기호	저항 또는 리액턴스	전류	전압과 전류의 위상관계	벡터도
$R[\Omega]$ 	$R[\Omega]$	$\dfrac{V}{R}$	같은 위상	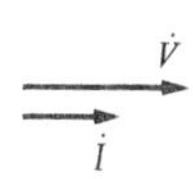
$L[\mathrm{H}]$ 	$X_L = 2\pi f L [\Omega]$	$\dfrac{V}{X_L}$	전류는 전압보다 $\dfrac{\pi}{2}$ 뒤진다.	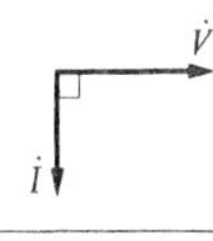
$C[\mathrm{F}]$ 	$X_C = \dfrac{1}{2\pi f C} [\Omega]$	$\dfrac{V}{X_C}$	전류는 전압보다 $\dfrac{\pi}{2}$ 앞선다.	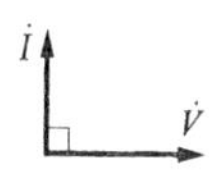

3.5 교류의 *R*, *L*, *C* 직렬회로

여기서는 저항 R, 코일 L, 콘덴서 C 등을 서로간에 적당히 직렬 접속한 교류회로에 대하여 알아보기로 한다.

3.5.1 *R*-*L* 직렬회로

그림 3·20과 같이 저항 R[Ω], 인덕턴스 L[H]인 코일이 직렬로 접속되어 있는 회로에 V[V]의 교류전압을 인가하면 회로에 흐르는 전류는 어떻게 될 것인가를 살펴보기로 한다. 이 R과 L의 직렬접속은 교류회로에서 가장 많이 다루게 되는 내용이다.

계산을 쉽게 하기 위하여 교류의 실효값과 벡터로 계산하기로 한다. 저항 R과 코일 L의 양단에 각각 가해지는 전압을 $\dot{V}_R$[V], $\dot{V}_L$[V]라 하면

$$\dot{V}_R = \dot{I} R$$
$$\dot{V}_L = \dot{I} X_L \qquad (3 \cdot 33)$$

와 같이 된다. 이때 전류를 기준으로 하여 벡터도를 그리면 그림 3·20 (b)와 같이 된다.

따라서, 이 벡터도를 보면 $\dot{V} = \dot{V}_R + \dot{V}_L$이므로, 전압의 크기 V는

$$
\begin{aligned}
&= \sqrt{V_R^2 + V_L^2} \\
&= \sqrt{(IR)^2 + (IX_L)^2} \\
&= I\sqrt{R^2 + X_L^2} \qquad (3 \cdot 34) \\
&= I\sqrt{R^2 + (\omega L)^2}\ [\mathrm{V}] \\
&= IZ\,[\mathrm{V}]
\end{aligned}
$$

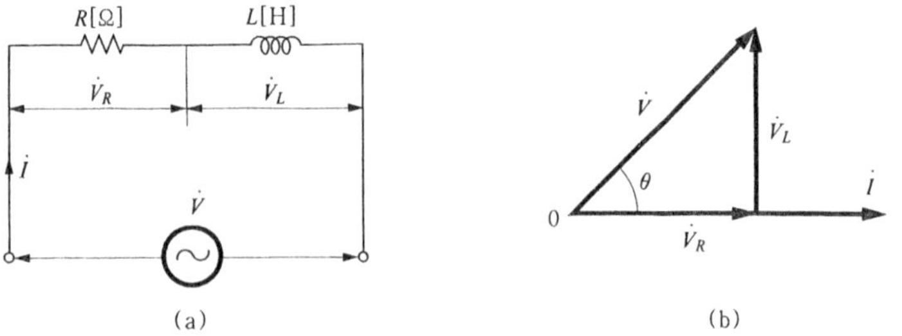

그림 3·20 *R*-*l* 직렬히로

로 된다.

여기서 $Z=\sqrt{R^2+X_L^2}$은 교류회로에서 일종의 저항 역할을 하는 것인데, 이것을 임피던스(impedance)라 하고, $Z\,[\Omega]$으로 나타낸다. 따라서, 임피던스 Z는

$$Z=\frac{V}{I}=\sqrt{R^2+X_L^2}\ [\Omega] \tag{3·35}$$

로 표시된다.

그리고, 전압과 전류의 위상차를 구하면 다음과 같이 된다. 즉, 그림 3 · 20 (b)에서 다음과 같이 구할 수 있다.

$$\tan\theta=\frac{V_L}{V_R}=\frac{IX_L}{IR}=\frac{X_L}{R}$$

$$\therefore\ \theta=\tan^{-1}\frac{X_L}{R}=\tan^{-1}\frac{\omega L}{R}$$

결국 전류 I는 전압 V보다 θ만큼 위상이 뒤지는 것이다.

예제 3 · 7 저항 15 [Ω], 인덕턴스 53 [mH]인 코일이 직렬로 연결되어 있다.

(a) 60 [Hz]에 대한 임피던스의 크기와 각을 구하라.

(b) 이 코일에 100 [V], 60 [Hz]의 교류전압을 인가할 때, 흐르는 전류의 크기와 위상은 어떻게 되는가?

풀이 (a) $X_L=\omega L=2\pi fL=2\times3.14\times60\times53\times10^{-3}=20\ [\Omega]$

$Z=\sqrt{R^2+{X_L}^2}=\sqrt{15^2+20^2}=25\ [\Omega]$

$\theta=\tan^{-1}\frac{X_L}{R}=\tan^{-1}\frac{20}{15}=53.1°$

(b) $I=\frac{V}{Z}=\frac{100}{25}=4\ [\mathrm{A}]$이고, 인가전압보다 53.1°만큼 위상이 늦어진다.

3.5.2 *R-C* 직렬회로

저항 $R\,[\Omega]$과 정전용량 $C\,[\mathrm{F}]$인 콘덴서를 직렬로 접속한 그림 3 · 21과 같은 회로를 생각해 본다. 위의 R과 L의 직렬회로에서처럼 벡터로 계산해 보자.

지금 저항 R과 정전용량 C의 양단에 각각 가해지는 전압을 $\dot{V}_R$, $\dot{V}_C\,[\mathrm{V}]$라 하면

$$\dot{V}_R=\dot{I}R$$

$$\dot{V}_C=\dot{I}X_C \tag{3·36}$$

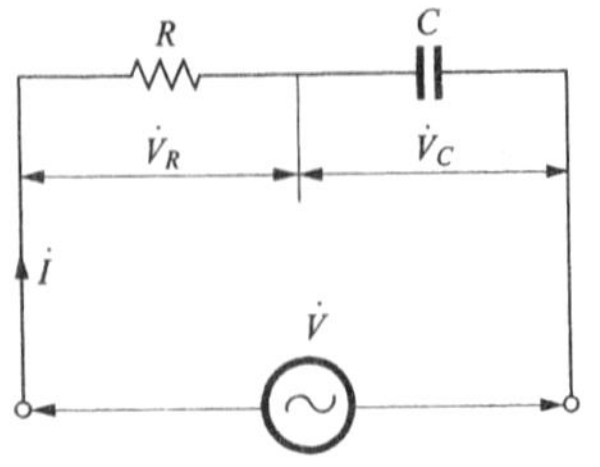

(a)

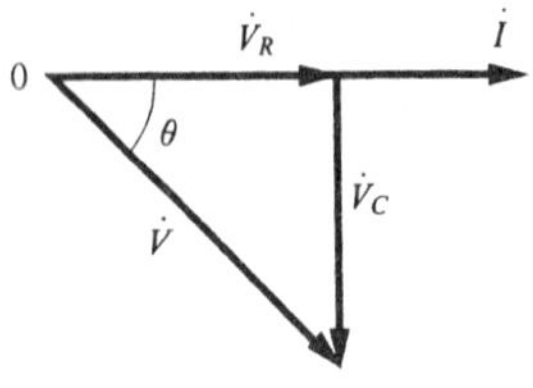

(b)

그림 3 · 21 $R-C$ 직렬회로

와 같이 된다. 이때 전류를 기준으로 하여 벡터도를 그리면 그림 3 · 21 (b)와 같이 된다.

따라서, 이 벡터도를 보면 $\dot{V}=\dot{V}_R+\dot{V}_C$이므로, 전압의 크기 V는

$$\begin{aligned} V &= \sqrt{V_R^2+V_C^2} \\ &= \sqrt{(IR)^2+(IX_C)^2} \\ &= I\sqrt{R^2+X_C^2} \\ &= I\sqrt{R^2+X_C^2}\ [\mathrm{V}] \\ &= IZ[\mathrm{V}] \end{aligned} \qquad (3 \cdot 37)$$

로 된다.

여기서 $Z=\sqrt{R^2+X_C^2}$은 교류회로에서 일종의 저항 역할을 하는 것인데, 이것을 임피던스(impedance)라고 하며, $Z[\Omega]$으로 나타낸다. 따라서, 임피던스 Z는

$$Z=\frac{V}{I}=\sqrt{R^2+X_C^2}=\sqrt{R^2+\left(\frac{1}{\omega C}\right)^2}\ [\Omega] \qquad (3 \cdot 38)$$

로 표시된다.

그리고 전압과 전류의 위상관계를 구하면 다음과 같이 된다. 즉, 그림 3 · 21 (b)에서

$$\begin{aligned} \tan\theta &= \frac{V_C}{V_R}=\frac{IX_C}{IR}=\frac{X_C}{R} \\ \therefore \theta &= \tan^{-1}\frac{X_C}{R}=\tan^{-1}\frac{1}{\omega CR} \end{aligned} \qquad (3 \cdot 39)$$

결국, 전류 I는 전압 V보다 θ만큼 위상이 앞서는 것이다.

예제 3 · 8 $R-C$ 직렬회로에서 $R=80\,[\Omega]$이고, $C=0.5\,[\mu\mathrm{F}]$이다. 교류전압 $v=100$

$\sin(10,000t+45°)$ [V]가 인가될 때, (a) 임피던스의 크기, (b) 전압과 전류의 위상관계, (c) 전류의 순시값을 구하라.

풀이 (a) $X_C=-\dfrac{1}{\omega C}=-\dfrac{1}{10,000\times 0.5\times 10^{-6}}=-200\ [\Omega]$

$$Z=\sqrt{R^2+X_C^2}=\sqrt{80^2+(-200)^2}=215\ [\Omega]$$

(b) $\theta=\tan^{-1}\dfrac{X_C}{R}=\tan^{-1}\dfrac{(-200)}{80}=68.2°$

따라서, 전류는 전압보다 68.2° 앞선다.

(c) $I_m=\dfrac{V_m}{Z}=\dfrac{100}{215}=0.47\ [\mathrm{A}]$

$$i=0.47\sin(10,000t+45°+68.2°)=0.47\sin(10,000t+113.2°)\ [\mathrm{A}]$$

3.5.3 *R-L-C* 직렬회로

그림 3·22와 같이 저항 R [Ω], 인덕턴스 L [H], 정전용량 C [F]가 직렬로 접속된 회로에 교류전압 V [V]를 가할 때 흐르는 전류가 I [A]라면, V와 I의 관계를 구해 보자.

지금 R, L 및 C에 가해지는 전압을 각각 $\dot{V}_R$, $\dot{V}_L$, $\dot{V}_C$ [V]라 하면

$$\begin{aligned}\dot{V}_R &= \dot{I}R\\ \dot{V}_L &= \dot{I}X_L\\ \dot{V}_C &= \dot{I}X_C\end{aligned} \tag{3·40}$$

와 같이 된다. 이때 전류를 기준으로 하여 벡터도를 그리면 그림 3·22 (b)와 같이 된다.

따라서, 이 벡터도를 보면

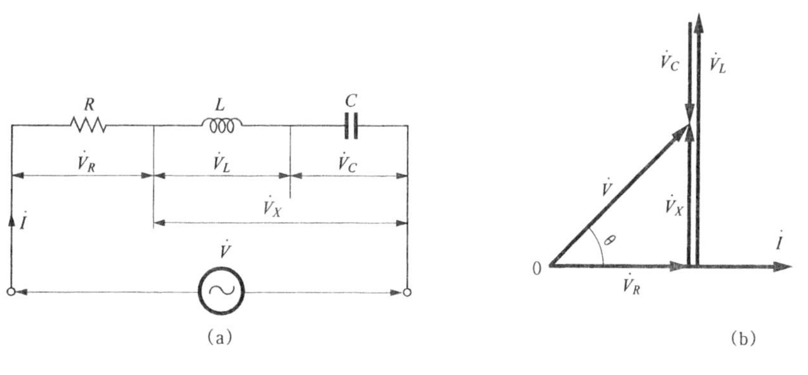

그림 3·22 *R-L-C* 직렬회로

$$\dot{V} = \dot{V}_R + j(\dot{V}_L - \dot{V}_C)$$
$$= \dot{V}_R + j\dot{V}_X \qquad (3 \cdot 41)$$

와 같이 되므로, 전압의 크기 V는

$$V = \sqrt{V_R^2 + V_X^2}$$
$$= \sqrt{V_R^2 + (V_L - V_C)^2}$$
$$= I\sqrt{R^2 + (X_L - X_C)^2} \qquad (3 \cdot 42)$$
$$= I\sqrt{R^2 + X^2}\,[\mathrm{V}]$$
$$= IZ\,[\mathrm{V}]$$

로 된다.

여기서 이 회로의 임피던스 $Z = \sqrt{R^2 + X^2}\,[\Omega]$는 저항 역할을 하는 것인데,

$$Z = \frac{V}{I} = \sqrt{R^2 + X^2} = \sqrt{R^2 + (X_L - X_C)^2}\ [\Omega] \qquad (3 \cdot 43)$$

로 표시된다.

그리고 전압과 전류의 위상 관계를 구하면 다음과 같이 된다.

$$\tan\theta = \frac{V_X}{V_R} = \frac{V_L - V_C}{V_R} = \frac{X}{R}$$
$$\therefore \theta = \tan^{-1}\frac{X}{R} \qquad (3 \cdot 44)$$

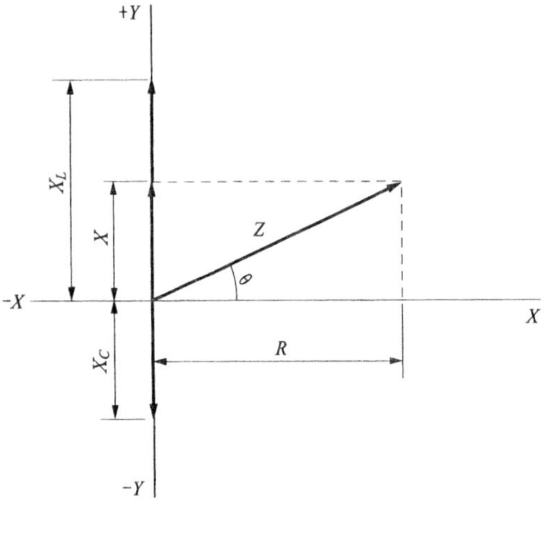

그림 3 · 23 *R-L-C* 회로의 임피던스 삼각도

예제 3·9 $R=100[\Omega]$, $L=25.3[\text{mH}]$, $C=100[\mu\text{F}]$인 R-L-C 직렬회로에 $v=100\sqrt{2}\sin 628t[\text{V}]$인 전압을 걸 때, (a) 임피던스의 크기, (b) 임피던스의 각, (c) 전류를 각각 구하라.

풀이 (a) $\omega L=628\times 25.3\times 10^{-3}\fallingdotseq 15.9[\Omega]$

$$\frac{1}{\omega C}\fallingdotseq 15.9[\Omega], \qquad \therefore \omega L\fallingdotseq\frac{1}{\omega C}$$

$$Z=\sqrt{R^2+\left(\omega L-\frac{1}{\omega C}\right)^2}=R=100\ [\Omega]$$

(b) $\theta=0$, 즉 전압과 전류는 동상(직렬공진)

(c) $I=\dfrac{V}{Z}=\dfrac{100}{100}=1\ [\text{A}]$

이상에서 살펴본 *R*, *L*, *C* 소자의 직렬회로에 관한 사항을 정리하면 표 3·4와 같이 된다.

표 3·4 직렬회로의 임피던스

회 로	임피던스 $Z[\Omega]$	전류의 위상각 θ[rad]
R-L 직렬회로 	$\sqrt{R^2+(\omega L)^2}$	$\tan^{-1}\dfrac{\omega L}{R}$ 전류는 전압보다 뒤진다.
R-C 직렬회로 	$\sqrt{R^2+\left(\dfrac{1}{\omega C}\right)^2}$	$-\tan^{-1}\dfrac{1}{\omega RC}$ 전류는 전압보다 앞선다.
R-L-C 직렬회로 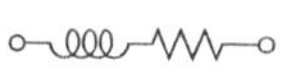	$\sqrt{R^2+\left(\omega L-\dfrac{1}{\omega C}\right)^2}$	$\tan^{-1}\dfrac{\omega L-\dfrac{1}{\omega C}}{R}$ $\omega L>\dfrac{1}{\omega C}$ 일 때 지상(遲相)(lag) $\omega L<\dfrac{1}{\omega C}$ 일 때 진상(進相)(lead) $\omega L=\dfrac{1}{\omega C}$ 일 때 동상(同相)

3.6 교류의 *R*, *L*, *C* 병렬회로

3.6.1 *R*-*L* 병렬회로

저항 $R[\Omega]$과 인덕턴스 L[H]인 코일이 그림 3·24와 같이 병렬로 접속된 회로에 V[V]의 교류전압의 가해질 때, 이 회로에 I[A]의 전체 전류가 흐른다고 하면 전류 I_1과 I_2는 각각

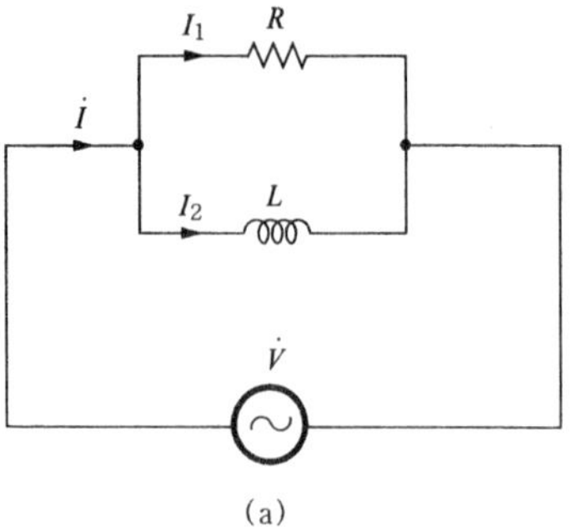

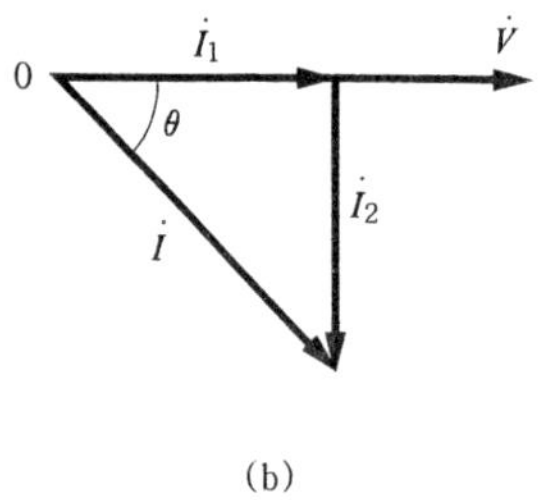

그림 3 · 24 R-L 병렬회로

$$\dot{I}_1 = \frac{V}{R} \qquad \dot{I}_2 = \frac{V}{X_L} \tag{3 · 45}$$

로 표시될 수 있다.

병렬회로에서는 각 소자에 걸리는 전압이 같으므로, 전압을 기준으로 하여 벡터를 그리면 그림 3 · 24 (b)와 같이 된다.

전류는 $\dot{I} = \dot{I}_1 + \dot{I}_2$ 이므로, 전류의 크기 I는

$$\begin{aligned} I &= \sqrt{I_1^2 + I_2^2} \\ &= \sqrt{\left(\frac{V}{R}\right)^2 + \left(\frac{V}{X_L}\right)^2} \\ &= V\sqrt{\left(\frac{1}{R}\right)^2 + \left(\frac{1}{X_L}\right)^2}\,[\mathrm{A}] \end{aligned} \tag{3 · 46}$$

가 된다. 따라서, 임피던스 Z는

$$Z = \frac{V}{I} = \frac{1}{\sqrt{\left(\frac{1}{R}\right)^2 + \left(\frac{1}{X_L}\right)^2}}\ [\Omega] \tag{3 · 47}$$

가 된다. 그런데 식 (3 · 47)에서

$$Y = \frac{1}{Z} = \sqrt{\left(\frac{1}{R}\right)^2 + \left(\frac{1}{X_L}\right)^2}\ [\mho] \tag{3 · 48}$$

로 표시되는 Y를 어드미턴스(admittance)라고 하며, 임피던스의 역수를 나타내는데, 병렬회로에서는 어드미턴스를 사용하면 편리할 때가 많다.

그림 3·24 (b)의 벡터도에서 전압 $\dot{V}$와 전류 $\dot{I}$의 위상차는 다음과 같이 구할 수 있다.

$$\tan\theta = \frac{I_2}{I_1} = \frac{V/X_L}{V/R} = \frac{R}{X_L}$$
$$\therefore \theta = \tan^{-1}\frac{R}{X_L} \qquad (3\cdot 49)$$

즉, R과 L의 병렬회로에서는 전류 I가 전압 V보다 θ만큼 뒤지게 되는 유도성 회로이다.

3.6.2 *R-C* 병렬회로

저항 R[Ω]과 정전용량 C[F]인 콘덴서가 그림 3·25 (a)와 같이 병렬로 접속된 회로에 V[V]의 교류전압을 가할 때, 이 회로에 I[A]의 전체 전류가 흐르면, 전류 I_1과 I_2는 각각

$$I_1 = \frac{V}{R}$$
$$I_2 = \frac{V}{X_C}$$

로 표시될 수 있다. 마찬가지로 전압을 기준으로 하여 벡터를 그리면 그림 3·25 (b)와 같이 된다.

전 전류 I는 $\dot{I} = \dot{I}_1 + \dot{I}_2$ 이므로, 전류의 크기 I는

$$\begin{aligned} I &= \sqrt{I_1^2 + I_2^2} \\ &= \sqrt{\left(\frac{V}{R}\right)^2 + \left(\frac{V}{X_C}\right)^2}\,[\mathrm{A}] \\ &= V\sqrt{\left(\frac{1}{R}\right)^2 + \left(\frac{1}{X_C}\right)^2}\,[\mathrm{A}] \\ &= VY\,[\mathrm{A}] \end{aligned} \qquad (3\cdot 50)$$

따라서, 임피던스 Z는

$$Z = \frac{V}{I} = \frac{1}{\sqrt{\left(\frac{1}{R}\right)^2 + \left(\frac{1}{X_C}\right)^2}}\,[\Omega] \qquad (3\cdot 51)$$

가 된다.

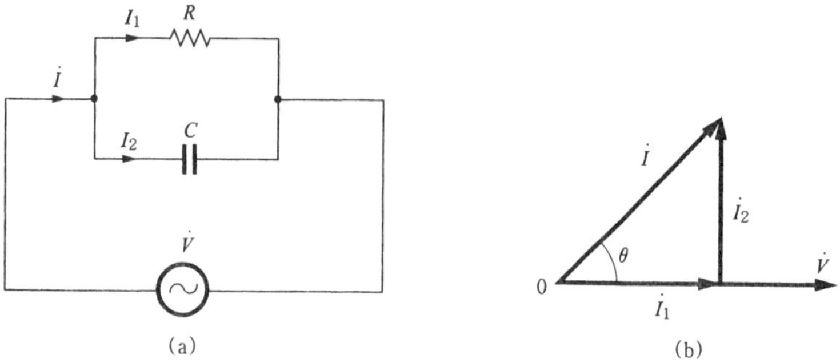

그림 3 · 25 *R*−*C* 병렬회로

다음에 그림 3 · 25 (b)의 벡터도에서 전압 $\dot{V}$와 전류 $\dot{I}$의 위상차는 다음과 같이 구할 수 있다.

$$\tan\theta = \frac{I_2}{I_1} = \frac{V/X_C}{V/R} = \frac{R}{X_C}$$
$$\therefore \theta = \tan^{-1}\frac{R}{X_C} \qquad (3 \cdot 52)$$

즉, R과 C의 병렬회로에는 전류 I가 전압 E보다 θ만큼 앞서게 되는 용량성 회로이다.

3.6.3 *R*−*L*−*C* 병렬회로

그림 3 · 26과 같은 R, L, C 병렬회로에서의 전압, 전류 관계는 R-L, R-C 병렬회로에서 배운 것을 종합하면 된다. 지금, 이 회로에서 전압 V와 전류 I의 관계를 벡터로 나타내면 그림 3 · 26 (b)와 같이 된다. 이 그림으로부터 전압 V[V]와 전류 I[A] 및 임피던스 Z[Ω], 위상각 θ[rad] 등을 구하면 다음과 같이 된다.

전류는 다음과 같이 구한다.

$$\begin{aligned} I &= \sqrt{I_R^2 + I_X^2} \\ &= \sqrt{I_R^2 + (I_C - I_L)^2} \\ &= \sqrt{\left(\frac{V}{R}\right)^2 + \left(\frac{V}{X_C} - \frac{V}{X_L}\right)} \\ &= V\sqrt{\left(\frac{1}{R}\right)^2 + \left(\frac{1}{X_C} - \frac{1}{X_L}\right)^2}\,[\text{A}] \qquad (3 \cdot 53) \\ &= VY\,[\text{A}] \end{aligned}$$

임피던스는 다음과 같다.

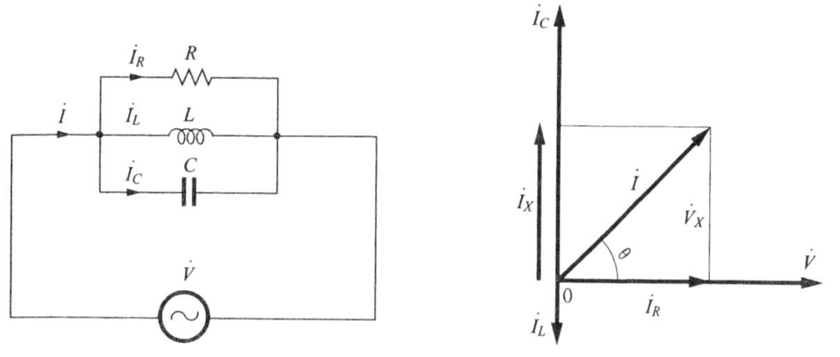

(a) (b)

그림 3 · 26 *R–L–C* 병렬회로

$$Z=\frac{1}{\sqrt{\left(\frac{1}{R}\right)^2+\left(\frac{1}{X_C}-\frac{1}{X_L}\right)^2}}\ [\Omega] \tag{3·54}$$

전압과 전류의 위상차 θ는 다음과 같이 구한다.

$$\tan\theta=\frac{I_X}{I_R}=\frac{\frac{V}{X_C}-\frac{V}{X_L}}{\frac{V}{R}}=R\left(\frac{1}{X_C}-\frac{1}{X_L}\right)$$
$$\therefore \theta=\tan^{-1}R\left(\frac{1}{X_C}-\frac{1}{X_L}\right) \tag{3·55}$$

이상에서 살펴본 *R*, *L*, *C* 소자의 병렬회로에 관한 특성을 정리하면 표 3·5와 같다.

표 3 · 5 병렬회로의 어드미턴스

회 로	어드미턴스 Y[℧]	전류의 위상각 θ[rad]
R–L 병렬회로 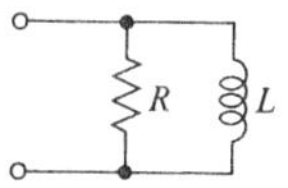	$\sqrt{\left(\frac{1}{R}\right)^2+\left(\frac{1}{\omega L}\right)^2}$	$\tan^{-1}\frac{R}{\omega L}$ 전류는 전압보다 뒤진다.
R–C 병렬회로 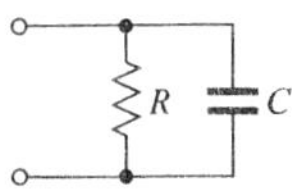	$\sqrt{\left(\frac{1}{R}\right)^2+(\omega C)^2}$	$\tan^{-1}\omega CR$ 전류는 전압보다 앞선다. $\tan^{-1}R\left(\frac{1}{\omega L}-\omega C\right)$
R–L–C 병렬회로 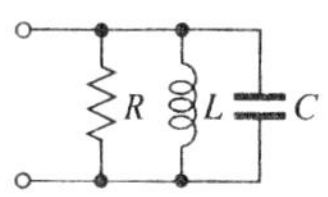	$\sqrt{\left(\frac{1}{R}\right)^2+\left(\omega C-\frac{1}{\omega L}\right)^2}$	$\omega C>\frac{1}{\omega L}$ 일 때 (진상)(laed) $\omega C<\frac{1}{\omega L}$ 일 때 (지상)(lag) $\omega C=\frac{1}{\omega L}$ 일 때 (동상)

연습문제

1. 최대값이 100 [A]인 교류전류의 평균값은 얼마인가?

2. 평균값이 100 [V]인 교류전압의 최대값은 얼마인가?

3. 그림 3 · 27과 같은 파형의 전류에 대한 실효값은 얼마인가?

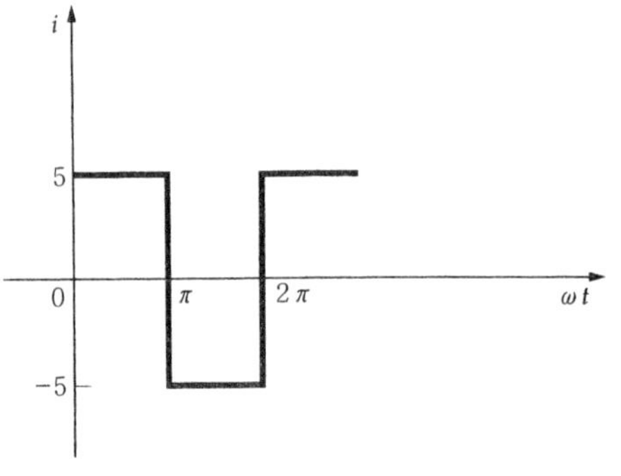

그림 3 · 27

4. 가정용 실내전원이 교류 220 [V]일 때, 이 220 [V]라 함은 무슨 값을 말하는 것인가?

5. $v = 141.4 \sin 120\pi t$ [V]인 전압의 평균값은 얼마인가?

6. $v = 141.4 \sin 3\pi t$ [V]일 때 실효값 V와 주파수 f를 구하라.

7. 1 [Hz]의 전기각은 몇 도인가?

8. 1 [rad]은 몇 도인가?

9. $v = \sqrt{2} V \sin\left(\omega t + \frac{\pi}{4}\right)$ [V]와 $i = \sqrt{2} I \sin\left(\omega t - \frac{\pi}{2}\right)$ [A]의 위상차는 얼마인가?

10. $v = \sqrt{2} V \cos(\omega t + 60°)$ [V]와 $i = \sqrt{2} I \sin(\omega t + 30°)$ [A]의 위상차는 얼마인가?

11. $v_1 = V_{m1} \sin(\omega t + 30°)$[V]와 $v_2 = V_{m2} \cos(\omega t - 60°)$[V]의 위상차는 얼마인가?

12. $v_1 = 100\sqrt{2} \sin \omega t$ [V]와 $v_2 = 200\sqrt{2} \sin\left(\omega t - \frac{\pi}{3}\right)$ [V]의 차 $(V_1 - V_2)$의 실효값은 얼마인가?

13. $e = V_m \sin\left(\omega t + \frac{\pi}{3}\right)$ [V]인 교류의 파형률은 얼마인가?

14. 50 [Ω]의 저항을 가진 전구에 $v = 100\sqrt{2}\sin\omega t$ [V]의 전압을 가할 때 전류의 순시값을 구하라.

15. 어떤 소자에 $v = 141\sin 377t$ [V]의 전압을 가했더니 $i = 47\sin(377t - 90°)t$ [A]의 전류가 흘렀다. 이 회로소자는 무엇인가?

16. $R = 100$ [Ω], $C = 30$[μF]의 직렬회로에 $f = 60$ [Hz], $V = 100$ [V]의 교류전압을 가할 때 전류([A])는?

4 공진현상

4.1 공진현상의 정의

어떤 물체에 외부에서 주기적인 힘을 가하는 경우 그 힘의 주기가 물체가 진동하는 주기와 일치하면 작은 힘으로도 큰 진동을 일으킬 수 있다는 것은 우리가 일상 경험하는 바이다.

가령 외나무 다리를 걸을 때 다리의 상하진동에 보조를 맞추어 걸으면 순식간에 큰 진동이 일어난다. 이와 같은 현상을 공진(resonance)이라고 한다. 전기계에도 이와 같은 현상이 있다. 즉 전기회로에 인가되는 전원의 주파수가 회로 자체의 고유주파수(natural frequency)와 일치하면 회로에는 큰 전기적 진동이 일어난다.

그리고 기계적 진동이 일어나려면 물체의 운동에너지와 위치에너지 사이에 에너지 교환이 있어야 하는 것처럼 전기적 진동이 일어나려면 유도기에 축적되는 자기에너지와 용량기에 축적되는 정전에너지 사이에 에너지 교환이 있어야 한다.

그러므로 전기적 공진회로에는 인덕턴스 L과 커패시터 C가 함께 있어야 하며 이것들이 연결되는 방식에 따라서 직렬공진, 병렬공진, 직·병렬 공진회로 등으로 나누어진다.

4.2 직렬공진회로

그림 4·1과 같은 R-L-C 직렬회로에서 전압전원의 크기를 일정하게 유지하고 주파수만을 변화시켰을 때 회로에 흐르는 전류의 크기와 전압, 전류의 위상차가 주파수에 따라서 어떻게 변화하는가를 고찰해 보자.

이 회로의 임피던스는

$$Z = R + j\omega L + \frac{1}{j\omega C} = R + j\left(\omega L - \frac{1}{\omega C}\right) = R + jX \qquad (4\cdot1)$$

이고, 리액턴스 X는

$$X = \omega L - \frac{1}{\omega C} = X_L - X_C$$

이다. 그림 4·2는 주파수에 대한 각각의 리액턴스

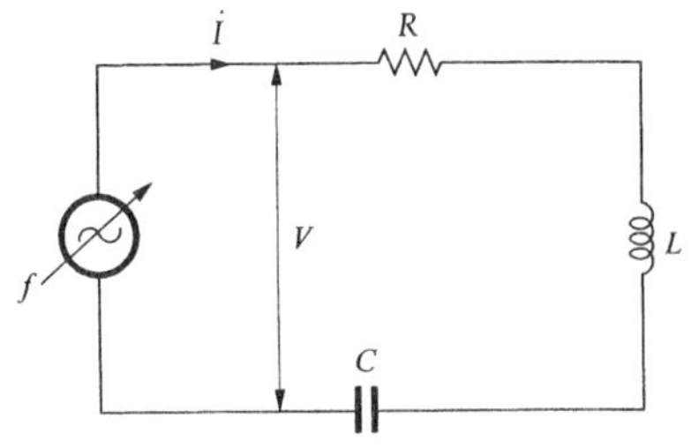

그림 4·1 $R-L-C$ 직렬공진회로

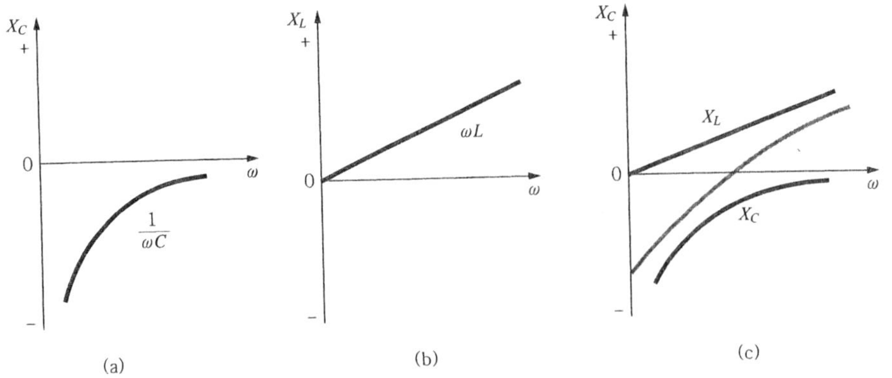

그림 4·2 직렬공진회로의 리액턴스 곡선

$$X_C = \frac{1}{\omega C}, \quad X_L = \omega L, \quad X = X_L - X_C$$

의 변화모양을 나타낸 곡선이다.

그림 **4 · 2**를 보면 전체 리액턴스는 낮은 주파수에서는 용량성 리액턴스이며, $\omega \to 0$에서 $X \to -j\infty$ [Ω]이 되고 주파수가 높아지면 유도성 리액턴스가 되어 $\omega \to \infty$에서 $X \to +j\infty$[Ω]이 된다.

또, $X_L = X_C$가 되어 $X=0$가 되는 주파수가 있다. 이 주파수에서 임피던스는 저항만이 남게 되고, 전압과 전류 사이의 위상차는 0이 되며, 역률은 1이 된다. 이때에 이 회로는 공진되었다고 말하고, 이때의 주파수를 공진주파수(resonant frequency)라고 한다.

따라서 R-L-C 직렬회로의 공진각주파수를 ω_0라 하면

$$\omega_0 L - \frac{1}{\omega_0 C} = 0 \tag{4·3}$$

으로부터 공진각주파수 및 공진주파수는 다음과 같이 된다.

$$\omega_0 = \frac{1}{\sqrt{LC}}, \quad f_0 = \frac{1}{2\pi\sqrt{LC}} \tag{4·4}$$

식 (4 · 4)를 보면 직렬회로에서는 인덕턴스, 커패시턴스, 주파수 중의 하나를 변화시켜서 직렬공진을 일으킬 수 있다.

표 **4 · 1**은 주파수 변화에 따른 임피던스 및 위상각을 나타낸 것이다.

표 4 · 1 주파수 변화에 따른 임피던스 및 위상각

주파수 범위	임피던스의 크기	위 상 각	전압과 전류의 위상관계
$f > f_0$	$Z = \sqrt{R^2 + \left(\omega L - \frac{1}{\omega C}\right)^2}$	$\theta = \tan^{-1} \frac{\omega L - \frac{1}{\omega C}}{R} > 0$	전압은 전류보다 진상
$f = f_0$	$Z = R$	$\theta = 0$	전압과 전류는 동상
$f < f_0$	$Z = \sqrt{R^2 + \left(\frac{1}{\omega C} - \omega L\right)^2}$	$\theta = \tan^{-1} \frac{\frac{1}{\omega C} - \omega L}{R} < 0$	전압은 전류보다 지상

즉, $f = f_0$일 때 임피던스는 순저항이 되고, 임피던스 크기는 최소가 되며, 전류는 최대가 된다. 이러한 상태를 **직렬공진**(series resonance) 또는 **전압공진**(voltage resonance)이라고 하며 공진시의 전류를 I_0라 하면

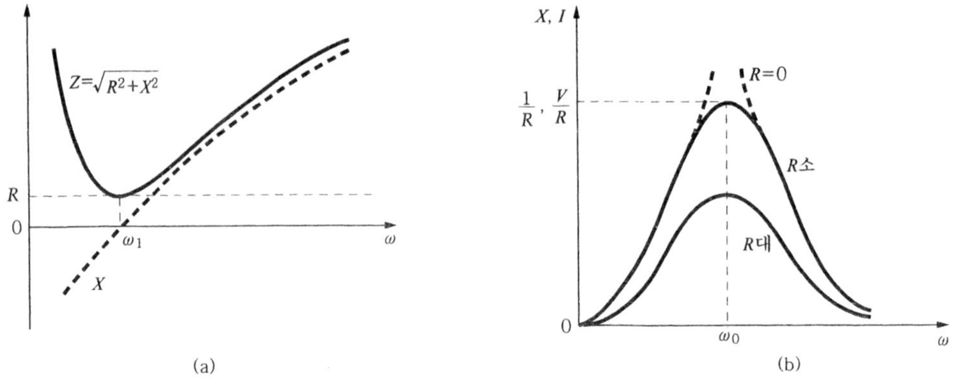

그림 4 · 3 직렬공진회로의 응답

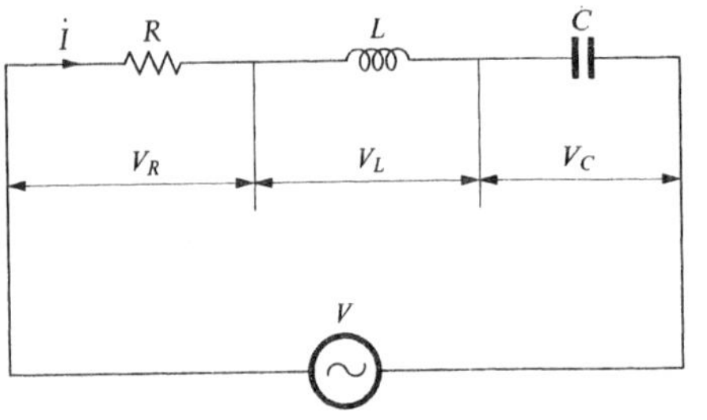

그림 4 · 4 *R-L-C* 직렬회로

$$I_0 = \frac{V}{Z} = \frac{V}{R + j\left(\omega L - \frac{1}{\omega C}\right)} = \frac{V}{R} \tag{4·5}$$

이 된다.

그림 4 · 3 (a)는 R, X 및 Z의 ω에 따른 변화를 그렸다. Z의 곡선은 $\sqrt{R^2 + X^2}$으로부터 그려진다. 공진주파수에서는 $X = 0$이므로 $Z = R$이고, 임피던스는 최소가 된다.

어드미턴스의 주파수 특성곡선은 임피던스 곡선의 역이므로 그림 4 · 3 (b)와 같이 그려진다.

4.3 직렬공진회로의 에너지

R-L-C 직렬회로에 공진주파수 $\omega_o = \frac{1}{\sqrt{LC}}$과 일치하는 주파수의 정현파 전원을 인가한 경우 정상상태하에서 전압전류는 다음 식으로 나타낼 수 있다.

$$i = \sqrt{2} I \sin \omega_o t \ [\mathrm{A}]$$

$$v_c = \frac{1}{c} \int i dt = -\sqrt{2} \frac{I}{\omega_o e} \cos \omega_o t \ [\mathrm{V}]$$

이때 L에 축적되는 에너지

$$W_L = \frac{1}{2} Li^2 = \frac{1}{2} L(\sqrt{2} I \sin \omega_o t)^2$$
$$= LI^2 \sin^2 \omega_o t \ [\mathrm{J}]$$

한편 C에 축적되는 에너지는

$$W_C = \frac{1}{2} Cv^2 = \frac{1}{2} C\left(-\sqrt{2} \frac{I}{\omega_o C} \cos \omega_o t\right)^2$$
$$= \frac{I^2}{\omega_o^2 C} \cos^2 \omega_o t = LI^2 \cos^2 \omega_o t \ [\mathrm{J}]$$

따라서 회로 내에 축적되는 전 에너지는

$$W_L + W_C = LI^2 (\sin^2 \omega_o t + \cos^2 \omega_o t)$$
$$= LI^2 = \frac{I^2}{\omega_o^2 C} \ [\mathrm{J}]$$

즉, 공진시에 회로의 전 축적에너지는 시간에 관계없는 일정값으로서 W_L 또는 W_C의 최대값과 같다.

여기에서 보면 그림 4·5와 같이 공진시 회로에 축적된 에너지가 두 리액턴스 소자 사이에 왔다갔다 함을 알 수 있다.

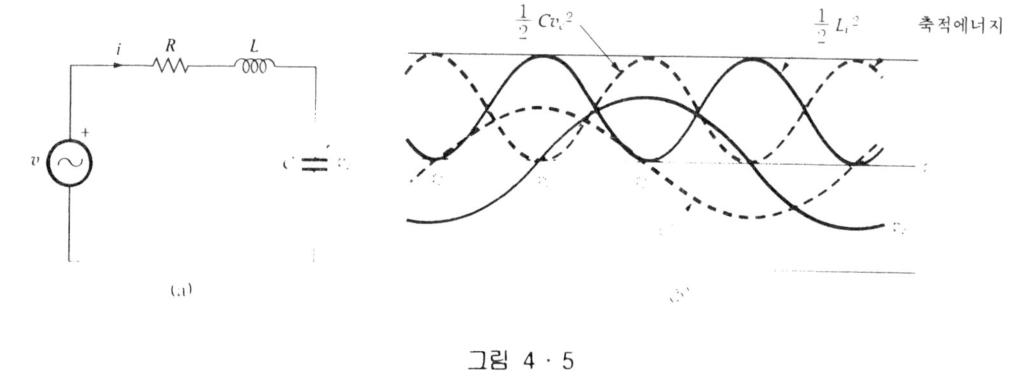

그림 4·5

4.4 병렬공진회로

그림 4·6과 같이 R-L-C 병렬회로에 정현파 전류전원이 연결되어 있는 것을 병렬공진회로라고 한다. 이때 전류의 크기를 일정하게 하고, 주파수를 변화시킬 때 전압의 크기와 어드미턴스에 대해서 알아보자. 단 커패시턴스 C의 누설사항은 고려하지 않는다.

$$Y=\frac{1}{R}+j\omega C+\frac{1}{j\omega L}=G+j\left(\omega C-\frac{1}{\omega L}\right) \tag{4·6}$$

가 되며, $\left(\omega C-\frac{1}{\omega L}\right)$을 주파수에 대해 그리면 그림 4·7과 같다.

식 (4·6)에서 서셉턴스가 0이 되는 각주파수를 구하면

$$\omega_0 C-\frac{1}{\omega_0 L}=0$$

$$\omega_0=\frac{1}{\sqrt{LC}} \tag{4·7}$$

이 되고, 이 각주파수를 병렬공진 각주파수(parallel resonant angular frequency)라 하면, 이때 어드미턴스는 컨덕턴스 성분만 남고 최소값이 된다.

R-L-C 병렬회로에서 $\omega_0=\frac{1}{\sqrt{LC}}$이 될 때를 병렬공진(parallel resonance)이라 하고, 특히 저항 $R=0$로서 공진시 임피던스의 값이 무한대가 되고 전전류가 0이 되는 현상을 이상적인 병렬공진이라 하여 이 경우 합성 임피던스의 크기가 최대가 되는 것을 반공진(half resonance)이라 부른다.

그림 4·10의 R-L-C 병렬회로에서 병렬공진 때 I_L과 I_C의 공급전류 I에 대한 비율을 전류확대율이라 부른다.

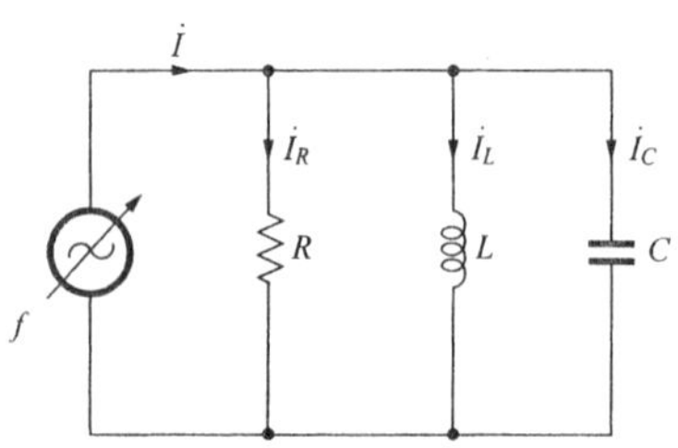

그림 4·6 R-L-C 병렬회로

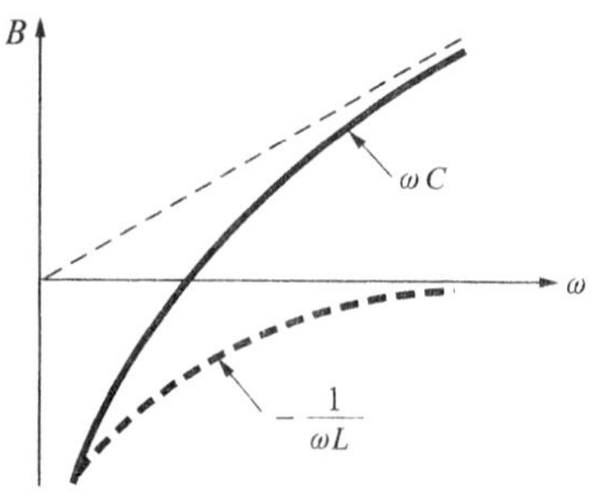

그림 4·7 병렬회로 서셉턴스 곡선

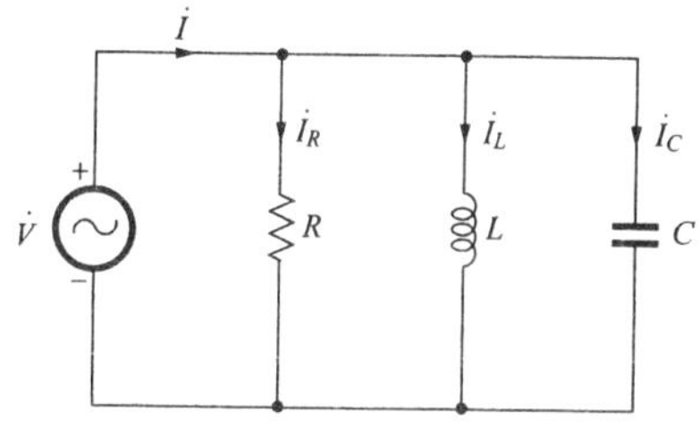

그림 4 · 8 $R-L-C$ 병렬회로

$$Q_L = \frac{I_L}{I} = \frac{\dfrac{V}{\omega_\gamma L}}{\dfrac{V}{R}} = \frac{R}{\omega_\gamma L}$$

$$Q_C = \frac{I_C}{I} = \frac{\omega_\gamma CV}{\dfrac{V}{R}} = \omega_\gamma CR \tag{4 · 8}$$

공진시 $Q_L = Q_C = Q$이므로

$$Q = \frac{R}{\omega_\gamma L} = \omega_\gamma CR = R\sqrt{\frac{C}{L}} \tag{4 · 9}$$

가 되어, 직렬공진일 때의 역수가 된다.

4.4 직 · 병렬 공진회로

저항, 인덕턴스 및 커패시턴스가 직 · 병렬 접속된 그림 4 · 9와 같은 회로에 전압 $\dot{V}$를 가할 때 흐르는 전류를 구해보자.

$$\dot{I}_1 = \frac{\dot{V}}{R + j\omega L} \tag{4 · 10}$$

$$\dot{I}_2 = j\omega C\dot{V}$$

전전류 $\dot{I}$는

$$\dot{I} = \dot{I}_1 + \dot{I}_2 = \dot{V}\left(\frac{1}{R + j\omega L} + j\omega C\right) = \dot{Y}\dot{V} \tag{4 · 11}$$

그러므로 어드미턴스 $\dot{Y}$는

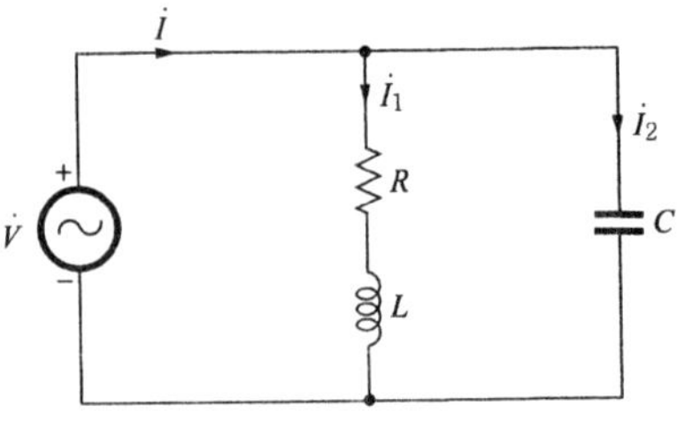

그림 4 · 9 직 · 병렬회로

$$\dot{Y} = \frac{1}{R + j\omega L} + j\omega C$$
$$= \frac{R}{R^2 + \omega^2 L^2} + j\left(\omega C - \frac{\omega L}{R^2 + \omega^2 L^2}\right) \qquad (4 \cdot 12)$$

이 된다. 공진조건은 허수부가 0이 되어야 하므로

$$\omega_0 C - \frac{\omega_0 L}{R^2 + \omega_0^2 L^2} = 0$$
$$R^2 + \omega_0^2 L^2 = \frac{L}{C} \qquad (4 \cdot 13)$$

따라서 공진 어드미턴스 $\dot{Y}_0$, 공진 임피던스 $\dot{Z}_O$, 공진전류 $\dot{I}_0$는

$$\dot{Y}_0 = \frac{R}{R^2 + \ \omega_0{}^2 L^2} = \frac{CR}{L}$$
$$\dot{Z}_0 = \frac{1}{Y_0} = \frac{L}{CR} \qquad (4 \cdot 14)$$
$$\dot{I}_0 = \frac{CR}{L} V \qquad (4 \cdot 15)$$

이 된다. 이때의 공진주파수를 구하면 식 (4 · 13)에서

$$\omega = \sqrt{\frac{1}{LC} - \frac{R^2}{L^2}}, \quad f_0 = \frac{1}{2\pi}\sqrt{\frac{1}{LC} - \frac{R^2}{L^2}} \qquad (4 \cdot 16)$$

이 되고, $\frac{1}{LC} \gg \frac{R^2}{L^2}$인 조건이 만족되면 공진주파수는

$$f_0 \fallingdotseq \frac{1}{2\pi\sqrt{LC}} \qquad (4 \cdot 17)$$

이 되어 직렬공진회로의 공진주파수와 같은 식이 된다.

예제 4 · 1 그림 4 · 10의 회로에서 $\dot{V}=100[\text{V}]$, $R=10[\Omega]$, $L=10[\text{mH}]$, $C=5[\mu\text{F}]$ 일 때, 공진시의 전전류 $\dot{I}$ 를 구하라.

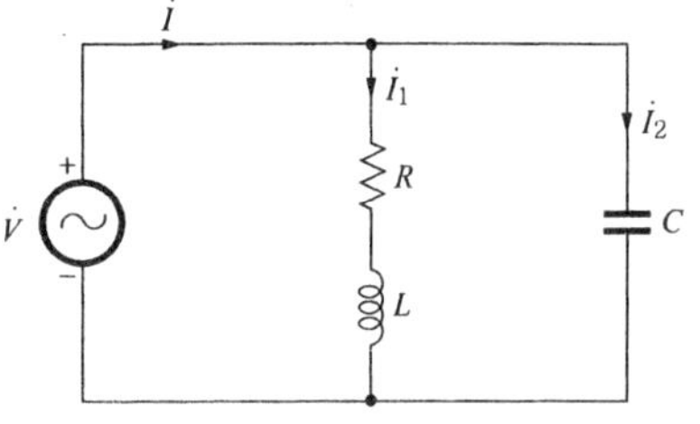

그림 4 · 10 예제 4 · 2의 그림

풀이 $\dot{I}=\dfrac{CR}{L}\dot{V}=\dfrac{5\times10^{-6}\times10\times100}{10\times10^{-3}}=0.5[\text{A}]$

연습문제

1. R-L-C 병렬회로에서 유도성 회로가 되기 위한 조건은 무엇인가?

2. 인덕턴스와 커패시턴스가 병렬공진되었을 때의 임피던스 값은 얼마인가?

3. 직렬공진회로에서 유도 리액턴스 양단의 전압과 전원전압과의 비는 얼마인가?

4. R-L-C 직렬에서 인가전압과 흐르는 전류가 동상이 되기 위한 조건은 무엇인가?

5. 그림 4·11과 같은 공진곡선에서 $f_1=980$ [kHz], $f_2=1020$ [kHz], $f_\gamma=1000$ [kHz]일 때 Q의 값은 얼마인가?

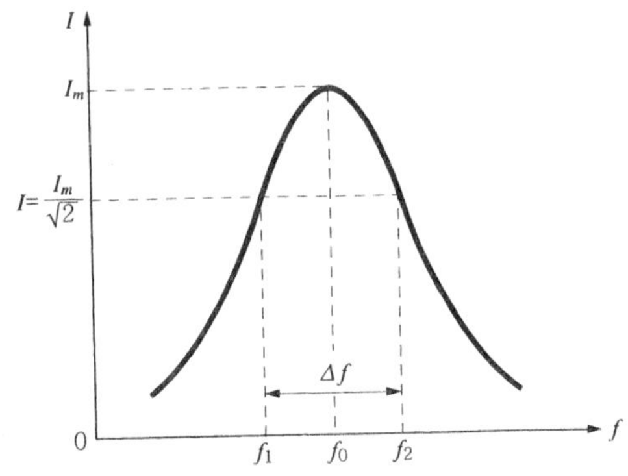

그림 4·11

6. R-L-C 직렬공진회로에서 $R=100$ [Ω], $L=314$ [mH], $C=125$ [μF]일 때 전압확대율(선택도) Q는 얼마인가?

7. $R=10$ [Ω], $L=30$ [mH] 및 가변 콘덴서 C로 구성된 R-L-C 직렬회로에 주파수 800 [Hz]인 교류를 가한 후 C를 가변시켜 직렬공진시켰을 때의 C의 값은 얼마인가?

8. 병렬공진회로의 리액턴스는 공진주파수 f_γ보다 낮은 주파수에서는 유도성인가, 용량성인가?

9. 그림 4·12와 같이 저항과 인덕턴스의 직렬회로에 병렬로 콘덴서를 연결하여 a, b 사이의 역률을 1로 하기 위한 콘덴서의 리액턴스의 값을 구하라.

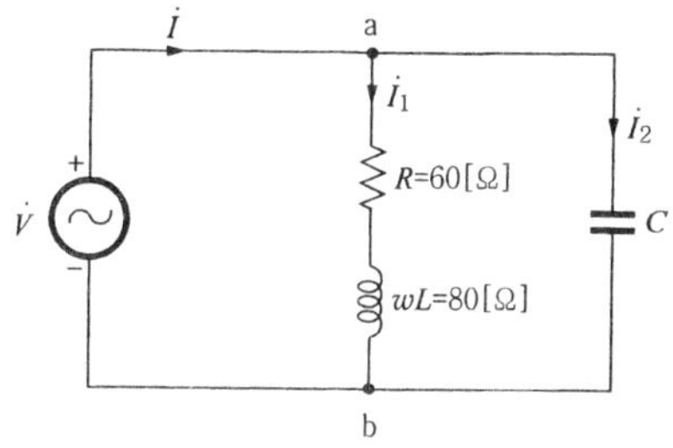

그림 4 · 12

10. R-L-C 직렬공진회로의 공진주파수는 500 [kHz]이고 공진시의 임피던스는 75 [Ω]이다. 반전력 주파수 사이의 대역폭이 3 [kHz]일 때 C의 값을 구하라.

11. R-L-C 병렬공진회로에서 $R=100$ [Ω], $L=125.6$ [μH], $C=314$ [μF]일 때 선택도(전압 확대율) Q는?

① 2×10^3　② 3×10^3　③ 4×10^2　④ 158

12. 그림 **4 · 13**과 같은 회로에 60 [Hz], 5 [V]의 전압이 인가되어 공진이 되었다면 이때의 I, $\frac{V_R}{V}$, $\frac{V_L}{V}$, $\frac{V_C}{V}$를 각각 구하라.

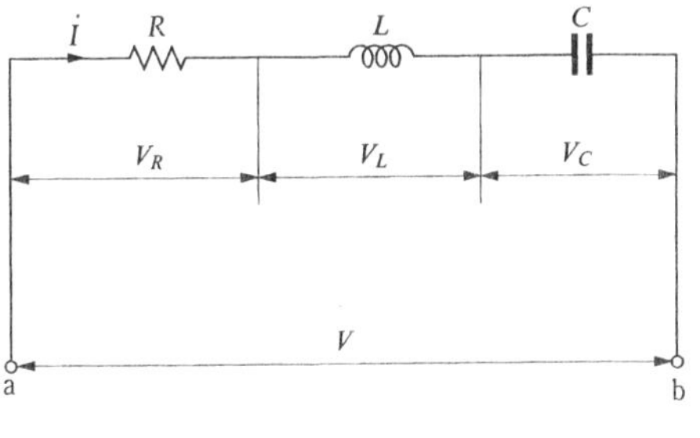

그림 4 · 13

13. 그림 **4 · 14**와 같은 회로에서 ① 공진을 위한 X_C, ② 공진에서의 임피던스, ③ $L=$

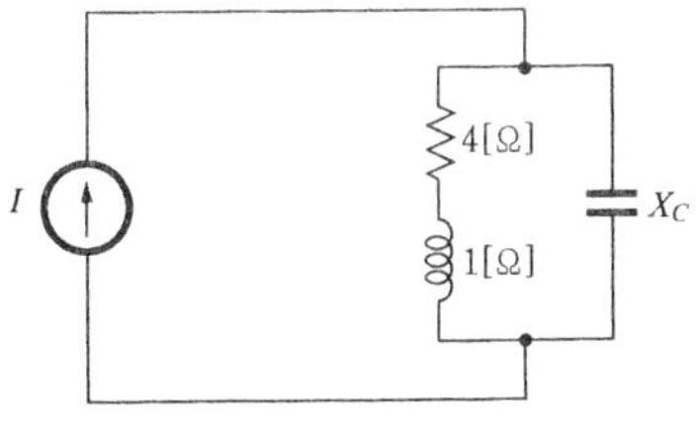

그림 4 · 14

10[μH]일 때의 공진주파수, ④ 차단주파수, ⑤ 공급전압을 구하라.
단, $I = 20 \times 10^{-3}$[A]

14. 그림 4·15와 같은 병렬공진회로에서 인가전압의 주파수를 f라 할 때 전압의 위상이 회로유입 전류의 위상보다 앞서게 되는 조건을 구하라.

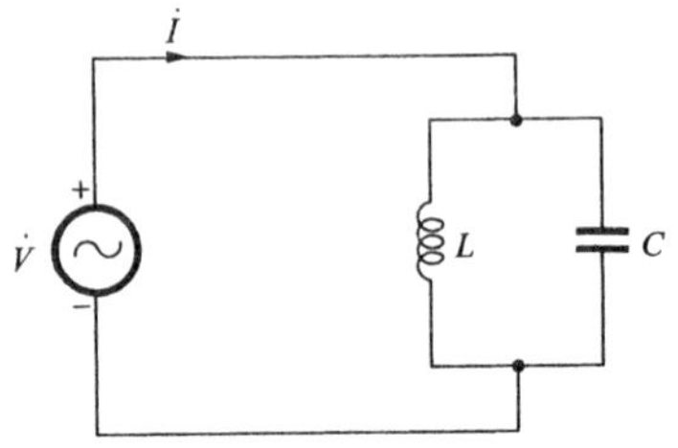

그림 4·15

15. 그림 4·16과 같은 회로에 있어서
① 공진시의 어드미턴스 $\dot{Y}_r$를 회로정수 R, L, C로 나타내라.
② 회로유입 전류를 최소로 하는 용량 리액턴스 X_C의 값을 구하라.

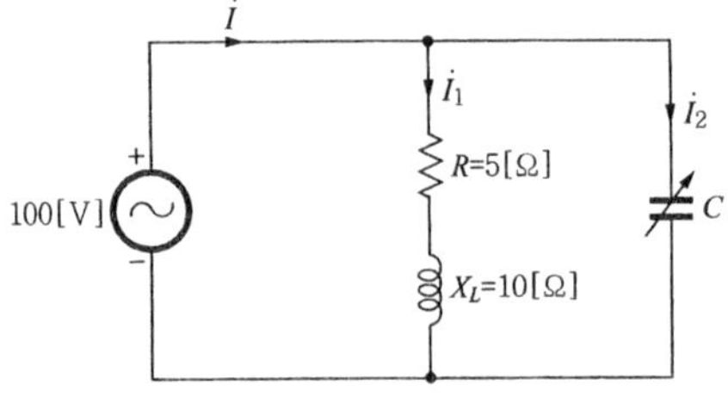

그림 4·16

16. 그림 4·17의 회로에서 콘덴서 C를 가변해서 두 지로전류 I_1, I_2가 같게 될 때의

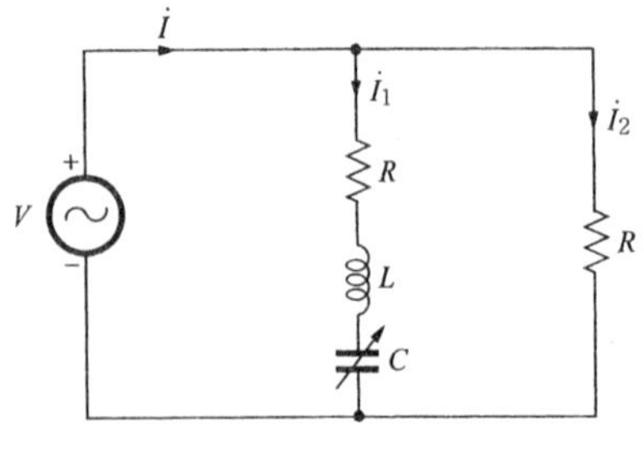

그림 4·17

전원 주파수를 구하라.

17. 그림 4·18과 같은 회로에 각주파수 ω의 일정 전압 V[V]를 가했을 때 회로유입 전류를 최대로 하는 L값을 구하라.

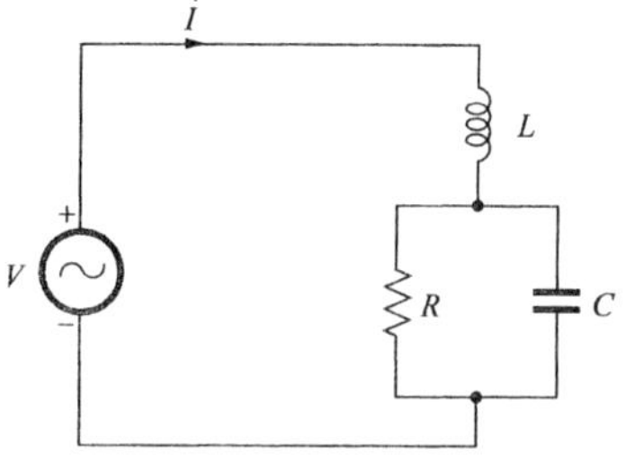

그림 4·18

5 교류전력

5.1 전 력

일반적으로 교류전압의 순시값이

$$v = V_m \sin \omega t \,[\mathrm{V}]$$

이고, 교류전류는 전압보다 위상이 θ만큼 늦어

$$i = I_m \sin(\omega t - \theta)\,[\mathrm{A}]$$

일 때, 순시전력은 다음과 같다.

$$\begin{aligned} p = v \cdot i &= V_m \sin \omega t \; I_m \sin(\omega t - \theta)\,[\mathrm{W}] \\ &= \frac{1}{2}[V_m I_m \cos\theta - V_m I_m \cos(2\omega t - \theta)] \\ &= VI\cos\theta - VI\cos(2\omega t - \theta) \end{aligned} \qquad (5 \cdot 1)$$

우변의 제1항은 시간에 관계없는 일정값을 나타내며, 제2항은 시간에 따라 변화할 뿐만 아니라 주파수 2ω, 진폭 VI인 정현파이다. 이들 전압, 전류의 관계를 그림으로 나타내면 그림 5 · 1 (b)와 같다.

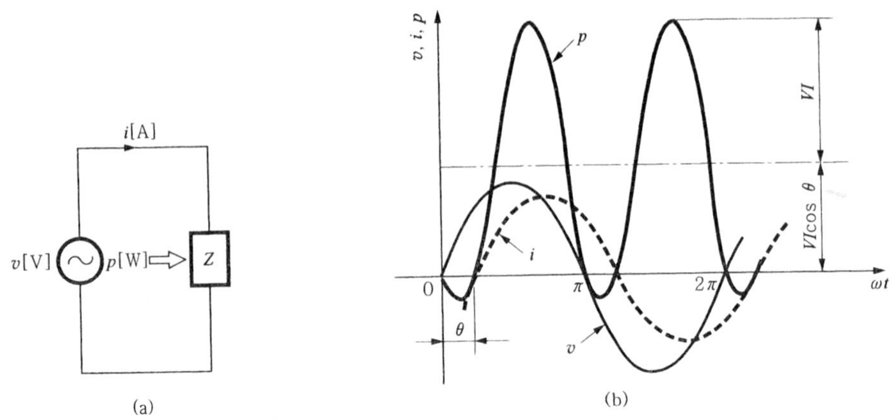

그림 5 · 1 교류회로에서 v, i, p의 변화

이와 같이 교류회로에 있어서 순시전력 p는 시간에 따라 변화하며, 경우에 따라 (−)의 전력값을 나타내기도 한다.

이 전압과 전류를 1주기에 걸쳐 평균하면 식 (5 · 1)의 제2항은 0이 되므로 P의 1주기의 평균전력, 즉 전력 P는 다음과 같이 일정한 값이 된다.

$$P = VI\cos\theta\,[\mathrm{W}] \tag{5 · 2}$$

$$\cos\theta = \frac{P}{VI} \leq 1 \tag{5 · 3}$$

여기서 $\cos\theta$를 역률(power factor)이라 하며, $p \cdot f$라는 기호로 표시하고, θ는 역률각이라 부른다.

예를 들어

■ 저항뿐인 회로에서는 전압과 전류는 동상이므로 $\theta = 0$, 즉 $p \cdot f = \cos\theta = 1$이므로

$$P = VI = I^2R = \frac{V^2}{R}\,[\mathrm{W}]$$

이 되고,

■ 저항없이 순 인덕턴스로 된 회로에서는 $\theta = \frac{\pi}{2}$ [rad]이므로 $p \cdot f = 0$가 되어

$$P = 0\,[\mathrm{W}]$$

가 된다.

■ 저항이 없는 순 커패시턴스 회로에서는 $\theta = -\frac{\pi}{2}$이므로 $p \cdot f = 0$이 되어

$$p = 0\,[\mathrm{W}]$$

가 된다.

예제 5 · 1 $R=20\,[\Omega]$, $L=0.1\,[\mathrm{H}]$의 직렬회로에 60 [Hz], 115 [V]의 교류전압을 인가할 때 다음을 구하라.

(a) 이 회로의 역률

(b) 회로에 공급되는 평균전력

풀이 (a) $\omega L = 2\pi f L \fallingdotseq 377 \times 0.1 \fallingdotseq 37.7\,[\Omega]$

$$Z = 20 + j37.7 = 42.6\angle 62.1^\circ\,[\Omega]$$

$$p \cdot f = \cos\theta = \cos 62.1^\circ = 0.47$$

또는 $p \cdot f = \dfrac{R}{Z} = \dfrac{20}{42.6} = 0.47$

(b) $I = \dfrac{V}{Z} = \dfrac{115}{42.6} = 2.7\,[\mathrm{A}]$

$$P = VI\cos\theta = 115 \times 2.7 \times 0.47 = 146\,[\mathrm{W}]$$

5.2 유효전력 · 무효전력 · 피상전력

그림 5 · 2 (a)와 같이 전압 V와 전류 I의 위상차가 θ일 때, 이 전류는 전압과 동상분의 전류 $I_e = I\cos\theta$와 직각분의 전류 $I_r = I\sin\theta$ 전류로 분해할 수 있다.

$I\cos\theta$는 평균전력 $VI\cos\theta$에 기여하는 전류성분으로서 이를 유효전류(active current)라 하고, $I\sin\theta$는 평균전력에 전혀 기여하지 못하는 성분이므로 무효전류(reactive current)라 한다.

또한 이들 전류에 전압 V를 각각 곱한 $VI\cos\theta$를 유효전력(=평균전력 또는 단순히 전력 : active power), $VI\sin\theta$를 무효전력(reactive power)이라고 한다. 단위는 각각 [W]와 [Var]이다.

또한 역률을 고려하지 않은 전압과 전류의 실효값의 곱을 피상전력(apparent power

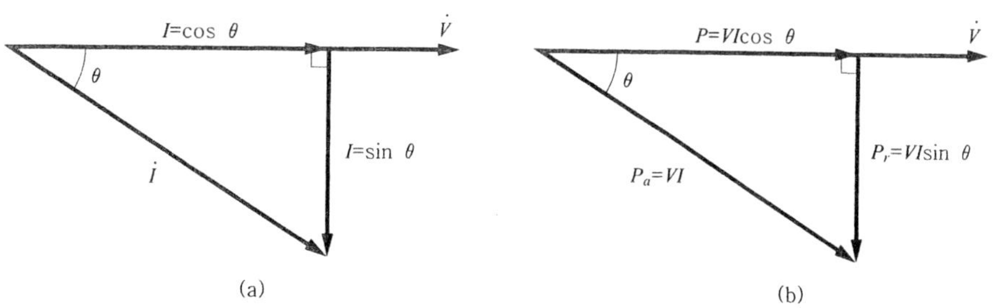

그림 5 · 2 유효전력 · 무효전력 · 피상전력

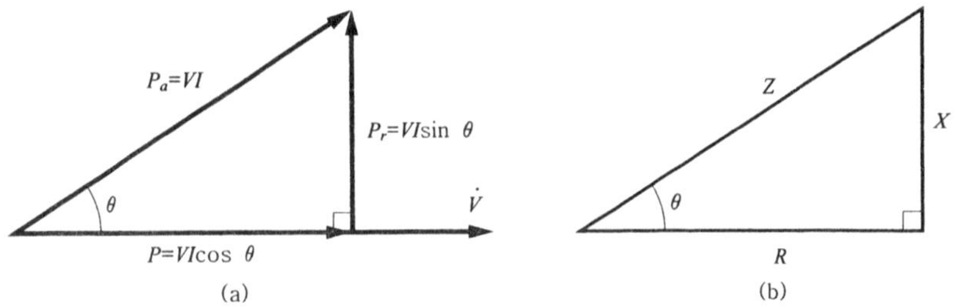

그림 5 · 3 전력 및 임피던스 삼각도

또는 volt-ampere)이라 하며 단위는 [VA]이다.

이들을 정리하면 다음과 같다.

$$
\begin{aligned}
&\text{유효전력 } P = VI\cos\theta\,[\mathrm{W}]\\
&\text{무효전력 } P_\gamma = VI\sin\theta\,[\mathrm{Var}]\\
&\text{피상전력 } P_a = VI\,[\mathrm{VA}]
\end{aligned} \qquad (5\cdot4)
$$

무효전력의 표시식에 나타나는 계수 $\sin\theta$를 **무효율**(reactive factor)이라고 하며, 보통 $r\cdot f$라고 표시한다.

$$r\cdot f = \sin\theta = \frac{P_\gamma}{VI} \qquad (5\cdot5)$$

그림 5 · 3 (a)를 **전력삼각도**(power triangle)라 하며 유효전력, 무효전력 및 피상전력 사이의 관계가 다음과 같다.

$$P^2 + P_\gamma^{\,2} = P_a^{\,2}, \quad P_a = \sqrt{P^2 + P_\gamma^{\,2}} \qquad (5\cdot6)$$

$$
\begin{aligned}
P &= VI\cos\theta = IZ\cdot I\frac{R}{Z} = I^2R\,[\mathrm{W}]\\
P_\gamma &= VI\sin\theta = IZ\cdot I\frac{X}{Z} = I^2X\,[\mathrm{Var}]\\
P_a &= VI = IZ\cdot I = I^2Z\,[\mathrm{VA}]
\end{aligned} \qquad (5\cdot7)
$$

예제 5 · 2 R-L-C 직렬회로에서 $R=3\,[\Omega]$, $L=32\,[\mathrm{mH}]$, $C=530\,[\mu\mathrm{F}]$이고, 여기에 실효값 $V=100\,[\mathrm{V}]$, 주파수 $f=50\,[\mathrm{Hz}]$의 전압을 가할 때의 회로에서의 역률, 유효전력, 무효전력, 피상전력을 구하고, 또한 R-L-C 회로의 각 단자전압도 구하라.

풀이

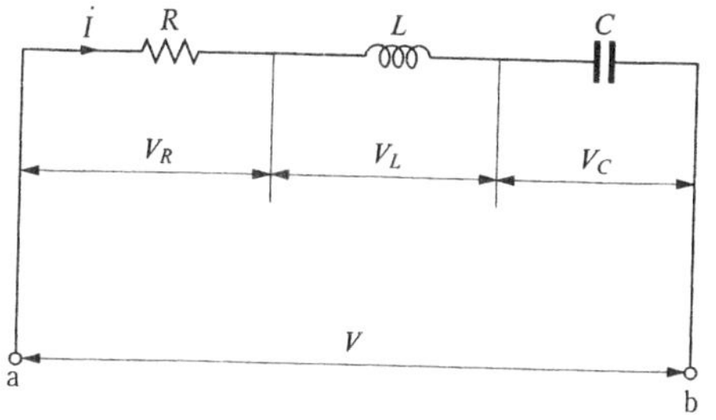

그림 5 · 4 예제 5 · 2 그림

$$Z=\sqrt{R^2+\left(\omega L-\frac{1}{\omega C}\right)^2}=\sqrt{3^2+\left(2\pi\times50\times32\times10^{-3}-\frac{1}{2\pi\times50\times530\times10^{-6}}\right)^2}$$

$$=\sqrt{3^2+(10-6)^2}=5\,[\Omega]$$

$$I=\frac{V}{Z}=\frac{100}{5}=20\,[\mathrm{A}]$$

$$\cos\theta=\frac{R}{Z}=\frac{3}{5}=0.6$$

$$P=VI\cos\theta=100\times20\times0.6=1.2\,[\mathrm{kW}]$$

$$P_\gamma=VI\sin\theta=100\times20\times\sqrt{1-0.6^2}=1.6\,[\mathrm{kVar}]$$

$$P_a=VI=100\times20=2\,[\mathrm{kVA}]$$

$$V_R=RI=3\times20=60\,[\mathrm{V}]$$

$$V_L=\omega LI=2\pi\times32\times10^{-3}\times50\times20=200\,[\mathrm{V}]$$

$$V_C=\frac{I}{\omega C}=\frac{20}{2\pi\times50\times530\times10^{-6}}=120\,[\mathrm{V}]$$

예제 5 · 3 다음 회로에서 무효전력, 유효전력, 피상전력을 구하라.

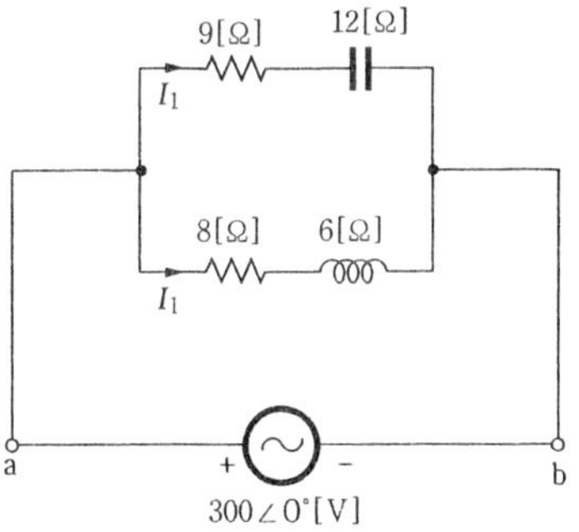

그림 5 · 5 예제 5 · 3의 그림

풀이

$$\dot{I}_1 = \frac{300}{\sqrt{9^2+12^2}} = 20\ [\mathrm{A}]$$

$$\dot{I}_2 = \frac{300}{\sqrt{8^2+6^2}} = 30\ [\mathrm{A}]$$

$$P = I_1^2R + I_2^2R = 20^2\times 9 + 30^2\times 8 = 10.8\ [\mathrm{kW}]$$

$$P_\gamma = I_1{}^2X_C + I_2{}^2X_L = -20^2\times 12 + 30^2\times 6 = 600\ [\mathrm{Var}] = 0.6\ [\mathrm{kVar}]$$

$$P_a = \sqrt{P^2 + P_\gamma{}^2} = \sqrt{10.8^2+0.6^2} = 10.816\ [\mathrm{kVA}]$$

5.3 전력과 에너지

저항기(registor)는 전력을 소비한다. 그러나 유도기(inductor)나 용량기(capacitor)에서는 전력을 소비하지 않으며 자기에너지 또는 정전에너지의 교환이 이루어지고 있을 뿐이다.

5.3.1 저항기

저항기 R에 $v=\sqrt{2}\,V\sin\omega t$ [V]인 전압이 걸릴 때 흐르는 전류를 $i=\sqrt{2}I\sin\omega t$ [A]라고 하면, 전압과 전류는 동상이므로, 저항에서 소비되는 전력의 순시값은

$$P = v\cdot i = 2VI\sin^2\omega t = VI(1-\cos 2\omega t)\ [\mathrm{W}] \qquad (5\cdot 8)$$

윗식에서 제1항은 일정값을 나타내나, 제2항은 정현파를 표시하고 있다. 일반적으로 진폭이나 위상은 달라도 주파수가 같은 두 정현파를 곱하면 언제나 식 (5·8)과 같이 2배의 주파수를 가진 정현파 성분이 나타나게 된다. 그런데 이 정현파의 평균값은 0이므로 결국 저항에서의 평균전력은

$$P = VI = I^2R = \frac{V^2}{R}\ [\mathrm{W}] \qquad (5\cdot 9)$$

이 된다.

그림 5·6은 v, i 및 p의 시간적 변화를 그렸다. v, i는 동상으로 +, −의 변화를 반복하므로 그 곱인 p는 항상 +이며, 따라서 저항에서는 어느 순간에서도 전력소모가 있기 마련이다. 그림 5·6에서 알 수 있듯이 p의 곡선은 최대값 $2VI = V_mI_m$의 $\frac{1}{2}$인 점을 중심으로 하여 상하로 v, i의 2배의 주파수를 가지고 변동하며, 이 $\frac{1}{2}$인 점이 곧 평

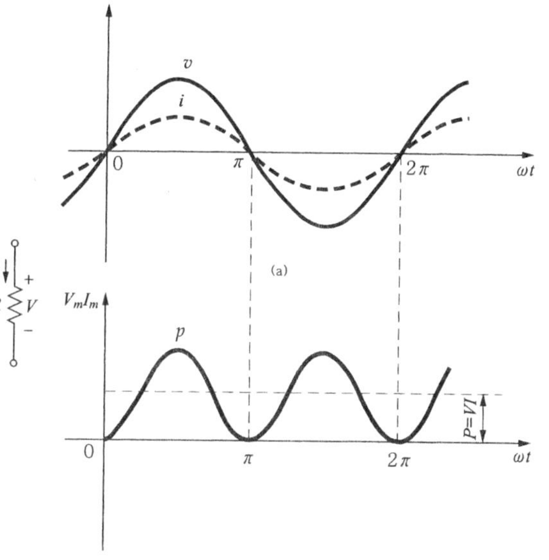

그림 5 · 6 저항에서 v, i, p, ω의 곡선

균전력을 나타낸다.

한편 저항에서 소비되는 에너지 W_R은

$$W_R = \int p dt = p \cdot t \,[\mathrm{J}] \tag{5 · 10}$$

로 표시된다. 즉 저항에서 소비되는 에너지는 평균전력에 시간을 곱하면 된다.

5.3.2 유도기

인덕턴스 L만을 가지는 유도기에 전류 $i = \sqrt{2} I \sin \omega t\,[\mathrm{A}]$가 흘렀다면, 전압은 전류보다 90° 위상이 앞서므로 $v = \sqrt{2}\, V \sin(\omega t + 90°) = \sqrt{2}\, V \cos \omega t\,[\mathrm{V}]$가 된다. 그러므로 유도기에 공급되는 순시전력은

$$p = v \cdot i = 2 VI \sin \omega t \cos \omega t = VI \sin 2\omega t \,[\mathrm{W}] \tag{5 · 11}$$

여기서 $\sin 2\omega t$의 평균값은 0이므로, 유도기에 공급되는 평균전력은 0이 된다.

한편 유도기에 저장되는 자기에너지 W_L은

$$W_L = \int p dt = \int v \cdot i dt = \int L \frac{di}{dt} \cdot i dt = L \int i di$$
$$= \frac{1}{2} Li^2 = \frac{1}{2} 2LI^2 \sin^2 \omega t = \frac{1}{2} LI^2 (1 - \cos 2\omega t) \tag{5 · 12}$$

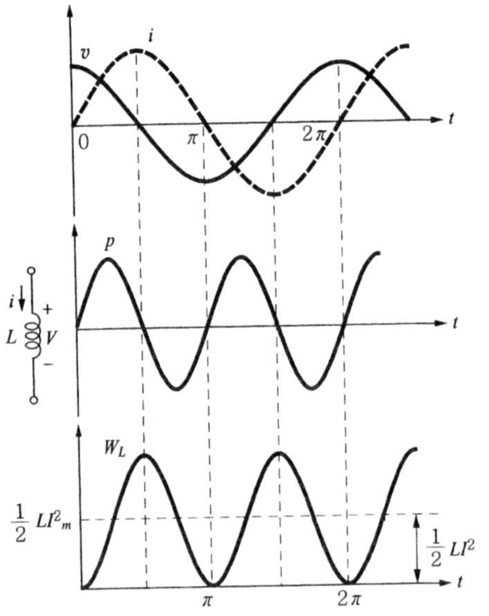

그림 5 · 7 유도기에의 v, i, p, W_L의 변화

이 되며, 그 평균값은

$$W_L = \frac{1}{2} LI^2 \text{ [J]} \tag{5·13}$$

이다.

그림 5 · 7에는 인덕턴스에서의 v, i, p 및 W_L의 변화를 그렸다. v, i는 90°의 상차가 있고 그 곱의 p는 v, i의 주파수의 2배의 주파수를 가지고, (+), (−)의 값을 교대로 취하면서 변한다. (+)의 p는 외부회로에서 유도기에 에너지가 공급됨을 의미하고 (−)는 유도기에서 외부회로로 에너지가 반환됨을 의미한다. 즉, 유도기에 교류가 흐를 때는 유도기 사이에 에너지 교환이 주기적으로 일어남을 알 수 있다.

5.3.3 용량기

커패시턴스 C만을 갖는 용량기에 $v = \sqrt{2} V \sin\omega t$ [V]인 전압이 걸릴 때 흐르는 전류는 전압보다 위상이 90° 앞서므로 $i = \sqrt{2} I \sin(\omega t + 90°) = \sqrt{2} I \cos\omega t$ [A]이며, 용량기에 공급되는 순시전력은

$$p = vi = 2VI \sin\omega t \cdot \cos\omega t = VI \sin 2\omega t \text{ [W]} \tag{5·14}$$

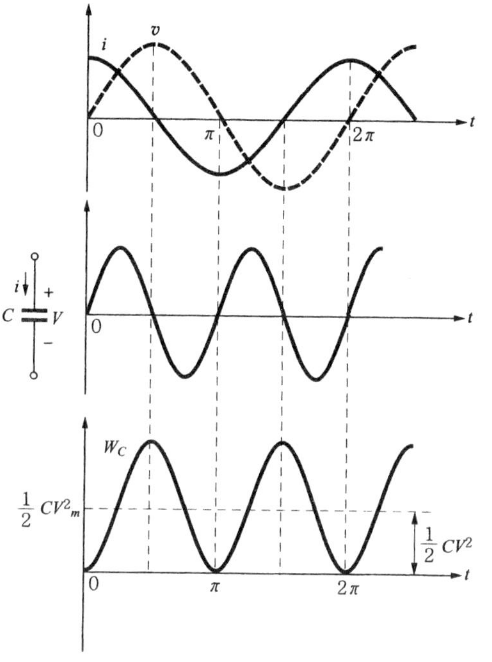

그림 5 · 8 용량기에서의 v, i, p, ω_c의 변화

따라서 평균전력 P는 0이 된다. 또 용량기에 저장되는 정전에너지 W_C는

$$W_C = \int p dt = \int vi dt = \int vC\frac{dv}{dt}dt = C\int v dv = \frac{1}{2}Cv^2$$

$$= \frac{1}{2}2CV^2\sin^2\omega t = \frac{1}{2}CV^2(1-\cos 2\omega t)\,[\mathrm{J}] \qquad (5\cdot15)$$

이 되며, 그 평균값은

$$W_C = \frac{1}{2}CV^2\ [\mathrm{J}] \qquad (5\cdot16)$$

이다.

그림 5 · 8은 v, i, p, ω_c의 시간에 따라 변화를 나타낸 것이다. 용량기에서도 에너지가 전원과 용량기 사이를 왔다갔다하지만 용량기에서 에너지가 소비되는 일은 없다.

예제 5 · 4 전류 $i(t) = I_m\sin\omega t\,[\mathrm{A}]$를 코일에 흘렸다. $t=0$에서 자장에 축적된 에너지는 없다고 가정하고 에너지 함수 $\omega_L(t)$를 구하고 그래프로 나타내라.

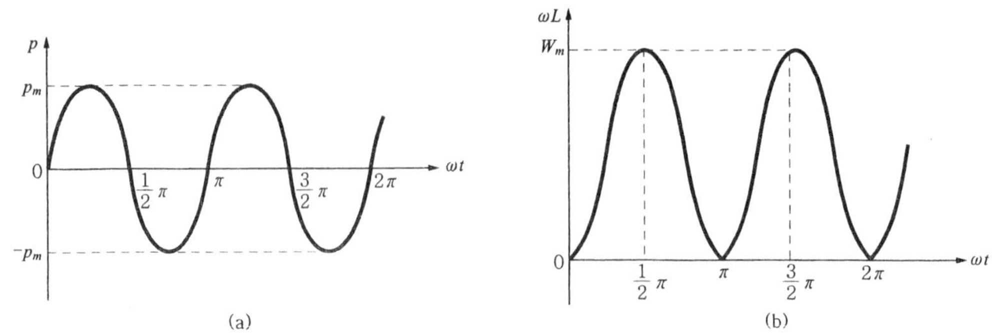

그림 5 · 9 예제 5 · 4의 그래프

풀이 $t=0$에서 에너지가 없으므로 코일에 흐르는 전류는 없다. 코일 양단의 전압 v_L은

$$v_L = L\frac{d}{dt}(I_m \sin\omega t) = \omega L I_m \cos\omega t\,[\text{V}]$$

$$p_L = v \cdot i = \omega L I_m^2 \sin\omega t \cos\omega t = \frac{1}{2}\omega L I_m^2 \sin 2\omega t\ [\text{W}]$$

$$\omega_L = \int_0^t \frac{1}{2}\omega L I_m^2 \sin 2\omega t dt = \frac{1}{4} L I_m^2[-\cos 2\omega t + 1] = \frac{1}{2} L I_m^2 \sin^2\omega t\,[\text{J}]$$

5.4 최대전력전달

그림 5 · 10과 같이 전원측 임피던스가 $\dot{Z}_S = R_S + jX_S$, 부하의 임피던스가 $\dot{Z}_L = R_L + jX_L$인 회로가 있을 때, 부하에 공급되는 전력을 최대로 하기 위한 조건을 알아보자. 전원전압을 $\dot{V}$라 하면 흐르는 전류 $\dot{I}$는

$$\dot{I} = \frac{\dot{V}}{\dot{Z}_S + \dot{Z}_L} = \frac{\dot{V}}{(R_S + R_L) + j(X_S + X_L)} \tag{5 · 17}$$

부하전력 P는

$$P = R_L \dot{I}^2 = \frac{R_L \dot{V}^2}{(R_S + R_L)^2 + (X_S + X_L)^2}$$

$$= \frac{\dot{V}^2}{\left(\frac{(R_S + R_L)^2}{R_L}\right) + \left(\frac{(X_S + X_L)^2}{R_L}\right)} \tag{5 · 18}$$

이 P를 최대로 하기 위해서는 V가 일정하면 윗식의 분모를 최소로 하면 된다. 먼저

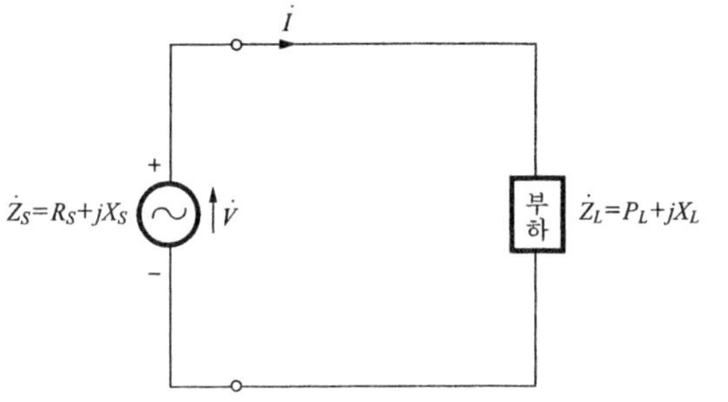

그림 5 · 10

저항분이 일정하다고 하면 분모의 제2항의 리액턴스분이 0이 되도록 리액턴스를 (−)로 하는 것이 가능할 때는

$$X_S+X_L=0, \quad X_S=-X_L \tag{5・19}$$

이면 된다. 이것은 결국 직렬공진 상태이다.

다음에 리액턴스가 일정하고 부하의 R_L이 변화했을 때 분모의 제1항의 최소조건을 구하면

$$\frac{d(R_S+R_L)^2}{dR_L}=0$$

으로 될 때,

$$R_L=R_S \tag{5・20}$$

그리고

$$\frac{d^2(R_S+R_L)^2}{d^2R_L}>0$$

이므로 $R_L=R_S$일 때 최대전력이 된다. 따라서 식 (6・19) 및 식 (6・20)의 $X_S=-X_L$ 및 $R_L=R_S$는 이상적인 최대전력의 조건이다. 즉 부하측과 전원측의 벡터 임피던스가 공액의 관계에 있을 때 부하전력은 최대로 된다. 그리고 부하의 최대전력 P_m은 식 (5・18)에 식 (5・19), (5・20)의 관계를 대입하면,

$$P_m=\frac{V^2}{4R_S} \tag{5・21}$$

이므로, 전원의 발생전력은 $V^2/4R_S$로 된다. 즉 발생전력의 1/2은 전원측의 내부저항에

서 소비되고 나머지 1/2이 부하전력으로 되어 최대부하시의 전원측의 효율은 50 [%]이다. 또 식 (5・21)에서 알 수 있는 바와 같이 전원측의 R_S가 작을수록 최대전력은 1커진다.

예제 5·5 $Z_s=0.5+j1$ [Ω]의 임피던스를 갖는 전압전원이 $Z_L=1.5+j4$ [Ω]인 선로를 통하여 부하에 연결되어 있다.

(a) 어떤 부하에서 최대전력이 이루어지겠는가?

(b) 전압전원이 20[V]이면 최대전력전달시 부하가 받는 전력을 구하라.

풀이 (a) 전원 임피던스 : Z_S, 선로 임피던스 : Z_L, 부하 임피던스 : Z_r

$$Z_r=(Z_S+Z_L)^*=2.0-j5\,[\Omega]$$

일 때 최대전력이 전달된다.

(b) $P_{\max}=\dfrac{20^2}{4\times 2.0}=50\,[\mathrm{W}]$

연습문제

1. 실효값 100 [V]의 교류전압을 저항 30 [Ω], 리액턴스 40 [Ω]의 직렬회로에 가한 경우, 전류의 최대값은 얼마인가?

2. 어떤 코일에 60 [Hz], 10 [V]의 교류전압을 가했더니 1 [A]의 전류가 흐른다면, 이 코일의 인덕턴스는 몇 [mH]인가?

3. 저항 6 [Ω], 유도 리액턴스 2 [Ω], 용량 리액턴스 10 [Ω]인 직렬회로의 합성 임피던스는 얼마인가?

4. 200 [μF]의 정전용량을 갖는 콘덴서에 100 [V], 60 [Hz]의 교류전압을 가할 때 흐르는 전류는 얼마인가?

5. 저항 16 [Ω], 유도 리액턴스 14 [Ω], 용량 리액턴스 2 [Ω]가 직렬로 접속된 회로에 5 [A]의 전류가 흐른다면 인가전압은 몇 [V]인가?

6. $v = V_1 \sin \omega t + V_2 \cos \omega t$의 최대값은 얼마인가?

7. 저항 9 [Ω]과 용량 리액턴스가 직렬로 연결된 회로에 300 [V]의 교류전압을 가하니 20 [A]의 전류가 흘렀다. 용량 리액턴스는 얼마인가?

8. 저항 6 [Ω]과 유도 리액턴스 X_L [Ω]이 직렬로 접속된 회로에 100 [V], 60 [Hz]의 교류전압을 가하니 10 [A]의 전류가 흘렀다. 이 회로에서 X_L값을 구하라.

9. 그림 5 · 11과 같은 회로에 10 [A]의 전류가 흐르게 하려면 a, b 양단에 몇 [V]를 인

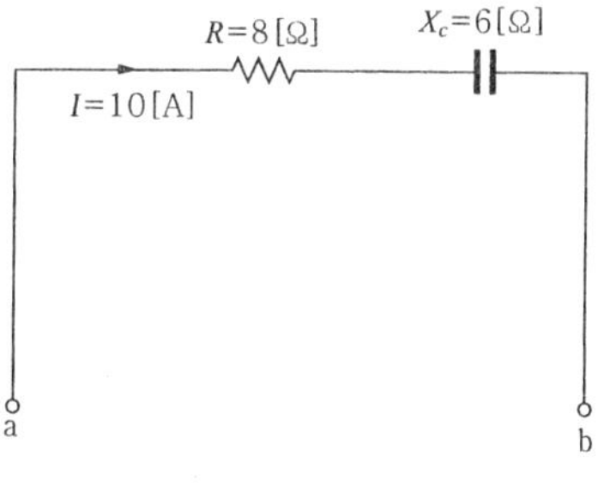

그림 5 · 11

가해야 하는가?

10. 그림 5・12와 같은 R-L-C 직렬회로의 각 소자의 양단전압을 측정한 결과 V_R=30 [V], V_L=50 [V], V_C=10 [V]이었다. a, b 사이의 전압은 얼마인가?

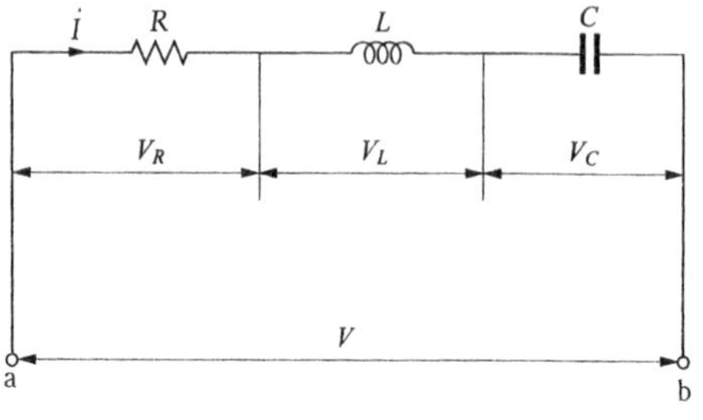

그림 5・12

11. 그림 5・13과 같은 회로에서 V의 값은 얼마인가?

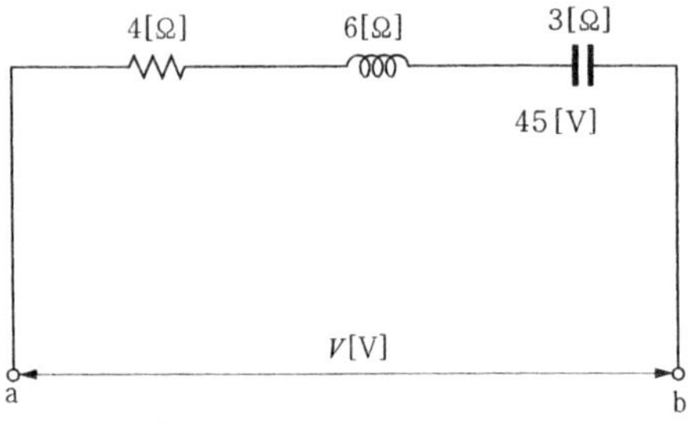

그림 5・13

12. 30 [Ω]의 저항과 40 [Ω]의 유도 리액턴스의 병렬회로에 120 [V]의 교류전압을 가할 때, 이 회로에 흐르는 전류는 얼마인가?

13. 저항 4 [Ω]과 용량 리액턴스 3 [Ω]이 병렬로 접속된 회로에 120 [V]의 전압을 가할 때, 전압과 전류의 위상차는 몇 도인가?

14. 그림 5・14에서 회로에 흐르는 전류는 얼마인가?

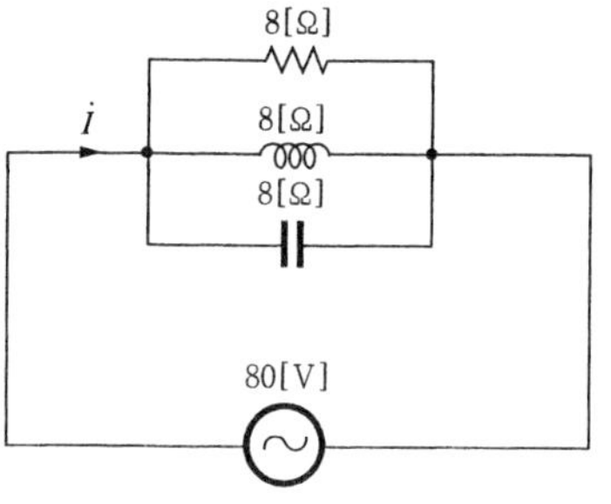

그림 5 · 14

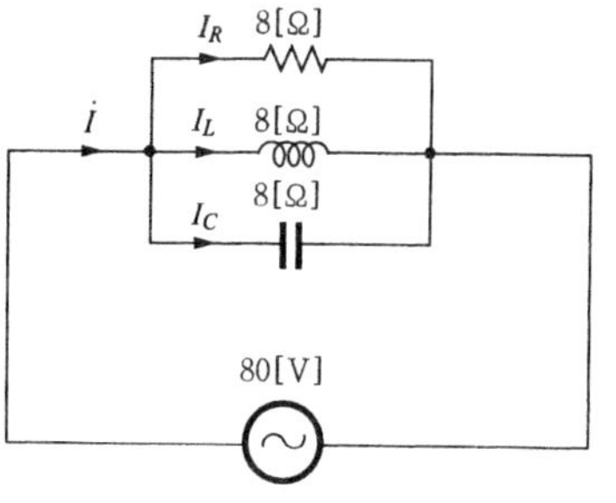

그림 5 · 15

15. 그림 5 · 16과 같은 회로에 AC 100 [V]를 가했을 때의 소비전력을 구하라.

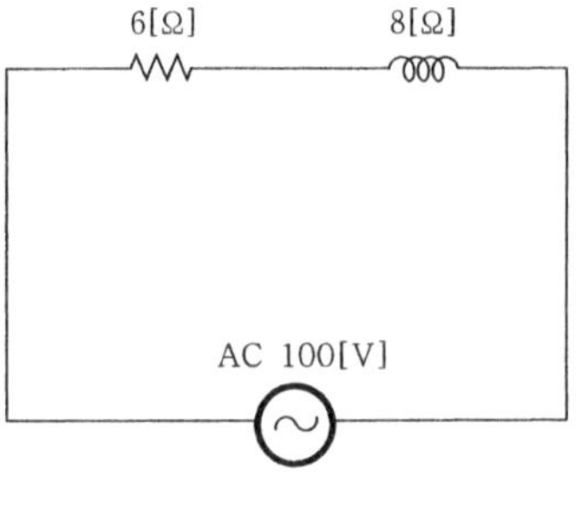

그림 5 · 16

16. 어느 회로에 교류전압을 가하면 전류가 0이 되고 직류전압을 가하면 단락전류가 흐르는 회로구성은 어떤 것인가?

17. 100 [Ω]의 저항에 200 [V]의 교류전압을 가했을 때의 전력은 얼마인가?

18. 역률이 70 [%]인 부하에 전압 80 [V]를 가하니 4 [A]의 전류가 흘렀다. 이 부하의 유효전력은 얼마인가?

19. 100 [V]의 교류전원에 1.2 [kW]의 선풍기를 접속하였더니 15 [A]의 전류가 흘렀다. 선풍기의 역률은 얼마인가?

20. 역률 80 [%]인 부하의 전력이 400 [kW]이면 무효전력은 몇 [kVar]인가?

21. 어떤 회로에 200 [V]의 교류전압을 가하니 소비전력이 3.2 [kW], 역률은 0.8이었다. 회로의 저항은 몇 [Ω]인가?

22. 전압 200 [V], 전류 20 [A]이고 3.2 [kW]의 전력을 소비하는 회로의 리액턴스는 얼마

인가?

23. 저항 $R=8\,[\Omega]$, 리액턴스 $X=6\,[\Omega]$가 직렬로 접속된 회로에 100 [V]의 교류전압을 가하면 피상전력은 얼마인가?

24. R-L 직렬회로에 교류 100 [V]를 가할 때, $Z=10\,[\Omega]$, $\cos\theta=0.8$이라면 X_L의 크기는 얼마인가?

25. $R=3\,[\Omega]$, $X_C=4\,[\Omega]$인 병렬회로의 역률은 얼마인가?

26. 저항 3 [Ω]과 용량 리액턴스 4 [Ω]이 직렬로 접속된 회로에 10 [A]의 전류를 흘렸을 때의 전압([V])은 얼마인가?

27. 그림 5·17과 같은 회로에서 전전류 I는 얼마인가?

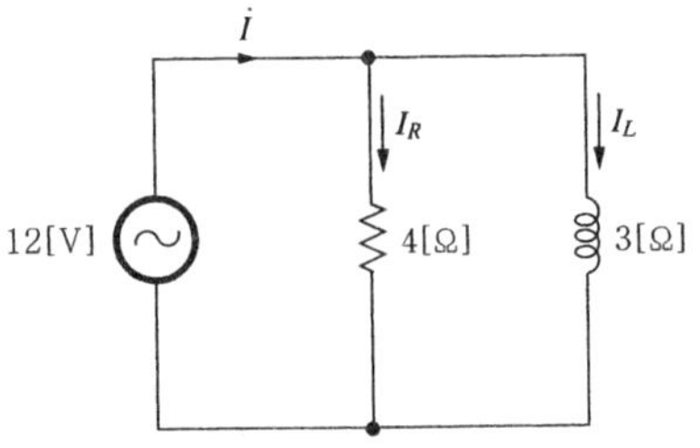

그림 5·17

28. 그림 5·18에서 $V=100\,[\mathrm{V}]$를 가할 때 전류 I는 얼마인가?

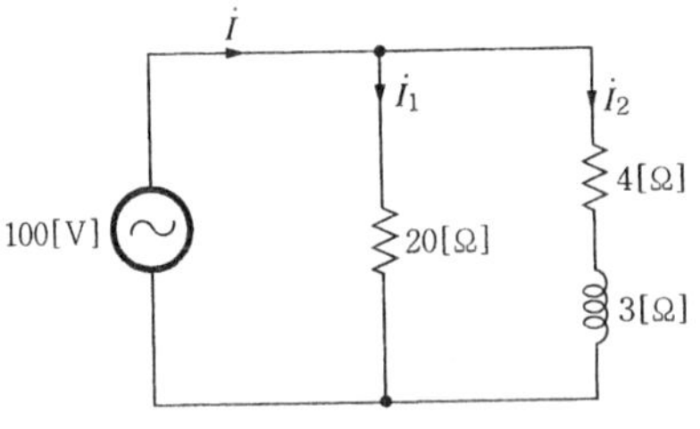

그림 5·18

29. $R=6\,[\Omega]$, $X_L=10\,[\Omega]$, $X_C=2\,[\Omega]$이 직렬로 접속된 회로의 어드미턴스 Y는 얼마인가?

30. 저항 R과 리액턴스 X를 병렬로 연결할 때의 역률은?

① $\dfrac{X}{\sqrt{R^2+X^2}}$　② $\dfrac{R}{\sqrt{R^2+X^2}}$　③ $\dfrac{1/X}{\sqrt{R^2+X^2}}$　④ $\dfrac{1/R}{\sqrt{R^2+X^2}}$

6 전기의 수송과 배분

6.1 전기생산에서 사용까지

6.1.1 전기생산

수력발전 : 댐을 만들어 수로를 통해 높은 곳에서 낮은 곳으로 떨어지는 물의 힘으로 수차를 돌려 전기를 생산하는 방식이다.

화력발전 : 석탄이나 석유, 가스를 연료로 하여 증기를 만든 후 이 증기로 터빈을 돌려 전기를 생산한다.

원자력발전 : 원자로 안에서 핵원료가 핵분열을 일으킬 때 생기는 막대한 열을 이용해서 증기를 발생시키고 그 힘으로 터빈을 돌려 전기를 생산한다.

양수발전 : 수력발전의 일종으로 전기를 많이 쓰지 않는 한밤중에 상부저수지로 물을 끌어올려 저장하였다가 전기사용이 많은 낮시간에 물을 떨어뜨려 발전을 하는 효율적 발전방식이다.

6.1.2 전기수송

발전소에서 생산된 전기는 긴 여행을 거쳐 공장과 가정을 찾아가 빛과 동력이 되어 우리의 생활을 돕고 있다. 그 과정을 좀더 자세히 살펴보면, 여러 곳의 발전소에서 생산된 전기가 송전용 변전소로 모여지고, 이곳에 모여진 전기는 송전선로(주로 345 [kV], 154 [kV])를 따라 배전용 변전소로 보내지게 된다.

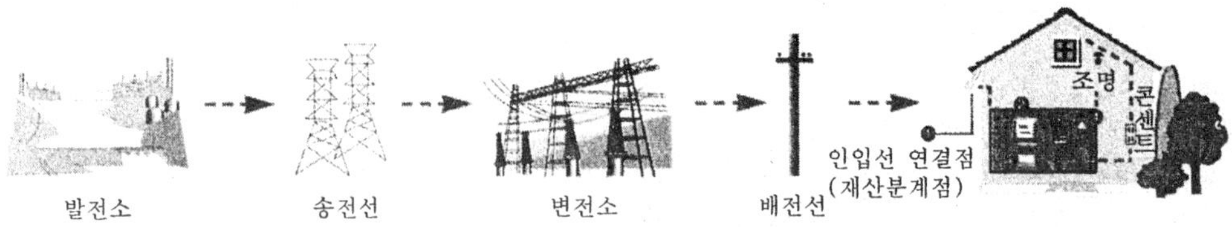

그림 6 · 1 전기흐름도

배전용 변전소에서는 변압기를 거쳐 전압을 배전용 전압(주로 22.9 [kV])으로 낮추고 배전선로를 통해 가정과 직장에 전기가 들어오게 되는 것이다.

6.2 변전소

6.2.1 변전소의 종류와 특징

변전소는 전력회사가 전기를 공급하기 위해 관리하고 있는 전기공급 사업용 변전소와 자가용 변전소로 구별할 수 있다. 전기공급 사업용 변전소는 발전소에서 발전된 전기를 송전선로를 통하여 구내에 시설된 변압기나 전동발전기, 회전변류기, 기타의 기계기구에 의해 변성하는 장소이며, 변성된 전기를 다시 구외로 전송하는 설비장소를 말한다.

전력수요의 증가에 따라 최근의 변전소 설비는 점차 고전압화되는 추세이다. 대도시 주변의 공장밀집지대 또는 도심지에 위치하는 변전설비는 토지가의 앙등으로 용지구입이 점차 곤란해지고 있으며 염해, 먼지 등에 의한 절연물의 오손, 소음공해, 안전성, 환경성 등에 대해서도 심각한 고려를 요한다. 또한 산업의 고도화에 따라 점점 인력 수급상의 문제가 대두되므로, 운전의 자동화, 보수의 합리화 및 설치공사의 성력화가 요구되고, 건물의 지하실 등에도 설치가 가능한 소형의 고전압 변전설비를 필요하게 된다.

이를 만족하기 위해 변전소를 구성하는 개폐기구로 종래에는 도체의 절연이 대기에 의존하던 것에 비해, 높은 절연력을 갖는 SF_6 가스를 이용하여 용적을 상당히 축소시킨 SF_6 가스 절연 개폐장치(SF_6 Gas Insulated Switchgear : GIS)가 개발되었다.

이 GIS의 내장기기로는 차단기, 단로기, 접지개폐기, 모선, 변류기, 피뢰기 및 계기용 변압기 등이 있다. 모든 기기는 SF_6 가스로 충진된 탱크 내에 완전히 밀폐 내장되어 있으므로 SF_6는 종래의 변전설비와 같이 도전부가 노출된 각종 기기의 여러 가지 문제점(예를 들면 애자 및 부싱 등의 오염이나 변전소의 위치선택 및 안전성 등)을 해결해 준다.

GIS의 특징으로는 도심지나 빌딩 등 공간 제약을 받지 않고 설치가 가능하고, 운전에 대한 신뢰성과 안전성이 높고, 보수 유지관리가 간단하며, 특히 오염이 심한 곳이나 염분

그림 6 · 2 옥외 변전소에 설치된 362 [kV] GIS

그림 6 · 3 옥내 설치된 170 [kV] GIS

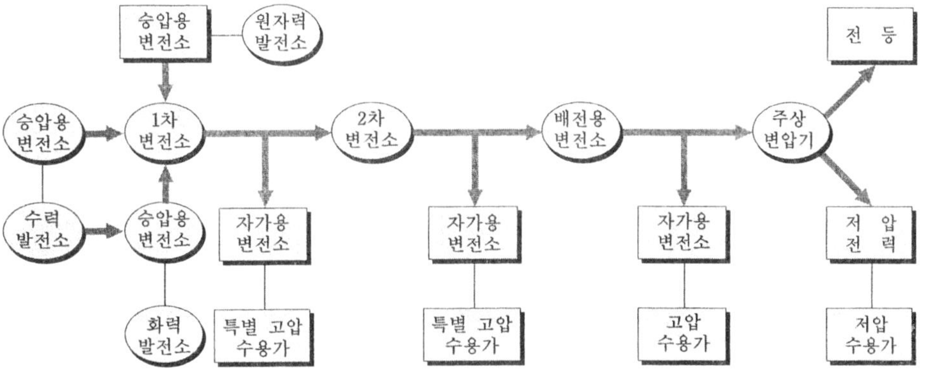

그림 6 · 4 전력계통의 예

이 많은 해안지방에서 더욱 유리하다. 그림 6 · 2에 GIS의 설치상태를 나타내고 있다.

자가용 변전소라 함은 전기공급 사업용 변전소에서 송전되어진 전기를 구내에서 변성하고, 구외로는 전송하지 않는 설비장소를 말한다. 또한 자가용 수 · 변전 설비는 수용가가 자가용으로 설치하는 수전 및 변전을 위한 설비이고, 구내의 각종 전기부하에 배전하기 위해 고압 또는 특별 고압을 수 · 변전하는 설비를 총칭하고 있다. 변전소를 전력계통상에서 분류하면 다음과 같으며 그림 6 · 4는 전력계통의 예를 나타내고 있다. 또한, 변전소의 종류와 특징에 대하여 서술하고자 한다.

1) 발전소 승압용 변전소

발전소에 개설되어 있고 발전기에 의하여 발전된 전압을 승압(345 [kV], 154 [kV])하고, 1차 송전선으로 초고압 변전소 혹은 1차 변전소(154 [kV] 경우)로 송전하는 것을 목적으로 한다.

2) 초고압 변전소

승압용 변전소에서 승압된 345 [kV]의 전압을 154 [kV]로 전압을 낮추어 1차 변전소에 송전하는 것을 목적으로 한다.

3) 1차 변전소

소규모 변전소의 승압용 변전소 및 초고압 변전소에서 송전된 전압을 154 [kV] → 66 [kV]로 2차 변전소로 송전한다.

4) 2차 변전소

1차 변전소에서 나온 전압을 2차 송전선의 수전단에 접속되는 변전소

5) 3차 변전소(배전용 변전소)

1차 변전소 또는 2차 변전소에서 분기해서 부하의 중심점에 놓여, 배전을 목적으로 하는 변전소이고, 도시의 근교 혹은 부하의 중심에 시설하여 배전선에 22.9 [kV] → 13.2 [kV]로 배전한다.

6) 자가용 변전소

전력을 많이 필요로 하는 공장이나 빌딩 등의 시설에 설치하는 변전소이고, 수용가가 자가용으로 설치하는 수전 및 변전을 위한 설비로서 구내의 각종 전기부하에 배전하기 위해 고압 또는 특별 고압을 수·변전하는 설비장소를 말한다.

6.2.2 자가용 수·변전 설비의 종류와 분류

자가용 변전 설비는 수용가의 시설장소, 수전 전압, 기기의 형식, 구조, 조작방법 등에 따라서 분류할 수 있다.

[1] 시설장소에 의한 분류

1) 옥외 변전 설비, 반옥외 변전 설비

공장, plant 등 대용량의 수·변전 설비나 특별 고압수전 또는 건물 내에 설치할 여유가 없을 경우에 이용되고 있는데 일반적으로 개폐기나 변압기 등을 옥외에 설치하고 수배전반 등의 제어용 기기는 큐비클식 혹은 옥내에 시설하는 경우가 많다.

〈장점〉

① 변전소를 넓게 취할 수 있고 운전, 보수 관리가 용이하다.

② 대형기기의 반입, 설치가 용이하다.

③ 특수 수전이나 대형기기의 시설계획이 용이하고, 기기의 소형화, 경량화의 요구가 필요 없으므로 경제적이다.

④ 변전 설비로부터의 소음이나 화재의 위험이 적다.

〈단점〉

① 비, 바람, 눈, 염해 등의 영향을 받기 쉽다.

② 조류나 가축, 동물의 침입에 의한 영향을 받기 쉽다.

2) 옥내 변전 설비

빌딩이나 공장 등에서 많이 이용되고 있는 방식으로 수·변전 설비를 옥내에 시설한 설비이다.

〈장점〉

① 비, 바람, 눈, 염해 등의 영향을 받지 않는다.

② 부하 중심에 시설하기가 쉽다.

③ 조류나 가축, 동물의 침입에 의한 영향을 받지 않는다.

〈단점〉

① 기기의 소형화, 경량화가 필요하기 때문에 고가로 된다.

② 대형기기의 반출, 반입이 곤란하게 된다.

6.3 고전압으로 전기를 보내는 이유

우리가 가정에서 사용하는 전기는 일반적으로 220 [V]인데 발전소와 변전소를 연결하는 송전선이나 변전소 사이를 연결하는 먼 거리에 전기를 보내는 송전선은 현재 345 [kV]의 매우 높은 전압으로 전기를 보내고 있다. 그런 송전선은 높은 전압 때문에 위험이 뒤따르게 된다. 그러므로 지상으로부터 높이와 견고함을 동시에 확보하기 위하여 전주 대신에 철탑을 세워서 송전선을 가설한다. 철탑은 산을 넘고 강을 건너서 시설되어 있음을 주위에서 볼 수 있다.

이렇게 전압을 높이고 다시 낮추는 이유는 다음과 같다.

발전소에서는 일정한 양의 전력을 생산한다. 그 생산전력과 소비전력의 관계는 발전한 전력량을 초과해서는 소비할 수 없으므로 전류의 제곱과 저항의 곱으로 표시되는 한 가지 식($P = VI = I^2R$ [W])으로 표현된다. 그러므로 송전하면서 전력손실을 최소화하기 위해서는 전선의 저항은 일정할 것이므로 그 값의 제곱에 비례하는 전류를 최소화할 필요가 있다. 그러기 위해서 발전소에서 발전한 전력을 발전소 구내에 있는 변전소에서 전압을 높여 송전함으로써 손실을 최소화하는 것이다. 이제 수용가 부근에 있는 변전소에서는 송전하기 위해 높였던 전압을 적당한 값으로 낮추어 높은 전압으로부터의 위험을 줄이고 있다. 최종적으로 우리 가정에서 사용하기 직전 단계인 주상변압기에서 전압을 다시 220 [V]로 낮추어 공급하고 있다.

그렇다고 무작정 전압을 높일 수는 없다. 송전선의 전압을 높게 하면 전선둘레에 코로나 방전이라는 방전현상이 생겨서 또 다른 전력손실을 가져오고 송전계통 전반에 걸쳐서 절연 등에 많은 비용이 들어가게 된다. 결국 송전에 따른 전압의 결정은 전선 고유의 저항 때문에 발생하는 옴손(줄열 발생)과 계통의 절연 등에 들어가는 비용 등의 조건을 고려해서 결정하게 된다. 현재 우리나라에서 실용화하고 있는 송전전압은 345 [kV]이며 현재 765 [kV] 송전이 일부 구간에서 사용되고 있다.

6.4 옥내배선

6.4.1 인입선 및 인입구

전주로부터 분기된 전선이 집에 처음으로 설치되는 장소를 인입선 설치점이라 하며 여기까지의 선을 인입선이라 한다. 이 설치점으로부터 적산전력계(전기계량기)를 거쳐서 집안으로 전선이 가설된다. 인입선으로 사용하는 전선은 인입용 비닐절연전선(DV)으로 600 [V] 이하에서 주로 가공(架空) 인입선으로 사용되는 염화비닐수지를 주체로 한 컴파운드로 절연된 단심(單心)절연전선이다. 인입선 설치점으로부터 적산전력계를 거쳐 집안으로 들어오기까지의 전선을 인입구배선이라 한다. 원칙적으로 인입선 설치점이 한국전력공사와 수용가의 재산분기점으로 사고시 그 책임소재도 설치점을 경계로 삼는다. 그림 6 · 5에 인입선으로부터 배전반까지의 배선을 단선도로 나타내었다.

1) 200 [V] 단상 2선식

40 [W] 이상의 형광등, 2 [kW] 정도 이상의 공업용 전열기, 용접기, 0.75 [kW] 이하의 단상 전동기 등의 200 [V]용 대용량 부하의 배전선

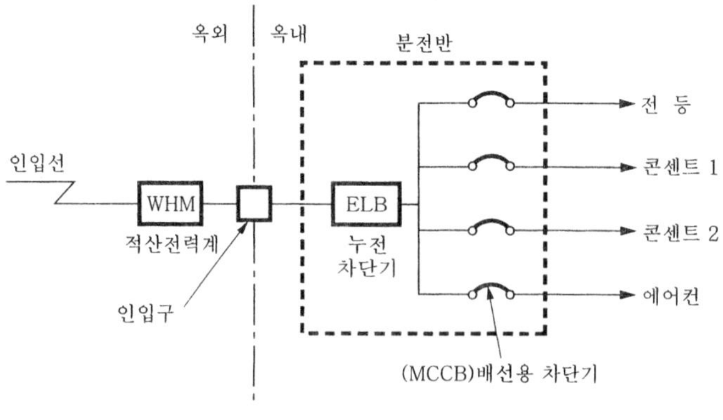

그림 6 · 5 인입선과 옥내배선

2) 220 [V] 3상 3선식

일반전동기(50 [kW] 이하), 공업용 전열기(5 [kW] 이상) 등의 동력선 배전선

3) 400 [V] 3상 3선식

일반전동기(30 [kW]~150 [kW]) 대형 업무용인 빌딩, 섬유 공업 등 주로 자가용 등의 동력용 배전선

4) 3000 [V] 단상 3선식

고압전동기(50 [kW] 이상), 전기 제염장치(500 [kW] 정도), 보일러 변전설비(50 [kW] 이상 1000 [kW] 정도까지) 등의 대동력용 배전선

5) 220 [V] 3상 4선식

3상 4선식에는 120/208 [V], 220/380 [V], 254/440 [V] 등의 3종류가 있으며, 3상 동력과 전등 부하에 전력을 공급할 수 있다. 120/208[V]는 무정전장치를 이용한 컴퓨터 전원으로 많이 채용되고 있다. 특히, 220/380 [V]는 전등용은 220 [V], 동력용은 380 [V]로

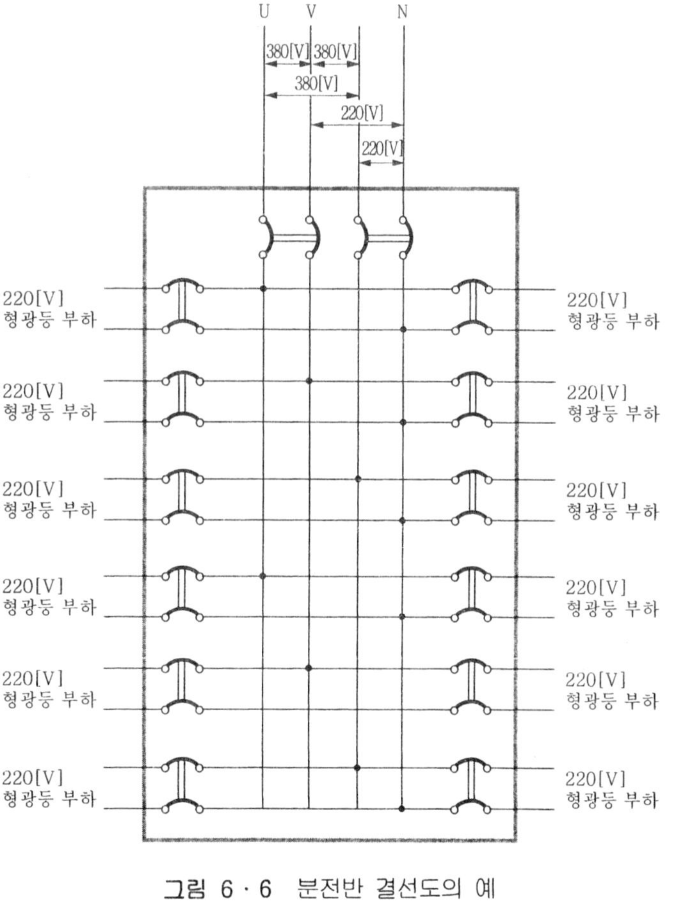

그림 6·6 분전반 결선도의 예

서 우리나라의 승압 계획에 따라 이 방식이 사용되고 있으며, 조명설비는 중성선과 각 상간의 220 [V](254 [V])를 사용하게 되므로 4)의 경우와 같은 제한을 받는다.

또, 스위치는 정격전압 300 [V]의 것을 사용하고, 사람이 접촉할 우려가 있는 부분은 절연을 완벽하게 하면 법적으로는 사용 가능하나 안전성을 고려하여 원격제어 스위치에 의한 점멸이 바람직하다. 그림 6·6은 220/380 [V] 3상 4선식 전로의 분전반 접속도를 나타낸 것이다.

6.4.2 배선도

[1] 배선도의 종류

배선도는 전기를 사용하는 부하설비(負荷設備)의 설치위치라든지 인입구(引込口)로부터 이들에 이르는 배선이나 접속관계를 표시하는 것으로서 보통은 옥내 전기공사의 설계도를 배선도라 부르고 평면 배선도, 결선도, 기기 상세도로 나눌 수 있다.

1) 평면 배선도

건축 평면도에 전등, 스위치, 콘센트, 분전반(分電盤) 등 기기의 위치, 종류, 정격 및 공사방법을 기호로 표시한 것이다.

2) 결선도

간선이나 계단 등 분전반의 회로와 결선 등 평면도만으로는 그 접속관계가 알기 어려운 것은 결선도를 작성한다. 즉 결선도는 평면도로 표시하기 어려운 배선계통을 명백히 해 주는 것이 목적이다.

3) 기기상세도(機器詳細圖)

사용하는 기기의 구조, 사용방법, 내용 등에 관해서 그 구조, 약도, 결선도 등 내용 설명용인 도면이 기기 상세도이다.

[2] 배선도를 그리는 순서

① 건물의 평면도를 그린다(건축도면을 참조하거나 직접 그린다).

② 부하(전등, 전열기, 전동기 등)의 종류와 배선기구의 위치를 정한 다음 기호를 그려 넣는다.

③ 점멸기(點滅機)의 위치를 정하고 그려 넣는다.

④ 배선과 배선공사방법을 써넣는다.

⑤ 배선의 분기를 고려하여 전선의 굵기와 종류 및 가닥수를 써넣는다.

[3] 배선도의 목적

① 공사에 필요한 재료비, 인건비를 산정한다.

② 전기공사의 시공에 사용된다.

③ 배선의 신설, 검사에 도움이 된다.

④ 배선의 정기적 검사와 개수공사에 사용된다(예 : 누전될 때 절연저항 측정시 사용).

[4] 배선도의 작성요령

① 공통된 사항은 하나하나 표시할 필요없이 범례, 비고, 주의사항 등이라고 써서 별도 기입한다.

② 벽에 붙은 스위치, 콘센트가 있는 곳은 전선이 올라가거나 내려와야 하므로 스위치, 콘센트 등에 바닥에서의 높이를 표시한다. 그러나 표준 높이가 되는 것은 표시하지 않고 특별히 높거나 낮은 것만 표시한다.

③ 표준 기호에 있는 상향 및 하향 기호는 1층과 2층 사이 또는 2층과 3층 사이 등과 같이 평면을 달리하는 배선 상호의 접속에 있어서 1층에서는 상향 표시, 2층에서는 하향 표시를 하고 고층건물 등에서 계속하여 배선할 때는 "통과" 표시를 한다.

④ 배선을 분전반(分電盤) 또는 배전반까지 전부 연결하는 대신에, 분전반과 분기선에 각각 분기번호를 명기하고 분전반으로의 귀로(歸路) 표시를 하면 중간의 배선은 그릴 필요가 없으므로 간단하다.

⑤ 점멸 스위치와 전등과의 관계는 1, 2 또는 a, b 등.

⑥ 평면도만으로는 이해할 수 없는 곳은 측면도, 단면도, 입면도 등을 첨부한다.

[5] 배선도의 예

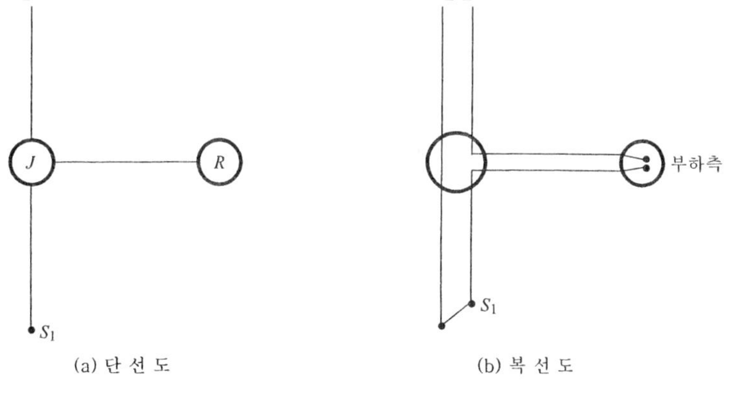

그림 6 · 7 단극 스위치 1개에 의한 1개소 점멸

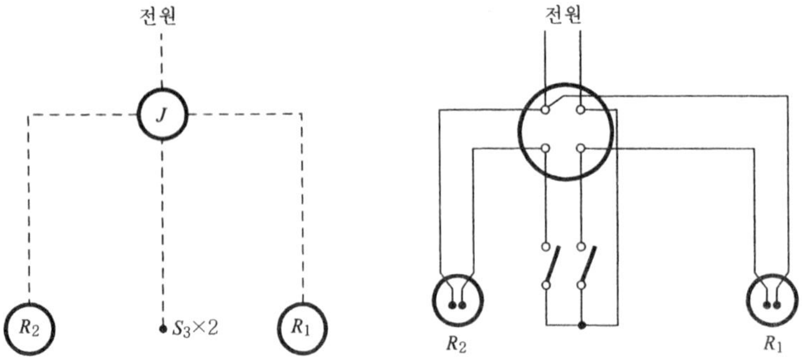

그림 6·8 단극 스위치 2개에 의한 개별 점멸

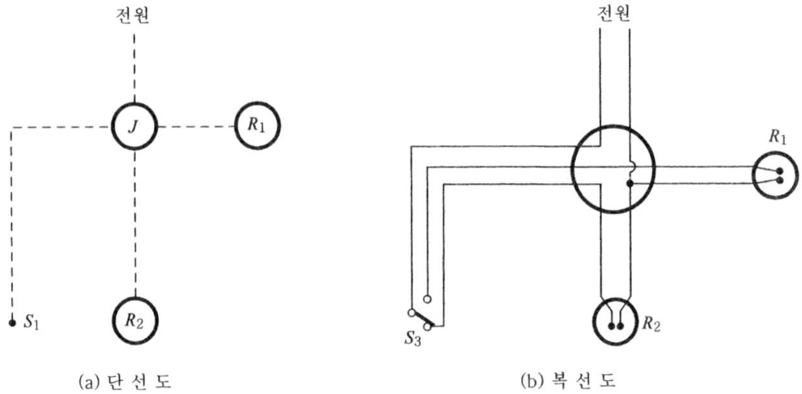

그림 6·9 3로 스위치 1개에 의한 2개소 점멸

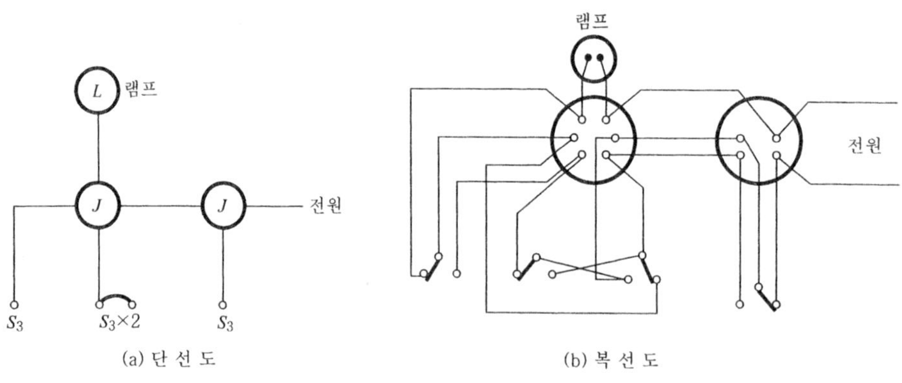

그림 6·10 3로 스위치에 의한 3개소 점멸

표 6·1 기초적인 각종 배선도와 전개 접속도

설 명	배 선 도	전선접속도
1. 1등을 스위치 하나로 점멸한다.	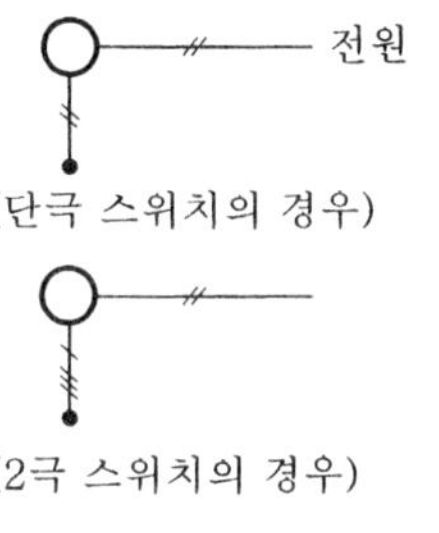	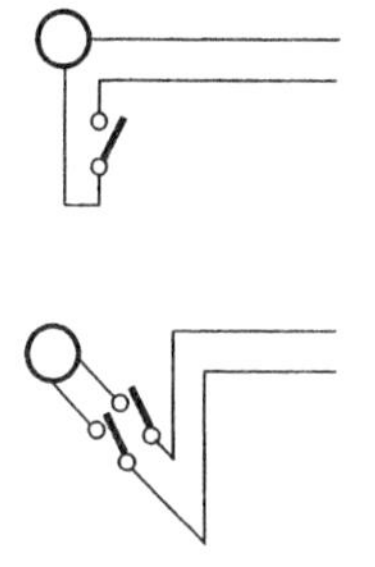
2. 2등을 별개 스위치로 점멸하는 경우	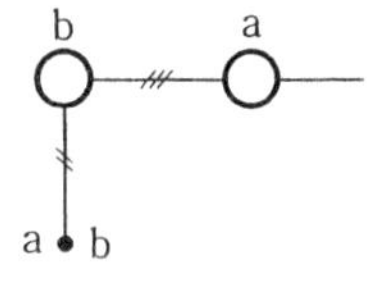	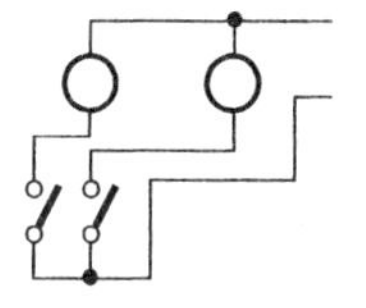
3. 1등을 2개소에서 점멸하는 경우	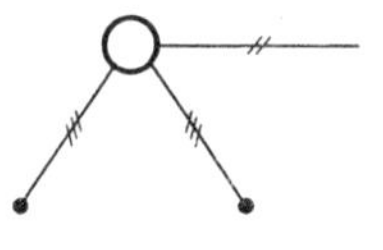	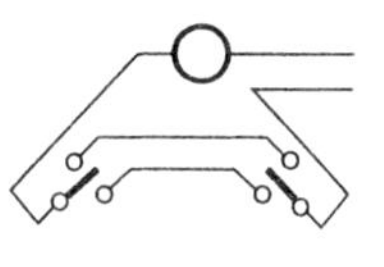
4. 2등을 동시에 2개소에서 점멸하는 경우	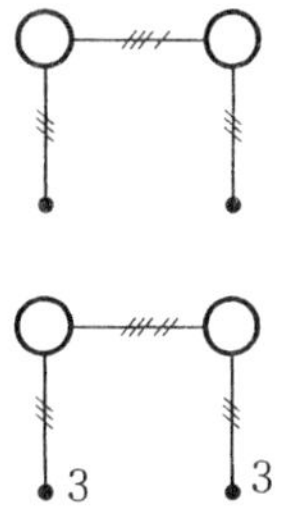	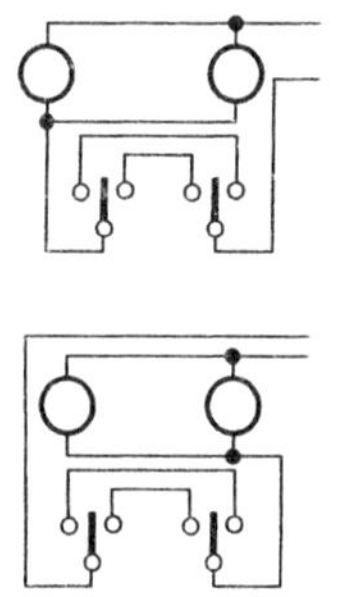
5. 1등을 3개소에서 점멸하는 경우	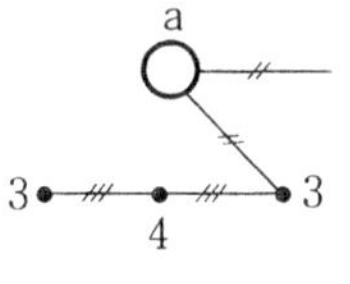	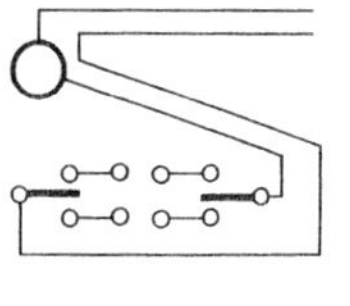

○ : 전등
• : 점멸기(첨자가 없는 것은 단극, 2극은 2극, 3극은 3극으로, 4극은 4로
(••) : 콘센트

[6] 옥내 배선용 그림기호

설계도의 범례에 옥내 배선용 그림기호가 기재되고 그 그림기호로써 배선설계도가 그려져 있다. 이 배선용 그림기호는 설계도, 시공도를 그리는 데 있어서의 약속사항으로 되어 있고, 이 약속을 결정해 놓음으로써 표준화가 이루어지며 전기기술자라면 도면에 그려진 그림기호로써 배선도의 내용을 이해할 수 있다.

예를 들면, 만약 이러한 약속사항을 결정해 놓지 않는다고 한다면 설계도나 시공도를 그릴 때마다 도면에 표시하는 기호 등, 새롭게 약속사항을 설정하고 또 보는 사람에 있어서도 그때마다 설정된 약속사항을 이해하지 못하면 많은 시간과 노력을 낭비하게 된다.

옥내 배선용 그림기호를 보는 것만으로는 이해하기가 어려우므로 그림 6 · 11의 주택

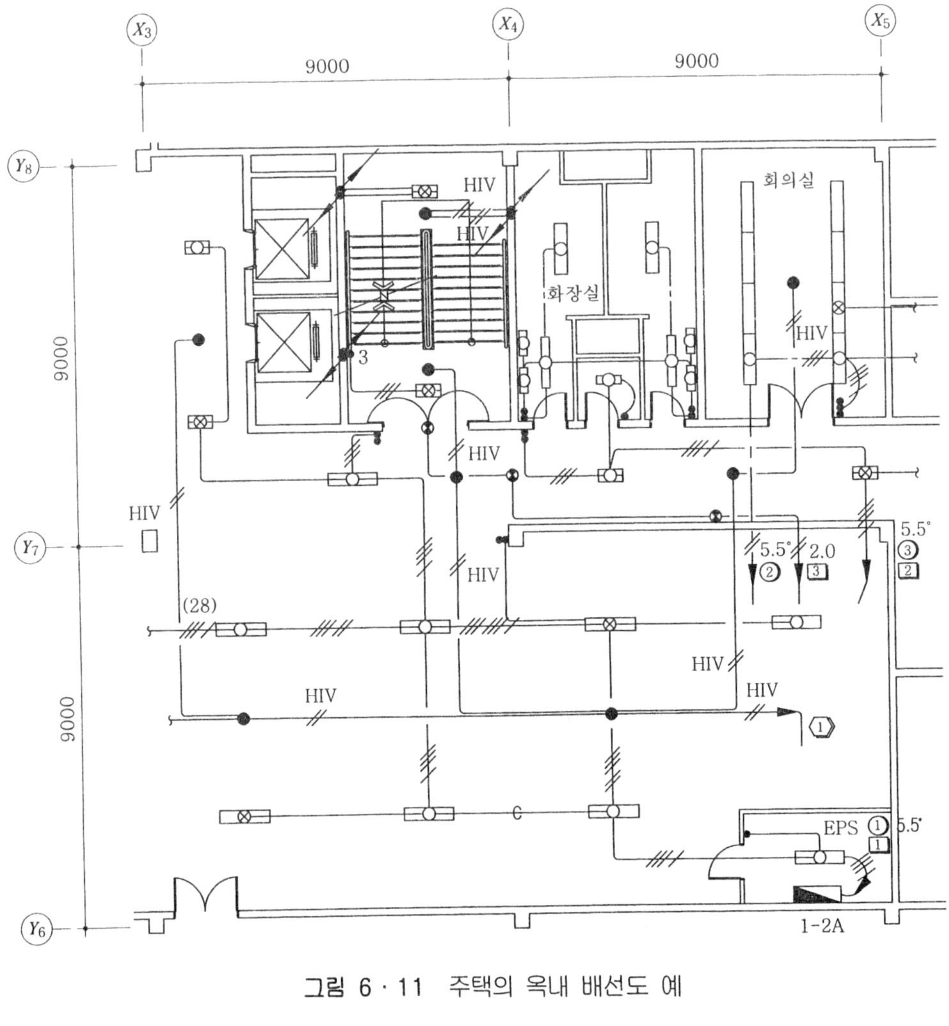

그림 6 · 11 주택의 옥내 배선도 예

표 6·2 주택의 옥내 배선도 범례

기 호	명 칭	기 호	명 칭
◪	전등 분전반	↗○	입상
▭○▭	천장등(형광등)	○↙	강하
▭⊗▭	천장등(형광등) 보안등	—•—	내화(耐火) 케이블 FP 2.0×2C
⊏○⊐	벽붙이(형광등)	HIV —//—	HIV 2.0×2(16)
●	비상 조명	—·—	VVF 2.0×2C
⊗	유도등	——·—///—	VVF 2.0×3C
•	스위치	—~—///—	2.0(16)
——	천장 은폐 배선	—///⁄— ~ —///—///—	2.0(28)
—·—	천장 은폐 배선	5.5° —//— ~ 5.5° —///⁄—	5.5° (22)

주의 : 기입이 없는 배관, 배선 2.0×2(16)

의 옥내 배선도 예를 기초로 설명하고자 한다. 표 6·2는 옥내배선용 범례의 예를 나타내고 있다.

1) 배 선

설계도에서는 전등 분전반(그림기호 ◪)을 EPS(전기 파이프 스페이)에 설치하고 금속관 배선공사(5.5$^{\square}$(22), 5.5$^{\square}$(28), 2.0(16) 등의 그림기호)로 천장 은폐 배선 또는 천장 속 내부배선을 하여, 각 조명기구에 전원을 공급하고 있다. 이때의 금속관의 규격은 후강 전선관의 16 [mm], 22 [mm], 28 [mm]이고, 전선은 2.0 [mm], 5.5 [mm^2](5.5$^{\square}$)의 규격인 것을 사용한다는 것을 알 수 있다. 금속관 내에 수납되는 전선의 개수는 —//—, —////—의 그림기호로써 표시되고 —//—의 경우는 전선 가닥수가 2개이고, —////—의 경우는 전선 가닥수가 4개가 각각의 금속관 내에 수납되는 경우이다.

설계도 범례의 주의사항에 제시하고 있는 바와 같이 금속관의 규격, 금속관에 수납되는 전선의 규격 및 개수의 기입이 없는 것은 금속관(16)으로, 그것에 2.0 [mm]의 전선을 2가닥 수납하게 되는 것이다. 이와 같이 설계도 가운데에서 가장 많이 사용되는 전선관의 종류, 규격, 개수, 전선의 종류, 규격을 주의사항으로 명기하고 도면에는 그것들의 종류, 규격, 개수를 기입하지 않는 것이 일반적이다. 이것은 그것들의 종류, 규격, 개수를 그때마다 도면에 기입한다면, 기입하는 시간이 낭비가 되고 또 도면이 번잡하게 되어 알아보기 어렵기 때문이다.

2) 전 등

[○], [⊗]로 표시되는 그림기호는 형광등으로서 그 설치 방향, 설치 대수, 조명기구의 종류 등을 알 수 있다. 램프의 W(와트)수, 개수, 조명기구의 매입, 직결 등을 별개로 하고, 개략 시방은 조명기구 상세도에 제시되고 있는 것이 일반적이기 때문에 이것을 참조한다. 또 [⊗]은 보안등(건축기준법이나 소방법)으로서 분전반의 결선도를 참조함으로써 공급 전원의 전환방식을 알 수 있다. ▭○▭은 벽부착형 형광등이다.

⊗은 유도등(소방법에 의한 것)을 표현하고 있으며, 그 크기(대형, 중형, 소형 등), 비상전원 내장의 유무 및 설치방식은 조명기구 상세도에 제시되고 통로 유도등은 적절히 피난방향을 나타내는 화살표로 표시된다.

●은 비상 조명(건축기준법에 의한 것)을 나타내고 와트수, 기구의 형태, 비상 전원 내장, 별도 설치의 유무는 조명기구 상세도에 표시되고 있다. ◎은 스위치를 나타내며 1P(단극)의 10 [A]라는 것을 알 수 있다(10 [A]는 표시하지 않는다). ●3은 3로 스위치를 나타내고 3로(路)의 10[A]라는 것을 알 수 있다.

6.4.4 배선기구

배선에 사용되는 기구는 스위치, 점멸기, 접속기, 소켓 등이 있는데 이들에 대해서 간단히 설명한다.

[1] 스위치(switch)

스위치의 목적은 단지 회로를 개폐하는 것과 이것에 퓨즈를 부착해서 안전을 도모한 것 두 종류가 있다.

1) 나이프 스위치(knife switch)

그림 6·12와 같은 스위치이며 칼날의 수에 따라서 2극과 3극이 있고 금속 재료가 나이프 이음매의 양쪽에 있는 것을 쌍투형 또는 전환형이라 하고, 그림과 같은 것을 단투형이라 부르고 있다. 일반적으로 퓨즈를 부착하게 되어 있으며 표 6·3과 같이 KS C 8310의 규격이 정해져 있다.

2) 컷아웃 스위치(cut-out switch)

그림 6·14와 같이 도기제의 함으로 되어 있는 스위치이며 뚜껑의 개폐에 의해서 회로의 개폐를 행하는 것으로 스위치와 과전류 보호기를 겸하고 있다. 뚜껑 뒤에 퓨즈가 부착되어 있고 소형이기 때문에 베이비 스위치(baby switch)라 불리는 경우가 많다. 스위치는 구조적으로 개폐를 목적으로는 사용되지 않는다.

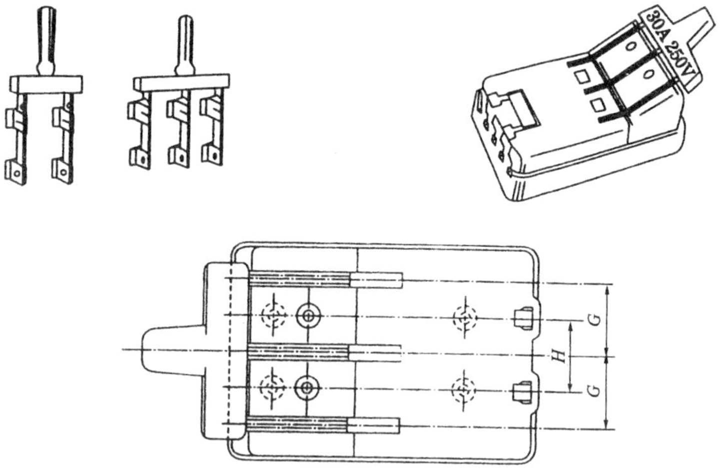

그림 6·12 나이프 스위치

표 6·3 개방 나이프 스위치의 종별 및 정격(KS C 8310)

종별			정격전류[A]	정격전압[V]
단투, 쌍투의 구별	극수	취부 퓨즈		
단투 및 쌍투	1	무	30, 60, 122, 200 300, 400, 600	300 150(2)
	2	통형 퓨즈	30, 60, 122, 200 300(1), 400, 600	
	3	고리 퓨즈	15, 30, 60, 100 200, 300	

〔주〕 (1) 통형 퓨즈를 사용하는 300[A]는 가능한 한 사용하여서는 안 된다.
(2) 정격전류 60[A] 이하의 것에 한하여 정격전압을 150[V]로 하여도 좋다.

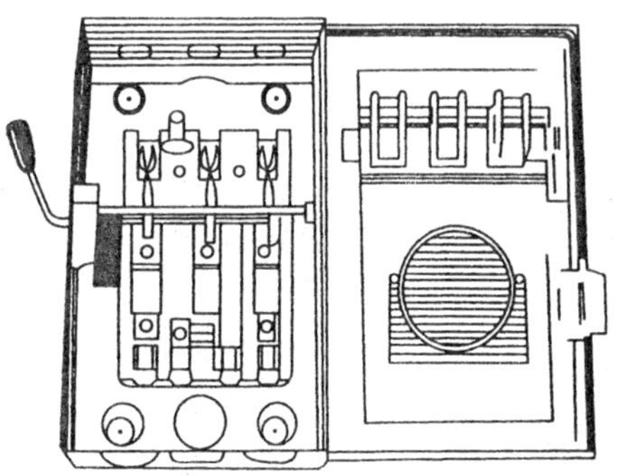

그림 6·13

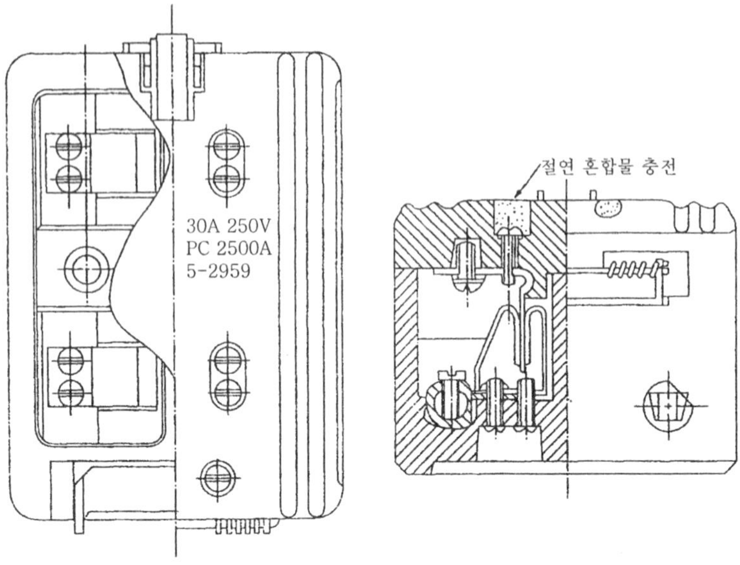

그림 6·14 컷아웃 스위치

3) 노퓨즈 브레이커(no-fuse breaker)

명칭 그대로 퓨즈를 사용하지 않는다. 과전류 보호장치의 차단기이다. 전자석 또는 바이메탈(bimetal)에 의해서 과전류가 흐르게 되면 자동적으로 트립장치가 작용해서 회로를 차단하도록 되어 있다. 일반 수용가 또는 발·변전소, 각종 공장, 빌딩 등의 분전반이나 배전반에 널리 사용되고 있다.

그림 6·15는 그 외관이고, 그림 6·16은 누전차단기와 배선용 차단기를 조합하여 일반 가정에 설비되어 있는 상태를 나타내고 있다. 그리고 그림 6·17은 그 동작상태를 나타낸 것이다.

그림 6·15 노퓨즈 브레이커

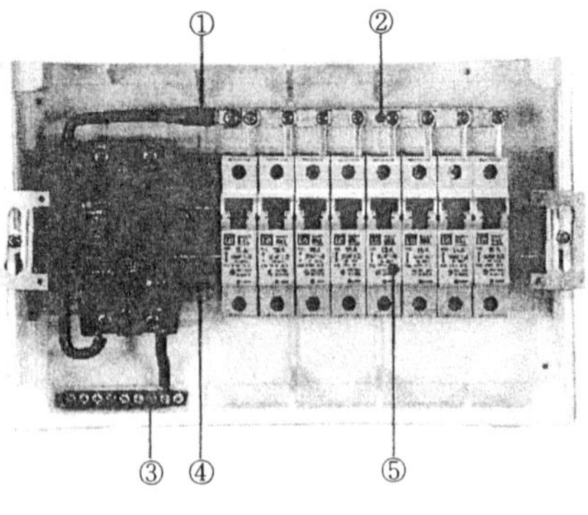

그림 6·16

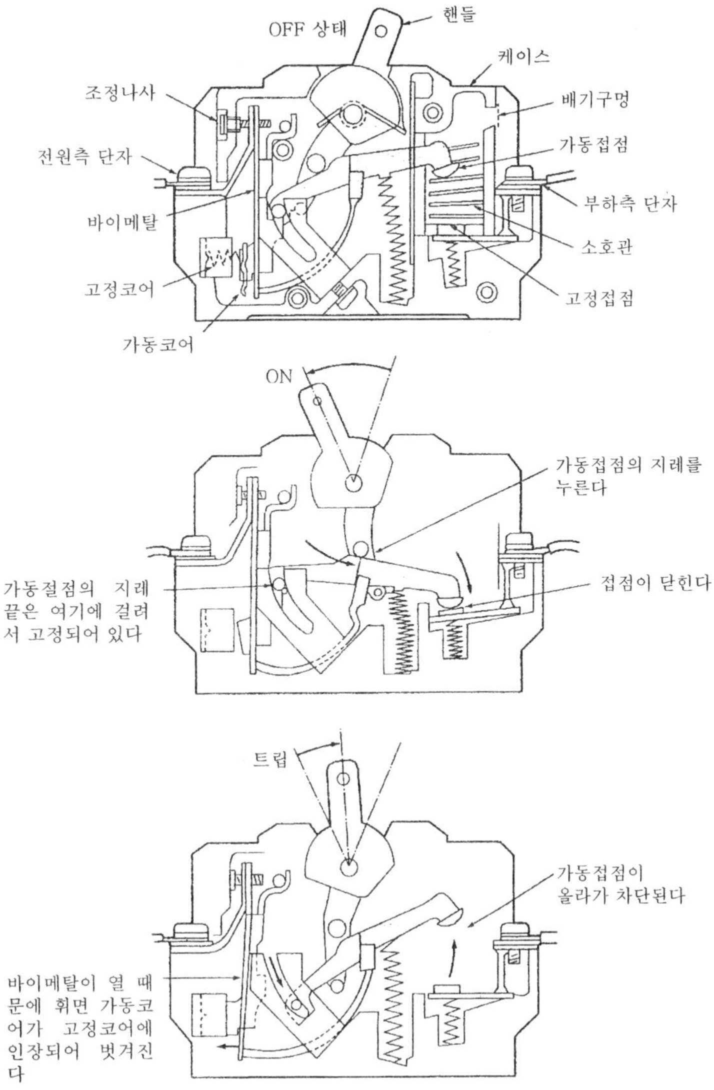

그림 6 · 17 퓨즈 프리 차단기의 구조와 동작

4) 단로기(disconnecting switch)

흔히 디스콘이라 불리는 것으로서 변전실에서 고압 전로의 모선 또는 주회로에서 분리시킬 때에 사용하는 것이다. 그림 6 · 18과 같이 칼날은 1개이고 일종의 나이프 스위치로 볼 수가 있으나 부하가 걸려 있을 때에 개폐하면 아크가 튀기 때문에 부하시 개폐해서는 안 된다.

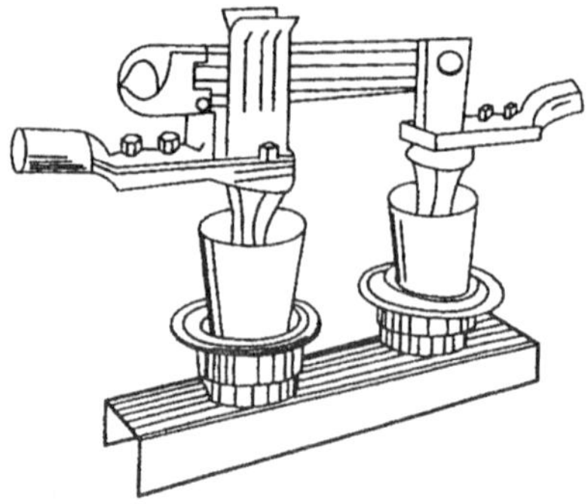

그림 6 · 18

5) 유입 차단기(oil circuit breaker)

고압 회로의 보안장치로서 배전반에 설치해서 사용하는 것으로 개폐부분이 절연유 속에 넣어져 있어서 과대 전류가 흐르면 자동 차단용의 트립코일이 작용해서 자동적으로 회로가 차단된다. 또한 차단할 때 유중에 있기 때문에 불꽃이 튀지 않는 것이 특징이라 할 수 있다. 그림 6 · 19는 유입 차단기의 외관과 구조도이다.

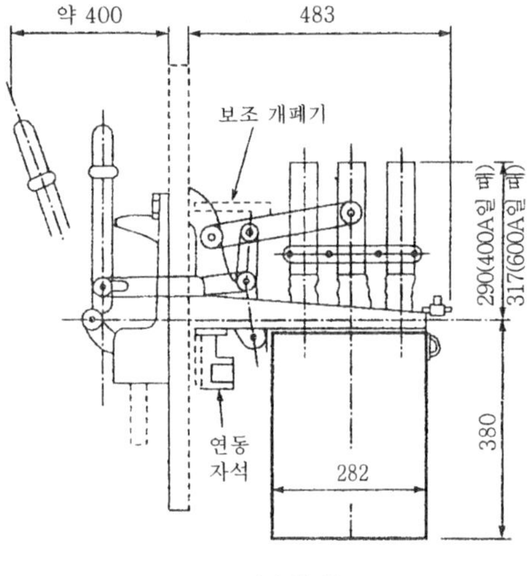

(a) 구 조

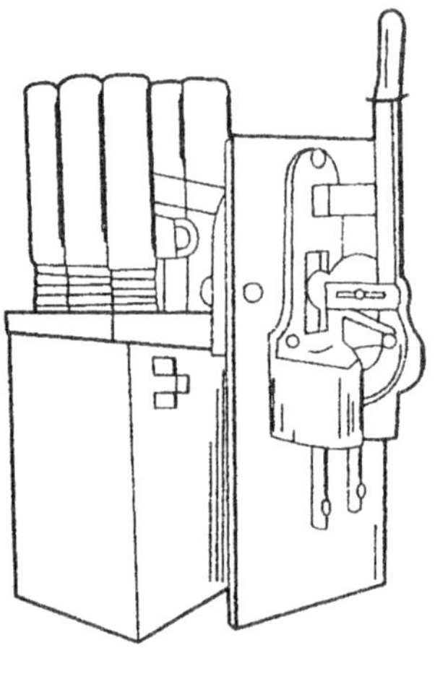

(b) 외 관

그림 6 · 19 유입 차단기

6) 애자형 스위치(insulator type switch)

그림 6 · 20은 애자형 스위치이지만 위쪽을 수전, 아래쪽을 삽입전이라 하고 삽입전에 퓨즈를 설치하고 수전에 삽입하여 사용한다. 20 [V] 이하의 고압 회로에 대한 보안용 자동 차단기로서 사용한다. CF 차단기라 하고 주상 트랜스의 1차적 보호에 사용한다.

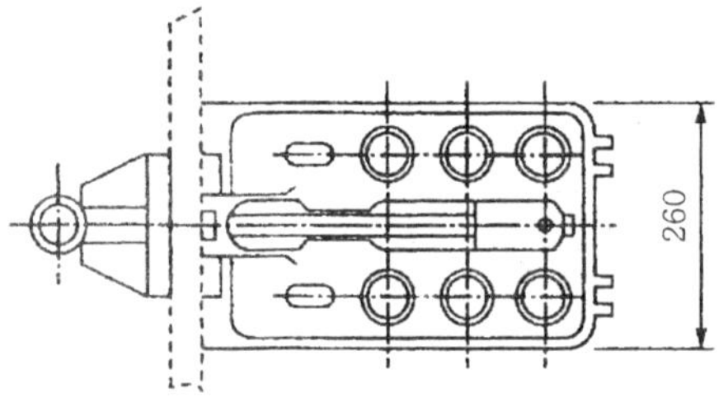

그림 6 · 20 애자형 스위치

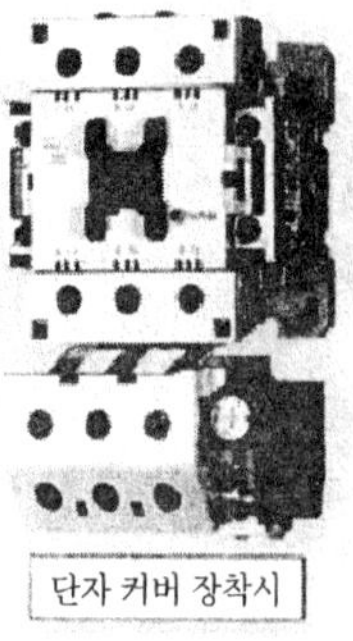

그림 6 · 21 마그넷 스위치의 외형

7) 전자 스위치(magnet switch)

전자석을 사용한 스위치로서 그림 6 · 22와 같은 마그넷을 가지고 있다. 즉, 고정코어(core)에 코일을 감고 이것에 전류를 흘리면 가동코어가 움직이게 되어 있으며 그림 6 · 23과 같이 고정코어와 가동코어에 각각 접점이 연결되어 있어서 고정코어의 권선에 전류가 흐르면 접점이 닫히고 권선에 전류가 흐르지 않을 때는 접점이 떨어지도록 되어 있다. 즉, 주회로를 별개의 회로에 의해서 개폐할 수 있으므로 대전류 회로나 원격 조작용으로는 편리하다.

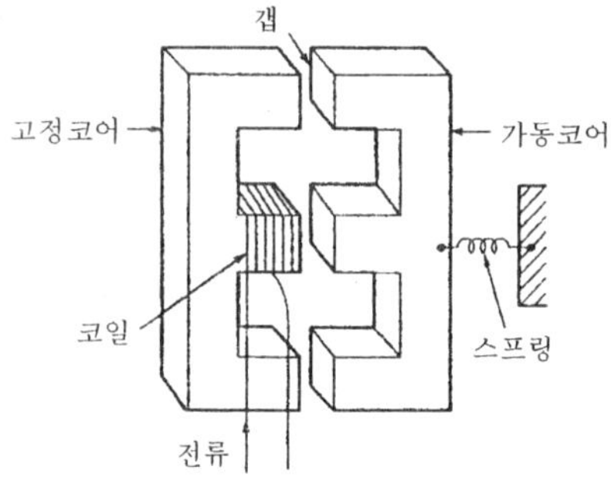

그림 6 · 22 마그넷의 설명도

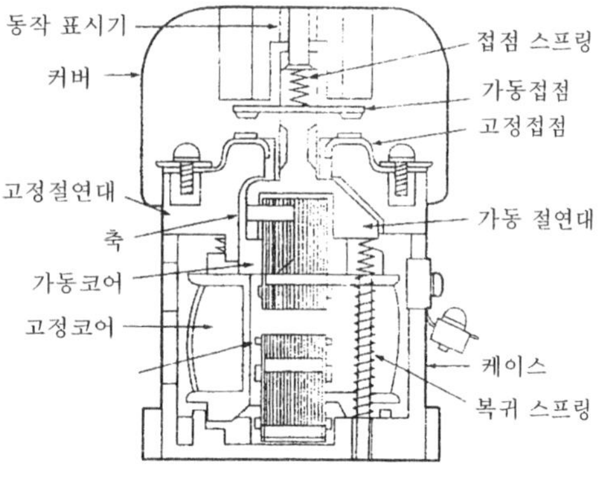

그림 6 · 23 마그넷 스위치의 구조도

[2] 점멸기(snap switch)

전등의 점멸과 소형 전기기구의 전기회로개폐 등 소용량 전기회로의 개폐조작에 사용하는 것의 총칭이다. 조작기구별로 분류하면 로터리형(그림 6 · 24), 텀블러형(그림 6 · 25), 버튼형(그림 6 · 26), 자동형(그림 6 · 27), 레버형 등이 있다.

그림 6 · 24
로터리 스위치

그림 6 · 25
텀블러 스위치

그림 6 · 26
푸시버튼 스위치

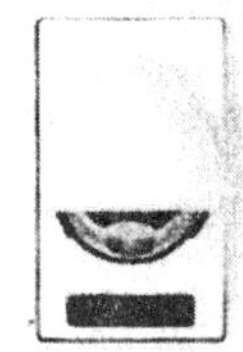

그림 6 · 27
자동 스위치

[3] 접속기, 소켓

전선과 코드, 코드와 코드를 접속할 경우에는 전기적으로 완전하게 접촉되어야 한다. 이러한 기구를 호칭하여 접속기(connector)라 한다. 접속기에는 로제트(rosette, 전선과 코드를 접속하는 것), 클러스터(cluster, 로제트의 일종으로 전선 코드를 다수 접속이 가능), 코드 커넥터 등이 있다.

전선이나 코드에 부하(전등)을 접속시킬 때에 사용하는 것을 소켓(socket)이라 하고 나사형과 삽입형이 있으며, 나사형을 보통 소켓이라 하고 삽입형을 일반적으로 콘센트(concent)라 한다.

6.4.5 퓨 즈

퓨즈(fuse)는 전기회로에 직렬로 접속시키고 단락이나 과부하 등에 의해서 과대한 전류가 흘렀을 때, 줄열(Joule heat)에 의해서 용단하여 그 회로를 자동적으로 차단하는 보안장치의 일종이다. 재료로서는 보통 연주석, 알미늄 아연 및 그의 합금이다.

[1] 규격

퓨즈의 규격에 관해서는 전기설비기준의 제42조에 다음과 같이 규정되어 있다.

1) 저압 회로의 퓨즈

① 정격전류의 1.1배인 전류에 견딜 것

② 표 6 · 4에 제시한 시간 내에 용단할 것

2) 고압 전로에 사용하는 포장 퓨즈

정격전류의 1.3배인 전류에 견디고 또한 2배의 전류에서 120분 이내에 용단하지 않으면 안 된다.

표 6 · 4

정격전류의 구분	시 간	
	정격전류의 1.6배인 전류를 통한 경우	정격전류의 2배인 전류를 통한 경우
30 [A] 이하	60분	2분
30 [A]를 넘고 60 [A] 이하	60분	4분
60 [A]를 넘고 100 [A] 이하	120분	6분
100 [A]를 넘고 200 [A] 이하	120분	8분
200 [A]를 넘고 400 [A] 이하	180분	10분
400 [A]를 넘고 600 [A] 이하	240분	12분
600 [A]를 넘는 것	240분	20분

3) 고압 전로에 사용하는 비포장 퓨즈

정격전류의 1.25배인 전류에 견디고 또한 2배의 전류에서 2분 이내에 용단하는 것으로 되지 않으면 안 된다.

[2] 퓨즈의 종류

구조상 비포장 퓨즈와 포장 퓨즈를 분류한다. 비포장 퓨즈는 실 퓨즈, 판 퓨즈, 고리 퓨즈 등의 종류가 있다.

고리 퓨즈는 그림 6 · 28과 같은 형상을 하고 있어 다음에 설명하는 포장 퓨즈의 통형 퓨즈 내부에 사용한다. 포장 퓨즈는 불연성의 절연물 용기에 넣은 것으로 통형 퓨즈와 나사형 퓨즈가 있다.

통형 퓨즈는 그림 6 · 29와 같은 형상을 하고 있어 양단에 동이나 황동제의 단자를 부착한 파이버(fiber) 또는 베이클라이트(bakelite) 등으로 만든 통 속에 퓨즈가 들어가 있다. 60 [A] 이상의 것은 칼날형의 금속 단자로 한다.

나사형 퓨즈는 그림 6 · 30에 나타낸 바와 같이 플러그(plug)와 같은 형상을 하여 나사로 부착시키게 되어 있어서 퓨즈의 상태를 조사할 수 있다.

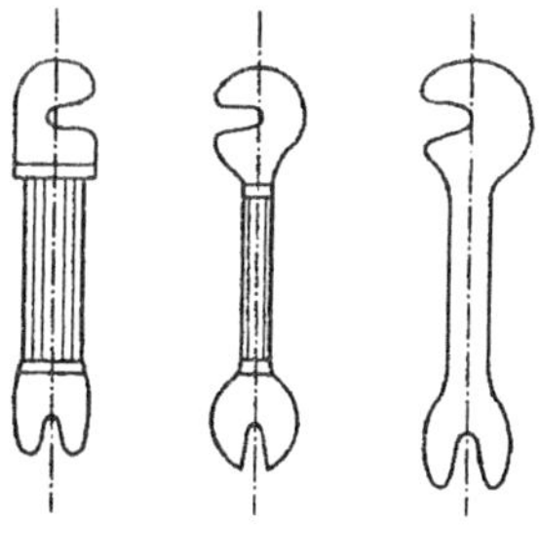

그림 6 · 28 고리 퓨즈

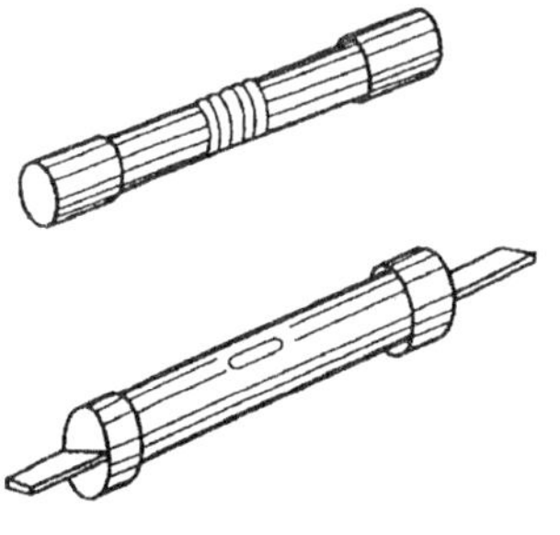

그림 6 · 29 통형 퓨즈

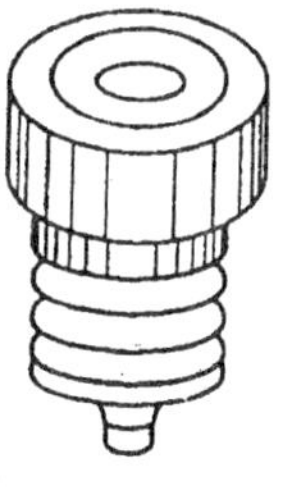

그림 6 · 30 플러그 퓨즈

특수 퓨즈에 대해서는 앞에서 설명한 것 이외에 텅스텐 퓨즈(가느다란 텅스텐의 선을 글라스 원통 속에 봉입한 것)와 온도 퓨즈〔전기 앵커 등의 서모스탯(thermostat)의 고장 시, 외부의 열에 의해서 용해시켜서 회로를 차단한다〕 등이 있다.

[3] 퓨즈의 취급방법

퓨즈는 과전류에 대한 보안장치이기 때문에 부하의 크기에 따라 퓨즈의 크기를 맞게 정해야 한다. 만약에 부하에 비해서 큰 퓨즈를 넣어 두면 과전류가 흘러도 퓨즈가 용단되지 않고 부하를 소손시키거나 또는 화재의 원인이 되므로 신중한 주의가 필요하다.

6.4.6 배 선

[1] 전선의 종류와 용도

전선에는 절연전선, 코드, 캡 타이어 케이블, 케이블(저압, 고압, 특별 고압, 제어용)등 대단히 많은 종류가 있으며, 이들은 각각 특성상의 특징을 가지고 있으므로 사용할 때에는 목적에 가장 적합한 것을 선정해야 한다.

주로 많이 사용하는 절연전선, 케이블 등의 종류와 용도를 표 6·5, 6·6, 6·7에 수록하였다.

표 6·5 절연 전선의 종류와 주요 용도

명 칭	주요 용도	약칭	비고
옥외용 비닐 절연전선 〔단심전선으로 경동선 또는 경동 연선 위에 내후성(耐候性) 비닐을 피복해서 절연한 것〕	· 저압 가공(架空) 배전선로에 사용함. · 피복이 얇아 손상되기 쉬워 취급주의, 흑색을 표준으로 함.	OW 전선	KSC 3313
인입용 비닐 절연전선 〔경동선 또는 경동 연선 위에 비닐 절연 피복을 한 다심(多心) 전선〕	· 저압 가공 인입선에 사용함. · 일괄배선가능, 색상다양	DV 전선	KSC 3315
600〔V〕 비닐 절연전선 〔단선 또는 연선으로 된 경동선이나 연동선 위에 비닐을 피복한 것〕	· 600[V] 이하의 옥내 배선에 사용함. · 내연성, 내수성, 내약품성, 내노화성 양호 · 색상다양, 취급용이		KSC 3302
600〔V〕 고무 절연전선 〔경동선 또는 연동선인 단선이나 연선에 주석 도금을 하고 천연고무를 사용해서 절연 피복한 후 종이 테이프나 면테이프를 감은 후 합성섬유로 편조하고 방습용 도장을 실시한 것〕	· 600[V] 이하의 옥내 배선용이기는 하나 일반적으로 사용되지 않음. · 가요성, 내습성 양호 · 내노화성 불량	RB 전선	KSC 3301
600〔V〕 내열 비닐 절연전선 〔경동선 또는 연선에 내열성이 있는 비닐을 피복한 것〕	· 옥내 배선 중 내열성을 요구하는 경우에 사용함.	HIV 전선	KSC 3328

표 6·6 전력용 케이블

명 칭	약칭	주요 용도	비고
폴리에틸렌 절연 비닐 시드 케이블 (절연체로서 폴리에틸렌을 사용하고 3 [kV]와 6 [kV]급은 두께 0.1[mm] 정도의 연동 테이프로 차폐한다. 시드로서는 비닐 또는 폴리에틸렌을 피복함)	EV 케이블	전기 특성이 우수하므로 저압에서 특별 고압에 이르기까지 널리 사용됨.	KSC 3611
비닐 절연 시드 케이블 (절연과 피복에 비닐을 사용한 것)	VV 케이블	600 [V] 이하인 저압 옥내배선에서 가장 많이 사용. 원형(VVR)과 평형(VVF)이 있음.	KSC 3323
부틸 고무절연 클로로프렌 시드 케이블 (부틸고무계 합성고무를 절연체로 사용하며 RN 케이블에 준함)	BN 케이블	절연체는 내열성이 우수하고 안정된 성능을 구비하고 있어 광범위한 용도를 가짐.	KSC 3331
고무 절연 클로로프렌 시드 케이블 (절연체로서는 천연고무, 시드로서는 클로로프렌을 피복함)	RN 케이블	3 [kV] 이하의 회로에 사용함. 클로로프렌은 내후성, 기계적 특성이 우수한 관계로 사용 조건이 가혹한 곳에 견딜 수 있음.	KSC 3332
가교(架橋) 폴리에틸렌 케이블 (폴리에틸렌의 결점인 열적 특성을 가교 반응에 의해서 개선한 것)	CV 케이블	플라스틱 전력 케이블의 대표적이고, 저압에서 고압에 이르기까지 널리 사용됨.	KSC 3131
동심 중성선 가교(架橋)폴리에틸렌 케이블	CN/CV 케이블	CV 케이블의 사용이 곤란한 중성점 다중접지방식에 널리 사용됨.	ESB 126-640-647

표 6·7 소방용 전선의 분류

항목 \ 종류		소방용 전선	
		FR-8(내화전선)	FR-3(내열전선)
사용회로		강전 배선 선로용	약전 배선 회로용
내화 및 내열전선	가열온도	840 [℃]	380 [℃]
	가열시간	30분	15분
	가열중 내전압	600 [V]/30분	
	가열 후 절연저항	0.4 [MΩ] 이상	0.1 [MΩ]
	가열 후 내전압	1500 [V]/1분	–
	연소성	시스체가 150 [mm] 이상 연소하지 않을 것	
	산소지수	28 이상	28 이상
구성의 특성		· 내화층 0.4 [mm] 이상 · 내화 보강층 · 난연성 시스	· 내열보호층 · XLPE 절연 · 난연성 시스
용 도		· 600 [V] 이하 회로 · 비상 전원장치 · 스프링쿨러 배선 · 옥내 소화전 설비 배선 · 배연설비 배선 · 유도등	· 100 [V] 이하 회로 · 비상대피 안내방송 회로 · 자동화재 경보 배선 · 각종 경보기의 기동장치 · 표시등 · 각종 감지기

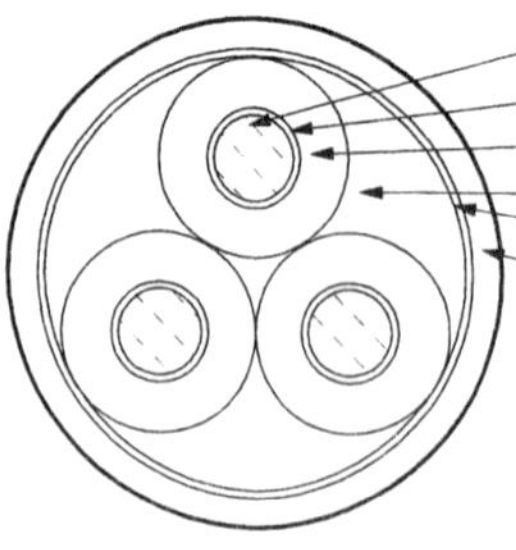

(a) FR-8

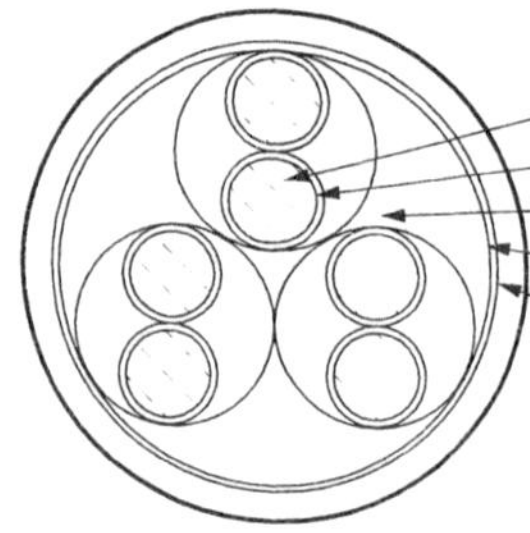

(b) FR-3

그림 6 · 31 내화전선

[2] 전선 · 케이블의 접속

1) 전선의 접속 원칙

① 전선의 허용 전류에 의하여 접속부분의 온도 상승값이 접속부 이외의 온도 상승값을 넘지 않도록 한다.

② 접속부분은 접속관, 기타의 기구를 사용할 것

③ 전선의 강도를 20 [%] 이상 감소시키지 않는다. 다만, 점퍼선을 접속하는 경우와 같이 전선에 가해지는 장력이 전선의 강도에 비해 현저하게 적을 때는 그렇게 하지 않아도 된다.

④ 절연물이 있는 전선인 경우에는 전선의 절연물과 동등 이상의 절연효력이 있는 접속기를 사용하는 경우를 제외하고는 접속부분을 절연전선의 절연물과 동등 이상의 절연효력이 있는 것으로 충분히 피복한다.

⑤ 구리와 알루미늄 등 다른 종류의 금속 상호간을 접속할 때에는 접속부에 전기적 부식이 생기지 않도록 한다.

⑥ 코드 상호간, 캡 타이어 케이블 상호간의 접속은 코드 커넥터, 접속함, 기타의 기구를 사용한다.

⑦ 코드 또는 캡타이어 케이블과 옥내 배선은 로제트, 콘센트, 개폐기 등을 사용하여 접속한다.

2) 불평형 부하의 제한(내선규정 제115절)

단상 3선식인 경우 중성선과 각 전압측 전선 사이의 부하는 대칭이어야 하나 부득이한 경우는 설비 불평형률을 40 [%] 이내로 한다.

$$X = \frac{\text{중성선과 각 전압측 전선 사이에 접속된 부하설비용량의 차}}{\text{총부하 설비용량의 } 1/2} \times 100\,[\%]$$

3상 3선식의 경우 설비 불평형률은 30 [%] 이내로 하며 다음 식으로 표시한다.

$$X = \frac{\text{각 선간 접속되는 단상부하 설비용량의 최대와 최소의 차}}{\text{총부하 설비용량의 1/3}} \times 100\,[\%]$$

3) 전선과 기구 단자와의 접속

① 구리 전선과 전기 기계・기구 단자를 접속하는 경우에 진동 등으로 인하여 헐거워질 염려가 있는 곳에서는 2중 너트, 스프링, 와셔 등을 사용하여 헐거워지지 않도록 한다.

② 소선수를 줄여서 감선할 필요가 있는 경우에는 나머지 전선의 허용 전류가 기구의 정격전류 이하가 되지 않도록 한다.

③ 전선 1가닥 밖에 접속할 수 없는 구조의 단자에는 2가닥 이상을 접속하지 않도록 한다.

④ 접속점에 장력이 가해지지 않도록 한다.

[3] 전선의 병렬사용

병렬이란, 예를 들면 100 [mm^2] 2가닥씩 합계 4가닥을 단상 2선식 회로에 사용하는 경우 등을 말하는데, 옥내에서 전선을 병렬로 사용하는 경우는 다음에 의하여 시설하는 것을 원칙으로 한다(내선규정 125-10 전선의 병렬사용).

① 병렬로 사용하는 각 전선의 굵기는 동 50 [mm^2] 이상 또는 알루미늄 80 [mm^2] 이상이고, 또한 동일한 도체, 동일한 굵기, 동일한 길이이어야 한다.

② 공급점 및 수전점에서 전선의 접속은 다음 각 호에 의하여 시공하여야 한다.

ⓐ 같은 극의 각 전선은 동일한 터미널 러그에 완전히 접속할 것(납땜에 의할 경우의 터미널 러그는 각 전선마다 삽입 구멍을 갖추고 있을 것)

ⓑ 같은 극인 각 전선의 터미널 러그는 동일한 도체에 2개 이상의 리벳 또는 2개 이상의 나사로 헐거워지지 아니하도록 확실하게 접속할 것

ⓒ 기타 전류의 불평형을 초래하지 아니하도록 할 것

③ 병렬로 사용하는 전선은 각각에 퓨즈를 장치하지 말아야 한다(공용 퓨즈는 지장이 없다).

[4] 허용전류

전선 및 케이블의 허용전류는 그 종류, 도체의 굵기 및 시설조건에 등에 의하여 결정되는데, 이것은 전선의 온도가 어느 정도 이상 상승하면 절연체의 절연력을 약화시켜 전선으로서의 기능을 다하지 못하게 되기 때문이다.

따라서, 허용전류는 각종 절연물에 허용온도와 사용장소에 따른 주위조건, 주위온도 등을 고려한 계산식에 의하여 구할 수 있지만, 실제로는 허용전류표 등을 사용하여, 이것을 사용조건에 따른 전류감소계수로 보정하여 사용하는 경우가 많다.

1) 절연전선의 허용전류(내선규정 제130절)

① 절연물의 최고 허용온도가 60[℃]의 IV 전선, RB 전선, OW 전선 및 VV 케이블 등의 허용전류는 표 **6·8** 및 표 **6·9**의 값과 같다.

표 6·8 애자사용 배선에 의하여 절연물의 최고 허용온도 60[℃]의 IV 전선 등을 시설하는 경우의 허용전류(주위온도 30[℃] 이하)

도체(동)			허용전류 [A]
선별	공칭단면적 [mm^2]	소선수/지름[본/mm]	
단선	–	1.0	(16)
	–	1.2	(19)
	–	1.6	27
	–	2.0	35
	–	2.6	48
	–	3.2	62
	–	4.0	81
	–	5.0	107
연선	0.9	7/0.4	(17)
	1.25	7/0.45	(19)
	2	7/0.6	27
	3.5	7/0.8	37
	5.5	7/1.0	49
	8	7/1.2	61
	14	7/1.6	88
	22	7/2.0	115
	30	7/2.3	139
	38	7/2.6	162
	50	19/1.8	190
	60	19/2.0	217
	80	19/2.3	257
	100	19/2.6	298
	125	19/2.9	344
	150	37/2.3	395
	200	37/2.6	469
	250	61/2.3	556
	325	61/2.6	650
	400	61/2.9	745
	500	61/3.2	842

〔비고〕 지름 1.2[mm] 이하 및 단면적 1.25[mm^2] 이하의 전선은 일반적으로는 배선에 사용하는 전선으로 인정하지 아니한다. 따라서 ( ) 내의 수치는 참고로만 한 것이다.

다음의 표 6·9에서는 VV 케이블 배선, 금속관 배선, 합성수지관 배선 금속제가요전선관 배선, 금속몰드 배선, 합성수지몰드 배선, 금속덕트 배선, 플로어덕트 배선 및 셀룰라덕트 배선 등에 적용한다. 이 경우 금속덕트 배선, 플로어덕트 배선 및 셀룰라덕트 배선은 전선수 「3 이하」를 적용한다.

表 6·9 VV케이블 및 전선관 등에 절연물의 최고 허용온도가 60[℃]인 Ⅳ 전선 등을 넣는 경우 전선의 허용전류

도체			IV전선을 동일한 관, 몰드, 덕트 내에 넣는 전선수													
단선 연선의 구별	공칭 단면적 [㎟]	소선수/지름 [본/mm]	3 이하		4		5~6		7~15		16~40		41~60		61 이상	
			허용전류[A]													
			동	알루미늄	동	알루미늄	동	알루미늄	동	알루미늄	동	알루미늄	동	알루미늄	동	알루미늄
단선	-	1.2	(13)	(10)	(12)	(9)	(10)	(8)	(9)	(7)	(8)	(6)	(7)	(6)	6	(5)
		1.6	19	(14)	17	(13)	15	(12)	13	(10)	12	(9)	11	(8)	9	(7)
		2.0	24	19	22	17	19	15	17	13	15	12	14	11	12	9
		2.6	33	26	30	23	27	20	23	18	21	16	19	14	17	13
		3.2	43	33	38	30	34	27	30	23	27	21	24	19	21	16
연선	5.5	7/1.0	34	26	31	24	27	21	24	18	21	16	19	15	16	13
	8	7/1.2	42	33	38	30	34	27	30	23	26	21	24	19	21	16
	14	7/1.6	61	48	55	43	49	38	43	34	38	30	34	27	30	23
	22	7/2.0	80	63	72	56	64	50	56	44	49	39	45	35	39	31
	30	7/2.3	97	75	87	68	78	60	68	53	60	46	54	42	47	37
	38	7/2.6	113	88	102	79	90	70	79	62	70	54	63	49	55	43
	50	19/1.8	133	103	119	93	106	83	93	72	82	64	74	58	65	50
	60	19/2.0	152	118	136	106	121	94	106	83	93	73	85	66	74	57
	80	19/2.3	180	140	162	126	144	112	126	98	111	86	100	78	87	68
	100	19/2.6	208	162	187	146	167	130	146	113	128	100	116	90	101	79
	125	19/2.9	241	187	216	169	192	150	168	131	148	115	134	105	117	91
	150	37/2.3	276	216	249	194	221	172	193	151	170	132	154	120	134	105
	200	37/2.6	328	256	295	230	262	205	230	179	202	157	183	143	159	124
	250	61/2.3	389	304	350	273	311	243	272	212	239	187	217	169	189	148
	325	61/2.6	455	354	409	319	364	280	318	248	280	218	254	198	221	172
	400	61/2.9	521	407	469	366	417	326	365	285	320	250	291	227	253	198
	500	61/3.2	589	460	530	417	471	368	412	322	362	283	328	256	286	223

〔비고 1〕 VV케이블을 굴곡이 심하지 않는 2m 이하의 전선관 등에 넣을 경우도 VV케이블 3심 이하의 난을 적용한다.

〔비고 2〕 이 표의 IV 전선을 전선관등에 넣을 경우의 허용전류는 애자를 사용할 경우의 허용전류와 전류감소계수를 곱한 것이다. 다만, 합성수지관을 애자사용 배선의 애관 대신으로 사용하는 경우는 이 표를 적용하지 아니한다.

표 6·10 전류감소계수

동일관 내의 전선수	전류감소계수
3	0.70
4	0.63
5 또는 6 이하	0.56
7 이상 15 이하	0.49
16 이상 40 이하	0.43
41 이상 60 이하	0.39
61 이상	0.34

〔비고 1〕 이 표에서 중성선, 접지선 및 제어회로용의 전선은 동일관 몰드 또는 덕트 속에 넣을 경우 전선수에 삽입하지 아니한다. 즉, 단상 3선식 2회로를 동일관에 넣으면 전선수는 6본이 되지만 중성선이 2본이므로 전선수는 4본인 경우의 허용전류를 적용한다.

〔비고 2〕 VV 케이블은 원형압축연선, IV 전선은 둥근 연선으로 산출한 것임.

〔비고 3〕 지름 1.2[mm]의 전선은 일반적으로 배선에 사용하는 전선으로 인정을 아니하므로 ( ) 내의 수치는 참고로 표시한 것임.

■■■ 연습문제 ■■■

1. 전기를 송전할 때 전압을 높이는 이유는?

2. 변전소의 기능을 열거하라.

3. 전기기계기구의 명판에 기재된 정격 전류란?

4. 인입선 설치점이란?

5. 가정에 설치된 분전반의 역할을 열거하라.

6. 누전차단기의 역할을 열거하라.

7. 배선기구란?

7 조 명

7.1 빛에 관한 기초지식

빛은 전자파의 일부이다. 전자파에는 무선통신에 이용되는 전파와 같이 그 파장이 수 [cm]에서 수천 [m]에 이르는 것부터 X레이와 같이 파장이 불과 1천만분의 1 [cm]에 지나지 않는 것에 이르기까지 대단히 광범위하지만, 그 파장의 차이에 따라 물리적 작용과 화학적 작용이 다르고, 또 생물에 대한 생리적인 작용도 다르다. 빛으로서 눈에 느끼는 것은 파장이 약 380~760 [nm] 사이의 극히 적은 범위의 전자파이다.

눈에 빛의 감각을 일으키는 것은 지극히 적은 파장범위의 전자파이지만 또한 빛의 감각과 동시에 약간의 파장의 차이에 따라 다른 감수성을 나타내고, 예를 들면 긴 파장에 대해서는 적색, 짧은 파장에 대해서는 청색으로 파장의 차이에 따라 색감의 변화를 예민하게 느낄 수 있다. 색감은 밝기의 감각 변화도 수반한다. 예를 들면 스펙트럼의 황색부분은 밝게 느끼고 적색・청색부분은 어둡게 느낀다. 이와 같이 눈이 느끼는 스펙트럼의 밝기는 균일한 에너지를 갖는 스펙트럼일지라도 그 파장에 따라 눈의 감도가 다르다. 파장 555 [nm]의 빛이 가장 밝게 느껴지며, 이보다 파장이 길수록 혹은 짧을수록 차츰 밝기의 감각은 줄어든다.

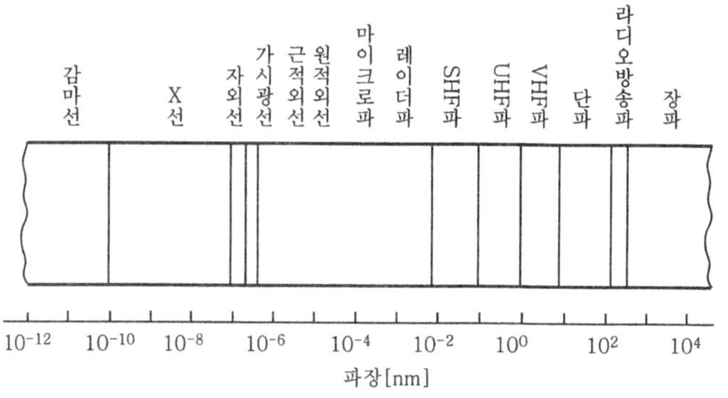

그림 7·1 전자파와 그 파장

7.2 명시론

7.2.1 명시의 조건

전철 안에서 주간지 같은 것을 읽는 경우를 예로 들어, 글자와 사진이 눈에 잘 보이는가 보이지 않는가를 좌우하는 조건에 대해서 분석하면 밝음, 색, 대비, 크기, 움직임(시간)의 다섯 가지 조건이 물체가 보이는 것을 결정하는 가장 중요한 조건으로 결론이 나지만 이들 조건 가운데 색, 대비, 크기, 움직임의 네 가지는 주로 이미 물체에 갖추어진 성질이므로 바꾸기가 어렵고 가장 쉽게 바꿀 수 있는 것은 밝음이다.

여기에 물체를 잘 보이게 하는 수단으로서 조도의 중요성이 떠오르게 되는데 단지 밝게만 하면 좋은 것이 아니라 밝음, 색, 대비, 크기, 움직임의 다섯 가지 조건의 상호 관련성을 고려해서 조명을 하지 않으면 안 된다.

1) 명시(明視)의 조건이 되는 밝음

전철 안에서 주간지를 읽을 경우 주간지의 글자가 보이고 색쇄(色刷)의 사진이 눈을 즐겁게 해주는 것은 인쇄된 글자와 사진이 선명하게 눈에 보이기 때문이다. 그렇게 하기 위해서는 무엇보다 충분한 빛이 지면에 닿지 않으면 안 된다. 그러나 전철 안이 붐벼서 사람들의 그늘이 지면을 가려 불쾌하게 느낀 경험은 누구나 한번 겪었을 것이다. 주간지 지면에 눈에 보이는 것은 이 지면에 반드시 빛이 동공을 지나 눈의 망막 위에 결상(結像)을 하기 때문이지만 지면의 글자와 사진이 선명하게 보이느냐 안 보이느냐 하는 것은 우선 첫째로 지면에서 나와 동공으로 들어가는 빛이 많으냐 적으냐에 좌우된다. 눈의 망막에 닿는 빛이 많을수록 시력과 명암차의 식별 혹은 색감이 좋아지므로 눈방향의 지면의 휘도가 보는 데 있어서 가장 중요한 조건이 된다. 그러나 지면 자체에서 발광하는 것은 아니므로 지면의 휘도는 거기에 닿는 빛의 조도에 따라 좌우된다.

따라서 이 경우 주간지가 보이는 것을 좌우하는 것은 지면의 조도라고 할 수 있다. 낡은 차 안에서 조명이 낮고 지면의 조도가 낮으면 보기 힘들고, 반대로 조명이 좋은 차 안에서 지면의 조도가 높으면 읽기 쉽다.

그런데 지면의 조도에 변화가 없더라도 갱지(更紙)를 쓴 페이지와 아트지를 쓴 페이지를 비교해 보면 아트지 쪽이 눈에 밝게 느끼고 읽기도 쉽다. 아트지가 인쇄성이 좋기 때문이기도 하겠지만 아트지는 갱지보다도 많은 빛을 반사해서 같은 조도라도 지면이 밝게 느껴지고 훨씬 읽기 쉬워진다.

2) 색(色)

눈에 빛이 들어오면 밝은 느낌과 동시에 색을 느낀다. 눈에 들어오는 빛이 모든 파장을 균등하게 갖고 있든가 혹은 스펙트럼의 조성에 의한 색의 자극이 평형일 경우에는 백색 내지 회색의 감각이 생기지만, 일부의 파장이 부족하거나 결여되어 있으면, 눈에 색의 감각이 생긴다. 색은 빛으로 말하자면 스펙트럼 조성의 변화라고 할 수도 있지만, 눈쪽에서 말하자면 감각의 변화로 생각할 수 있다. 그러므로 색을 다룰 경우에는 빛의 다른 성질의 일부로 다루는 것과 눈의 감각의 일부로서 함께 다룰 필요가 있다.

색의 표시로 색을 나타내는 데는 감각적으로 다음의 3속성이 있다. 색상(hue)은 붉고, 푸른 느낌, 명도(luminosity)는 밝고 어두운 느낌, 채도(saturation)는 선명하고 흐린 느낌이다.

3) 대비

주간지 내용의 여러 가지 글자가 어떻게 보이는가 비교해 보면 같은 크기의 활자라도 인쇄된 부분에 다른 인쇄가 겹쳐 있거나 또는 엷은 잉크로 회색으로 인쇄되었거나 하면 몹시 글자가 보기 어렵다. 밝기는 같아도 인쇄상태에 따라 다르게 보이는 것은 대비가 다르기 때문이다. 곧, 문자가 눈에 보이는 것은 지면의 휘도와 문자의 휘도와의 차이-대비가 눈에 비치기 때문이며, 보통 양자의 휘도의 차이가 클수록 보기 쉽다.

문자뿐 아니라 모든 물체가 눈에 보이는 것은 물체와 그 배경과의 사이에 대비가 있기 때문이다. 예를 들면 공기와 같이 피부로 느낄 수는 있어도 눈으로 볼 수 없는 것은 대비가 생기지 않기 때문이다. 이와 같이 대비는 물체를 보는 것을 좌우하는 가장 큰 조건의 하나이다. 배경과 물체의 휘도가 같더라도 색이 다르면 물체를 볼 수 없다. 예를 들면 푸른 잎 사이에 있는 귤은 찾기가 힘들지만 귤이 익어서 노랗게 되면 쉽게 찾을 수 있다. 이와 같이 색의 색상(色相)과 채도의 대비도 보는 데 영향을 미치지만 상술한

휘도의 대비에 비하면 그 영향력은 적다.

4) 크기

글자를 읽으면서 또 느끼는 것은 밝음과 대비가 같은 조건에 있더라도 작은 글자는 읽기 힘들고 큰 글자는 읽기 편하다. 이것은 말할 것도 없는 것이지만 일반적으로 망막에 비치는 글자의 영상이 클수록 보기 쉽다. 따라서 극히 작은 글자를 읽기 위해서는 눈을 글자 가까이에 대면 잘 보인다.

5) 움직임(시간)

지금까지 기술한 바와 같이 예를 들면 주간지의 글자를 잘 읽을 수 있는가 없는가 하는 것은 밝음, 색, 문자의 대비, 문자의 크기 등의 조건에 따라 좌우된다. 정지하고 있는 것을 볼 때는 이들 네 조건으로 만족하지만 그 밖에 움직이는 물체를 보는 일도 많다. 또, 움직이지 않아도 보는 쪽이 움직일 때도 있다. 예를 들면 주간지를 읽는데 버스나 전철 안에서 읽으면 잘 안 보여 눈이 피로해지는 것은 버스나 전철이 흔들려서 망막에 비치는 글자의 상이 움직이기 때문이다. 또, 기차 창 밖을 내다보면 창 가까이 지나가는 간판글자는 창 앞을 빨리 지나가서 안보이지만 멀리 있는 간판은 천천히 지나가서 뚜렷하게 보인다. 어떻게 보이느냐에 관계되는 것이 물체의 속도 자체가 아니라 1초 동안에 시각 몇 도를 움직였는가 하는 각속도가 직접 어떻게 보이냐에 관계하기 때문이다.

7.3 조명 기초

[1] 온도방사

물질을 구성하는 입자(원자, 분자, 이온 등)는 그 온도에 대응한 열진동을 하고, 그 진동의 결과, 외부에 에너지를 빛으로서 방출하고 있으며, 이것을 열방사라고 한다. 열방사의 크기는 열방사체의 온도와 방사율에 의해 결정된다.

1) 흑체(black body)

온도방사체는 이것을 흑체와 회색체로 나눌 수 있다. 흑체는 이것에 투사되는 복사를 전부 흡수하여 반사와 투과를 하지 않는 것으로, 다시 말하면 흡수율이 100[%]인 가상적인 문제를 흑체라 한다. 흑체의 분광 방사휘도 L_e와 분광 방사발산도 M_e는 파장 및 절대온도 T[°K]의 상수로서 다음 식 (7·1), (7·2)로 주어진다.

$$L_{e,\lambda}(\lambda, T) = (c_1/\pi)\lambda^{-5}[\exp(c_2/\lambda T) - 1]^{-1}\,[\mathrm{W/sr \cdot m^3}] \quad (7\cdot 1)$$

$$M_{e,\lambda}(\lambda, T) = c_1\lambda^{-5}[\exp(c_2/\lambda T) - 1]^{-1}\,[\mathrm{W/m^3}] \quad (7\cdot 2)$$

여기서, $c_1 = 2\pi hc^2 = (3.741832 \pm 0.000020) \times 10^{-16}$ [W/m²],

$c_2 = hc/k = (1.438786 \pm 0.000045) \times 10^{-2}$ [m/°K]

2) Stefan-Blotzmann의 법칙

흑체의 복사발산량 W는 절대온도 T[°K]의 4제곱에 비례하며, 다음 식 (7·3)으로 주어진다.

$$W = \sigma T^4 \qquad (7\cdot3)$$

여기서 $\sigma = 2\pi^5 k^4/(15h^3c^2) = 5.683 \times 10^{-8}$ [W/m² · °K⁴]으로 스테판-볼츠만의 상수이다.

3) Wien의 변위법칙

흑체의 분광 방사휘도 또는 분광 방사발산도가 최대가 되는 파장 λ_m은 그 흑체의 절대온도 T[°K]에 반비례하며, 즉 온도가 높아질수록 λ_m은 짧아진다.

$$\lambda_m T = 2.896 \times 10^{-3} \text{ [m · °K]} \qquad (7\cdot4)$$

4) 방사율

어떤 열복사체에 대해서 방사휘도 또는 방사발산도는 열방사체와 같은 온도에 있는 흑체의 복사방도 또는 방사발산도에 대한 비율로 방사율은 파장, 온도 및 관측방향과 입체각의 함수이다. 이것은 같은 파장의 빛을 같은 온도에 있는 같은 물체 표면에 동일방

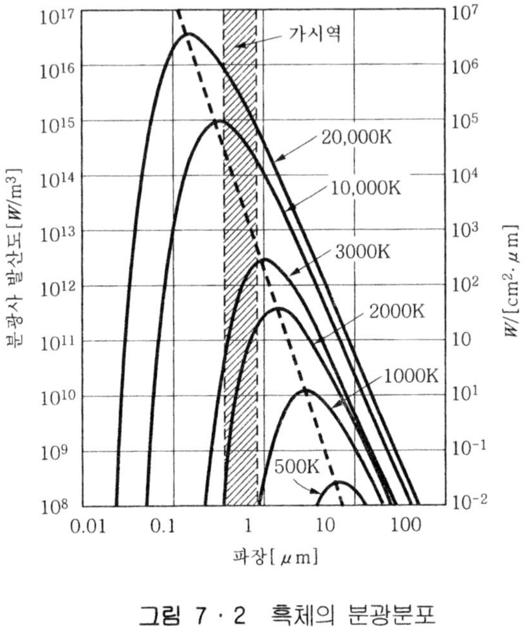

그림 7 · 2 흑체의 분광분포

향에서 같은 입체각으로 조사했을 때의 흡수율 $a(\lambda, T, \cdots\cdots)$와 같다.

[2] 루미네선스

백열전구와 같이 물체의 온도를 높여서 빛을 발생시키는 온도복사 이외의 모든 발광을 루미네선스(luminescence)라고 한다. 루미네선스는 자극을 받은 원자·분자 또는 이온이 그 에너지를 방출함에 따라 발광하는 현상을 말하며, 냉광(cold light)이라고도 한다.

루미네선스는 발광의 지속시간에 따라 형광(fluorescence)과 인광(phosphorescence)으로 분류된다. 형광은 자극이 작용하는 동안만 발광을 계속하고 자극이 사라지면 곧 발광을 멈추는 것을 말하며, 인광은 자극이 없어진 후에도 수분 이상 수일 또는 그 이상 에너지를 축적하여 발광을 지속하는 것을 말한다.

루미네선스는 자극을 주는 방법에 따라 다음과 같은 종류가 있다.

1) 전기 루미네선스(electric luminescence)

기체 또는 금속증기 내의 방전에 따르는 발광현상으로 대전입자(帶電粒子) 상호간 또는 원자·분자 등의 충돌에 기인하는 것이며, 네온관등과 수은등은 전기 루미네선스를 이용한 것이다.

2) 복사 루미네선스(photo luminescence)

어떤 물질에 광선, 자외선, X선 등의 단파장(短波長)의 복사에너지를 조사(照射)하면 이 물질 중의 원자 또는 분자가 그 중 어떤 파장의 복사에너지를 흡수하여 일부 또는 전부를 장파장(長波長)의 빛으로 발산하는 것을 말한다.

야광도료는 복사 루미네선스의 인광을 발생하는 것이고, 형광등은 형광을 이용한 것이다. 복사 루미네선스는 보통 **스토크스의 법칙**(Stokes' law)에 따른다. 이것은 발광체에서 발산하는 복사의 파장은 발광체를 자극한 복사의 파장보다 항상 길다는 것이다.

3) 음극선 루미네선스(cathode-ray luminescence)

음극선(陰極線)이 형광체와 같은 물체에 조사되었을 때 일어나는 발광으로서 텔레비전 영상, 브라운(braun)관, 오실로그래프(oscillograph) 등에 이용된다.

4) 파이로 루미네선스(pyro luminescence)

알칼리 금속, 토금속 알칼리 등의 증발하기 쉬운 원소 또는 염류를 가스의 불꽃 속에 넣을 때 금속증기가 발광하는 것을 말하며, 염색반응(染色反應)에 의한 화학분석, 스펙트럼분석, 발염 아크등 등에 응용된다.

5) 열 루미네선스(thermal luminescence)

물체를 가열할 때 같은 온도의 흑체에 비하여 많은 복사속을 발산하는 현상을 말한다. 금강석 · 대리석 · 형석(螢石) 등을 약간 가열하면 일어나는 발광이다.

6) 생물 루미네선스(bio luminescence)

반딧불, 야광충(夜光虫), 발광어류(發光魚類), 발광박테리아 등의 생물에서의 발광을 말한다. 이것은 루시페린(luciferin)이라는 발광물질이 같은 세포 내에 있는 루시페라아제(luciferase)라고 하는 발광효소의 작용으로 물로 산화될 때 발광하는 것이다.

7) 화학 루미네선스(chemi luminescence)

황인(黃燐)이 산화할 때에 발광하는 것과 같이 화학반응에 의해서 직접 생기는 발광을 말하며, 보통 연소 때의 발광과 구별된다.

8) 마찰 루미네선스(tribo luminescence)

각설탕, 석영 등의 결정을 어두운 곳에서 분쇄하면 청백한 빛을 볼 수 있는 것과 같이 물질을 기계적으로 파괴하거나 마찰할 때, 순간적으로 발광하는 것을 말한다.

9) 결정 루미네선스(crystallo luminescence)

황산소다(Na_2F_2), 황산가리($NaSO_4$) 등이 용액에서 결정하는 순간에 발광하는 현상을 말한다.

7.4 조명 용어

[1] 광속(luminous flux)

단위시간에 어떤 면을 통과하는 방사에너지의 양을 방사속(radiant flux : watt. [W])이라 한다. 방사속 중에서 사람의 눈에 빛의 느낌을 주는 것은 어느 파장범위(380 ~760 [nm]) 내의 것이다. 가시범위의 방사속을 시감에 기초를 두어 측정한 것을 광속이라 한다.

광속의 단위는 루멘(lumen : [lm])을 사용하고, 단위시간에 통과하는 광량이다. 같은 광원이라도 조명기구, 설치방법에 따라 광속의 이용률이 달라지고, 기구 내의 온도(주위 온도)나 전원전압에 의해서 광속이 달라진다.

[2] 광도(luminous intensity)

모든 광원은 어느 정도의 크기와 넓이를 가지고 있다. 이것도 비교적 적은 것으로 볼 때 태양과 같이 거대한 것도 태양(지름의 약 1392×10^3 [km])으로부터 약 1495×10^8 [km] 떨어져 있는 지구에서는 점으로 보인다. 일반적으로 광원 크기의 10배 이상의 거리에서는 이 광원을 점으로 보아도 무방하다. 모든 방향으로 광속이 발산되고 있는 점광원에서 어떤 방향의 광도라는 것은, 그 방향의 단위입체각에 포함되는 광속수, 즉 발산광속의 입체각 밀도를 의미한다. 만약 입체각 ω 내에서 광속 F가 균등하다면 이 입체각의 모든 방향의 광도 I는 $I=F/\omega$로 표현된다. 광도의 단위는 칸델라(candela : [cd])이며, 1 [cd]는 단위입체각(1 steradian) 내의 광속이 1 [lm]인 경우이다. 예컨대 각 방향에 균등한 광속을 내는 광원의 경우, 전광속을 F라고 하면 평균구면광도 I는 $I=F/4\pi$이다.

[3] 휘도(輝度 : luminance)

광원을 보면 그 면이 빛나 보이며, 빛나고 있는 면을 보거나 반투명의 것을 반대쪽에서 보아도 밝게 보이는데, 이런 밝기를 휘도라 한다. 즉, 발광면의 어떤 방향의 휘도는 그 면과 그 방향의 광도를 광원의 정상 면적으로 나눈 것으로 광도의 밀도를 말한다.

휘도는 눈으로부터 광원까지의 거리에 관계가 없으며, 우리들이 물체를 식별하는 것은 면의 휘도의 차에 의한 것이며, 휘도가 균등하면 모두 평판으로 보인다. 휘도의 단위로는 [cd/m^2]로 니트(nit : [nt]) 혹은 [cd/m^2]로 스틸브(stilb : [sb])를 사용한다.

휘도분포가 적당치 못하고 휘도가 큰 광원이 직접 눈에 들어오면 눈에 피로가 온다. 따라서 적당한 휘도분포가 필요하며, 사람이 장시간 바라볼 수 없는 휘도의 한계는 약 5000 [nt] 이상이다.

표 7·1은 각종 광원의 휘도를 나타내고 있다.

표 7·1 각종 광원의 최대휘도(sb)

태양	165,000	전광전구	2~3
달	0.26	유백색 글로브	0.1~0.3
창공	0.8	형광등	0.6~1
양초	1	수은등	14
불투명전구 100 [W]	28	나트륨등	5~10

[4] 조도(照度 : illumination)

어떤 물체에 광속이 투사되면 그 면은 밝게 비추어지며, 그 정도를 표시하는 데 **조도**를 사용한다. 어떤 면의 조도는 그 면에 투사되는 광속의 밀도를 말한다. 보통은 면의 평균조도를 말하는데, 면적 A [m^2]에 균등하게 광속 F [lm]이 투사되면 그 면의 평균조도 E는 $E=F/A$이다. 단위로서는 1 [m^2]의 피조면에 들어가는 광속이 1 [lm]일 때의 조도를 1 [lx]라 한다.

광도 I [cd]인 균등 점광원을 반지름 R [m]인 구의 중심에 놓을 경우, 구면 위의 모든

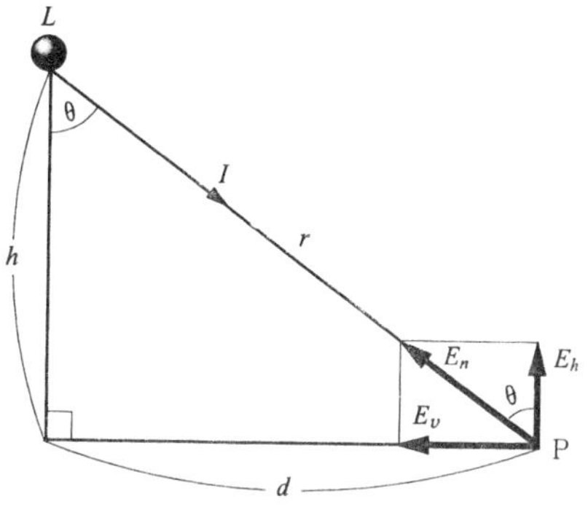

그림 7 · 3 조도 계산방법

점의 조도 E는 $E=F/A=4\pi I/4\pi R^2=I/R^2$ [lx]로 된다. 즉, 구면 위의 조도는 광원의 광도에 비례하고 거의 제곱에 반비례하는데, 이것을 **조도의 순제곱법칙**(inverse square law)이라 한다.

[5] 광속발산도(luminous emittance)

물체가 보이는 것은 그 물체로부터 방사한 광속이 눈에 들어오기 때문이며, 물체의 밝음은 눈의 방향으로 방사되는 광속밀도에 따라 다르다. 어느 면의 단위면적으로부터 발산되는 광속, 즉 발산광속의 밀도를 **광속발산도**라 한다. 단위로는 래드럭스(radlux : [rlx]) 또는 아포스틸브(apostilb : [asb])가 사용되며, 1 [rlx]=[asb]=1 [lm/m^2]이다.

[6] 연색성(演色性)

물체는 분광분포가 다른 광원을 비추면 각각 다른 색으로 보인다. 이와 같이 조명에 의한 물체의 색깔을 결정하는 광원의 성질을 **연색성**이라 하며, 연색성의 평가방법에는 CIE(국제조명위원회) 등의 방법이 있다. 예컨대 100 [W] 백색전구의 평균연색평가수는 100인데 비하여 백색형광등은 63이고, 수은등(투명형)은 22이며, 고압 나트륨등도 이 정도이다.

[7] 색온도(色溫度)

어떤 광원의 광색이 어느 온도의 흑체의 광색과 같을 때, 그 흑체의 온도를 이 광원의 **색온도**라 한다. 이들 색온도는 **흑체**(黑體)라고 하는 이상적인 방사체를 표준으로 하며 이들 빛과 같은 색의 빛을 냈을 때의 흑체의 온도로 나타낸다. 형광등과 같이 그다지 열을 내지 않는 광원의 빛이라도 그 빛과 같은 색을 냈을 때의 흑체의 온도를 색온도로 표시할 수 있는데, 보라색과 녹색빛의 색은 색온도로 표시할 수 없다.

일반적으로 온도가 낮은 물체에서 방사하는 빛은 붉고, 온도가 높아질수록 흰색을 띠

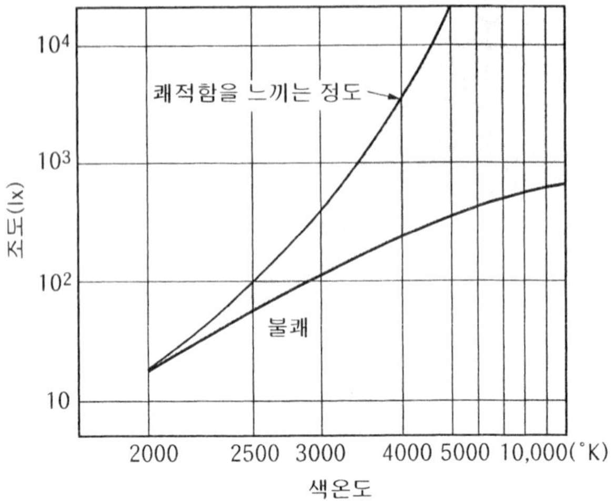

그림 7 · 4 빛의 색온도

며, 더욱 온도가 높아질수록 푸른색을 띠게 된다.

그림 7 · 4는 여러 가지 빛의 색온도를 보여준다.

[8] 전등효율(電燈效率)

실제로 광원에서 발산되는 전방사속보다 많은 에너지를 가해야 한다. 즉, 전발산광속 외에 대류, 전도 등에 의한 손실을 포함한 전소비전력을 생각해야 하는 것이다.

전력소비 P에 대한 전발산광속 F의 비율을 전등효율 η라 한다.

$$\eta = \frac{F}{P}\,[\mathrm{lm/W}] \qquad (7 \cdot 5)$$

[9] 발광효율(發光效率)

광원으로부터 어떤 방향의 방사속 Φ [W]가 발산되면, 이 중에서 광속 F [lm]만이 육안으로 느끼게 된다. 이 방사속에 대한 광속의 비율을 그 광원의 발광효율 ε이라 한다.

표 7 · 2 대표적인 광원의 색온도

광 원	색온도(°K)	광 원	색온도(°K)
태양	5450	할로겐 전구(500 W)	3000
푸른 하늘(오전 9시)	12,000	백열전구(60 W)	2850
구름 낀 하늘	6500	촛불	2000
주광색 형광램프	6500	형광 수은램프	4600
백색 형광램프	4200	고압 수은램프	5600

$$\varepsilon = \frac{F}{\Phi} \text{ [lm/W]} \tag{7·6}$$

7.5 광원(光源)

인류의 오랜 세월에 걸친 태양광의 순응으로 본다면, 조명용 인공광원은 태양광에 근사하게 만들어져야 할 것이다. 조명용으로 사용되는 전등을 발광원리(發光原理)에 따라 크게 나누면 온도방사를 이용한 백열전구의 루미네선스(luminescence)를 이용한 형광등, 수은등 등으로 나눌 수 있다.

[1] 백열전구(白熱電球)

1879년에 에디슨에 의해서 처음으로 발명된 이후 여러 가지로 개량되었으며, 광색과 효율이 매우 좋아서 많이 사용되고 있다. 백열전구는 유리구(球) 내의 필라멘트에 흐르는 전류의 발열작용에 의하여 필라멘트를 높은 온도로 상승(대략 2100~2750 [℃] 정도) 시키며, 온도방사에 의하여 빛을 이용하는 것이다.

그림 7·5는 일반적인 백열전구의 구조를 보여주고 있다. 베이스(base)로부터 유리구 내부의 중앙에 스템(stem)이 나와 있으며, 그 선단의 스템단추(stem button)에 앵커(anchor)를 심어서 필라멘트를 지지하고 있다. 또 필라멘트 양단의 도입선으로 스템부를 통과하여 베이스로 통하고 있다. 전구용 유리는 보통 연질의 소다석회유리를 사용하고 있으나 내열성이 좋은 경질유리인 붕규산유리로 사용된다. 필라멘트 지지물인 앵커는 내열성과 내진성이 요구되며, 보통 몰리브덴선을 주로 사용하고 있고, 내부 도입선은 팽창계수가 유리와 같아야 하므로 철-니켈합금에 구리를 피복한 듀멧선(dumet wire)이 사용되고 있다.

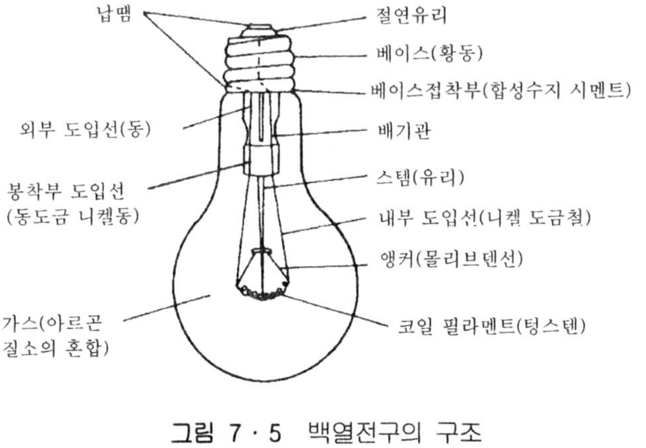

그림 7·5 백열전구의 구조

백열전구의 빛은 온도방사이므로 필라멘트의 온도를 높게 할수록 발광효율([lm/W])은 상승하고, 주광색에 가까워진다. 그러므로 고온도를 유지하기 위하여 융점이 높은 재료가 요구되고, 고온도에서 될 수 있는 한 증발되지 말아야 한다. 고온에서 증발되기 쉬운 금속은 점등 중 증발금속분자가 유리구 내벽에 부착하여 흑화(blackening)가 일어나 광속의 감퇴 원인이 된다. 이러한 조건에서 볼 때 텅스텐이 가장 적당하다. 유리구 속을 진공으로 한 것은 고온상태에서 필라멘트가 산화되는 것을 방지하기 위해서이다.

그러나 진공 텅스텐 전구라도 필라멘트 온도가 2500[℃] 이상으로 되면 증발하기 때문에, 이를 억제시키기 위한 수단으로 불활성가스(아르곤 85[%]를 혼합함)를 진공구 내에 봉입한 가스봉입전구를 사용하고 있다. 또 필라멘트의 백열시 저항은 냉각시 저항의 13~16배 정도가 되므로 점등 순간에는 정격전류의 7~10배 정도의 과도전류가 흐르게 된다. 따라서 점멸횟수가 많을수록 수명이 짧아지며, 이 경향은 필라멘트가 굵을수록 심하다. 그러므로 배선 설계시 백열전구를 많이 사용하는 회로에서는 퓨즈 및 차단기용량을 정할 때 주의해야 한다. 전구는 전압의 변화에 따라 광속, 효율 및 수명(필라멘트가 단선될 때까지의 점등시간)이 변하는데, 특히 광속과 수명에 큰 영향을 미친다. 예컨대, ±5[%]의 전압변동에 대해 ±17~20[%]의 광속변화와 −50~+200[%]의 수명이 변한다.

[2] 할로겐 전구

1) 할로겐 전구의 원리

할로겐 전구(halogen lamp)는 미량의 할로겐 물질을 포함한 불활성가스를 봉입하여 할로겐 물질의 화학반응을 응용한 가스입 텅스텐 전구이다.

백열전구는 점등중에 필라멘트 표면으로부터 텅스텐의 원자가 증발하여 관 내벽에 부착하여 관벽 흑화를 일으켜서 빛의 투과를 감소시킨다.

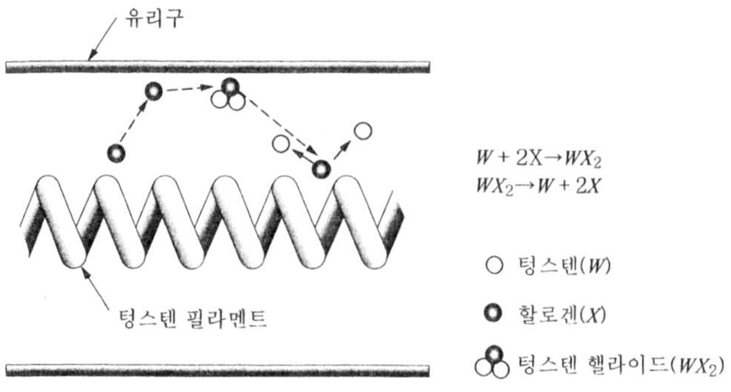

그림 7·6 할로겐 사이클의 모델

할로겐 전구는 유리구 내에 불활성가스 이외에 요오드, 브롬, 염소 등의 할로겐 화합물을 미량 봉입한 것으로 할로겐은 낮은 온도에서 텅스텐과 결합하고 높은 온도에서는 분해하는 성질이 있다. 전구 내에 소량의 할로겐을 넣으면 이것이 증발하여 확산하며 250[℃] 이상에서는 증기상태로 관벽에 부착하지 않고 밸브 내를 떠다니다가 필라멘트로부터 증발된 텡스텐이 온도가 낮은 유리구 관벽에 가까이 간 것과 결합하여 할로겐화 텡스텐으로 된다. 이와 같이 반복하는 것을 할로겐 재생 사이클이라 한다(그림 7·6).

2) 할로겐 전구의 구조

① 유리구 : 석영유리나 경질유리, 관벽온도 250~850[℃]

② 봉착부 도입부 : 두께 20~30[μm]의 나이프 에지의 금속 몰리브덴박을 사용하여 핀치실

③ 할로겐 가스 : CH_3Br, CH_2Br_2, CH_2CI_2, I_2, CI_2, Br_2

④ 혼합가스 : 0.1~1[%] Ar베이스, 할로겐 0.5~1[%], N_2 10~50[%] Ar베이스

3) 할로겐 전구의 용도

① 옥외의 투광조명, 고천장조명, 광학용, 비행장 활주로용, 자동차용, 복사기용, 히터용

② 백화점, 상점 등의 스포트라이트, 후드 light

③ 색온도를 중요시하는 컬러 TV 스튜디오의 스포트라이트, back light에 사용

4) 할로겐 전구의 특징

① 초소형, 경량의 전구(백열전구의 1/10 이상 소형화 가능)

② 단위광속이 크다.

③ 동정곡선이 극히 완만하여 수명 및 광속의 변화가 거의 없다.

④ 수명이 백열전구에 비하여 2배 길다.

⑤ 별도의 점등장치가 필요하지 않다.

⑥ 정확한 beam을 가지고 있다.

⑦ 열충격에 강하다.

⑧ 배광제어가 용이하다.

⑨ 연색성이 좋다.

⑩ 온도가 높다(할로겐 전구의 베이스로 세라믹 사용).

⑪ 휘도가 높다.

[3] 형광램프

1) 종래의 백색 형광램프

그림 7·7과 같이 유리관의 양끝에 텅스텐으로 된 2중 코일의 필라멘트가 설치되어

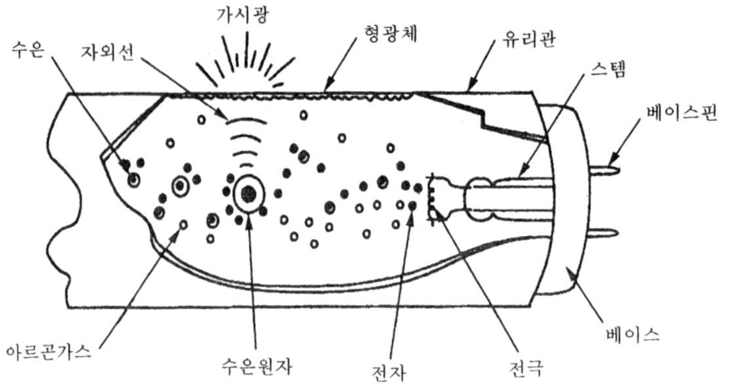

그림 7 · 7 형광등의 구조

표 7 · 3 형광물질의 종류와 광색

형광물질	광색	효율[lm/W]	형광물질	광색	효율[lm/W]
인산칼슘(Dh)	청	–	규산아연베릴륨	황백	61
텅스텐산칼슘	청	32	텅스텐산마그네슘	청백	34
규산아연	녹	96	할로린산칼슘	청	32
규산칼슘	등백	51	붕산카드륨	적	34

있고, 유리관 내벽에는 표 7 · 3과 같은 형광물질이 발라져 있다. 또 관내에는 아르곤(3 [mmHg])과 수은(수심 [mg])이 들어 있다.

형광등은 방전등이라 할 수 있으나 발광은 루미네선스(luminescence)이다.

먼저 그림 7 · 7에서 양음극 사이에 방전이 일어나면 수은이 여기되어 파장이 253.7 [nm]의 자외선이 발생하고, 이 자외선으로 관벽에 도포되어 있는 형광물질이 여기되어 가시광선을 낸다. 따라서 형광등의 빛은 열방사가 아닌 형광(혹은 냉광)이다. 또 형광등에서 방전을 일으키는 방법에는 여러 가지가 있으나 그림 7 · 8은 일반적으로 많이 사용

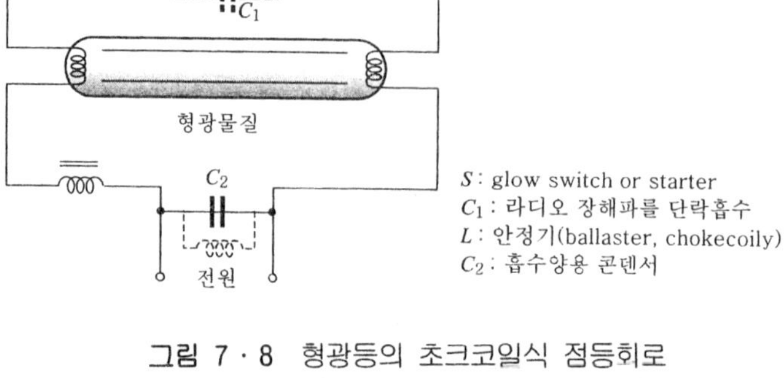

그림 7 · 8 형광등의 초크코일식 점등회로

되는 안정기식(초크코일식) 점등회로이며 글로(glow) 스위치식 점등회로라고도 한다.

먼저 글로 스위치에 글로방전이 생겨 스위치의 한 극인 바이메탈이 가열되어 양극이 닫히면 안정기에 전류가 흐르고, 이에 따라 전압강하가 안전기에 생겨서 스위치의 글로 방전이 소멸하고 바이메탈은 냉각되어 스위치 접점이 열린다. 이때 일시적으로 전원이 끊어지고 안정기의 인덕턴스에 의해서 퀵(quick)전압이라는 높은 전압이 발생하게 되며, 이 높은 전압이 형광등의 양 음극에 인가되므로 형광등 내에 방전이 시작된다. 일단 형광등 방전이 시작되면 방전에 의한 전압강하로 글로 스위치의 글로방전은 생기지 않고 형광등 방전이 지속된다. 이와 같이 안정기식 점등방식은 점등에 시간지연이 있다.

그 밖의 점등방식으로 점등이 1~2초 내에 이루어지는 래피드(rapid) 스타트식, 슬림 라인(slim line)식 형광등이 있다. 또 형광등의 방전은 60 [Hz] 전원에서는 방전이 1초에 120번 생기므로, 백열전등과는 달리 발광이 단속적이며 이를 플리커(flicker)라 한다. 이에 의한 영향을 감소시키기 위해서는 두 등을 병렬로 연결하고 한쪽 등 회로에 콘덴서를 직렬로 연결하여 진상전류(進相電流)가 흐르도록 하면 두 등이 깜박이는 순간이 달라져서 두 등 전체의 깜박임은 1초에 240번이 되는 셈이므로 플리커를 느끼지 못한다. 이를 플리커리스(flickerless)형 점등회로라고도 한다. 깜박임을 없애는 다른 방법은 3등을 사용하여 3상 교류전원에 연결하면 된다. 최근에는 고주파발진(20~30 [kHz])을 이용한 전자식 안정기가 개발되어 실용화되고 있다.

형광등은 백열등이나 수은등보다도 효율이 높다. 20 [W]의 백색 형광등의 광속은 75 [W]의 2중 코일형 백열등의 광속에 상당하며, 안정기 손실을 포함한 전효율은 40~60 [lm/W]이므로 형광등은 백열등보다 1/3~1/4의 전력으로 충분하다. 전입력전력 중 가시광선을 내는 데 사용되는 전력은 약 25 [%]뿐이며, 30 [%]가 열방사로, 45 [%]가 열전도 및 대류로 소비된다.

형광등의 수명은 광속이 처음값(100시간 점등 후의 값)의 70 [%]로 감소하는 시간(유효수명)과 방전이 일어나지 않을 때까지의 점등시간(음극수명, 절대수명)중 짧은 쪽을 말한다.

형광등은 점등중에 음극에서 전자방사물질이 서서히 비산되어 양단에 흑화현상이 생기는데, 전극 중 한쪽 극이 소모되면 점등이 불능하게 된다.

전자방사물질의 비산은 점등 기동 때에 가장 심하다. 따라서 빈번한 등의 점멸은 수명을 단축시킨다. 또 전원전압이 높아지면 등전류가 증가하여 전자방사물질의 비산이 증가한다. 또 전원전압이 낮아져도 등전류가 너무 적어져서 전극온도의 감소, 점등의 불확실 등에 의해서 전극물질의 비산이 증가한다.

따라서 전원전압의 정격의 ±6 [%] 이내로 사용함이 좋다. 형광등의 평균수명은 대략 10,000시간 정도이다.

2) 삼파장 형광램프

형광등이 출현한 후 반세기를 지난 오늘날 다른 어느 광원보다도 에너지 절약면을 위시하여 여러 가지 좋은 특성을 가지고 있으므로 이를 뒤따를 수 없을 정도로 크게 보급되고 있지만, 이를 사용하는 측에서의 불만은 흐린 느낌을 주지 않는 산뜻한 조명을 원하고 있다.

이에 호응하기 위하여 선진제국들에서는 이미 상당한 각광을 받고 있는 삼파장 협대역 발광형 형광램프(三波長浹帶域發光形螢光램프. 일반적으로 약해서 삼파장 램프라고 한다. 여기서도 이를 사용키로 한다)가 개발되어 앞으로 많은 각광을 받을 것으로 본다.

이 삼파장 형광램프는 파장폭이 좁은 청색, 녹색 및 적색빛을 조합하여 효율이 높은 백색빛을 조합하고 또한 효율이 높은 백색빛을 얻는 램프로서 이에 대한 연구는 비교적 오래되어 1965년경부터 시작되었다. 1971년에는 Thornton은 시각론적 연구에 의해서 450, 550, 610 [nm] 부근에서 발광하는 빛을 집중시켜 연색성을 떨어트리지 않고 램프의 효율([lm/W])을 크게 향상시킬 수 있다는 것을 제안하였다. 이 제안은 HID램프(high intensity discharge lamp)에서 실용화시킨 예는 있었으나 형광램프에서는 이를 실현시킬 만한 파장의 폭이 좁은 형광체가 개발되지 않았기 때문에 실용화에 이르지 못했다. 1974년에 이르러 Verstergen에 의해서 534[nm]에서 피크를 이루는 형광체(Ce, Tb) Mg AI11 O19 발표되면서부터 유럽과 일본을 중심으로 하여 상품화되기 시작하여 급격하게 보급하여 현재에 이르렀다. 이 삼파장 형광램프는 다음과 같은 특징을 들 수 있다.

① 삼파장 형광램프의 특징

ⓐ 가장 밝은 형광램프이다.

삼파장 형광체를 사용하였으므로 같은 규격의 백색 형광램프에 비해서 10 [%] 정도 밝다.

ⓑ 밝다는 느낌이 뛰어나다.

같은 조도하에서도 일반 형광램프에 비해서 약 40 [%] 정도 밝게 느낀다.

ⓒ 색상이 보다 자연적이며 아름답고 선명하게 보인다.

여러 가지 물체의 색상이 더욱 아름답고 선명하게 보이게 되었으며 특히 얼굴색과 피부색이 자연스럽고 건강하게 보인다.

ⓓ 산뜻하고 싱싱한 분위기를 만든다.

백색 형광램프보다도 백색이 산뜻하게 물체가 분명하고 똑똑하게 보이기 때문에 방안의 분위기는 싱싱하고 생기가 있어 보인다.

ⓔ 전기요금이 절약된다.

유리관경을 축소시켜 절전설계한 램프에서 동정 중 광속감퇴율이 적고 또한 약 3~5 [%] 절전된다.

② 협대역 발광형 형광램프용 형광체

형광램프는 수은의 저압방전에 의한 공명선이다. 파장 254 [nm]의 자외선을 관벽에 도포된 형광체에 의해서 가시광선으로 변환시켜 이 빛을 이용하는 광원이므로 형광체의 종류를 바꿈으로써 여러 가지의 발광색을 낼 수 있다. 형광램프가 협대역발광인지 아닌지는 그것에 사용되는 형광체의 특성에 의해서 결정된다.

현재까지 일반조명용 형광램프에는 안티몬망간불화 할로린산 칼슘 $3Ca_3(PO_4)_2\ Ca(F, Cl)_2 : Sb^{3+}, Mn^{2+}$ 형광체가 사용되고 있다. 이는 모체가 자연적으로 풍부한 원소를 사용하기 때문에 경제적이다. 이의 결점은 태양 빛의 스펙트럼에 비해서 적색부분의 발광이 적기 때문에 연색성이 나쁘다는 것이다. 따라서 표 7·4에서는 형광램프용으로서 실용화되고 있는 협대역 발광형체의 주요한 것을 모은 것이다. 현재 삼파장 램프라 불리는 대부분은 이 표준에서 3종류의 형광체를 조합한 것으로서 그림 7·9에 삼파장 형광램프의 분광분포의 예를 나타낸 것이다.

표 7·4 협대역 발광 형광체 특성

발광색	조 성	Peak 파장 [nm]	연치폭(年值幅) [nm]	[lm/W]
청	$(Sr,Mg,Eu)_2P_2O_7$	392	26	6
	$(Sr,Eu)_2P_2O_7$	421	29	7
	$3(Sr,Eu)_3(PO_4)_2 \cdot CrCl_2$	445	32	9
	$(Sr,Ca,Ba,Eu)_{10}(PO_4)_4\ Cl \cdot nB_2O_3$	452	42	26
	$3(Sr,Eu)_3(PO_4)_2 \cdot CaCl_2$	453	42	21
	$(Ba,Eu)Mg_2Al_{14}O_{27}$	454	55	20
녹	$MgGa_2O_4 : Mn$	505	36	80
	$(Ba,Eu,Mg,Mn)_2Al_{16}O_{27}$	515	29	92
	$Zn_2SiO_4 : Mn$	525	45	109
	$(Ce,Tb)MgAl_{11}O_{19}$	543	10	125
	$(Y,Ce,Tb)_2SiO_6$	543	12	125
	$(La,Ce,Tb)PO_4$	543	7	127
	$(La,Ce,Tb)_2O_3 \cdot 0.2SiO_2 \cdot 0.9P_2O_5$	543	9	132
적	$(Y,Eu)_2O_2$	611	5	77
	$(Y,Eu)\ (PV)\ O_4$	620	5	49
	$(Y,Eu)\ VSiO_4$	620	5	49
	$3.5MgO \cdot 0.5MgF_2 \cdot CeO_2 : Mn$	655	17	19
	$Mg_6As_2O_7 : Mn$	658	15	18

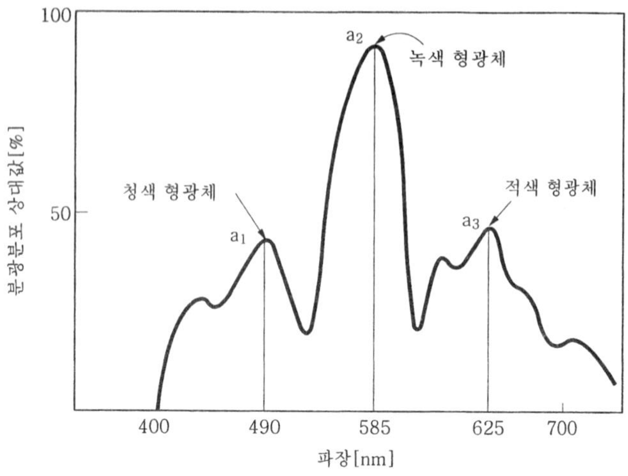

그림 7·9 삼파장 형광램프의 분광분포곡선

그림 7·9에 나타낸 바와 같이 이상적인 파장부위에 파워가 효율적으로 분포되어 있으나 완전하게 집중된 것이 아니고 다른 파장역(波長域)에도 여러 개소에 분포되어 있는 형상으로 되어 있다. 이렇게 분산된 파워는 주로 희토류 녹색 형광체(稀土類 綠色螢光體)의 세 가지의 부발광(副發光) 때문에 일어난 것이다. 이 부발광의 피크파장 490 [nm] a_1, 585 [nm]를 a_2, 625 [nm]를 a_3라 하면 Thornton의 최적 삼파장설에 따르면 이들 a_1, a_2, a_3는 소용이 없어야 할 것이다.

그러나 파장이 짧은 측의 부발광 a_1을 삭제하면 효율의 향상에 비해서 평균연색평가수 R_a는 85에서 77 이하로 크게 저하된다. a_1의 분광에 의한 형상을 바꾸지 않고 피크파장을 440 [nm]에서부터 520 [nm]까지 변화시켰을 경우 a_1의 피크장이 490~500 [nm]일 때 R_a가 최대로 되어 이 피크는 연색성에 상당히 유효하게 작용하여 그림 8·9의 램프는 삼파장이라고 불리지만 실은 사파장 형광램프라고 말할 수 있다. 현재 삼파장이라고 불리고 있는 것은 우리나라에서도 몇 개 회사에서 생산되고 있지만 고가이므로 보급이 상당히 어려운 실정이고 일본 또는 유럽에서 상품화되고 있는 제품들을 자세하게 관찰하면 각 회사 모두가 조금씩 다르다. 이들 중 대표적인 것으로 일본에서 제조된 희토류 협대역 형광체를 사용한 색온도 5000 [°K]의 형광램프와 유럽에서 주로 제조하고 있는 색온도 4000 [°K]인 형광램프의 특성을 비교하여 표 7·5에 나타냈다. 이제까지는 R_a를 높이려면 효율이 떨어지고 R_a와 효율을 같이 상승시킨다는 것은 불가능하다고 여겨왔지만 삼파장 발광형 형광램프에서는 이제까지의 백색형광램프에 비해서 R_a와 효율이 같이 상승하고 있음을 알 수가 있다.

표 7·5 삼파장 형광램프의 특성 비교(FL-40에 대한 비교)

분 류	관경 [mm]	색온도 [°K]	전광속 [lm]	R_a
일본형	28	5000	3250	84
유럽형	26	4000	3300	84
(비교용)백색	28	4020	3100	63

그 밖에 에너지절약형 고효율 형광램프와 콤팩트형인 전구식 형광램프 등의 새로운 제품이 개발됨에 따라 고부하화(高負荷化)되어 저압 수은방전에서 주공명선인 185 [nm]/254 [nm]의 강도의 비율이 증가하여, 즉 185 [nm]선의 여기에 의해서 $3Ca_3(PO_4)_2$ $Ca(F, Cl)_2 : Sb^{3+}, Mn^{3+}$ 형광체는 발광효율이 저하된다.

그러나 희토류 형광체는 185 [nm]의 자외선의 영향을 크게 받지 않기 때문에 그림 7·10에서와 같이 $3Ca_3(PO_4)_2$ $Ca(F, Cl)_2 : Sb^{3+}, Mn^{3+}$ 형광체는 동정특성에서 광속유지율이 점등시간이 지남에 따라 크게 저하되지만 희토류 형광체의 경우는 수명이 다 될 때까지 광속저하가 적다는 것을 알 수 있다.

이 삼파장 형광체는 주로 희토류 발광체로서 희토류 원소(稀土類元素, rare earth elements)로 이루어졌으며 희토류 원소란 원자번호 57의 lanthanum(La)에서부터 71번의 lutetiun(Lu)까지의 15개 원소와 scandium(Sc), yttrium(Y)을 추가해서 17개 원소를 부르고 있다. 이 희토류 발광재료는 실용적인 면에서 대개 무기결정재료에 한정되고 무기결정구성 원소모체의 일부를 희토류 원소에 의해서 치환부활(置換附活)시켜 자외선 등의 빛 또는 전자선 등에 의해서 여기(勵起)시켜 희토류 원소 부활제(稀土類元素附活劑) 내의 전자천이(電子遷移)에 의해서 발광하는 물질이다.

Sc^{3+}, Y^{3+}, La^{3+}, Lu^{3+}를 제외한 희토류 발광재료 중에서 희토류 원소는 일반적으

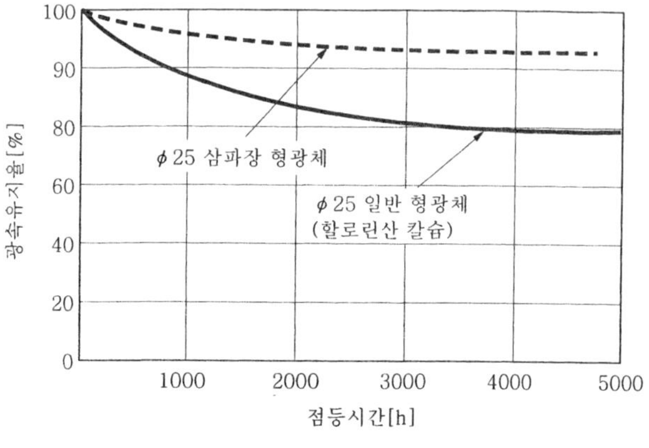

그림 7·10 점등시간에 대한 광속유지율

로 3^+의 산수화를 취하고, 여기에 의한 결정장(結晶場)의 영향을 그다지 받지 않고 《4f-4f》 내의 전자천이(電子遷移)에 의한 특징적인 선상발광 스펙트럼을 갖는다.

삼파장 형광램프에 이용되는 중요한 청색, 녹색 및 적색에 고효율의 발광체인 희토류 원소 부활제는 한정되어 있다. 실용적인 중요한 희토류 부활제는 적색발광 europium Eu^{3-}, 녹색발광 terbium Tb^{3+}, 청색발광 thulium Tm^{3+}, 모체결정에 의해서 청색으로부터 적색에 이르기까지의 여러 가지 발광색을 내는 Ce^{3-}, Eu^{2-}이다. 이들의 희토류 원소 부활제의 지식을 기초로 하여 삼파장 형광램프 및 컬러텔레비전용으로 최적의 모체를 탐색함과 동시에 이들의 합성기술의 개량으로 밝기, 즉 발광효율의 향상을 가져왔다. 한편으로는 광여기(光勵起), 고체(固體)레이저, 발진자용 부활제(發振子用附活劑)로서 neodymium Nd^{3+}이 이용되고 있다.

③ 삼파장 형광램프의 도포방법

일반조명용 형광램프는 대량으로 생산되기 때문에 형광체의 가격은 원가면에서 대단히 중요시하고 있다. 특히 $3Ca_3(PO_4)_2\ Ca(F, Cl)_2 : Sb^{3+}, Mn^{2+}$ 형광체를 사용한 형광램프에 비해서 희토류 형광체는 종류에 따라 몇 배로부터 몇 십 단위의 배수로 비싸기 때문에 보급시키는 데 큰 어려움을 겪고 있다. 따라서 이의 해결방안은 두 가지를 들 수 있다.

하나는 청색, 녹색 및 적색의 배합을 적절하게 잘 함으로써 광효율 및 연색성의 향상과 최저 원가를 얻을 수 있는 방법이다.

두 번째의 방법은 그림 7·11에서와 같이 형광램프 유리내면의 첫째 층에는 값이 싼 $3Ca_3(PO_4)_2\ Ca(F, Cl)_2 : Sb^{3+}, Mn^{3+}$ 형광체를 2층에는 삼파장 희토류 형광체를 도포하는 방법이다.

2층으로 도포한 형광램프는 표 7·6에 나타낸 바와 같이 밝기와 연색성 모두 희토류 형광체만을 사용한 삼파장 형광램프와 비교하여 큰 차이가 없음에도 불구하고 사용량이 크게 줄었으므로 많은 원가절감을 가져왔다. 또한 2층으로 도포한 형광램프의 발광 스펙트럼은 그림 7·11에서와 같이 제1층에 도포한 $3Ca_3(PO_4)_2\ Ca(F, Cl)_2 : Sb^{3+}, Mn^{3+}$

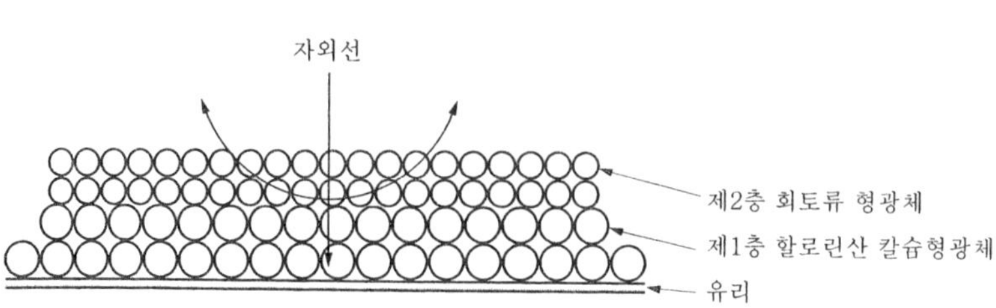

그림 7·11 형광체의 2층 도포방법

표 7·6 1층 및 2층 도포법에 의한 형광램프 특성의 비교

도포방법	희토류형광체의 도포량 [g]	전광속 [lm]	연색성 [Ra]
1층 도포법	2.5	3530	84
2층 도포법	1.3	3500	83

형광체에서 발광한 스펙트럼은 점선에서와 같이 약간 나타날 뿐이지만 희토류 형광체의 발광이 대부분을 차지하고 있다. 그림 7·11에서의 제2형광층에 입사한 자외선은 제2형광층에서 일부는 흡수되고 또한 제1형광층과 제2형광층과의 경계면에서 반사하여 재차 제2형광층에서 흡수되어 제2형광층에서 고효율로 발광될 수 있는 원인이라 본다.

3) 최근의 경향

형광등의 고효율화 방안에 대한 내용으로서 형광등은 253.7 [nm]의 자외선을 발광관 내에 칠한 형광체를 자극시켜 가시부에서 형광체를 발산하도록 하는 방전등의 효율을 높이기 위해서는 형광물질의 삼파장 형광물질의 채택, 관경의 축소, 전자식 및 자기식 안정기 채택 등이 채택되고 있으며, 현재 램프의 세관화의 추세는 직경 38→32→28→25.5 [mm]로 대폭 축소되어 효율향상 및 절전화, 자원절약, 운송비절감 등의 효과도 크다.

① 오파장 형광체

삼파장 형광체는 component인 R, G, B의 배합에 따라 광색(EX-D, EX-N, EX-W, EX-L)을 얻을 수 있다. 그러나 평균연색평가지수를 87 이상으로 향상시키기가 어렵고, 만일 배합비를 조정하여 연색성을 향상을 시킨다 하여도 효율 및 광출력이 저하된다.

오파장(mellow)의 경우는 평균연색평가지수가 87 이상이면서도 광출력 및 효율이 유지된다는 장점이 있다. 아울러 오파장의 component는 R, G, B 이외에 deep red(심적)와 bluish green(청록)이라는 component가 추가되어 빛의 질이 우수하다. 오파장 형광체를 사용한 램프는 특성면에서는 삼파장 형광체와 거의 유사하나 평균연색평가지수가 우수하다. 그러나 형광체의 가격면에서 상당히 고가이기 때문에 실용화는 다소 어려울 것으로 보이나 현재 일본에서는 상당히 보편화되어 있다.

[4] 고압 수은램프

고압 수은등은 공원조명, 공장조명, 운동장조명 등에 사용되는 일반적인 광원이다. 고압 수은등의 구조는 그림 7·12와 같으며, 발광관은 내관과 외관으로 되어 있다.

수은등은 수은방전 때에 수은의 증기압이 $10^{-3} \sim 10^{-1}$ [mmHg]이면 253.7 [nm] 파장의 자외선이 전방사의 90 [%] 이상이므로 조명용으로는 유용하지 못하며, 살균등으로 사용

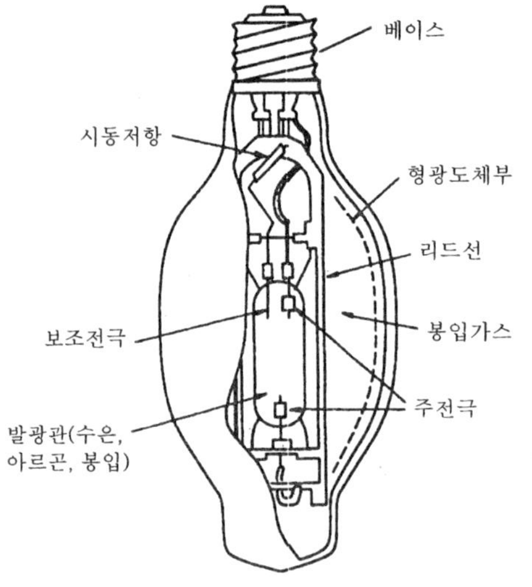

그림 7·12 수은램프의 구조

함이 좋다. 그러나 수은의 수은증기압이 높아지면 가시광선이 많이 나온다.

고압 수은등은 상온에서 10^{-3} [torr]~10^{-1} 정도인 수은증기압이 방전이 시작되어 온도가 40 [℃] (방전의 중심부 온도는 6000 [°K] 정도)가 되면 증기압이 10^{-3}~10^{-4} [torr] 정도가 되어 가시광선으로 청색부분의 404.77 [nm], 435.8 [nm], 577.0 [nm] 등의 방사가 생긴다.

등의 점등은 전압이 인가되면 먼저 주전극과 보조전극 간에 아크방전으로 되어 수분만에 전수은이 증발되어 안정된다. 그러나 주위온도가 −15 [℃] 정도 이하에서는 점등이 곤란할 때가 있다. 또 점등중에 있는 등을 소등 후에 재점등하려면 수은등이 냉각되어 수은증기압이 저압으로 될 때까지 기다려야 한다. 이에 필요한 시간은 수분을 요한다.

수은등의 스펙트럼은 선스페트럼이고 또 600 [nm] 이상의 적색빛이 없어 연색성이 나쁘다. 이를 개량한 것으로 형광수은등이 있다. 이는 365 [nm]의 자외선으로 붉은색의 루미네선스 빛을 내는 형광물질을 수은등 외관과 내벽에 바른 것이다. 또 수은등의 수명은 12,000 [h]로서 신뢰성이 있는 광원이다. 최근에는 효율이 낮아 도로, 광장 등의 조명용으로 사용이 금지되어 있다.

[5] 나트륨 램프

수은등에서처럼 발광관과 외관으로 되어 있으며, 나트륨 증기 중에서의 방전을 이용한다. 저압 나트륨의 빛은 D선(파장 589 [nm], 589.6 [nm])뿐이나 발광효율은 175 [lm/W]로 매우 높다. 그러나 D선만의 단광색이므로 연색성은 매우 나쁘다. 그러나 연무

중에서도 광막이 생기지 않아 투시성이 우수하다. 이 점과 발광효율이 우수하다는 점에서 도로조명용으로 사용된다. 고압 나트륨등은 D선 가까이의 발광이 자기급수로 감소하는 대신, D선 양쪽에 연속스펙트럼이 되는 발광을 한다.

연색성은 만족할 만한 정도는 못되나 백열전구와 비슷한 광원을 내는 까닭에 옥외조명, 공장 및 체육관 등의 옥내조명에도 사용된다. 요즈음은 수명도 12,000 [h] 정도까지 개량되었으나 점멸횟수 증가에 따라 감소된다.

[6] 메탈핼라이드 램프(metal halide lamp)

보통 고압 수은등처럼 발광관과 외관으로 되어 있으나 투상기용으로나 근접자외선에 의한 광화학반응용의 경우 등 광원의 용적을 될 수 있는 한 작게 해야 할 때는 외관없이 사용한다. 발광관 내에는 수은과 희유기체 외에 금속 할로겐화물이 들어 있다. 이 등의 광학적 특성은 고압 수은등에 비하여 연색성이 좋고 발광효율도 좋다. 등의 점등시간은 고압 수은등과 거의 같으나 재점등시간은 좀 길어진다. 수명은 아직 고압 수은등보다 짧다.

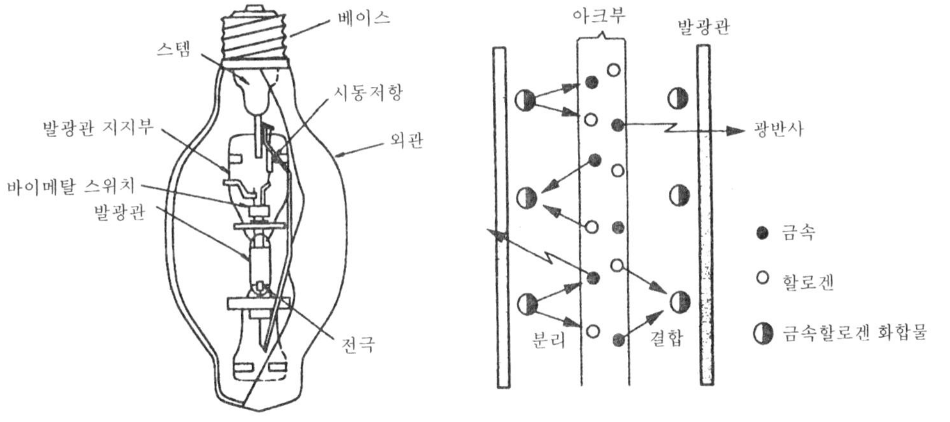

그림 7 · 13 메탈핼라이드 램프의 구조

[7] EL 램프

광원의 발전은 백열전구의 점광원에서 시작하여 선광원인 형광등으로 이어져 왔고, 다음에 올 면광원으로서 EL 램프가 각광을 받고 있다.

EL램프는 electro luminescent lamp의 약자이다. EL램프의 구조는 그림 7 · 14에 표시한 바와 같이 유리면에 투명한 도전성 피막을 입히고, 그 위에 전기 루미네선스용의 특수한 형광체를 유전물질 중에 넣은 것을 100 [μ] 정도 이하의 엷은 층으로 바르고 그 위에 금속피막을 증착시킨 것으로서, 양전극 사이에 형광체의 엷은 층을 샌드위치 모양

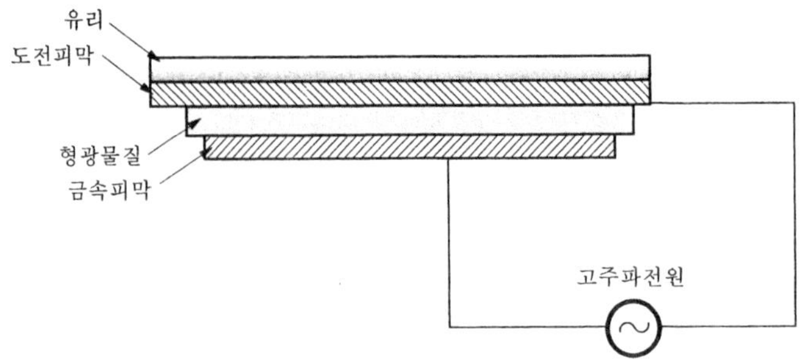

그림 7·14 EL 램프의 구조

으로 만든 것이다. 이 투명전극과 금속전극 사이에 교류전압을 걸면, 형광체에 강한 교번전계가 가해지게 되어 형광체가 발광한다. 형광체로는 산화아연계가 사용되고 있으며, 활성체를 적당히 변화하면 녹색, 청색, 적색광의 발광을 얻을 수 있다. EL램프는 현재 발전도상에 있으므로 실용화되고 있지는 않으나, 100 [V] 60 [Hz]에서 10 [rlx] 정도이고, 효율이 현재 5 [lm/W]에 도달하고 있다. 이는 이상적인 면발광체이나 광량이 적어 일반 조명에는 사용하지 않고, 표시판 유도등에 응용하고 있다.

[8] 크세논 램프

1) 구조

크세논(xenon)은 크세논 가스 중의 방전을 이용하지만 아크의 형태로서 쇼트아크(short arc) 램프와 롱아크(long arc) 램프로 분류된다. 쇼트아크형은 둥근 모양의 석영유리의 수 [mm] 간격으로 전극을 설치하고 봉입가스는 수백 [kPa]로서, 점등중은 2~4 [MPa]로 되며 30 [W]~30 [kW]의 것이 시판되고 있다. 롱아크 램프는 석영관의 양단에 전극을 설치하고, 유리관(또는 석영관)에 가스를 7~70 [kPa] 봉입한 것이다.

2) 특성

크세논 램프의 분광분포는 그림 7·15에서 나타내는 바와 같이 자외선 영역으로부터 가시광선 영역에 걸쳐서 균등한 연속 스펙트럼과 근적외부에 강력한 스펙트럼으로 되어 있으면, 자연주광과 비슷하고 동정중 색온도는 거의 일정(약 6000 [°K])하며 휘도도 매우 높다. 또한, 점등과 동시에 광출력은 안정되고, 소등 후 순시 점등도 가능한 특징을 갖고 있다.

10 [kW]의 롱아크 램프는 전광속 250,000 [lm], 램프효율 25 [lm/W]이다. 롱아크 램프에서는 가스온도에 대한 플라즈마의 전기전도도의 변동이 적으므로, 정특성의 범위로 동작시켜서 안정기 없이도 점등을 할 수 있다.

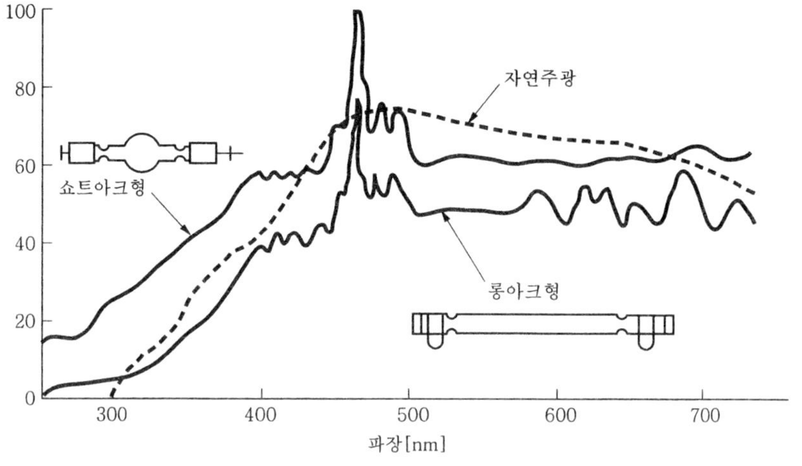

그림 7·15 크세논 램프의 분광분포

크세논 램프는 광장조명등에 사용되지만 영사용 광원, 광학기기용 광원 등으로 사용된다.

표 7·7은 각종 일반조명용 전등의 특성비교를 보여주고 있다.

표 7·7 각종 일반조명용 전등의 특성비교

종류	백열등	할로겐 램프	형광램프	수은램프	나트륨 램프	메탈핼라이드 램프
용량 효율 수명	2~1000[W] 7~22[lm/W] 1000~1500[h]	500~1500[W] 20~22 2000~3000[h]	6~110[W] 48~80[lm/W] 7500[h]	40~1000[W] 30~55[lm/W] 10,000[h]	20~400[W] 80~150[lm/W] 6000[h]	250~400[W] 75~105[lm/W] 6000[h]
점등부 속장치	불필요	불필요	안정기 등 부속 장치가 필요	안정기 등 부속 장치가 필요	안정기 등 부속 장치가 필요	안정기 등 부속 장치가 필요
광질 및 특색	•일반적으로 휘도가 높고 열방사가 많다. •광색에는 적색 부분이 많고 배광제어가 용이하다. •스위치를 넣고 점등에 이르는 속응성이 크다.	•고휘도이고 광색은 적색 부분이 비교적 많은 편이다. •배광제어는 용이하다. •흑화가 거의 일어나지 않는다.	•저휘도이고 광색의 조절은 비교적 용이하다. •열방사가 적다. •점등까지 시간이 걸린다 (래피드 스타트식 제외).	•고휘도이고 배광제어는 용이하다. •광색은 청백색인 특성이 있으나 형광수은램프, 전구병용 등으로 해결이 가능하다.	•저압은 전광속의 60[%] 이상이 5890~5896[Å]인 D선이다. •등황색의 단일광원이고 고압은 2200[°K]의 황백색이다. •수평점등이 원칙이고, 일반 실내조명은 연색성 불량으로 부적합하다.	•고휘도의 배광제어는 용이하다. •연속스펙트럼을 방사하기 때문에 자연색과 거의 같은 광이다. •연색성이 좋다. •수평으로 점등해야 하며, 경사지게 해서 사용하면 광색에 변화가 일어나는 수가 있다.

용도	•비교적 좁은 장소의 전반조명, 액센트조명, 기분을 주로 한 효과를 얻기가 쉽다. •대형인 것은 높은 천장, 각종 투광조명에 적합하다.	•장관형은 높은 천장이나 경기장, 광장 등의 투광조명에 적합하다.	•옥내외, 전반조명, 국부조명에 적합하다. •명시를 주로한 양질조명을 경제적으로 얻을 수 있다. •또한 간접조명에 의해 무드조명에도 효과적이다.	•1등당 큰 광속을 얻을 수 있다. •또한 수명이 길어 높은 천장, 투광조명, 도로조명에 적합하다.	•광질의 특성 때문에 도로조명이나 터널조명에 적합하다.	•1등당의 광속이 많고 수명이 긴 점과, 연속성이 양호하여 연색성을 중요시하는 높은 천장, 옥외조명에 적합하다.

7.6 형광등의 점등회로

[1] 안정기

1) 안정기의 역할

형광등과 같은 방전등은 기체방전 중의 여기원자에 의한 발광을 이용한 것으로 일반적으로 다음과 같은 전기적 특성을 갖는다.

- 방전개시전압이 점등시의 등전압보다 높다.
- 전류-전압 특성이 부저항 특성이다.
- 교류점등시에 높은 재점호전압이 필요하다.

이와 같은 방전등의 특성 때문에 방전등을 안정하게 점등하기 위해서는 별도의 점등회로, 즉 안정기를 필요로 하며, 이것의 역할은 다음과 같다.

- 방전등의 시동전압 공급
- 등전류를 제한하기 위한 한류소자로서의 기능
- 방전유지를 위한 재점호전압 공급

이상의 기본적 기능 외에 에너지 절약 및 특성 향상을 위한 각종 기능이 추가될 수 있으며, 주요 내용으로는 다음과 같은 것들이 있다.

- 회로손실이 절감과 등 발광효율의 향상에 의한 절전화
- 소형 경량화
- 등의 시동시간의 단축
- 전원전압, 주위온도 등의 환경변화에 대한 적응성 개선
- 조광 및 자동점멸 제어기능
- 안전성 및 고신뢰성

- 전자파 잡음억제 및 저소음기능
- 초기 비용의 절감

2) 안정기의 분류

형광등용 안정기는 회로의 작동원리에 따라 자기회로식(또는 자기식) 안정기와 전자회식(또는 전자식) 안정기로 대별되며, 안정기의 대략적인 구분은 다음과 같다.

- 안정기
  - 자기식
    - glow-starter식
    - 반도체 starter식
    - rapid-starter식
  - 전자식
    - 자려식 / 타려식
      - 수동역률회로 / 능동역률회로
        - half-bridge / full-bridge

한국공업규격(KS C8102)에 따르면 자기식 안정기는 「변압기 초크코일, 커패시터 등의 전부 또는 일부로 구성되어 등을 적정하게 동작시키는 데 사용하는 것」으로 명시되어 있으며, 형광등용 안정기를 표 7·8과 같이 여러 가지 분류방식에 따라 구분하고 있다.

표 7·8 형광등용 자기식 안정기의 종류

분류방식	시동방식	사용장소	물에 대한 보호기능		역률
			일반	방수	
종류	스타터식 래피드스타트식 순시시동식 반도체 스타트식	기구내용 옥내용	일반형	방적형(SP) 방침형(WT)	저역률 고역률

이 중 시동방식에 따른 분류는 사용되는 종류와 밀접한 관계가 있고, 이것에 따라 안정기 회로가 크게 달라지며 다음과 같은 차이가 있다.

① 스타터식

수동 또는 자동으로 동작하는 스타터를 사용하여 스타터의 스위치작용에 따라 등의

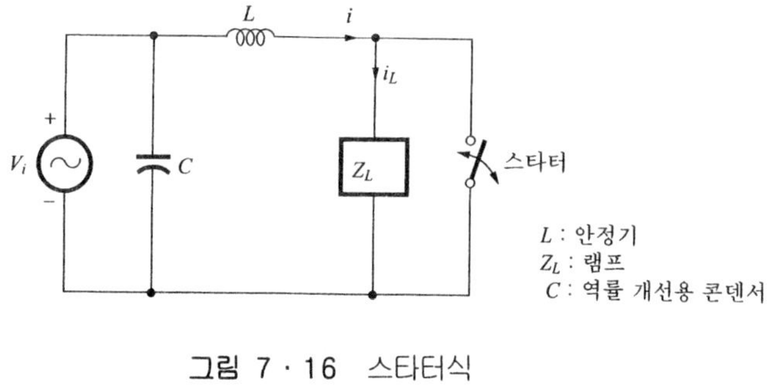

그림 7·16 스타터식

양쪽 전극(또는 음극)을 예열하고 펄스전압(인덕션킥)을 발생시켜 등을 시동시키고, 점등 중에는 등 전류에 의해 전극이 가열되는 회로방식에 사용되는 안정기이다.

② 래피드스타트식

안정기에 부설된 전극 가열용 권선으로 등의 전극을 예열하고 전극이 전자방출에 충분한 온도에 도달했을 때 전극간에 충분한 전압을 가하여 등을 시동시키며, 점등중에는 등 전류 및 전극 가열용 권선에 의해 전극이 가열되는 회로방식에 사용되는 안정기이다.

③ 순시시동식

별도의 전극 예열을 필요로 하지 않는 대신, 등의 양쪽 전극간에 충분히 높은 전압을 가하여 순간적으로 시동시키며, 점등중에는 등 전류에 의해 전극이 가열되는 회로방식에 사용되는 안정기이다.

④ 전자식

안정기에 시동용 반도체 소자를 포함시킨 것으로 그 스위치작용이나 전극 가열용 권선으로 전극을 예열하고 반도체 스위치작용으로 등을 시동시키며, 점등중에는 등 전류 및 전극 가열용 권선에 의해 전극이 가열되는 회로방식에 사용되는 안정기이다.

ⓐ 동작원리 : 전자식 안정기의 동작원리는 상용 교류 전원 220 [V]를 받아서 정류회로에 의해서 직류전원으로 변환한 다음 이것을 다시 스위칭회로에 의해서 고주파의 교류전원으로 만들고, 이렇게 만든 고주파의 교류전원으로 형광등을 점등하는 것으로 일반적인 전자식 안정기의 개략도는 그림 7·17과 같다.

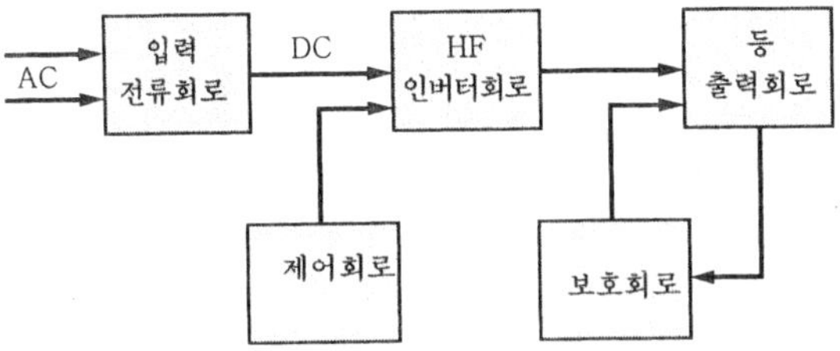

그림 7·17 일반적인 전자식 안정기의 개략도

ⓑ 종류 : 반도체시동형, 위상제어형, DH사이클 점호형, 고조파 점등형이 있다.

ⓒ 전자식 안정기의 기본원리는 그림 7·18과 같다.

- 스위치 S_1, S_2를 번갈아 ON/OFF시키면 점 ⓧ에서 구형파가 발생
- 점 ⓧ에서 발생된 구형파는 C_V, L_V, C_P 형광등으로 구성되는 직렬공진회로에서 정현파로 공진되면서 형광등을 점등
- 형광등이 점등되면 C_V, L_V, 공진회로의 공진상수 $K=\dfrac{1}{2\pi\sqrt{LC}}$ 에 의해 전류를

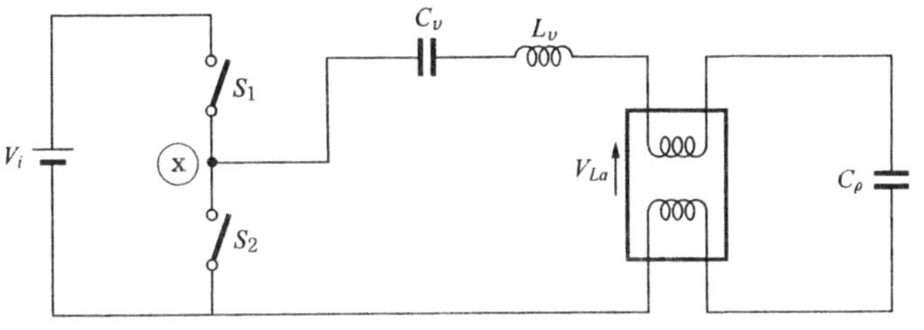

그림 7 · 18 전자식 안정기의 기본원리

제한하여 일정 전압공급

- 각부의 파형

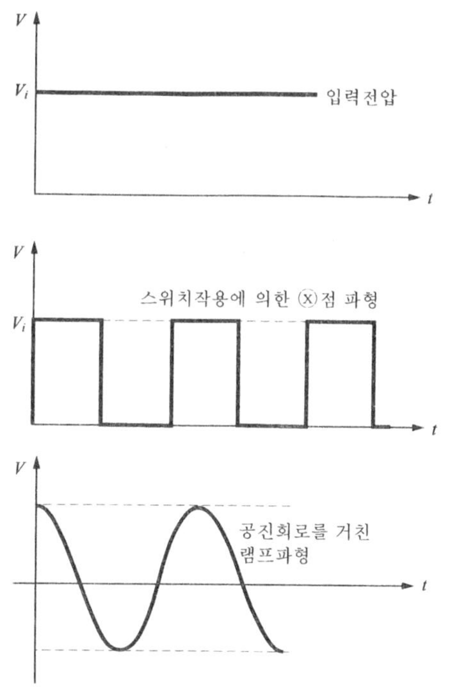

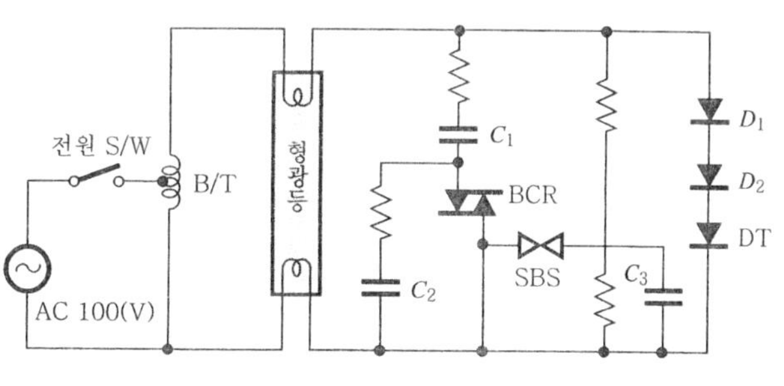

그림 7 · 19 전자식 안정기(32 [W] 회로도 예)

ⓓ 전자식 안정기와 재래식 안정기(rapid식)의 특성비교

표 7·9 전자식과 재래식 안정기의 특성

비교항목	전자식 안정기	재래식 안정기
소음	없음	발생
주파수	20~50 [kHz]	60 [Hz]
무게	200~250 [g]	500~1000 [g]
안정기 자체열발생(기준 : 25 [℃])	40~45 [℃]	70 [℃]
Flicker	없음	발생
점등방식	순간점등, soft start	필라멘트 예열방식
전력손실	재래식보다 20~30 [%] 절감	

표 7·10 전기적인 특성(220 [V], 40 [W] 기준)

비교항목	전자식 안정기	재래식 안정기
입력전압	220 [V]	220 [V]
입력전류	0.165~0.18 [A]	0.21~0.25 [A]
입력전력	34~38 [W]	44~50 [W]
역률	90 [%] 이상	89~96 [%]
전광속	2700~2900 [lm]	2500~2700 [lm]
효율	60~80 [lm/W]	52~60 [lm/W]
고조파 함유율	30~40 [%]	30 [%] 이하

ⓔ 전자식 안정기의 문제점 : 전자식 안정기는 위에서 설명한 바와 같이 여러 가지 장점이 있으나 재래식 안정기에서 나타나지 않는 문제점을 내포하고 있다. 그 내용을 설명하면 다음과 같다.

- 전압변동 및 surge 전압에 약하다.
- 고조파 함유율이 높다.
- 고조파 장해로 가전제품, 통신기기, OA기기, FA기기에 영향을 준다.
- 순간점등으로 높은 peak 전압에 의한 등 흑화현상이 발생한다.

ⓕ 전자식 안정기 채택시 갖추어야 할 조건

- 형광등의 흑화현상을 방지하기 위하여 soft starter 방식 채택
- 스위칭 TR의 ON/OFF시 고조파 발생률을 최소화하여 고조파 장해를 일으키지 않을 것
- 관전류 증대로 인한 안정기 파괴를 방지하기 위하여 안정기를 보호하는 보호회로 구성
- surge 전압에 대한 보호장치(예 : varistor) 첨부

ⓖ 전자식 안정기의 향후 방향 : 에너지 saving의 차원에서는 전자식 안정기 채택은 필연적이나 국내 생산품은 라인노이즈나 고조파 장해에 대한 대책이 미흡하여 이에 대한 대책이 필요함.

- 보급을 위한 리베이트제도 실시 및 적절한 가격 보존으로 전자식 안정기 사용의 활성화
- 안정기 내구성 및 기술수준 향상의 노력이 필요
- 안정기의 고역률화, 전원변경에 따른 입력전력의 안정화
- 규격의 표준화

⑤ **디밍 안정기**(dimming ballast)

형광 방전등용 안정기로는 원하는 조도를 조절할 수 없으나 디밍 안정기와 각종 sensor(photo, 적외선, 초음파)를 이용하거나 조도 조절기에 의하여 원하는 조도를 자연광에 따라 수동·자동으로 조절할 수 있는 것을 디밍 안정기라 한다.

제방법으로는 주파수제어방식과 전류제어방식의 두 가지가 있으나 주파수제어방식은 위상제어 동안에 고조파 발생이 심하여 열이 많이 발생하므로 소자들을 보호하기 위하여 방열판의 설치를 반드시 필요로 한다.

그러므로 전류제어방식을 주로 많이 사용하는데 아직까지는 완벽한 제품의 생산에 어려움이 있어 추후 전류제어방식에 대한 개발이 시급히 요구되며, 동작원리 및 특징은 다음과 같다.

ⓐ dimming ballast의 구성도 및 동작원리 : 디밍 안정기의 동작원리 및 구성도는 다음 그림 7·20과 같다.

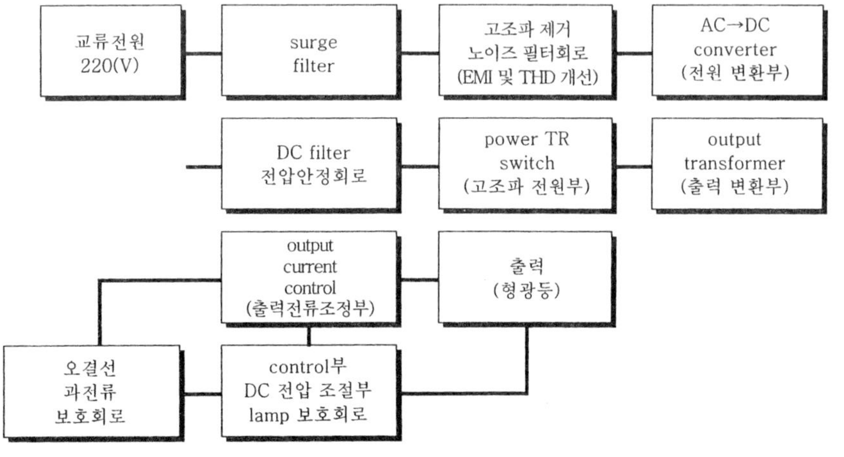

그림 7·20 dimming ballast의 block diagram

ⓑ 특징 : 디밍 안정기의 특징은 여러 가지가 있으나 일반적으로 다음과 같이 간단히 설명한다.

- 작업장에서 원하는 조도를 쉽게 얻을 수 있다.
- 흑화현상을 방지할 수 있다.
- 등의 수명이 길다.
- 고조파 발생이 없고 발열량이 적다.
- 전류제어방식을 사용한다.

7.7 형광등의 점등회로와 원리

[1] 형광등 점등회로

1) 글로스타트방식

글로스타트방식 점등회로는 그림 7·21과 같이 구성되어 있다.

ⓐ 형광등 : 형광등은 기체 내에서 전자의 흐름을 만들어 내고 방전을 지속시켜 가시광선으로 변화시킨다.

ⓑ 안정기 : 방전이 시작되면 전자의 흐름이 증대하여 방전등이 파괴될 때까지 전원에서 전류를 계속 공급하는 성질이 있다. 전류가 증대하는 것을 억제하고 방전을 안정되게 지속시켜 방전개시를 용이하게 하는 것이 안정기이다.

ⓒ 필라멘트 : 열전자를 만들어 내는 전극이다.

ⓓ 잡음방지 콘덴서 : 글로스타트 점등중에는 전파장해가 발생하므로 이것을 방지

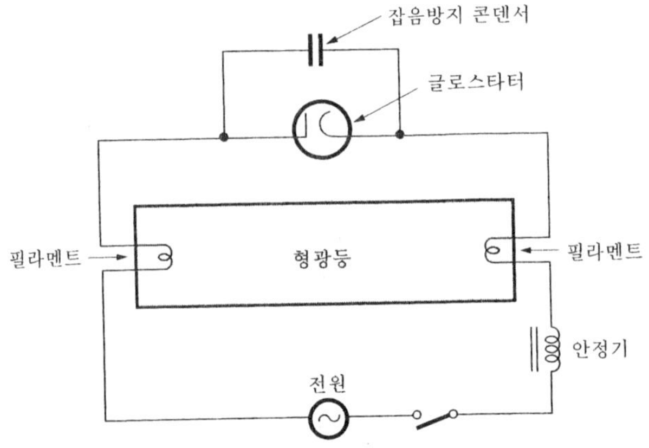

그림 7·21 글로스타트방식 점등회로

하기 위한 콘덴서이다.

그림 7·21의 회로전원 스위치를 ON으로 하면 글로스타터에 전원전압이 가해지고 방전을 개시하면 그림 7·22와 같이 된다.

방전의 열에 의해 글로스타터 내의 바이메탈이 변형되고 전극간이 접촉되어 전류의 폐회로가 구성되며, 필라멘트를 예열하여 그림 7·23과 같이 된다.

이 상태가 계속되면 글로스타터의 바이메탈 온도가 저하하여 원상태로 복귀하고 전극이 떨어지며, 회로가 열린다. 이 순간 등 필라멘트간에 높은 전압이 발생(안정기의 권선에 의한 유도전압)한다.

이 전압에 의해 주방전으로 이행하여 등은 점등상태가 된다. 등 점등 후는 안정기에 의한 전압강하가 있기 때문에 글로스타터에 가해지는 전압은 점등 전의 50 [%] 정도로

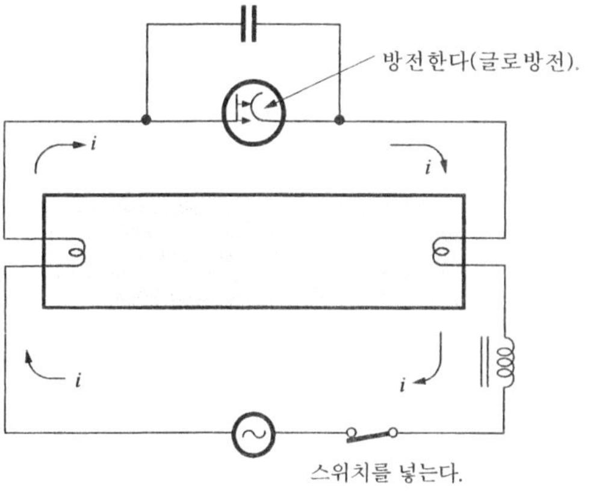

그림 7·22 방전개시 후의 그림 8·17의 회로

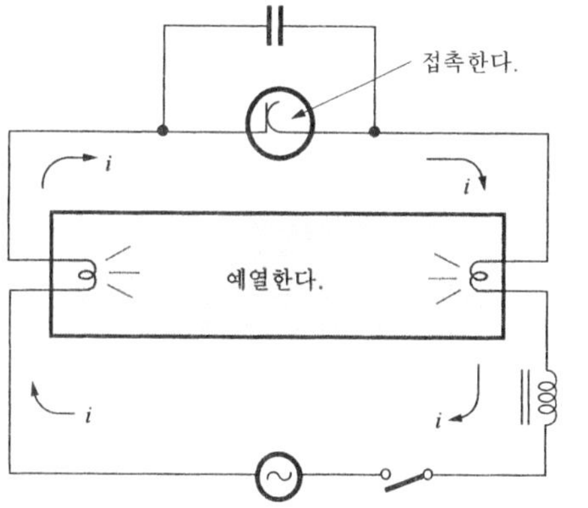

그림 7·23 전극간 접촉 후의 전류의 폐회로

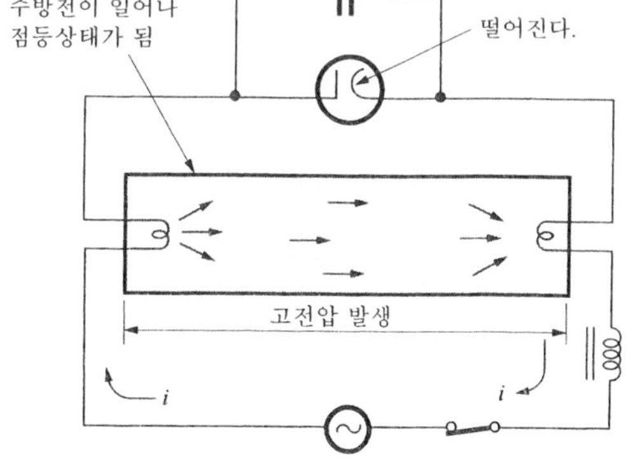

그림 7·24 전류를 제한한 안정된 전류의 폐회로

낮아지므로 전극은 열려 있게 된다.

2) 래피드스타트방식

래피드스타트방식의 점등회로 구성은 그림 7·25와 같으며, 이 회로는 안정기의 2차 전압이 승압되어 230 [V] 정도로 되어 있다. 또, 2차 권선의 일부에서 2~5 [V] 정도의 전압을 필라멘트에 가하고 있다.

그림 7·25의 전원스위치를 ON하면 안정기의 필라멘트 예열권선 (1)에 의해 2~5 [V] 정도의 전압으로 필라멘트를 예열하며, 이와 동시에 등 양단에는 승압된 230 [V] 정도의 안정기 2차 전압이 가해진다.

등은 필라멘트가 가열되는 데 따라 방전개시전압이 낮아지고 230 [V]가 되면 등이 점등한다. 전원전압이 점등하기까지의 시간은 2초 이내로서 글로스타트방식보다 시간이 짧아진다. 그리고 다수의 형광등을 일제히 점등시킬 수가 있어 기설 사무실 등에서 이용된다.

래피드스타트방식에 사용하는 등은 낮은 전압으로 방전을 개시하도록 되어 있다. 등 내면에 시동보조장치(스타팅 에이드)가 시공되어 있어(등 내면의 금속제 피복처리) 방전을 하기 쉽다.

따라서 래피드스타트방식의 등은 시동보호장치가 되어 있는 전용의 등을 사용하지 않으면 안 되며, 글로스타트방식의 등을 사용하면 점등하기 어렵거나 점등하지 않는 경우가 발생한다.

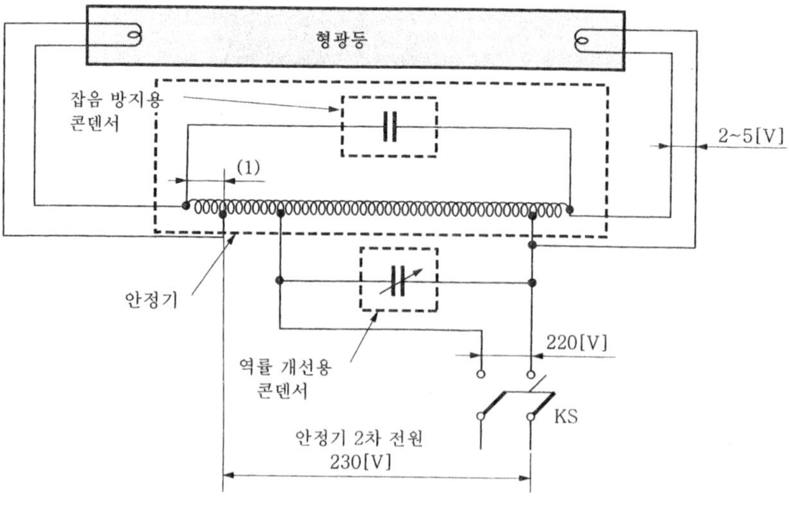

그림 7·25 래피드스타트방식 점등회로

3) **순시기동회로**(instant starting circuit)

그림 **7 · 26**과 같이 형광등에 600 [V]의 높은 전압을 인가하면 필라멘트를 예열하지 않고 순간적으로 기동시킬 수 있다.

이때 사용되는 형광등을 슬림라인이라 하며, 등의 지름은 25~28 [mm], 길이 100~240 [cm]의 가늘고 긴 모양으로 되어 있고, 1개의 베이스핀으로 구성되어 있다.

이 방식에서 형광방전등은 순간적으로 점등하지만 기동시에 고전압이 형광방전등의 전극에 걸리므로 수명이 짧아진다. 또한 2차 전압이 높으므로 점등장치가 비싸고 전력 손실도 커진다.

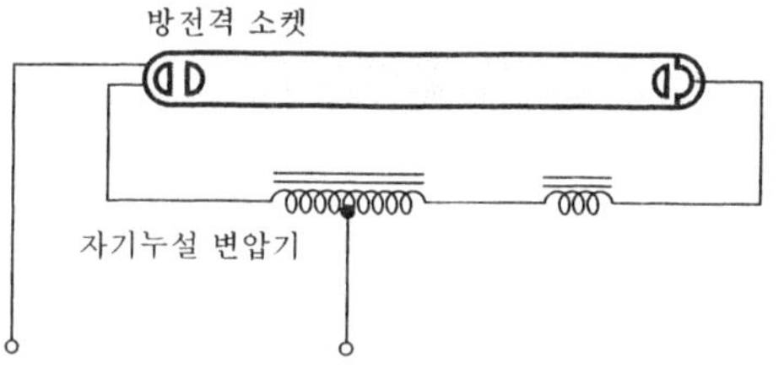

그림 7 · 26 순시기동회로

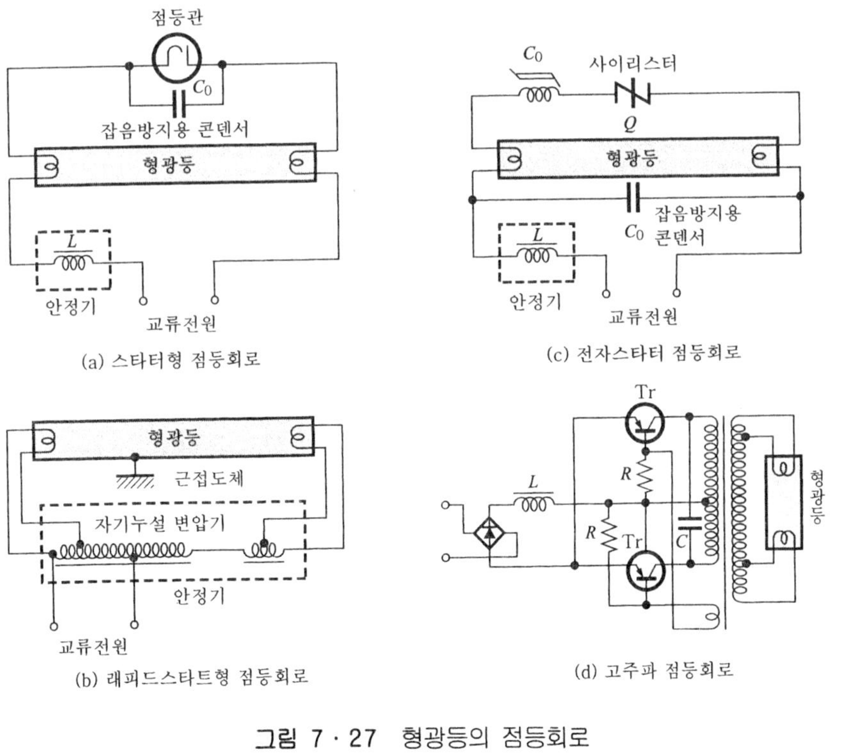

그림 7 · 27 형광등의 점등회로

연습문제

1. 최근 사용 증가하고 있는 삼파장 형광램프에서 삼파장의 의미를 간단히 써라.

2. 조명설비에서 전력을 절약하는 효율적인 방법에 대하여 여덟 가지만 써라.

3. 안정기의 역할에 대하여 기술하라.

4. 형광등의 특색을 아는 대로 써라.

5. 일반적으로 사용되고 있는 열음극 형광등과 비교하여 슬림라인(Slim line) 형광등의 장점 다섯 가지와 단점 세 가지를 써라.

8 전기기기

8.1 발전기와 전동기

전기에너지의 발생원이라고 하면 화학반응을 이용한 전지가 가까운 예로서 떠오른다. 그러나 큰 에너지를 장시간에 걸쳐서 인출하는 것은 불가능하다. 공장이나 가정 등에서 대량으로 소비되는 전력(전기 에너지)을 공급하고 있는 것은 발전소의 발전기(dynamo, generator)이다. 이것은 「플레밍의 왼손법칙」을 응용한 장치이며 수차나 터빈 등의 원동기에 의해서 자석을 회전시켜 그 주위에 배치된 도체(코일)에 전기에너지를 발생시킨다. 또한 자석을 고정하여 코일을 돌려도 좋다.

그런데 이 발전기에 반대로 전력을 인가하면 회전토크를 발생한다. 이것은 「플레밍의 왼손 법칙」에 따르는 것으로 이것을 전동기(electric motor, motor)라 부르고 있다. 수력발전소 중에는 발전기를 심야에 전동기로서 돌리고 물을 저수지로 퍼올리는 양수발전소도 있다.

이른바, 발전기도 전동기도 그 구조는 같으며 그림 8·1에 나타내는 바와 같이 원동기에 의해서 공급된 기계에너지를 전기에너지로 변환하는 것이 발전기이고, 전기에너지를 가해서 기계에너지를 인출하는 것이 전동기이다. 따라서, 이들은 가역적으로 전기-기계에너지 변화기기라고 할 수 있다. 또한 전동기가 동력원으로서 널리 사용되고 있

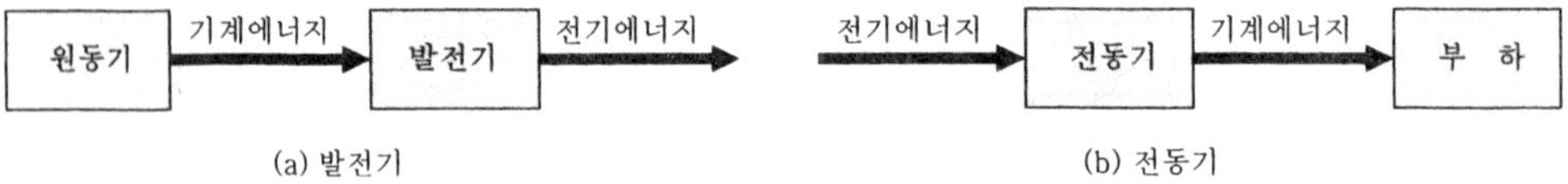

그림 8·1 전기-기계에너지 변환기기

는 것은 전차나 가전제품 등에서 쉽게 상상할 수 있을 것이다.

8.2 변압기

발전기의 발생에너지를 소비자까지 보낼 때, 송전선에서의 손실을 적게 하기 위해 교류전압을 가능한 한 높게 한다. 그러나 공장이나 가정에서는 이런 고전압으로는 위험하므로 적당한 전압으로 내리지 않으면 안 된다. 이와 같이 전압을 높이거나 낮추기 위한 장치가 변압기(transformer)이며 앞에서 설명한「패러데이의 법칙」을 응용하고 있다. 이 변압기는 전주상에서 자주 눈에 띄며 TV나 오디오기기 등의 전원부에도 사용되고 있다. 이상 설명한 발전기, 전동기 및 변압기는 전기기기(electrical machinary and apparatus)라고 총칭되고 있으나 이들은 전자유도현상을 응용한 에너지변환기기이며, 이하 전자유도기기(eletromagnetic induction machine)라 부르기도 하고 8.4항에서 그 대표적인 기기에 대해서 설명한다.

8.3 파워 일렉트로닉스

전력의 형태에는 교류와 직류가 있다. 현재, 전력회사에서 보내어 온 전력은 교류이므로 대용량의 직류를 필요로 하는 분야에서는 그림 8·2 (a)에 나타내는 교류를 직류로 변환하는〔이것을 순변환(rectification)이라고 부른다〕 장치가 필요하게 된다. 또한 예를 들면 직류 전동기를 가변속 운전할 경우, 이 순변환장치에는 직류전압을 자유롭게 조정할 수 있는 기능까지 요구된다. 일찍이 이것에 대응되는 장치로서는 교류 전동기와 직류 발전기를 조합시킨 전동 발전기가 사용되어 왔다. 그러나 현재로서는 그 대부분이 사이리스터[2)]를 이용한 정류회로에서 차지하고 있다.

---

2) 사이리스터는 pnpn 4층 구조인 반도체 스위칭 소자의 총칭으로 그 종류도 매우 많다. 그러나 이 장에서는 그 중에서도 그림 8·3 (a)의 그림기호로 표시되는 특정소자를 사이리스터라 부르기도 한다. 이 소자는 SCR이라 불리고 있지만 이것은 미국 GE사의 상품명이므로 최근 이 명칭을 이용하는 예는 적

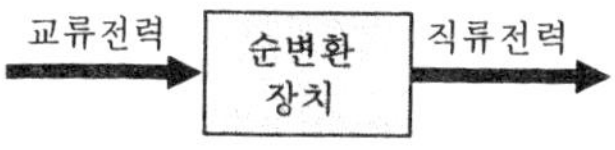

(a) 순변환

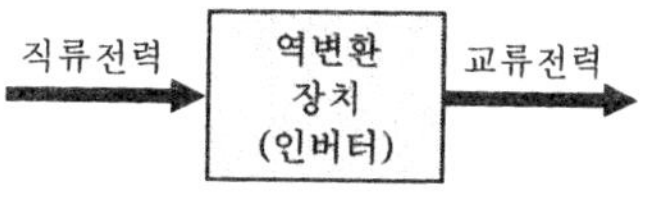

(b) 역변환

그림 8 · 2 순변환과 역변환

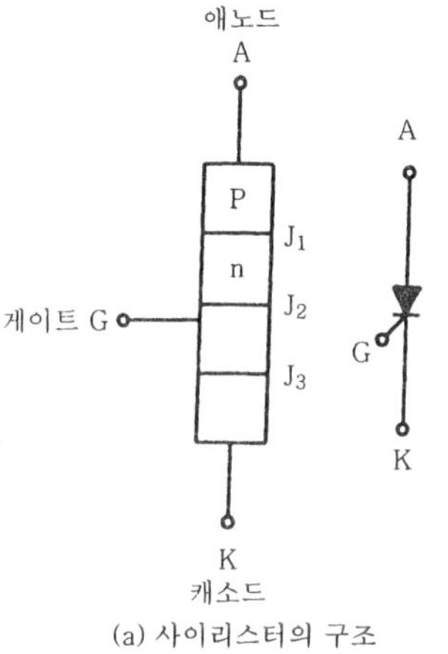

(a) 사이리스터의 구조

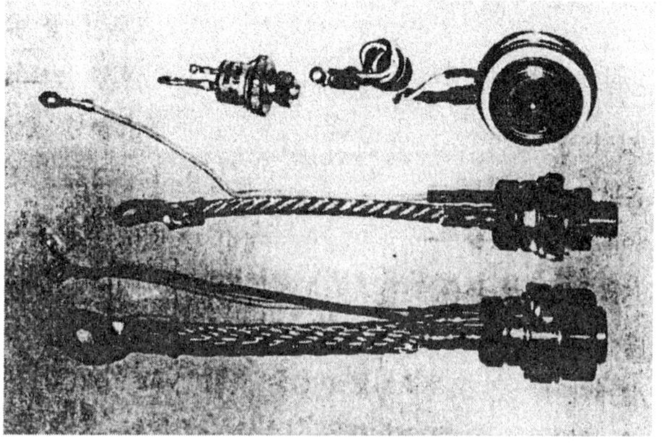

(b) 사이리스터의 형태

그림 8 · 3 사이리스터의 구조와 형태

사이리스터는 그림 8 · 3 (a), (b) 사이리스터의 구조와 형태를 나타내고 있다.

이 소자에 교류를 넣으면 직류가 나오는 것이 아니라 이 소자를 조합시켜서 정류회로(rectifier circuit)를 구성해서야 비로서 순변환이 가능하다. 단, 사이리스터를 동작시키기 위해서는 그 게이트 단자(G)에 펄스를 주지 않으면 안 되지만 이 펄스를 제어하는 것에 의해 순변환과 동시에 출력측의 직류전압을 조정할 수 있는 점이 다이오드 정류회로에는 없는 큰 특징이다.

더욱이 저손실이고 대전류를 스위칭할 수 있는 사이리스터의 기능을 살려서 이들 소자를 조합시키는 것에 의해 그림 8 · 2 (b)에 나타내는 직류에서 교류로의 변환〔이것을 역변환(inverse transformation)이라고 부르고 그 장치가 인버터(invertor)이다〕이나 일정전압에서 가변전압으로의 변환, 나아가서는 주파수변환 등 모든 형태의 전력변환이 가능해졌다. 게다가 각각의 회로에 적합한 특수한 사이리스터 소자와 전력용 트랜지스터〔파워 트랜지스터(power transistor)라고 불리고 있다〕의 개발도 급속히 진행되고 있다.

다. 학술명은 역저지 3단자 사이리스터(reverse-blocking triode-thyristor)이지만 이 정식명은 지나치게 길고 사용 실적의 대부분을 이 SCR이 점유하고 있는 것 등에 의해 파워 일렉트로닉스 분야에서는 그림 8 · 3 (a)의 소자를 간단히 사이리스터라 부르고 있다. 이 장에서도 이 실례에 따른다.

이와 같이 사이리스터나 파워 트랜지스터 등의 반도체 소자를 이용하여 전력변환을 행하는 분야를 파워 일렉트로닉스(power electronics)라고 하며 공업용의 대출력장치뿐만 아니라 가전제품에까지 보급되고 있다.

8.4 전자유도기기

[1] 분류와 용도

현재 사용되고 있는 대표적인 전자유도기기를 분류하면 다음과 같이 된다.

- 전자유도기기
  - 회전기
    - 직류기 — 직류 전동기, 직류 발전기
    - 교류기
      - 동기식 — 동기 전동기, 동기 발전기
      - 비동기식 — 유도 전동기
  - 정지기 — 변압기

우선, 회전부의 유무로 회전기(rotating machine)와 정지기(stationary machine)로 나누어진다. 회전기는 전기에너지의 형태에 의해 직류기(DC machine)와 교류기(AC machine)로, 교류기는 회전속도가 전원 주파수에 비례하는가 그렇지 않은가로 동기기(synchronous machine)와 비동기기(asynchronous machine), 정류자기(commutator machine)로 분류할 수 있지만 후자의 사용실적은 오늘날에는 적으므로 여기에서는 생략하기로 한다.

또한, 회전기 전반에 대해서 발전기와 전동기의 존재가 생각될 수 있으나 유도 발전기는 그 실용 예가 극히 드물기 때문에 마찬가지로 여기에서는 생략한다. 이하, 각각에 대해서 설명한다.

1) 직류기

직류 전동기(DC motor)는 직류전력을 받아서 기계동력을 발생한다. 교류가 공급되고 있는 오늘날의 전력 상황하에서 이것을 돌리려면 교류를 직류로 변환하는 순변환장치가 필요하다. 또한 직류기는 정류자(commutator)라고 하는 복잡한 기계적 접점을 가진 구조이므로 다른 전동기에 비해서 고가이며 보수가 번거롭고 고속화나 고전압화가 곤란한 등의 결점을 가지고 있다. 그럼에도 불구하고 직류 전동기는 여러 분야에서 사용되고 있다. 이것은 속도제어가 쉽고 또한 고정밀도로 행할 수 있기 때문이다. 일반적으로 가변속 전동기라고 하면 이 직류 전동기가 독점적이었다. 수천 [kW]나 되는 대용량기가 제철공장에서의 압연용 밀을 돌리고 있고 또한 전차용 전동기의 대부분이 이 직류 전동기이다. 그리고 정밀도가 요구되는 공작기계나 최근의 로봇에서도 이 직류기의 일종인 서보모터가 구동부를 맡고 있다.

한편, 직류 발전기(DC generator)는 가장 역사가 길고 또한 직류전력의 발생원으로서 사용되어 왔다. 그러나, 파워 일렉트로닉스 분야에서 사이리스터를 사용한 직류전원이 보급됨에 따라서 직류 발전기의 수요는 급감하고 있다.

2) 동기기

동기 전동기(synchronous motor)는 교류전원의 주파수에 비례한 회전속도로 회전한다. 따라서 60 [Hz]의 상용 주파수 교류를 인가하는 한 부하의 경중에 무관계인 정속도 전동기가 되며 방적관계 등 일정회전을 필요로 하는 분야에 사용되고 있다. 또한 파워 일렉트로닉스에 의해서 개발이 진행된 가변주파수 전원을 사용하면 동기 전동기를 가변속 전동기로서 운전할 수가 있다.

또한, 발전소의 발전기는 거의 동기 발전기(synchronous generator)이며 수천 [kVA]에서 백만 [kVA]의 대용량기가 밤낮으로 교류전력을 공급하고 있다.

3) 유도기

유도 전동기(induction motor)는 교류전원의 상(phase) 수에 따라서 3상기와 단상기로 나누어진다. 공장과 같이 3상 교류가 보내어지고 있는 장소에서는 큰 출력을 얻을 수 있는 3상 유도 전동기(three phase induction motor)가 사용되고 있다. 현재 수 [kW]에서 수천 [kW]까지의 전동기가 생산되고 있고 펌프, 송풍기, 컨베이어 등 그 용도도 다양하며 그 출력을 총계하면 다른 전동기를 압도적으로 누르고 있다.

가정이나 오피스와 같이 단상 교류밖에 얻을 수 없는 경우에는 단상 유도 전동기(single phase induction motor)를 사용한다. 그 출력은 수 [W]에서 기껏해야 수백 [W] 정도의 소요량이지만 선풍기, 세탁기, 냉장고 등 가전제품의 동력원으로서 그 생산대수는 증가하고 있다.

이 유도 전동기는 튼튼하고 저가, 고효율이지만 예전에는 속도제어가 곤란한 전동기로 간주되어 왔다. 그러나 파워 일렉트로닉스에 있어서 인버터의 현저한 발달에 의해서 가변 주파수 전원이 보급되고 유도 전동기의 가변속 운전이 가능하게 되었다. 이 결과, 이미 설치된 유도 전동기의 생에너지화가 진행되고 또한 고정밀도 가변속 드라이브의 분야에서도 유도 전동기가 직류 전동기로 대체되고 있다.

4) 변압기

정지기에는 이상기(phase shifter)나 분로 리액터 등도 있으나 사용실적에서 변압기가 대표라고 말할 수 있다. 변압기는 교류전압을 승압 또는 강압할 수 있고 수 [kVA]에서 수십만 [kVA]가 송·배전 계통에 사용되고 있고 게다가 각종 장치의 전원부에도 수없이 많이 내장되어 있다.

이상의 전자유도기기 중에서 비교적 실용 예가 많고 특히 중요하다고 생각되는 직류 전동기, 유도 전동기 및 변압기에 대해서 다음 항에서 그 원리나 특성을 설명한다.

8.5 직류 전동기

[1] 원리

그림 8·4는 직류 전동기의 동작원리를 나타낸 것이다. 그림 8·4(a)에 있어서 전류 I_a는 직류 전원 V → 브러시 B_1 → 정류자 C_1 → 코일변 A → 코일변 B → 정류자 C_2 → 브러시 B_2 → V의 경로를 통해서 흐른다. 이때 코일변 A, B는 자극 N, S에 의한 자계 속에 있으므로 그림 (b)에 나타내는 바와 같이 플레밍의 왼손 법칙에 의해 코일변 A에는 아래방향의, B에는 위쪽방향의 힘 f가 작용하고 이것에 의해 토크 T가 발생하여 코일의 반시계방향으로 회전한다.

코일이 그림 8·4(a)의 위치에서 180° 회전하면 코일변의 위치는 좌우 반대가 되어 전류 I_a가 흐르는 경로는 V → 브러시 B_1 → 정류자 C_2 → 코일변 B → 코일변 A → 정류자 C_1 → 브러시 B_2 → V가 되지만 토크의 방향은 역시 변하지 않고 코일은 계속 회전한다. 이것이 직류 전동기의 동작원리이다. 따라서 직류 전동기는 직류전원에서 브러시를 거쳐 코일에 전기에너지의 공급을 받고 이것을 회전에너지로 변환하는 회전기계라고 할 수가 있다.

그런데 그림 8·4(a)에 있어서 전류 I_a가 흐르는 회로를 전기자 회로(armature

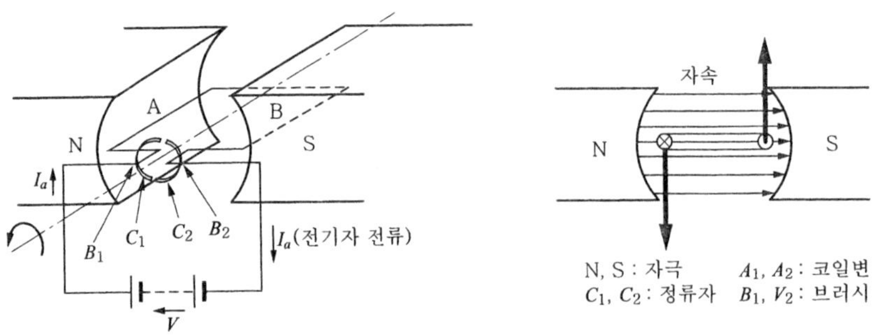

(a) (b)

그림 8·4 직류 전동기의 동작원리

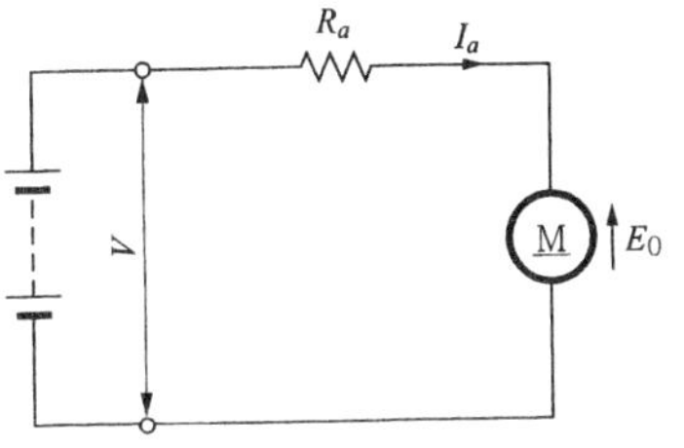

그림 8 · 5 등가회로

circuit)라고 하며 이 회로에 흐르는 전류를 전기자 전류(armature current)라고 한다. 이 전기자 전류는 옴의 법칙에 의해 $I_a = V/R_a$ (R_a : 회로전체의 저항으로 비교적 작다)로 정해진다고 하면 예를 들어 $V=100$ [V], $R_a=0.5$ [Ω]일 때, $I_a=100/0.5=200$ [A]라는 전류가 흐르게 된다. 그러나 실제로는 전동기가 회전하고 있는 한은 이것에 의해 매우 작은 전기자 전류가 흐른다. 이것은 도체(코일)가 자계 속을 운동(회전)하면 플레밍의 오른손 법칙에 의해 꼭 전류 I_a의 흐름을 방해하는 방향으로 역기전력(counter-electromotive force)이 발생하기 때문이다. 이 역기전력을 E_0라 하면 다음 식이 성립된다.

$$V = E_0 + R_a I_a \text{ [V]} \qquad (8 \cdot 1)$$

단, E_0는 회전각속도(mechanical angular speed) ω_m, 전기자 코일의 자속 쇄교수(flux linkage) Φ_a 등에 비례하며 다음 식으로 표시할 수 있다.

$$E_0 = p\omega_m \Phi_a \qquad (8 \cdot 2)$$

여기서, p는 자극의 극쌍수(number of pair of poles)이며, 예를 들면 그림 8 · 4 경우의 자극은 2개이므로 $p=1$이다. 식 (8 · 1)에 의해 그림 8 · 5와 같은 직류 전동기의 등가회로가 얻어진다.

예제 8 · 1 2극인 직류 전동기의 전기자 회로에 100 [V]의 직류전압을 인가했을 때 1500 [rpm]으로 회전하였다. 이때의 (a) 역기전력 E_0, (b) 전기자 전류 I_a를 구하라. 단, 전기자 저항(armature resistance) $R_a=0.5$ [Ω], 전기자 코일의 자속 쇄교수 $\Phi_a=0.605$ [Wb]라 한다.

풀이 (1) 식 (8 · 2)에 의해

$$E_0 = p\omega_m \Phi_a = 1 \times 2\pi \times (1500/60) \times 0.605 = 95 \text{ [V]}$$

(2) 식 (8 · 1)에 의해

$$I_a = (V - E_0)/R_a = (100 - 95)/0.5 = 10\,[\mathrm{A}]$$

그런데 식 (8·1)의 양변에 I_a를 곱하면 다음 식이 얻어진다.

$$VI_a = E_0 I_a + R_a I_a^2 \qquad (8\cdot3)$$

윗식의 좌변은 직류전원에서 공급되는 직류전력, 우변 제2항은 전기자 저항에서 소비되는 전력(전기자 동손)이므로 우변 제1항의 $E_0 I_a$는 회전에너지, 즉 기계적 일로 변환되는 전력이 된다. 이 기계출력 P_M은 회전각속도 ω_m과 전동기가 발생하는 토크(torque) T의 곱이므로

$$P_M = E_0 I_a = \omega_m T \qquad (8\cdot4)$$

윗식의 E_0에 식 (8·2)를 대입하여 토크를 구하면 다음 식이 얻어진다.

$$T = p\Phi_a I_a \qquad (8\cdot5)$$

이 식 (8·5)로 주어지는 토크가 부하토크(load torque) T_L과 같을 때, 전동기는 일정회전속도로 회전을 계속하는 것이다.

예제 8·2 예제 8·1에서 전동기의 발생토크 T를 구하라.

풀이 식 (8·5)에 의해

$$T = p\Phi_a I_a = 1 \times 0.605 \times 10 = 6.05\,[\mathrm{N\cdot m}]$$

별해 식 (8·4)에 의해

$$T = E_0 I_a / \omega_m = (95 \times 10)/157 = 6.05\,[\mathrm{N\cdot m}]$$

[2] 여자방식

직류 전동기를 외부에서 보면, 예를 들면 그림 8·6과 같이 되어 있다. 그림 속에 있는 AHJK의 4개 단자는 외부에서 전력을 공급해야 하는 단자라고 생각되지만 그림 8·4에서는 이와 같은 단자는 코일에 전기에너지를 보내는 2개의 단자만으로 충분하다. 남은 2개의 단자는 무엇을 위해 있는 것일까? 그것은 보통 전극은 전자석(electromagnet)을 이용하여 만들기 때문에 그것을 위해 필요한 것이다. 물론 영구 자석을 사용하면 이것은 불필요해진다.

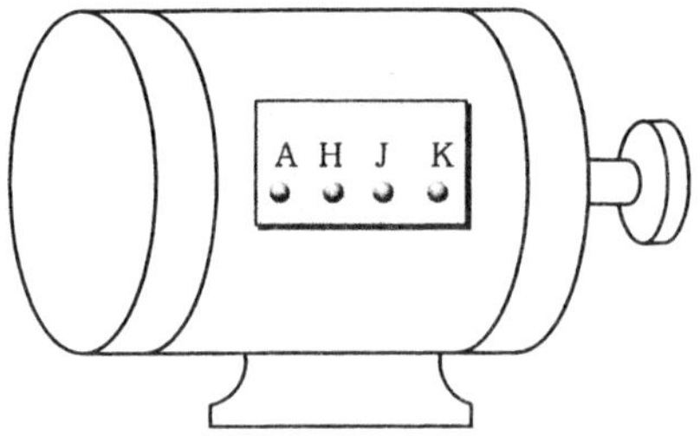

그림 8·6 직류 전동기

전자석에 의해 자극을 만드는 방법, 즉 여자방법은 계자철심에 감은 계자권선에 어떤 전류를 어떤 전원에서 공급하는가에 의해서 다음과 같이 분류할 수 있다.

- 전자석에 의한 여자방식
  - 타여자식
  - 자여자식
    - 분권식
    - 직권식
    - 복권식

이들의 방식에 대해서 설명한다.

1) 타여자식(separate excitation method)

이 방식은 그림 8·7과 같이 전기자 회로의 전원은 완전히 별개의 직류전원을 준비하여 이것에 의해 계자권선(field winding)에 계자전류(field current) I_f를 흐르게 하는 것이다.

2) 자여자식(self-excitation method)

그림 8·8에 나타나듯이 계자회로의 전원은 어느 경우에나 전기자와 동일한 전원에서 얻은 방식이다. 분권식(shunt excitation method)은 그림 8·8(a)와 같이 계자회로

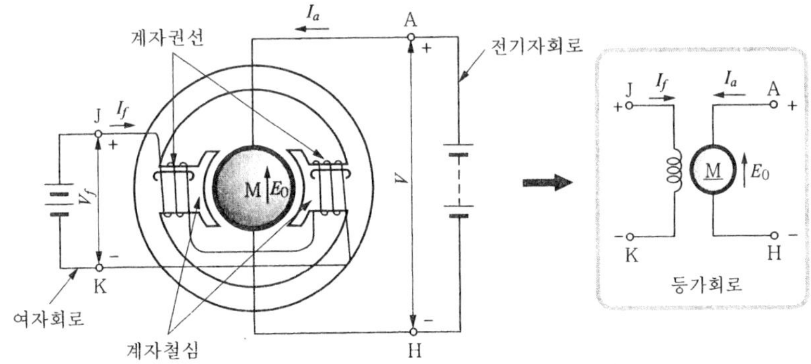

그림 8·7 타여자식

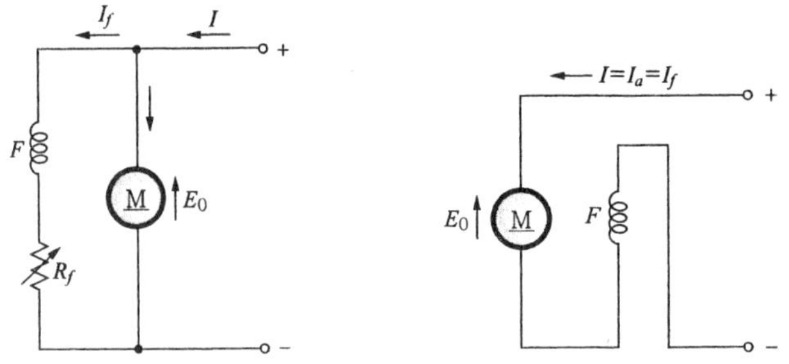

(a) 분권식 (b) 직권식

그림 8 · 8 자여자식

를 전기자 회로에 병렬로 접속하여 그림의 저항 R_f를 조절하는 것에 의해 계자전류 I_f의 크기를 가감하는 방식이다. 또한 그림 8 · 8 (b)는 직권식(series excitation method)을 나타내며 이것은 계자권선에 직접 전기자 전류를 흐르게 하는 방식이다.

그리고 복권식(compound excitation method)은 위에서 설명한 분권식과 직권식을 조합시킨 것으로 분권 계자권선과 직권 계자권선을 병용하는 방식이다. 또한 직류 전동기는 이들에 채용되는 여자법에 따라서 각각 타여자(직류) 전동기, 분권 전동기, 직권 전동기 등으로 불린다.

이러한 여자방식은 부하, 즉 피구동기가 요구하는 토크특성에 따라서 선정된다.

[3] 속도제어법

직류 전동기는 속도를 자유롭게 변화시킬 수가 있는 가변속 전동기이므로 속도를 무엇에 의해 조정할 수 있는가를 아는 것은 매우 중요하다. 여기에서는 우선 타여자 전동기의 속도제어법에 대해서 생각해 본다.

직류기의 회전각속도는 식 (8 · 1)에 식 (8 · 2)를 대입하여 변형하면 다음 식과 같이 구해진다.

$$\omega_m = \frac{V - R_a I_a}{p\Phi_a} \qquad (8 \cdot 6)$$

윗식 속의 I_a는 식 (8 · 5)에 나타낸 바와 같이 전동기의 발생토크 T, 따라서 부하토크 T_L에 비례하므로 식 (8 · 6)은 또한 식 (8 · 7)과 같이 변형할 수 있다.

$$\omega_m = \frac{V}{p\Phi_a} - \frac{R_a T_L}{(p\Phi_a)^2} \qquad (8 \cdot 7)$$

그런데 식 (8 · 6) 및 식 (8 · 7)의 Φ_a는 이미 설명했듯이 전기자 코일의 자속 쇄교수이지만 이것은 계자전류 I_f를 이용하여 다음 식으로 표시할 수 있다.

$$\Phi_a = MI_f \tag{8·8}$$

단, M은 전기자 권선과 계자권선의 상호 인덕턴스이다.

식 (8·8)을 식 (8·7)에 대입하면 다음 식이 얻어진다.

$$\omega_m = \frac{V}{pMI_f} - \frac{R_a T_L}{(pMI_f)^2} \tag{8·9}$$

이 식 (8·9)에 의해 속도 ω_m을 제어하기 위해서는

① 전기자 전압(armature voltage) V를 조정한다.

② 계자전류 I_f를 조정한다.

③ R_a에 직렬로 저항 R을 삽입하여 그것을 조정한다.

의 세 종류 방법이 있다는 것을 알 수 있다.

①의 방법은 레오나르드법(Leonard system)이라고 부르며 속도 ω_m이 전원전압 V에 거의 비례하는 점에서 속도제어가 쉬워 널리 사용되고 있다. 그림 8·9 (a)는 계자전류를 파라미터로 한 $\omega_m - V$ 특성을 나타낸 것으로 I_f를 일정으로 하면 ω_m은 V에 비례한다. 또 동일한 V에 대해서는 ω_m은 I_f가 작을수록 커진다.

②의 방법은 그림 8·9 (b)와 같이 I_f의 감소에 따라 ω_m이 증가하지만 I_f를 극단적으로 감소시키면 속도가 대폭적으로 변하고 불안정해지기 쉽다. 또한, 운전중에 그림 8·7의 계자전압 V_f(따라서 I_f)를 잘못하여 0으로 하지 않도록 충분히 주의하지 않으면 안 된다.

③의 방법은 전기자 전압 V도 계자전류 I_f도 조정할 필요가 없어 간단한 방법이라

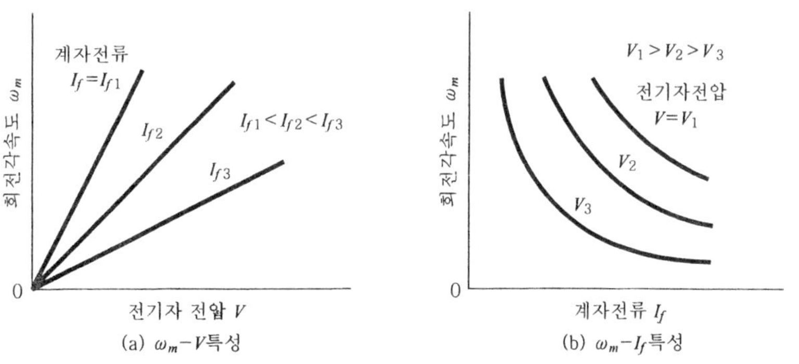

그림 8·9 타여자 전동기의 속도 특성

말할 수 있지만 i) 부하토크 T_L이 작을 때는 식 (8・3)에 의해 속도의 변화폭을 그다지 넓게 잡을 수 없다. ii) 효율이 나쁘다 등의 결점이 있다.

예제 8・3 정격 10 [kW], 200 [V], 전기자 저항 0.2 [Ω]인 타여자 전동기가 어떤 부하를 걸어서 1500 [rpm]으로 회전하고 있다. 이때의 전기자 전류 I_a=500 [A]이고 부하토크는 속도에 관계없이 일정하게 한다.

(a) 기계 출력은 몇 [W]인가?

(b) 발생토크는 몇 [kg・m]인가?

(c) 부하토크가 0이 되면 회전속도는 몇 [rpm]이 되는가?

(d) 부하토크를 바꾸지 않고 회전속도를 750 [rpm]으로 하려면 전기자 전압을 몇 [V]로 하면 좋은가?

풀이 (a) $P_M = E_0 I_a = (200 - 0.2 \times 50) \times 50 = 9500$ [W]

(b) $T = E_0 I_a / \omega_m = 190 \times 50 / 157 = 60.5$ [N・m] $= 6.17$ [kg・m]

(c) $I_a = 0$이 되기 때문에 $V = E_0 = 200$ [V], E_0와 회전속도는 비례하므로

$$N = 1500 \times (200/190) = 1579 \text{ [rpm]}$$

(d) 750 [rpm]일 때의 역기전력 $E_0' = 190 \times 750(1500) = 95$ [V]로 되면 좋으므로 전기자 전압 V'는

$$V' = E_0' + R_a I_a = 95 + 0.2 \times 50 = 105 \text{ [V]}$$

분권 전동기의 속도 제어법은 그림 8・8 (a)의 R_f를 변화시키는 것에 의해 I_f를 조정할 수 있으므로 이제까지 설명해 온 타여자 전동기의 경우와 마찬가지로 생각해도 좋다.

직권 전동기에서는 계자권선에 전기자 전류 I_a가 흐르므로 발생토크 $T(= T_L)$는 식 (8・5)에 식 (8・8)을 대입하여 $I_f = I_a = I$라 놓아서 다음 식으로 표시할 수 있다.

$$T_L = pMI^2 \qquad (8 \cdot 10)$$

또는

$$I = \sqrt{T_L / pM} \qquad (8 \cdot 11)$$

이것을 식 (8・9)에 대입하면

$$\omega_m = \frac{V\sqrt{pM/T_L} - R_a}{pM} \qquad (8 \cdot 12)$$

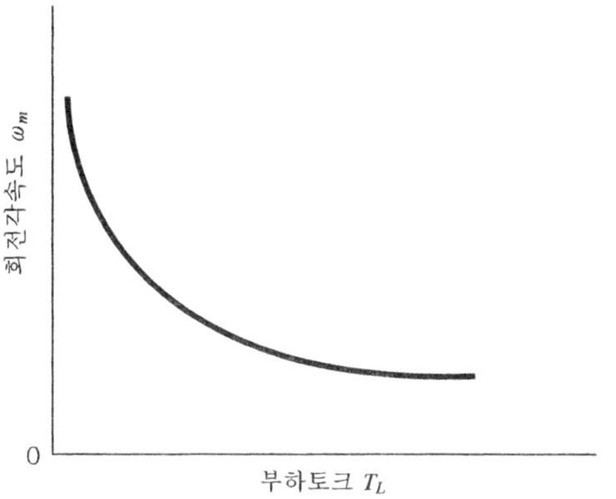

그림 8 · 10 직권 전동기의 속도-토크 특성

식 (8 · 12)에 의해 직권 전동기의 회전속도를 제어하기 위해서는

① V를 조정하는 레오나르드법

② 전기자 직렬저항 조정법

등의 방법이 있다는 것을 알 수 있다. 또한 이 식에 의해 속도-토크 특성을 구하면 그림 8 · 10과 같이 된다. 이것에 의해 부하토크의 감소와 함께 속도가 상승하고 무부하시 (부하토크 $T_L=0$)로 되고 무한대가 되므로 이와 같은 경우의 운전은 피하지 않으면 안 된다. 따라서 직권 전동기는 일반동력용으로는 부적합하고 오로지 전차나 하역기계 등의 구동에 사용된다.

예제 8 · 4 직권 전동기가 공급전압 500 [V], 전기자 전류 100 [A]일 때, 500 [rpm]으로 회전하고 있다. 전기자 전류가 20 [A]로 되었다고 하면 회전속도는 몇 [rpm]이 되는가? 단, 전기자 및 계자권선의 전저항은 0.5 [Ω]으로 한다.

풀이 $I_a=100$ [A]일 때의 역기전력 E_0는

$$E_0=500-0.5\times100=450\,[\mathrm{V}]$$

가 되므로

$$pM=E_0/(I\omega_m)=450/(100\times5.24)=0.086\,[\mathrm{H}]$$

$I_a=100$ [A]일 때의 역기전력 E_0는

$$E_0'=500-0.5\times20=490\,[\mathrm{V}]$$

가 되므로 이때의 회전속도 ω_m'는

$$\omega_m{}' = 490/(0.086 \times 20) = 285\,[\text{rad/s}] = 2722\,[\text{rpm}]$$

[4] 기동법

그림 8·11은 분권 전동기를 기동하는 경우의 결선도를 나타낸 것이다. 전동기의 기동시에는 역기전력 $E_0=0$〔식 (8·2) 참조〕이므로 그림의 기동저항 R_s를 삽입하지 않을 경우, 전기자 회로에는 전원전압 V의 인가 직후에 V/R_a인 매우 큰 전류가 유입하여 그 결과, 전기자 코일이나 전원 기타에 나쁜 영향을 주게 된다. 그래서 기동전류가 과대하게 되지 않도록 그림에 나타내는 위치에 기동저항 R_s를 삽입하는 것이다.

전동기가 기동하여 회전속도가 상승해 가면 R_s를 점차 감소시키고 정상 운반상태에서는 $R_s=0$으로 한다. 타여자 전동기나 직권 전동기의 기동도 이와 같은 방법으로 행한다.

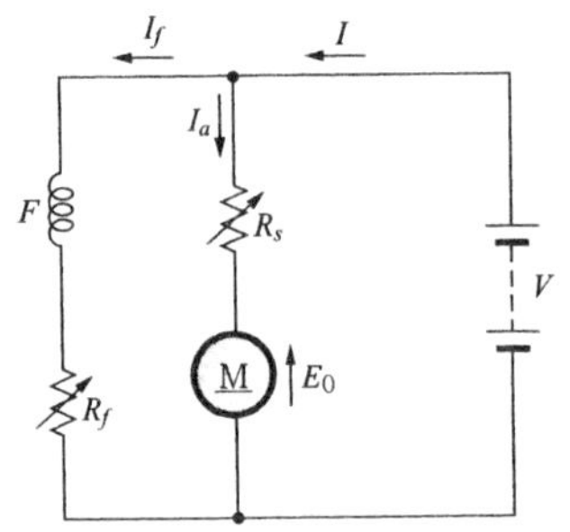

그림 8·11 분권 전동기의 기동법

8.6 변압기

[1] 변압기의 원리

변압기는 어떤 교류전압을 크기가 다른 동일 주파수의 교류전압으로 변환하는 정지 에너지 변환기기이며 그림 8·12에 그 원리도를 나타낸다. 여기에서는 우선 변압기의 기초특성을 이해하기 위해 철심의 자기저항이 영(투자율 $\mu=\infty$)이며 또한 모든 손실을 무시한 이상 변압기(ideal transformer)에 대해서 고찰해 본다.

그림 8·12의 1차측에 교류전압 v_1을 인가하면 철심 속에 자속 ϕ가 생기고[3] 이때

3) 자속 ϕ를 생기게 하기 위해서는 1차 권선에 전류〔이것을 여자전류(exciting current)라고 한다〕가 흘러야 하지만 철심의 자기저항이 0이므로 여자전류는 0이 된다.

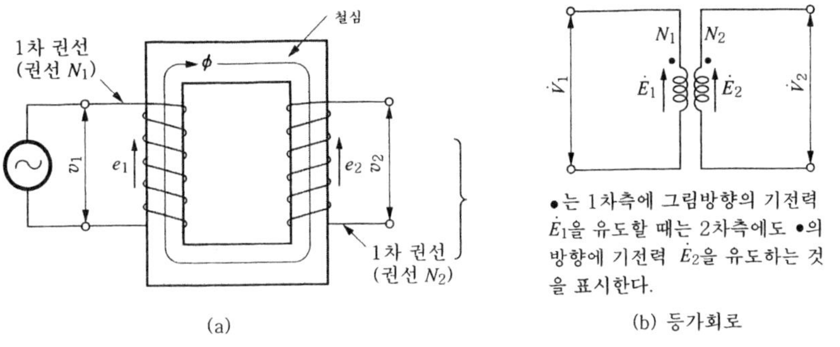

그림 8 · 12 변압기의 원리

1차 권선에는 다음 식으로 주어지는 역기전력 e_1이 유도된다.

$$e_1 = N_1 \cdot \frac{d\phi}{dt} \tag{8·13}$$

이것은 전원전압과 같으므로 다음 식이 성립된다.

$$v_1 = e_1 \tag{8·14}$$

지금, 1차 전압을 $v_1 = \sqrt{2}\,V\cos\omega t$라 놓으면

$$\phi = \frac{1}{N_1}\int e_1 dt = \frac{\sqrt{2}\,V}{N_1\omega} \cdot \sin\omega t$$

$$= \Phi_m \sin\omega t \tag{8·15}$$

$$\text{단, } \Phi_m = \sqrt{2}\,V/(N_1\omega) = V/(4.44\,fN_1) \tag{8·16}$$

식 (8 · 16)에 의해 철심 속의 자속은 인가전압에 의해 결정된다는 것을 알 수 있다.

한편 2차 권선에도 1차 권선의 쇄교자속과 같은 자속이 쇄교하므로 다음 식으로 주어지는 기전력이 유도된다.

$$e_2 = N_2 \cdot \frac{d\phi}{dt} \tag{8·17}$$

식 (8 · 17)에 식 (8 · 15)를 대입하여 정리하면

$$e_2 = \omega N_2 \Phi_m \cos\omega t = \frac{N_2}{N_1} \cdot v_1 \tag{8·18}$$

또는 페이저로 표시하여

$$\dot{E}_2 = \frac{N_2}{N_1} \cdot \dot{V}_1 = \frac{1}{a} \cdot \dot{V}_1 \tag{8·19}$$

단, $a = N_1/N_2$ = 권수비(turn ratio) (8・20)

식 (8・18) 또는 식 (8・19)에 의해 2차측에도 1차 인가전압과 동위상의 전압이 유도되고 그 크기는 1차 전압의 크기와 권수비에 의해 결정되는 것을 알 수 있다.

다음에 그림 8・13에 있어서 스위치 S를 닫으면 2차측에는 $\dot{I}_2 = \dot{E}_2/\dot{Z}_L$의 전류가 흐르게 된다. 이때 철심 속의 자속은 $\dot{I}_2$에 의해 감소하는 것으로 생각하기 쉽지만 실제로는 변화되지 않는다. 그것은 이미 설명했듯이 자속은 인가전압만으로 결정되기 때문이다. 그래서 2차 전류 $\dot{I}_2$에 의한 기자력을 상쇄하게 1차측에서 1차 부하전류 $\dot{I}_1'$가 유입하여 자속을 일정하게 유지되게 된다.

따라서

$$N_1\dot{I}_1' = N_2\dot{I}_2 \quad (8 \cdot 21)$$

식 (8・19), 식 (8・21)에 의해 1차측의 피상전력을 구하면 다음 식과 같이 된다.

$$V_1I_1' = \left(\frac{N_1}{N_2} \cdot E_2\right) \times \left(\frac{N_2}{N_1}\right) \cdot I_2 = E_2I_2 \quad (8 \cdot 22)$$

윗식에서 1차, 2차의 피상전력은 상등하다는 것이 명백하다.

이상의 결과를 기본으로 이상 변압기의 등가회로를 구해본다. 식 (8・19) 및 식 (8・21)에 의해

$$\begin{aligned} I_1' &= \frac{N_2}{N_1} \cdot \dot{I}_2' = \frac{N_2}{N_1} \cdot \frac{E_2}{Z_L} \\ &= \frac{N_2}{N_1} \cdot \frac{1}{Z_L} \cdot \frac{N_2}{N_1} \cdot \dot{V}_1 = \frac{1}{a^2 Z_L} \cdot \dot{V}_1 \end{aligned} \quad (8 \cdot 23)$$

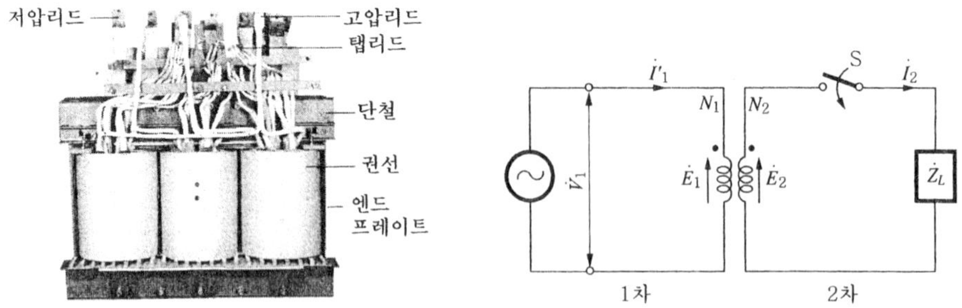

(a) 내부구조 (b) 이상 변압기

그림 8・13 변압기의 내부구조와 이상 변압기

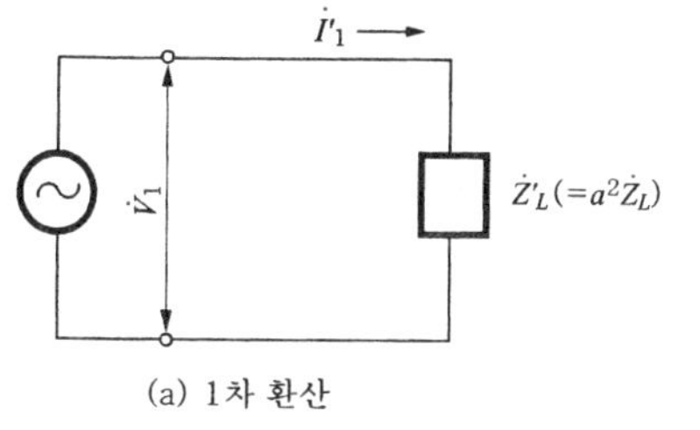

그림 8·14 등가회로

식 (8·23)에서 그림 8·14 (a)와 같은 1차측에서 본 등가회로가 얻어진다. 이와 같이 하여 2차측에서 본 등가회로를 구하면 그림 8·14 (b)와 같이 된다.

예제 8·5 출력 4 [kVA], 1차 전압 3000 [V], 권수비 15인 변압기를 전부하에서 사용할 경우에 (a) 1차 전류, (b) 2차 전류, (c) 2차 전압, (d) 부하 임피던스의 크기를 구하라. 단, 변압기는 이상 변압기라고 한다.

풀이 (a) $V_1I_1'=3000$ [VA], $I_1'=3000/3000=1$ [A]

(b) $I_2=aI_1'=15\times1=15$ [A]

(c) $E_2=V_1/a=3000/15=200$ [V]

(d) $Z_L=E_2/I_2=200/15=13.33$ [Ω]

예제 8·6 그림 8·15에서 R_2에서 소비되는 전력을 최대로 하기 위해서는 R_2를 몇 [Ω]으로 하면 좋은가? 또한 그때의 소비전력은 몇 [W]인가?

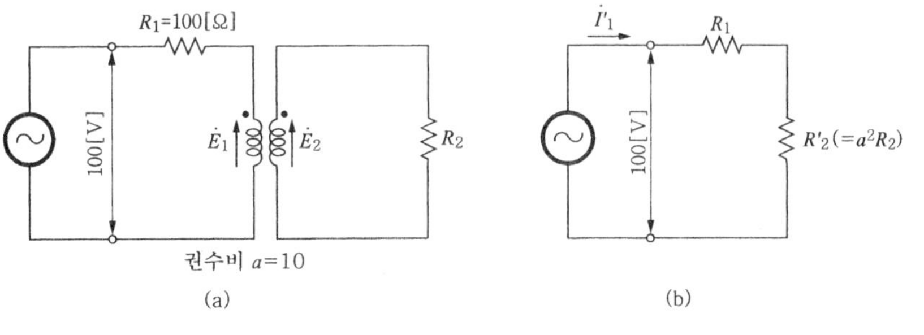

그림 8·15 정합 변압기

풀이 그림 8·15 (a)를 1차 환산의 등가회로로 표시하면 그림 8·15 (b)와 같이 된다. 이것에 의해 R_2에서 소비되는 전력 P를 구하면

$$P = I_1' R_2' = \frac{100^2}{(R_1 + R_2')^2} \times R_2' = \frac{100^2}{(R_1^2/R_2') + 2R_1 + R_2'}$$

$R_1^2/R_1' = R_2'$, 결국 $R_1 = R_2'$일 때 P는 최대가 되므로

$$R_2' = 10010^2 R_2, \qquad \therefore R_2 = 1\,[\Omega]$$

이때 R_2에서 소비되는 전력은

$$P = 100^2(4R_1) = 25\,[\mathrm{W}]$$

이와 같이 부하에서 인출되는 전력이 최대가 되도록 부하 임피던스를 선택하는 것(일정부하에 대해서는 권수비를 선택하는 것)을 임피던스 정합(impedance matching)이라고 하며, 또한 이와 같은 목적으로 사용되는 변압기를 정합 변압기(matching transformer)라고 한다.

2) 실제의 변압기

실제의 변압기는 ① 자속 ϕ를 만들기 위한 자화전류(magnetizing current, ϕ와 동위상)가 흐른다. ② 철심의 히스테리시스 현상에 의한 히스테리시스손(hysteresis loss)이나 전류에 기인하는 와전류손(eddy current loss) 등의 철손(iron loss)이 발생한다. ③ 1차, 2차 권선 자신의 저항이나 각각의 권선에만 쇄교하는 누설자속에 기인하는 누설 리액턴스(leakage reactance) 등이 존재한다 등의 점에서 이상 변압기와 다르다.

그래서 그림 8·13의 이상 변압기를 기본으로 실제의 변압기 회로를 구하면 그림 8·16과 같이 된다. 이 그림에서 중앙의 파선으로 둘러싸인 부분이 이상 변압기에 해당한다. 각각 r_1, r_2는 1차, 2차 권선의 저항 x_1, x_2는 1차, 2차 권선의 누설 리액턴스이다. 또한 g_0는 철손에 해당하는 유효전류, 즉 철손전류(core loss current) $\dot{I}_m$가 흐르는 여자 컨덕턴스(exciting conductance), b_0는 인기전압보다 90° 위상이 뒤진 자화전류 $\dot{I}_\mu$

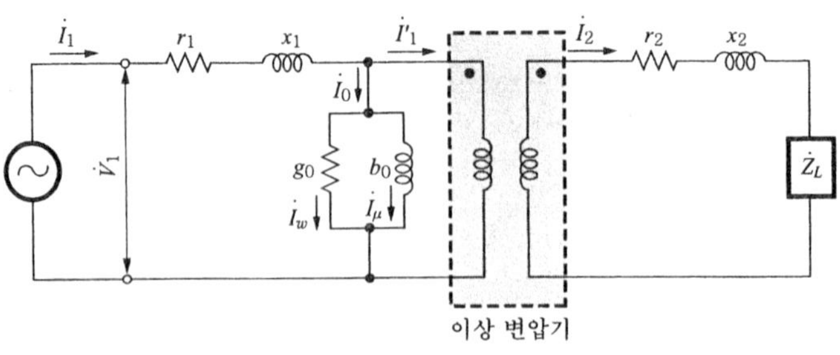

그림 8·16 실제의 변압기

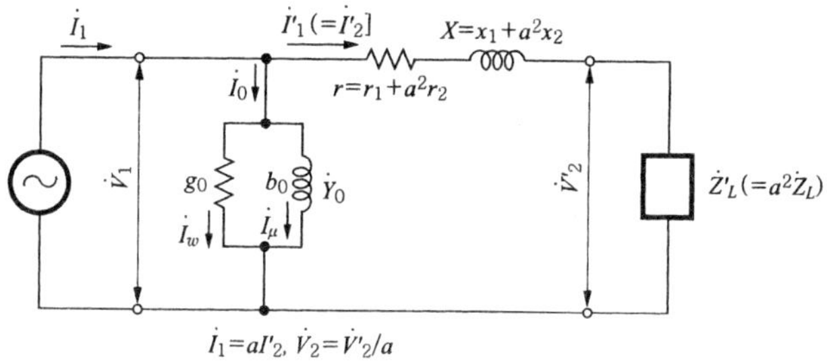

그림 8 · 17 실제 변압기의 등가회로

가 흐르는 여자 서셉턴스(exciting susceptance)이며, 이것을 합성한 $\dot{Y}_0=g_0-jb_0$를 여자 어드미턴스(exciting admittance)라고 하며, 또한 $\dot{I}_0=\dot{I}_w+\dot{I}_\mu$를 여자전류 또는 무부하시에도 흐르는 의미에서 무부하전류(no-load current)라고 한다.

그림 8 · 16에서 1차 누설 임피던스 r_1+jx_1에 의한 영향은 작으므로 계산을 쉽게 하기 위해 여자전류가 흐르는 회로를 이것의 왼쪽으로 이동한 위에 그림 8 · 14 (a)와 같은 1차 환산 등가회로를 구하면 그림 8 · 17과 같은 실제 변압기의 등가회로가 얻어진다. 이 등가회로를 이용하여 변압기의 여러 가지 특성을 계산할 수가 있다.

예제 8 · 7 정격출력 10 [kVA]인 변압기가 있다. 부하역률 100 [%]에서 전부하시의 동손은 200 [W], 철손 50 [W]이다.

(a) 25 [%] 부하시의 효율은 얼마인가?

(b) 효율은 몇 [%] 부하시 최대가 되는가?

단, 어떤 경우도 부하역률은 100 [%]로 한다.

풀이 (a) 효율 η는

$$\begin{aligned}\eta &= \text{출력}/\text{입력} = \text{출력}/(\text{출력}+\text{손실})\\ &= \text{출력}/(\text{출력}+\text{철손}+\text{동손})\\ &= V_2'I_2'/(V_2'I_2'+P_i+I_2'R)\end{aligned}$$

로 표시된다.

25 [%] 부하일 때 동손 P_c는 $200\times(0.25)^2=1.25$ [W]가 되지만 철손 P_i는 변하지 않으므로

$$\eta=\frac{10\times10^3\times0.25}{10\times10^3\times0.25+50+12.5}\times100=97.56\,[\%]$$

(b) $\eta=V_2'/\{V_2'+(P_i/I_2')+I_2'R\}$로 변형할 수 있으므로 $P_i/I_2'=I_2'R$일 때, 결국

P_i(철손) $= I_2'^2 R$(동손)일 때 η는 최대로 된다. 따라서, m을 부하율이라 하면 $P_c = 50 = 200 \times m^2$에서 $m = 0.5$가 된다. 즉, 50[%] 부하일 때 효율은 최대가 된다.

8.7 유도 전동기

[1] 원리

그림 8·18에 나타내는 바와 같이 농형을 한 도체의 외측에 회전 가능한 구조의 자극을 배치하여 이것을 시계방향으로 회전시키면 플레밍의 오른손 법칙에 의해 N극 근방에 있는 도체에는 ⊙방향의, S극의 그것에는 ⊗방향의 기전력이 유도된다.

이 기전력에 의해 **단락환**(end ring)으로 단락된 농형 도체(squirrel-cage conductor)에 유도전류가 흐르게 되지만 농형 도체는 자극에 의한 자계 속에 있으므로 플레밍의 왼손 법칙에 의해 이것에 자극의 회전방향과 같은 방향의 전자력(토크)이 작용하여 회전자는 회전한다.

그렇지만 이대로라면 전동기로 될 수 없다. 왜냐하면 회전자를 회전시키기 위해서 자극도 회전시키지 않으면 안 되기 때문이다.

그래서 3상 교류를 이용하여 회전하는 자극 회전 자계(rotating magnetic field)를 전기적으로 발생시킬 수 있는 방법이 고안되었다.

그림 8·19에 3상 교류에 의한 회전 자계의 발생원리를 나타낸다. 그림 8·19 (a)와 같이 고정자 철심에 a, b, c의 3권선(1차 권선)을 각각 120°씩 위상을 어긋나게 감고 여기에 그림 8·19 (b)의 3상 교류전류를 흐르게 하면 그림 8·19 (c)에 나타내는 기자력이

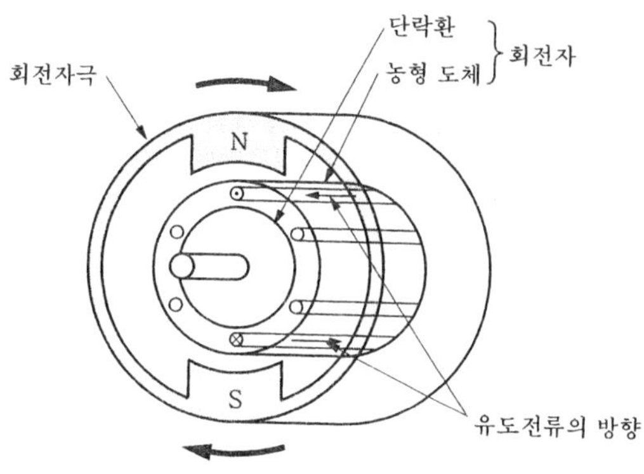

그림 8·18 유도 전동기의 원리

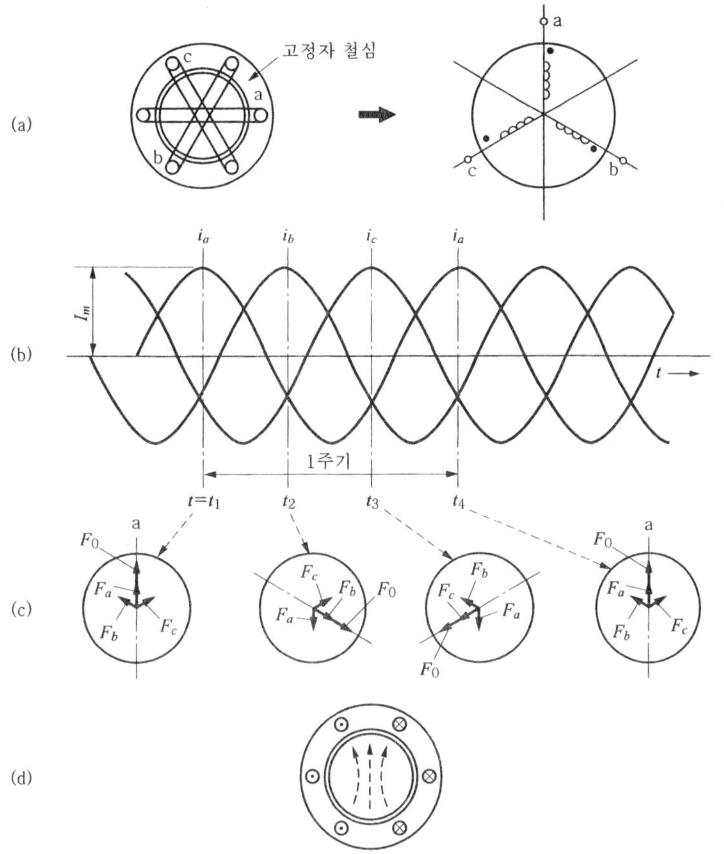

그림 8 · 19 3상 교류에 의한 회전 자계의 발생

발생한다. 즉, 그림 8 · 19 (b)의 시각 $t=t_1$에서는 a권선에 I_m, b 및 c권선에는 $-I_m/2$의 전류가 흐르므로 이들 전류에 의해서 생기는 기자력을 벡터적으로 합성한 것은 그림 8 · 19 (c)의 F_0와 같이 되어 그 방향은 a권선의 축과 일치한다.

이와 같이 하여 $t=t_2$, t_3, t_4에 대해서 조사해 보면 권선전류가 최대가 되는 권선축과 그때의 합성 기자력(자계)방향은 일치하고 자계는 시간의 경과와 함께 회전하는 것, 또한 자계의 1회전에 요하는 시간을 교류전류의 1주기와 꼭 일치한다는 것 등을 알 수 있다. 또, 그림 8 · 19 (d)는 $t=t_1$의 순시 자속분포를 나타내고 N, S 2극이 형성되어 있는 것이 명백하다. 이상에 의해 3상 권선에 3상 교류전류를 흐르게 하는 것에 의해 회전 자계가 발생하는 것이 명백해졌다. 그림 8 · 18의 회전자극을 그림 8 · 19 (a)와 같은 3상 권선을 가지는 고정자로 치환한 것이 3상 유도 전동기이다.

예제 8·8 그림 8·19에서 3상 교류전류의 주파수가 60 [Hz]일 때, 회전 자계의 회전 속도는 몇 [rpm]인가?

풀이 회전 자계는 1초간에 60회전하므로 $60 \times 60 = 3600$ [rpm]

[2] 동기속도와 슬립

그림 8·19에는 2극의 유도 전동기를 나타냈으나 4극, 6극, …… 등 극수가 많은 유도기도 고정자 권선의 수나 배치 등을 변경하는 것에 의해 쉽게 구성할 수 있다. 이와 같은 다극기에 대칭 3상 전압을 인가하면 그림 8·19와 같은 회전 자계가 발생하지만 그 회전속도는 자극수의 증가와 함께 지연되고 전원의 주파수를 동일하게 하면 4극기에서는 2극기의 경우의 1/2, 6극기에서는 동일하게 1/3, …… 등으로 된다.

일반적으로 $2p$극기(p는 극쌍수)인 회전 자계의 회전속도 n_s는 다음 식으로 표시된다.

$$n_s = f/p\,[\mathrm{rps}] = 60f/p\,[\mathrm{rpm}] \tag{8·24}$$

단, f[Hz]는 전원 주파수이다.

식 (8·24)의 n_s는 동기속도(synchronous speed)라고 부르고 있다.

예제 8·9 주파수 60 [Hz], 8극인 3상 유도 전동기의 동기속도를 구하라.

풀이 $n_s = 60 \times 60/4 = 900$ [rpm]

그런데 유도 전동기의 회전자는 회전 자계와 동일방향으로 발생하는 토크에 의해 회전하는 것이지만 그 속도는 반드시 회전 자계의 속도(동기속도) 이하가 된다. 이것은 만약 회전속도가 동기속도와 일치하면 회전 자계와 회전자의 상대속도가 0이 되고 농형 도체에는 기전력이 유도되지 않는 결과, 토크가 발생하지 않기 때문이다. 회전자의 회전속도를 n으로 놓고 동기속도에 대한 회전 자계와 회전자의 상대 속도비를 구하면 다음 식과 같이 된다.

$$s = (n_s - n)/n_s \tag{8·25}$$

식 (8·25)로 주어지는 s는 슬립(slip)이라 부르며 유도 전동기에서는 실제의 회전속도를 표시하므로 이 s를 사용하는 일이 많다. 전동기의 무부하 운전시에는 토크=0이므로 $n = n_s$, 따라서 $s = 0$. 또한 정지하고 있을 때는 $n = 0$ 따라서 $s = 1$이다.

예제 8·10 60 [Hz], 4극인 3상 유도 전동기가 슬립 4 [%]로 운전하고 있을 때의 회전속도를 구하라.

풀이 식 (8·25)에서 회전속도를

$$n = n_s(1-s)$$

이다.

$n_s = 60 \times 60/2 = 1800$ [rpm]이므로 이것을 윗식에 대입하면

$$n = 1800 \times (1-0.04) = 1728 \text{ [rpm]}$$

[3] 토크 특성

그림 8·20에 나타내는 바와 같이 3상 유도 전동기의 축에 부하를 접속하여 전동기의 전원단자에 3상 교류전압을 인가하면 고정자 권선(1차 권선)에 3상 교류전류가 흐르고 회전자계가 발생하여 전동기는 기동한다. 그후, 전동기는 가속하여 최종적으로는 일정한 회전속도로 회전한다. 이하, 이 정상운전에 이르는 과정을 생각해 본다.

그림 8·21은 유도 전동기의 전원전압을 일정하게 유지하면서 슬립 s(즉, 회전속도 n)을 변화시켰을 때에 전동기의 발생토크 T의 특성을 나타낸 것이다. 그림의 T_s는 $s=1$, 즉 정지시의 토크(기동토크, starting torque), T_m은 최대토크(maximum torque)를 각각 표시하고 있고 또한 $s=0$에서는 이미 설명했듯이 $T=0$으로 되어 있다.

한편 T_L은 부하의 토크 특성을 나타낸 것으로 그림의 예에서는 속도의 상승과 함께 부하토크가 증가하고 있다는 것을 알 수 있다.

그런데 정지하고 있는 전동기에 전원전압을 인가하면 전동기의 발생토크$(=T_s)>$부하토크$(=0)$이므로 이들의 차인 토크에 의해 전동기는 점점 가속하여 $T=T_L$인 점 P에 도달하면 가속토크 $=0$이 되어 정상 운전상태에 들어간다. 물론 부하의 토크 특성에

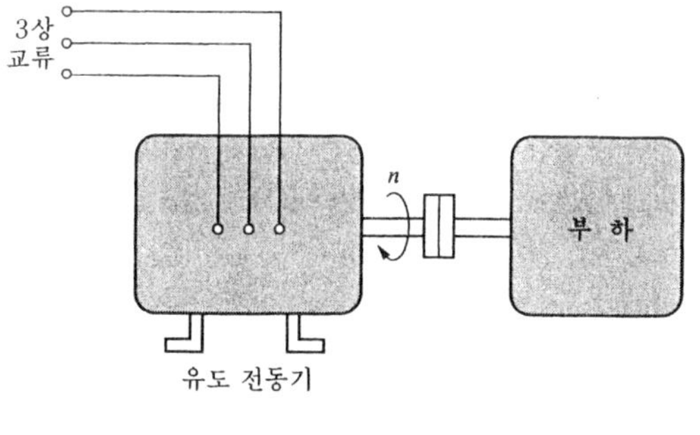

그림 8·20 3상 유도 전동기의 운전

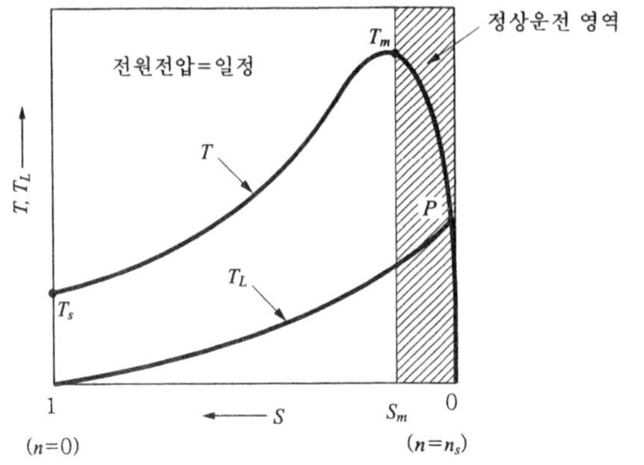

그림 8·21 토크-슬립 특성

의해서는 안정된 동작점이 정해지지 않고 운전불능이 되는 경우도 있다.

일반적으로 최대토크를 발생하는 슬립 s_m은 0.1~0.3 정도이며 정상운전시의 슬립은 그림 8·21의 흑색망으로 표시된 $s_m > s > 0$의 범위 내에 들어가는 것이 보통이다. 이 정상운전 영역 내에서는 슬립의 변화가 작으므로 부하변동에 대한 속도변동은 그다지 없고 유도 전동기는 거의 정속도 특성을 가지고 있다고 말할 수 있다. 이와 같은 속도 특성은 마치 일정여자로 전기자 전압을 일정하게 한 경우의 직류 전동기 특성[식 (8·6) 참조]과 유사하다는 것을 알 수 있다.

예제 8·11 정격출력 22 [kW], 50 [Hz], 6극인 3상 유도 전동기가 있다. 전부하시의 입력은 24.2 [kW], 회전속도는 960 [rpm]이었다. 그때의 (a) 슬립, (b) 효율, (c) 발생토크를 구하라.

풀이 (a) 동기속도 $= 60 \times 50/3 = 1000$ [rpm]

$\therefore s = (1000 - 960)/1000 = 0.04$

(b) 전부하시의 출력 $P_0 = 22$ [kW]

효율 $=$ (출력/입력) $\times 100 = (22/24.2) \times 100 \fallingdotseq 91$ [%]

(c) 토크 $T = P_0/\omega_m = 22 \times 10^3/(2\pi \times 960 \times 60) = 218.8$ [N·m]

[4] 속도제어(speed control)

유도 전동기의 회전속도는 식 (8・24) 및 식 (8・25)에 의해 다음 식으로 표시된다.

$$n = n_s(1-s) = \frac{60f}{p}(1-s) \qquad (8\cdot 26)$$

식 (8・26)에 의해 유도 전동기의 속도를 제어하기 위해서는 다음의 세 가지 방법이 있다.

① 극쌍수 p(극수)를 변화한다. ② 전원 주파수 f를 변화한다. ③ 슬립 s를 변화한다. 이러한 방법에 대해서 간단히 설명한다.

1) 극수를 전환하는 방법

이 방법은 미리 몇 개인가 고정자 권선의 조를 준비하여 그 접속을 변경하는 것에 의해 극수를 전환하여 동기속도를 변화하는 것이다. 구성은 간단하지만 연속적으로 속도를 제어하는 것은 불가능하다.

2) 전원 주파수를 제어하는 방법

최근 급속히 발달한 사이리스터나 파워 트랜지스터 등의 전력용 반도체 소자를 이용한 가변 주파의 교류전원이 비교적 쉽게 입수할 수 있게 되었으므로 최근에 다수 채용되게 되었다. 이 방법에 의하면 연속적인 속도제어가 가능해지지만 극수 전환법이나 다음에 설명하는 1차 전압 제어법에 비하여 코스트가 높아진다.

3) 1차 전압을 변환하는 방법

유도 전동기의 토크는 슬립을 일정하게 하면 전원전압의 제곱에 비례하므로 전원 주파수를 일정하게 유지한 채로 전원전압의 크기를 변화하면 슬립이 변화되어 속도를 제어할 수 있다. 이 방법은 비교적 간단히 실현할 수가 있으나 슬립의 증가에 따라서 효율이 현저히 저하되므로 광범위한 속도제어에는 부적합하고 수십 [kW] 이하의 소용량기에만 적용되고 있다.

예제 8・12 전원 주파수 제어에 의해 유도 전동기의 속도제어를 행할 경우, 전원전압에 대해서 어떤 점에 유의해야 하는가?

풀이 회전 자계에 의한 자속을 거의 일정하게 유지하기 위해 V/f(V : 전원전압)가 일정하게 되도록 f의 변화와 함께 V도 변화시킨다. 이와 같이 전원전압을 제어하면 주파수가 변화해도 최대토크는 거의 일정해지므로 광범위한 속도제어에 최적이 된다.

[5] 단상 유도 전동기

그림 8·22의 3상 유도 전동기에 있어서 3조의 고정자 권선 중 임의의 2개를 제거하면 그림 8·22와 같이 단상 유도 전동기가 된다.

이 그림의 전원 단자에 단상 교류전압을 인가해도 3상 유도 전동기에서 발생한 것과 같은 회전 자계는 생기지 않으므로 기동시의 토크는 0으로 회전하지 않는다. 그런데 외부에서 회전자를 어느 쪽의 방향인가로 돌려주면 그 방향에 토크가 발생하고 3상 유도 전동기와 마찬가지로 어떤 슬립에서 회전한다. 이와 같이 이 전동기는 자기 기동할 수 없으므로 여러 가지 기동장치를 부가한 것이 실용되고 있고 그 주된 것을 그림 8·23에 나타낸다.

그림 8·23 (a), (b)는 모두 기동시에 2상 권선에 2상 교류(또는 이것에 가까운 것)를 인가하여 3상의 경우와 마찬가지인 회전 자계를 발생시키도록 한 것이다. 그림 8·23 (a)는 분상 기동형(split-phase type)이라고 불리는 방식이다. 전원전압을 인가하면 주권선 M과 90° 어긋난 위치에 배치한 고저항을 가지는 보조권선 A에는 주권선 전류 $\dot{I}_M$보다 앞선 위상의 전류가 흐르므로 불완전하면서도 2상 회전 자계가 생겨서 전동기는 기동된다. 그후, 가속하여 슬립이 0.2 전후로 되면 원심력 스위치 S가 열려 권선 A는 회로에서 자동적으로 분리되어서 순단상 유도 전동기로서 동작한다.

한편, 그림 8·23 (b)는 콘덴서 기동형(capacitor-start type)으로 이 경우는 콘덴서 C의 작용에 의해 $\dot{I}_M$과 $\dot{I}_A$의 위상차를 $\pi/2$에 가깝게 할 수가 있고 거의 완전한 회전 자계가 얻어진다. 따라서, 기동 특성은 그림 8·23 (a)의 분상 기동형보다 우수하다. 기동이 완료되면 스위치 S에 의해 보조권선은 분리된다. 또한 기동시도 운전시도 권선 A에 직렬로 일정한 콘덴서를 삽입해 두는 영구 콘덴서 모터나 운전시, 기동시에 콘덴서의 용량을 전환하는 2값 콘덴서 모터도 실용되고 있다.

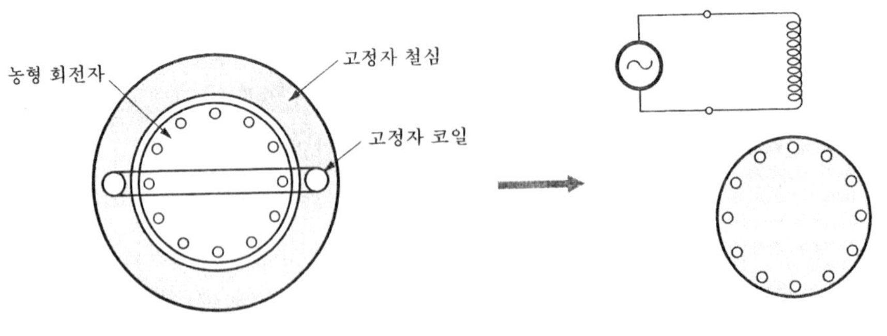

그림 8·22 단상 유도 전동기

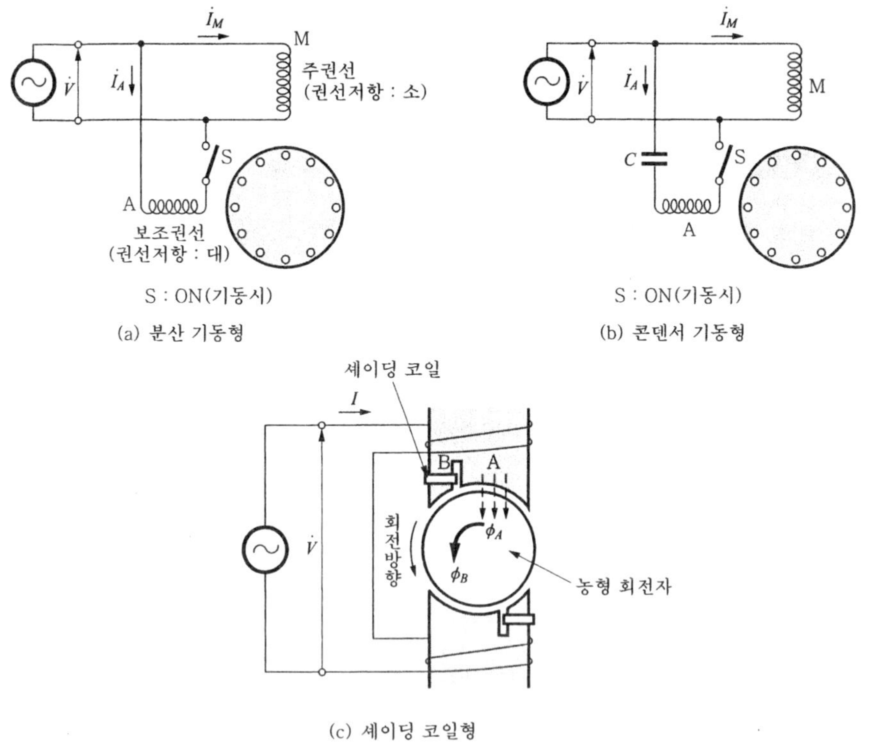

그림 8 · 23 각종의 단상 유도 전동기

그림 8 · 23 (c)는 셰이딩 코일형 단상 전동기(shaded-pole single induction motor)로 이것은 자극의 일부에 동의 고리로 된 셰이딩 코일을 설치한 구조를 가진다. 1차 권선에 교류전압을 인가하면 그림 8 · 23의 A, B의 부분에 자속 ϕ_A, ϕ_B가 생기지만 ϕ_B는 ϕ_A의 변화에 의해 지연되어 변화한다. 이것은 셰이딩 코일에 단락전류가 흐르는 결과 ϕ_B의 변화가 방해받기 때문이다. 그 때문에 자속은 ϕ_A에서 ϕ_B로 향해서 이동하여 일종의 이동 자계가 생긴다. 이 이동 자계에 의해 전동기는 그림의 방향으로 회전하는 것이다.

예제 8 · 13 분상 기동형 단상 유도 전동기의 회전방향을 반대로 하기 위해서는 어떻게 하면 좋은가? 또한 셰이딩 코일형 전동기의 경우는 어떠한가?

풀이 (1) 분상기동형 : 주권선과 보조권선 중 한쪽의 접속을 전원에 대하여 반대로 하면 된다.

(2) 셰이딩 코일형 : 전동기 회전방향은 항상 셰이딩 코일이 없는 부분에서 있는 부분으로 향하므로 이것을 변경하는 것은 불가능하다.

8.8 전동력 응용

8.8.1 전기철도의 역사

철도의 시작은 증기기관차로서 1829년 영국의 스티븐슨(Stephenson, G.)에 의해서 실용화되었으며 전기철도는 1834년 미국의 다벤포트(Tomas Davenport)가 전지에 의한 모형을 만들면서 비롯하여 1879년 독일의 지멘스 하르스케(Siemens und Halske) 사에서 베를린에서 열린 산업박람회에 출품한 제3궤조 방식의 직류전기 기관차가 최초이고, 상용화는 같은 회사에 의해서 1881년 베를린시 부근의 리히테르페르데(Lichterfelde)에 역시 제3궤조방식의 시가전차영업을 시작한 것이 최초이다.

우리나라는 1898년 미국인인 콜블렌(Collblen, H.)과 보스트위크(Bostwick, H. D.)가 당시 대한제국(1897~1910)의 고종황제로부터 특허를 받아 서대문에서 동대문까지 구간에 노면전차(DC 600 [V])를 시설하여 상업운전한 것이 전기철도의 효시이다.

이 노면전차는 발전을 거듭하여 영업거리 40.6 [km], 보유차량 213대에까지 이르렀으나 서울시내의 인구증가에 따른 시내버스의 등장과 교통혼잡으로 인하여 1968년 11월 30일 운행을 끝으로 폐지하였다.

그후 주로 산악지역을 중심으로 1927년 경원선 구간 중의 일부인 철원에서 내금강에 이르는 구간과 1937년 복계에서 고산간 등 전철화가 계속되었다. 또한 중앙선의 일부인 단양에서 풍기 사이도 1944년 전철화를 위해 착공하였으나 한국전쟁으로 중단되었다. 1963년 이후 경제개발 5개년 계획으로 산업물자의 수송을 위해 1973년 중앙선을 전철화한 데 이어 그 이듬해에는 태백선, 그 다음해에는 영동선(철암에서 북평간)을 전철화하였다. 한편 서울을 중심으로 한 수도권 전철은 1974년 8월 15일 지하철 1호선 중의 지하서울역과 지하청량리역 사이 개통을 시작으로 2001년 현재 서울특별시 지하철 9개 노선을 포함하여 광역시(부산, 인천, 대구, 대전, 광주)에 도시전철(지하철)이 운행하고 있거나 공사중에 있다. 그리고 현재 서울과 부산 사이에 프랑스산 고속전철인 TGV건설이 한창이다.

일반적으로 고속전철이라 함은 200 [km/h] 이상의 속도를 낼 수 있는 전철을 일컫는다.

레일방식의 열차에는 레일 점착력의 한계(일반적으로 400 [km/h] 이하로 보고 있다)를 뛰어넘는 속도를 낼 수 없다는 것이 현재까지 공인된 이론이다. 현재 상업운전 최고속도는 TGV의 영국과 프랑스해협선에서 300 [km/h]로 운전하고 있다. 세계적으로는 앞으로 자기부상열차(磁氣浮上列車)의 상용화를 위해 연구와 실험을 계속하고 있다. 이처럼 전기철도는 고속, 대량수송의 시대에 주축이 될 교통기관으로 발전을 계속해 나갈 것으로 전망된다.

서울을 중심으로 한 수도권전철의 전기방식을 살펴보면 지상구간에서는 교류 25,000 [V]를 급전 받아서 직류로 정류하여 운전하며, 지하구간에서는 직류 1500 [V]를 급전받는 방식을 채택하고 있다.

8.8.2 전기철도의 정의

전기철도(electric railway)는 「전기를 주동력으로 하는 전기차를 운행하여 여객 및 화물수송을 하는 철도를 말한다」.

1) 동력방식에 의한 철도의 분류

① 증기철도(steam railway)

② 전기철도(electric railway)

③ 내연기철도(internal combustion railway)

2) 전기철도의 구성

① 전철변전설비(변전소)

② 전철급전설비(전차선로)

③ 전철부하설비(전기차)

8.8.3 전기방식에 의한 분류

1) 직류 전기철도

① 직류방식의 분류 : 전압으로만 분류한다.

(예 : 직류 600 [V], 750 [V], 1500 [V], 3000 [V])

※ 우리나라 : DC 1500 [V] 사용

② 직류방식의 특징

· 전압이 낮아 절연계급을 낮출 수 있고

· 통신 유도장해가 없으며

· 경량 단거리 수송에 유리하나

· 운전전류가 커서 누설전류에 의한 전식(電蝕) 대책이 필요하다.

2) 교류 전기철도

① 교류방식의 분류 : 상별, 주파수별, 전압별로 분류한다.

표 8·1 교류 전기철도의 전기방식과 종압종별

전기방식		전압종별
교류식	단상	16 2/3 [Hz] : 11 [kV], 15 [kV] 25 [Hz] : 6.6 [kV], 11 [kV] 50 [Hz] : 6.6 [kV], 16 [kV], 20 [kV], 25 [kV] 60 [Hz] : 25 [kV]
	3상	16 2/3 [Hz] : 3.7 [kV], 6 [kV] 25 [Hz] : 6 [kV]

〔참고〕 우리나라 : AC 단상 60 [Hz] 25,000 [V] 사용

② 교류 급전방식의 특징

· 대용량 중·장거리 수송에 유리하며

· 에너지 이용률이 높고

· 사고시 선택차단이 용이하며

· 전식(電蝕)의 우려가 없으나

· 통신 유도장해 대책이 필요하다.

8.8.4 전기차 형태에 의한 분류

1) 경량전철(輕量電鐵)

① 철제차륜 경전철

② 고무차륜 경전철

③ Monorail 경전철

④ LIM 경전철

2) 중량전철(重量電鐵)

① 전동차(도시전철용)

② 전기기관차

8.8.5 운전속도에 의한 분류

① 완속전철

② 고속전철

③ 초고속전철

8.8.6 운송목적에 의한 분류

① 시가지 전철(street electric railway)
② 도시 전철(rapid transit electric railway)
③ 수도권 전철(metropolitan electric railway)
④ 광역 전철(wide eletric railway)
⑤ 도시간 전철(interurban eletric railway)

연습문제

1. 전동력 응용의 장점과 단점에 대하여 기술하라.

2. 전동기의 선정방법에 대하여 기술하라.

3. 전동기의 정격(rating)에 대하여 기술하라.

4. 무정전 전원공급장치(UPS)의 구성에 대하여 설명하라.

5. 전동기의 속도제어 방식 중 VVVF 방식에 대하여 설명하라.

9 전 열

9.1 전열의 기초

열량의 단위에는 줄(J : Joule)의 킬로와트시([kWh])와 칼로리([cal]) 등이 있다. 일반적으로 킬로칼로리([kcal])를 많이 사용하며, 1 [kcal]는 1기압(氣壓)하에서 질량 1 [kg]의 증류수를 14.5 [℃]에서 15.5 [℃]까지 1 [℃] 올리는 데 필요한 열을 말하며, 1 [kcal]=4186.05 [J], 1 [J]=0.239 [cal]의 관계가 있다. 또, 전력량과 열량은 1 [kWh]=860 [kcal]로 정해져 있다.

물체의 온도를 상승시키는 데 필요한 열량 Q [kcal]는 물체의 질량 M [kg], 평균비열 C [kcal/kg · deg] 및 온도차 θ [deg]의 곱에 비례하며, 물체의 상태가 변하여 용해 또는 증발시킬 때는 용해열 또는 증발열이라 부르는 잠열 h [kcal/kg]이 필요하다.

즉, $Q = MC\theta + Nh = M(C\theta + h)$ [kcal]로 표현할 수 있으며, 이때 Q를 유효열량(有效熱量)이라 한다. 실제의 물체를 가열하는 데는 유효열량 외에 전도(傳導), 방사(放射), 대류(對流)에 의하여 방산되는 손실열량 q_L과 노(爐) 등의 자체에 축적되는 축열량(畜熱量) q_c를 공급하여야 한다. 그러므로 공급열량을 Q_s라 하면 $Q_s = Q + q_L + q_c$ [kcal]의 공급열량이 필요하다. 이 유효열량의 공급열량에 대한 비를 열효율 $\eta = Q/Q_s$로 표시된다. 공급열량에 대한 소요전력은 Q_s [kcal]를 얻기 위하여 P의 전력으로 T시간 가열하였다면 $P = Q/860 \cdot \eta \cdot T$ [kW]의 전력이 필요하게 된다.

9.2 전기가열의 특징

열원으로서 전력을 사용하는 경우 다른 열원에 비하여 유리한 점은 다음과 같다.

1) 매우 높은 온도를 얻을 수 있다

석탄·석유·가스 등의 일반적인 열원의 연소에 의해서 얻어지는 온도는 공업적으로 1500 [°K] 정도가 한도이다. 한편 아크에 의한 가열이라든가 피열물 자체에 직접 전류를 통하여 가열하는 방법으로는 2000 [°K] 이상의 온도를 쉽게 얻을 수 있다. 또한 전류밀도가 큰 플라즈마에 의한 가열에서는 수 10,000 [°K] 이상의 초고온의 발생이 가능하다.

2) 내부가열이 가능하다

연료에 의한 경우에는 물체의 표면에서만 가열되므로 열원과 물체 사이의 열저항에 의한 온도차가 생겨 필요한 가열온도보다 높은 열원이 필요하므로 열효율이 나빠진다. 또한 피열물의 내부를 균일하게 가열하는 것이 곤란하다. 전기가열에서는 직접 통전에 의한 가열의 경우이든 유도가열 또는 유전가열의 경우이든 피열물의 내부에 열을 발생시킬 수 있으므로 피열물 자체가 최고 온도로 되며, 열전도가 잘 될 수 있으므로 열효율이 좋아지고 온도 상승속도를 빠르게 할 수 있으며 균일가열도 쉽게 할 수 있다.

3) 열효율이 높다

연료를 사용하는 가열에서는 연소 가스, 과잉 공기가 배기구로 유출될 때 유실되는 열 또는 미연소가스의 함유열량이 많지만 직접식은 물론 간접식의 전기가열에서는 발생가스가 없고, 또 밀폐 보온을 잘 할 수 있으므로 효율이 높다.

4) 노기제어가 쉽다

전기가열에서는 연소에 의하여 발생되는 오염이나 가스의 발생이 없기 때문에 진공중에서 가열하거나 적당한 불활성가스를 봉입한 상태에서도 가열이 쉬워 오손이 없이 재료의 가열을 할 수 있다. 또, 전기가열에서는 온도분포가 좋고, 온도의 제어가 쉬우므로 제품의 품질이 균일화되어 불량품이 적으므로 손실이 적다.

5) 방사열의 이용이 유효하다

연료를 사용하는 노(爐)에서는 방사열을 아래쪽으로 집중하기가 어렵지만 전기가열에서는 방사열을 임의의 방향으로 향하게 하는 것이 매우 쉽다.

6) 온도 및 가열시간의 제어가 쉽다

전기가열에서는 열원도 부하로서 전기회로의 일부를 구성하고 있기 때문에 공급전력의 조정이 매우 쉽고, 또한 온도의 분포, 가열온도, 가열시간 등의 조절이 매우 간단하다. 그러나 연료를 쓰는 경우에는 점화연료량, 공기량 등의 연소조건을 조정해서 가열온도를 조정하고 있으므로 가열온도 또는 시간의 정밀한 제어가 불가능하다.

7) 제품의 품질이 향상된다

전기가열에서는 온도분포가 양호하고 온도제어가 쉬우므로 제품의 품질이 균일화되고 또한 불량품이 적어져 양품률이 좋아진다. 또한 연료를 사용하는 경우와 같이 노 내에서 발생하는 가스, 먼지 등에 의한 제품의 오손, 변질이 없으므로 품질이 향상된다.

8) 환경을 오염시키지 않는다

연소 배출물을 발생시키지 않으므로 환경오염이 없으며, 또한 비열이 적으므로 주위의 작업환경이 양호하다.

9.3 전기가열방식의 분류

일반적으로 사용되고 있는 전기가열의 방식을 분류하면, 저항가열 · 아크가열 · 유도가열 · 유전가열 · 복사가열 등으로 분류되며, 또한 각각 그 조합방식이 있고, 이외에도 실험실용으로는 전자가열방식도 사용되고 있다.

[1] 저항가열(resistance heating)

저항가열은 전류에 의한 옴손을 이용하여 가열하는 것으로 **직접식**과 **간접식**이 있다. 직접식은 도전성의 피열물에 직접 전류를 통하여 가열하는 방식이고, 간접식은 저항체(발열체)로부터의 열을 복사 · 전도 · 대류에 의해서 피열물에 전달시켜 가열하는 방식이다.

[2] 아크가열(arc heating)

아크열을 가열에 이용하는 것으로서 직접식과 간접식이 있다. 직접식은 피열물 자체를 전극으로 하거나 아크의 매질로 삼아 가열하는 방식이다. 간접식은 아크열을 복사, 전도 또는 대류에 의해서 피열물에 전달시켜 가열하는 방식이다.

[3] 유도가열(induction heating)

교류 자계 중 전도성 물체에 생기는 와전류에 의한 저항손 또는 히스테리시스손을 이

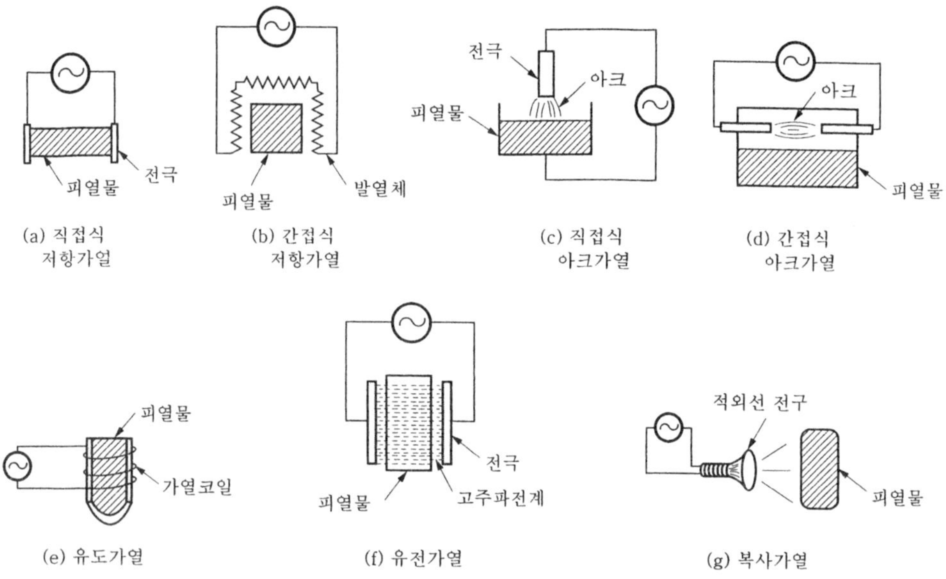

그림 9·1 각종 가열방식

용하여 가열하는 것으로서 직접 피열물 중에 생기는 와전류손에 의해서 가열되는 직접식 유도가열과 전열선 피열물을 도전성의 용기에 넣고 용기에 생긴 와전류손으로 가열하는 간접식이 있다.

또, 가열전원의 주파수에 따라서 저주파 유도가열 및 고주파 유도가열로 나눌 수 있다. 주파수가 높을수록 침투깊이는 얇게 되어 피열물 표면맛이 가열되므로 가열의 종류(균일가열, 표면가열)에 따른 적당한 주파수를 선정해야 한다.

[4] 유전가열(dielectric heating)

유도가열이 일반적으로 도전성의 피열물을 대상으로 하는 데 비하여 유전가열은 전기적 절연물을 직접 가열하는 데 사용된다. 즉, 고주파 전계 중에 절연성 피열물을 놓고, 여기서 생기는 유전체손을 이용하여 가열하는 방식이다. 유전가열에서는 방전을 일으키지 않는 범위 내의 고전계가 사용되며, 가열 주파수는 수 [MHz] 이상의 주파수가 사용된다.

[5] 복사가열(radiation heating)

적외선 가열이라고도 하며, 발열체로는 적외선 전구 또는 비금속 발열체가 있으며, 요즈음은 적외선 전구에 의한 것을 많이 사용한다.

[6] 전자빔 가열(electron-beam heating)

진공 중에서 직류 고전압에 의하여 가속된 전자류를 피열물에 조사하는 가열방식이다. 고융점 물질의 용접, 절단, 열처리, 증착 또는 플라즈마(plasma) 발생 등의 응용에 전자빔의 유용성이 크게 요구되고 있다.

이 전자빔의 발생은 열음극을 전자 공급원으로 하는 열음극 전자빔과 기체의 전리로 발생하는 플라즈마를 하전입자 공급원으로 하는 플라즈마 전자빔으로 나눌 수 있다.

9.4 전열의 계산

[1] 열회로와 옴의 법칙

열의 이동을 생각할 때 열의 흐름과 전류는 매우 흡사하다(그림 9·2, 그림 9·3). 그림 9·2와 같은 봉형태인 물체를 생각할 때 단위시간에 흐르는 열량을 열류라고 한다.

열류는 봉 양단의 온도차가 클수록 크며, 단면적도 넓으면 크고, 그러나 봉의 길이는

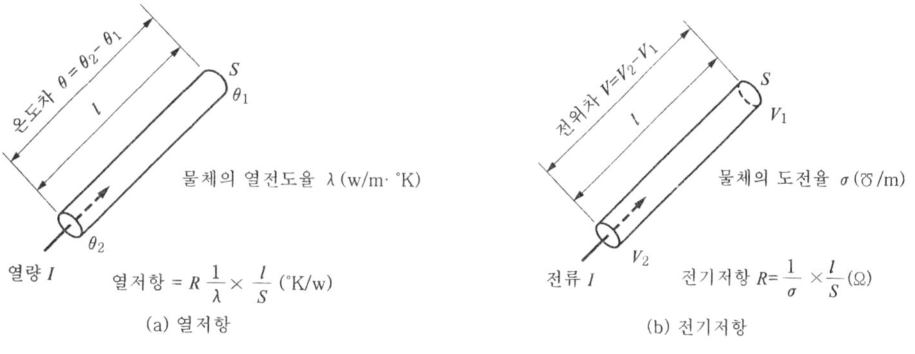

그림 9·2 열저항과 전기저항

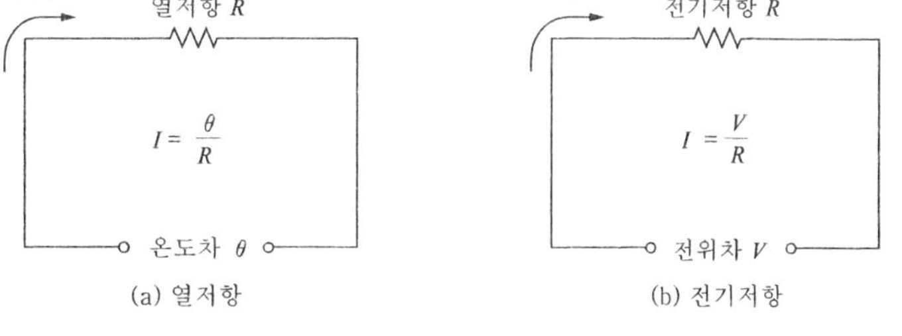

그림 9·3 열회로와 전기회로의 옴법칙

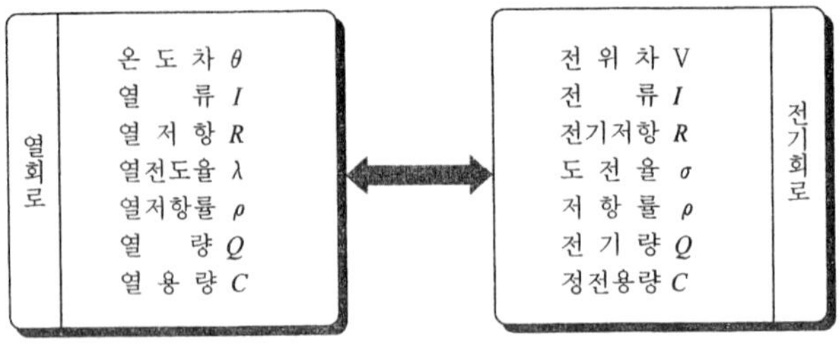

그림 9 · 4 열회로와 전기회로의 대응

길수록 작다.

이 관계를 식으로 나타내면 다음 식 (2 · 1)과 같이 된다.

$$I = \lambda \times \frac{S}{l} \times \theta \qquad (9 \cdot 1)$$

여기서 I는 열류([W]), S는 단면적([m^2]), l은 길이([m]), θ는 온도차([°K])이다. 또한 λ는 재료에 따라 결정되는 비례정수인데 열전도율이라고 하며, 단위는 [W/m · °K]로 나타낸다.

λ는 물체의 크기와 재료에 따라 결정되는 값으로

$$R = \frac{1}{\lambda} \times \frac{l}{S} \qquad (9 \cdot 2)$$

이라 하면, 식 (2 · 1)은

$$I = \frac{\theta}{R} \qquad (9 \cdot 3)$$

가 되며, 이 식은 열회로에 있어서의 옴의 법칙을 나타내고 있다. 여기서 R은 열저항(thermal resistance)이라 하고, 단위는 [°K/W]로 나타낸다.

열회로와 전기회로의 대응관계를 그림 9 · 4에 나타내었다.

[2] 열량

m[kg]의 물질을 θ[°K] 정도 온도를 상승시키는 경우 물질의 비열을 c[J/kg · °K]로 하면, 이에 소요되는 열량 Q[J]은 다음 식 (8 · 36)과 같다.

$$Q = mc\theta\,[\mathrm{J}] \qquad (9 \cdot 4)$$

여기서 mc는 물질을 1[°K] 온도를 상승시키기 위한 열량 Q[J]로서 물질의 열용량이라 하며, 단위는 [J/°K]로 나타낸다.

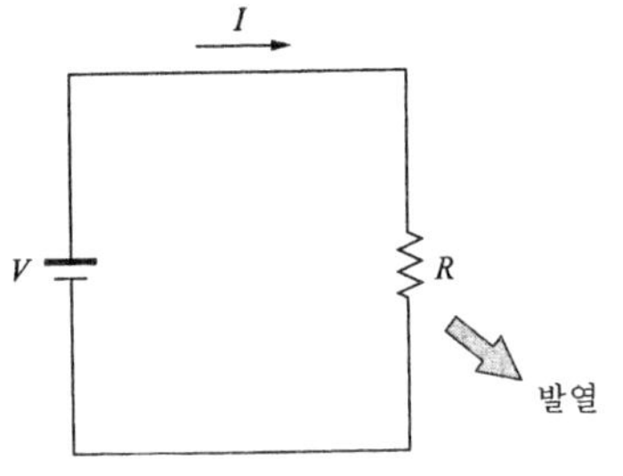

그림 9 · 5 줄의 법칙

그림 9 · 5의 회로에서 t초간에 발생하는 열량 Q [J]는

$$Q = I^2Rt \qquad (9 \cdot 5)$$

가 된다. I^2R은 R에서 소비되는 전력인데 전력을 P [W]로 나타내면

$$Q = Pt \qquad (9 \cdot 6)$$

로 된다. 식 (8 · 38)의 단위는 [W · s]가 되는데 식 (8 · 37)과 같은 식이기 때문에 [J]과 [W · s]는 같은 단위라고 할 수 있다.

전력용으로서 사용하는 1 [kW · h]는

$$1\,[\mathrm{kW \cdot h}] = 3600\,[\mathrm{kW \cdot s}] = 3600\,[\mathrm{kJ}]$$

이 된다. 열의 단위계는 SI계에서 나타내는 것으로 되어 있으나 아직 kcal계를 사용하는 경우가 많다. 열의 작업당량에서

$$1\,[\mathrm{cal}] = 4.186\,[\mathrm{J}] \qquad (9 \cdot 7)$$

이므로

$$1\,[\mathrm{kW \cdot h}] = 3600\,[\mathrm{kW \cdot s}] = 3600\,[\mathrm{kJ}] = 860\,[\mathrm{kcal}]$$

가 된다. 비열 c는 식 (8 · 39)에 의해

$$1\,[\mathrm{kcal/kg \cdot {}^\circ K}] = 4.186\,[\mathrm{kJ/kg \cdot {}^\circ K}]$$

로 되고 kcal계를 4.186배하면 된다.

표 9 · 1에 SI계와 kcal계의 단위 환산표를 나타내었다.

표 9·1 열관계의 단위 환산표

단위계	SI계	kcal계
열 량	4.186 [kJ] 1	1 [kcal] 0.24
열용량	4.186 [kJ/°K] 1	1 [kcal/℃] 0.24
열 류	1.163 [W] 1	1 [kcal/h] 0.86
열전도율	1.163 [W/m · °K] 1	1 [kcal/m · h · ℃] 0.86
비 열	4.186 [kJ/kg · °K] 1	1 [kcal/kg · ℃] 0.24

예제 9·1 주강 1 [t]을 40분에 용해하는 전기로에 필요한 입력 전류([A])는 얼마인가? 가? 단, 주강의 초기 온도는 30 [℃], 융점은 1530 [℃], 비열은 670 [J/kg · °K], 융해잠열은 314×10^3 [J/kg]으로 한다. 또한 노의 효율은 80 [%], 역률은 80 [%], 공급전압은 3상 200 [V]로 한다.

〔참고〕 잠열 : 고체가 융해하여 액체로 변화할 때 흡수하는 열에너지를 말한다.

답 $I = 2480$ [A]

풀이 $Q = mc\theta +$ 잠열

$= 1000 \times 670 \times (1530 - 30) + 314 \times 10^3 \times 1000 = 1.32 \times 10^9$ [J]

$$I = \frac{Q}{\sqrt{3} \times V \times \cos\theta \times t \times \eta} = \frac{1.32 \times 10^9}{\sqrt{3} \times 200 \times 0.8 \times 40 \times 60 \times 0.8}$$

$= 2480$ [A]

예제 9·2 10 [Ω]의 저항에 10 [A]를 10분간 흘렸을 때의 발열량은 얼마인가?

답 $H = 144$ [cal]

풀이 $H = 0.24 I^2 Rt$

$= 0.24 \times 10^2 \times 10 \times 10 \times 60 \times 10^{-3} = 144$ [kcal]

[3] 물체의 가열과 냉각

1) 비열과 열용량

비열은 물체 1 [kg]을 1 [°K]만큼 온도상승시키는 데 필요한 열량 [J]이며, c [J/°K · kg]으로 표시된다. 지금 m [kg]의 물체를 θ [°K]만큼 온도를 상승시킬 경우, 이에 필요로 하는 열량 Q[J]은 물체의 비열을 c라고 하면 다음 식 (8·40)과 같이 된다.

$$Q = m \cdot c \cdot \theta [\mathrm{J}] \tag{9·8}$$

$m \cdot c$는 물체를 1[°K]만큼 온도상승시키기 위한 열량이므로 물체의 열용량이라 하며, [J/°K]로 표시된다. 이것은 정전계에 있어 물체의 전위를 1[V] 상승시키기 위한 전기량인 것과 흡사하다.

물체의 열용량을 계산하는 경우 비열로부터 계산하려면 물체의 중량을 알아야 한다. 그러나 열저항과 조합하여 계산할 경우는 치수에 따라 계산하는 것이 편리하다.

물체의 밀도를 ρ[kg/m^3], 체적을 V[m^3]라 하면 물체의 중량 m[kg]은

$$m = \rho V [\mathrm{kg}]$$

로 되며, 물체의 열용량 C[J/°K]는

$$C = m \cdot c = c \cdot \rho \cdot V [\mathrm{J/°K}]$$

가 된다. 그러므로 식 (8·40)은 다음 식 (8·41)과 같이 된다.

$$Q = c \cdot \rho \cdot V \cdot \theta = C \cdot \theta [\mathrm{J}] \tag{9·9}$$

$c \cdot \rho$는 비열([J/°K·kg])에 밀도([kg/m^3])를 곱한 것으로서 [J/°K·m^3], 즉 단위체적당의 열용량이며, 단위체적당의 열용량을 체적 비열이라고 한다. 이 값을 알게 되면 물체의 치수로부터 열용량이 계산된다.

② 물체의 가열

식 (8·41)에 의해 다음 식 (8·42)와 같이 나타낼 수 있다.

$$\theta = \frac{Q}{C} = \frac{\text{열량}}{\text{열용량}} [\mathrm{°K}] \tag{9·10}$$

즉, 물체의 온도상승은 가해진 열량에 비례하고 열용량에 반비례한다. 이것은 콘덴서를 충전하는 경우와 같으며, 전위상승은 가해진 전기량에 비례하고 정전용량에 반비례한다.

지금 열용량을 C[J/°K], 열류를 I[W]로 하면 온도상승 θ[°K]는 다음 식 (8·43)과 같이 된다.

$$\theta = \frac{1}{C} \int I dt [\mathrm{°K}] \tag{9·11}$$

이것은 정전용량 C를 전류 I로 충전하는 경우의 전위상승과 거의 같다. 이것을 전기회로와 비교하면 그림 9·6(a)와 같이 된다. 이상은 물체가 순수한 열용량만을 가지

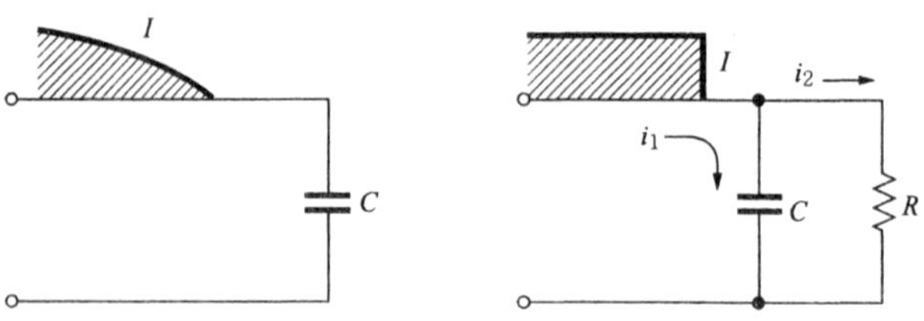

(a) 열의 누설이 없을 때 (b) 열의 누설이 있을 때

그림 9 · 6 물체가열의 등가회로

고 있고 외부에 대한 열의 누설이 전혀 없다고 가정했을 때이지만 실제는 열의 완전한 절연은 없고 반드시 누설이 있으며, 또 누설열량은 온도상승이 클수록 많아진다.

따라서 온도상승은 반드시 가해진 열량에 비례하는 것은 아니다. 전기회로의 경우도 똑같이 콘덴서에 누설이 있으면 그림 9 · 6 (b)와 같이 정전용량 C에 병렬로 누설저항 R을 고려하고 이 R을 열저항이라 생각하면 열의 경우도 전기회로와 똑같은 적용이 가능하게 된다. 지금 일정한 열류 I로 가열할 때의 온도상승은 그림 9 · 7에서 알 수 있는 바와 같이

$$\left.\begin{aligned} I &= i_1 + i_2 \\ \theta &= \frac{1}{C}\int i_1\,dt = Ri_2 \end{aligned}\right\} \qquad (9 \cdot 12)$$

$$\theta = R \cdot I(1-\varepsilon^{-t/RC}) \qquad (9 \cdot 13)$$

이 된다.

이것이 일정한 열류로 가열할 때의 온도상승을 나타내는 기본식이며, 이것을 그림으로 나타내면 그림 9 · 7과 같다. 이때 가한 열류 I 가운데 i_1은 열용량에 흡수된 열류

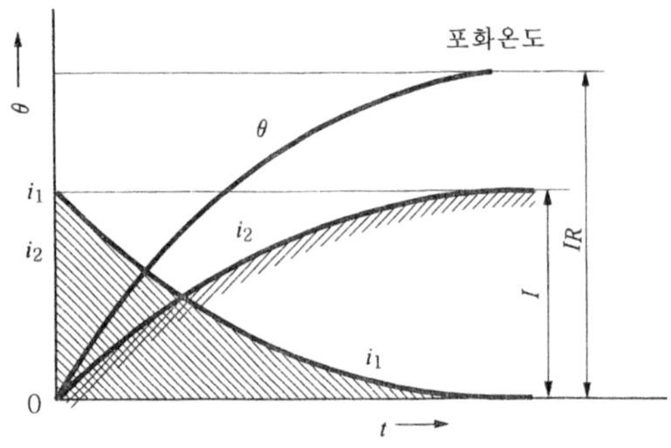

그림 9 · 7 일정한 열류로 가열하는 경우의 온도상승

이고 온도상승이 커짐에 따라 외부에 대한 누설열류 i_2는 차차 크게 되며 i_1은 작아진다. 온도상승이 커지면 가한 열류의 전부가 밖으로 누설되어 온도상승이 멈추게 된다. 즉, 이 온도가 최종 온도로서 포화열온도라고 한다. 식 (8・45)에서 $t\to\infty$일 때 포화온도 $\theta = IR$이 된다. 식 (8・45)의 R, C는 시간의 차원(dimension)을 가지는 것으로 시정수라고 하고, 온도상승이 빠르고 늦음을 결정하게 된다.

③ 물체의 냉각

일정한 온도에 있는 물체의 냉각에 대하여 생각해 보자. 물체의 열용량을 C[J/℃], 저장되어 있는 열량을 Q[J]이라 하면, 물체의 온도 θ_0는 식 (8・42)에서

$$\theta_0 = \frac{Q}{C}\ [℃] \qquad (9 \cdot 14)$$

이다. 만약 물체의 열전열이 완전하다면 열의 누설이 없으므로 물체는 언제까지나 이 온도를 유지하게 된다. 그러나 실제 열류의 누설이 있으므로 온도차는 차차 감소해서 외부 온도에 가까워진다.

이것은 그림 9・8과 같이 정전용량 C에 저장된 전기량이 저항 R을 통하여 방전할 때 전위가 전하되는 것과 같다. 이때의 전위강하, 즉 열의 경우 온도강하는 다음 식 (8・47)과 같이 계산된다.

$$\theta_0 = \theta_0 \varepsilon^{-t/RC} \qquad (9 \cdot 15)$$

이것을 그림으로 나타내면 그림 9・9와 같이 되며, 이것은 온도상승 때의 그림을 반대로 한 것과 같다.

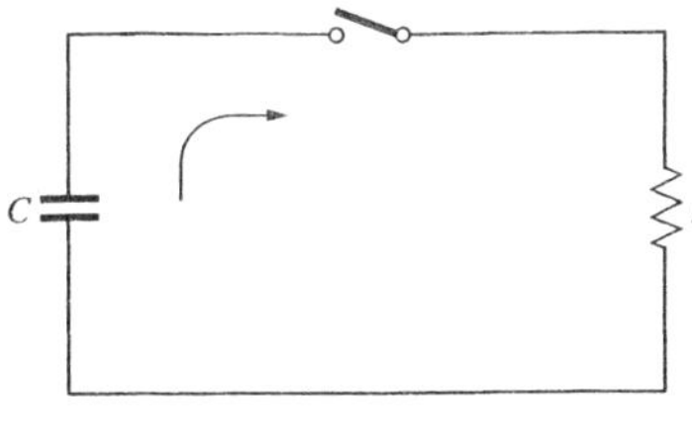

그림 9・8 물체 냉각의 등가회로

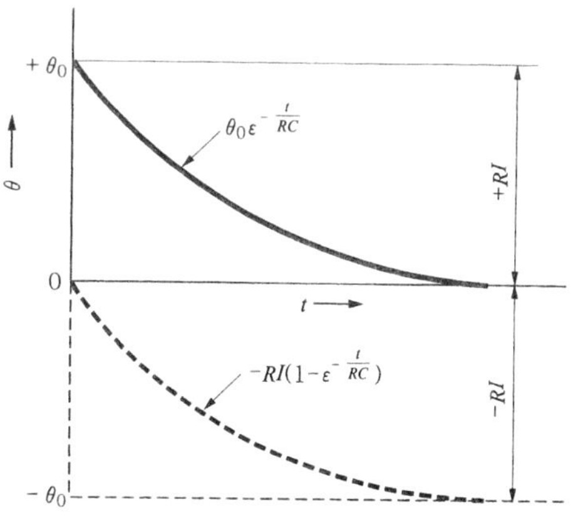

그림 9・9 물체 냉각의 온도변화

■■■ 연습문제 ■■■

1. 1 [kW]의 전열기를 이용하여 20 [℃]의 물 5 [l]를 70 [℃]까지 올리는 데 요하는 시간([min])은 약 얼마나 되겠는가? (단, 전열기의 효율은 60 [%]이다.)

2. 20 [°C]의 물 5 [l]를 용기에 넣고 1 [kW]의 전열기로 가열하여 90 [°C]로 하는 데 40분이 걸렸다. 이 전열기의 효율([%])은?

3. 지름 25 [cm], 길이가 1 [m]인 탄소전극의 열저항 값[열Ω]을 구하라(단, 전극의 고유저항은 2.5[열Ω · cm]이다).

   ㉮ 0.05 ㉯ 0.5 ㉰ 5 ㉱ 50

4. 비닐막 등의 접착에 주로 사용하는 가열 방식은?

5. 다음 가열방법 중 직접직류 전원을 사용할 수 없는 가열방법은?

6. 저항 발열체의 구비조건은?

10 전기와 생활

10.1 전기관계법

산업사회의 발전과 더불어 전기는 우리들의 일상생활에서 잠시라도 없어서는 안 되는 중요한 것이 되었다.

전기는 중요하고 편리한 반면에 위험도 따르기 때문에 그 취급에 있어서 엄격한 규제가 따른다. 이에 전기에도 안전하고 편리하게 사용하기 위한 여러 가지 규칙이 있는데 이 규칙을 전기관계법규라고 한다.

1) 전기사업법

전기사업이나 전기시설의 안전관리를 위하여 필요한 법규로서 산업자원부 장관이 고시한다.

2) 전력기술 관리법

전기 시설물의 설계, 감리, 검사, 점검 및 관리에 필요한 법규로서 산업자원부령으로 정하고 있다.

3) 전기용품 안전 관리법

전기기구의 안전확보를 위하여 전기의 생산, 수송 및 사용에 관련된 전기용품의 안전확보와 전기설비의 설치, 공사, 유지 및 운용의 안정성과 관련된 법규를 의미한다.

이 법규는 가전기구에 사용하는 콘센트나 소켓 등의 배선기구나 코드 등의 여러 가지 전기용품이 누전 등에 의해서 예기치 못한 사고를 일으키지 않도록 이들 전기용품을 제조하는 업체, 수입업체, 판매자를 대상으로 정부가 정한 것이다. 즉 제품에 형식인가 번호, 제조자명, 정격전압[V], 정격소비전력[W], 정격전류[A], 주파수[Hz] 등을 명기하도록 되어 있다.

10.2 전기검침 및 전기요금계산 방법

10.2.1 전력량계 검침

매월 정해진 검침일에 사용량을 검침하여 1개월 동안 사용한 전력량에 대한 요금을 청구한다.

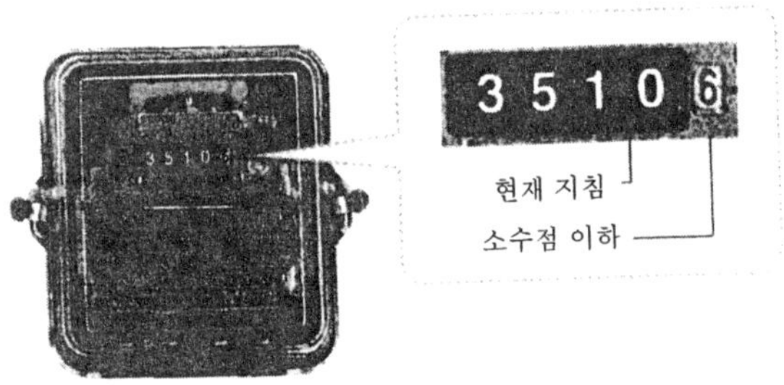

그림 10·1

▪ 전력량계 보는 법

· 검침은 정수까지 하며, 위에 [kWh] 표시까지가 정수이다.

· 그림 10·1에서 전력량계의 사용량 지침 : 3510 [kWh]

10.2.2 사용량 계산법

당월사용량=당월지침－전월지침

【예시】

당월검침일 전력량계 지침 : 3510 [kWh]

전월검침일 전력량계 지침 : 3304 [kWh]

당월사용량 : 206 [kWh]

10.2.3 사용량이 급격히 증감된 경우

증감사유를 살펴보자.

증감사유를 고객이 직접 점검	→	전월 또는 전년도 동월 사용량과 비교 최근의 전기 사용설비 증감 내용 파악

사유를 발견하지 못한 경우

고 객	→	한전 지점 검침사항 확인 · 전력량계 점검

10.2.4 전기요금 계산법

기본요금은 1호당 부과되는 요금으로 사용량에 따라 7단계로 구분되며, 사용량 요금은 전기사용량에 따른 요금으로 전기사용량이 많으면 많을수록 높은 요금단가가 적용된다.

표 10 · 1 주택용 전력(저압)

(단위 : 원)

기본요금(호당)		전력량요금(kWh)	
100 [kWh] 이하 사용	370	처음 50 [kWh]까지	33.00
		다음 50 [kWh]까지	78.10
101~200 [kWh] 사용	810	다음 100 [kWh]까지	117.50
201~300 [kWh] 사용	1440	다음 100 [kWh]까지	169.80
301~400 [kWh] 사용	3440	다음 100 [kWh]까지	245.30
401~500 [kWh] 사용	6450	다음 100 [kWh]까지	360.40
500 [kWh] 초과 사용	11,440	500 [kWh] 초과	611.40

〔참고〕 가정용 및 계약전력 3 [kW] 이하 고객에 적용

10.2.5 요금계산방법

【예시】

전력량계의 전월지침이 3304 [kWh]이고, 당월지침이 3510 [kWh]인 경우

· 사용량 : 206 [kWh] (당월지침 3510 [kWh] − 전월지침 3304 [kWh])

① 기본요금 : 1440원

② 사용량요금 : 18,323.8원(1단계 요금~4단계 요금의 합계)

- 1단계 요금 : 50 [kWh]× 33.00= 1650원
- 2단계 요금 : 50 [kWh]× 78.10= 3905원
- 3단계 요금 : 100 [kWh]×117.50=11,750원
- 4단계 요금 : 6 [kWh]×169.80= 1019원

③ 전기요금 합계(①+②)=1440원+18,323.8원=19,764원(원 미만 반올림)

④ 부가가치세(③×10 [%])=19,764×0.1=1976원(〃)

⑤ 전력산업기반기금(③×4.591 [%])=19,764×0.04591=900원(10원 미만 절사)

⑥ 청구금액(③+④+⑤)=19,764×1976원+900원=22,640원(〃)

주택용 누진요금제는 서민생활을 보호하고 에너지 과소비를 줄이기 위해 사용량이 많아질수록 요금이 증가하는 구조로 월 사용량이 300 [kWh]까지는 저렴한 편이지만, 300 [kWh]를 초과하면 조금만 더 사용해도 누진율이 큰 폭으로 증가된다. 그러므로 여름철 냉방기기나 겨울철 전열기 사용시 특히 유의해야 한다.

표 10·2 주택용 전력 사용량별 요금표

사용량	1가구	2가구	3가구	4가구	5가구
100	6780	4620	5050	5460	5890
110	8630	5520	5420	5850	6270
120	9980	6410	5800	6220	6650
130	11,320	7310	6180	6600	7030
140	12,670	8200	6560	6990	7400
150	14,020	9100	6930	7360	7790
160	15,360	9990	7830	7740	8160
170	16,700	10,880	8720	8110	8540
180	18,060	11,780	9620	8500	8910
190	19,400	12,670	10,520	8870	9300
200	20,750	13,570	11,410	9250	9670
210	23,410	15,920	12,310	10,140	10,050
220	25,360	17,270	13,200	11,040	10,430
230	27,310	18,620	14,090	11,930	10,810
240	29,260	19,970	14,990	12,830	11,180

(부가가치세 및 전력산업기반기금 포함)

표 10·3 전자식 계량기 표시항목 조견표

표 시 내 용					
번호	3종	번호	1종	번호	2종(심야)
01	현재 년월일	01	현재 년월일	01	현재 년월일
02	현재 시간	02	현재 시간	02	현재 시간
03	수동복귀 횟수	03	수동복귀 횟수	03	수동복귀 횟수
04	현재누적 유효전력량(주간, 야간)-[kWh]	04	현재누적 유효전력량-[kWh]	04	현재누적 유효전력량(저녁, 최대)-[kWh]
05	현재누적 유효전력량(저녁, 최대)-[kWh]	05	현재누적 무효전력량-[kVARh]	05	현재누적 유효전력량(심야, 경부하)-[kWh]
06	현재누적 유효전력량(심야, 경부하)-[kWh]	06	전월누적 유효전력량-[kWh]	06	현재누적 무효전력량(저녁, 최대)-[kVARh]
07	현재누적 무효전력량(주간, 중간)-[kVARh]	07	전월누적 무효전력량-[kVARh]	07	전월누적 유효전력량(저녁, 최대)-[kWh]
08	현재누적 무효전력량(저녁, 최대)-[kVARh]	08	전월누적 최대전력-[kW]	08	전월누적 유효전력량(심야, 경부하)-[kWh]
09	전월누적 유효전력량(주간, 중간)-[kWh]	09	전전월누적 최대전력-[kW]	09	전월누적 무효전력량(저녁, 최대)-[kVARh]
10	전월누적 유효전력량(저녁, 최대)-[kWh]	10	바로전 15분간(현재) 최대전력-[kW]	10	전월누적 최대전력(저녁, 최대)-[kW]
11	전월누적 유효전력량(심야, 경부하)-[kWh]	11	당월 최대전력-[kW]	11	전전월누적 최대전력(저녁, 최대)-[kW]
12	전월누적 무효전력량(주간, 중간)-[kVARh]	12	바로전 15분간(현재) 역률	12	당월평균역률
13	전월누적 무효전력량(저녁, 최대)-[kVARh]	13	당월평균역률	13	프로그램 종류
14	전월누적 최대전력(주간, 중간)-[kW]	14	전월평균역률		
15	전원누적 최대전력(저녁, 최대)-[kW]	15	프로그램 종류		
16	전전월누적 최대전력(주간, 중간)-[kW]				
17	전전월누적 최대전력(저녁, 최대)-[kW]				
18	바로전 15분간(현재) 최대전력-[kW]				
19	당월 최대전력(주간, 중간)-[kW]				
20	당월 최대전력(저녁, 최대)-[kW]				
21	바로전 15분간(현재) 역률				
21	프로그램 종류				

☞ 검침시 유의사항

- 매월 정기검침시는 검침일확정일 00시 이후에 검침하여야 함 (말일검침일은 매월 1일 이후)
- 검침시마다 1 ~ 2번 항목의 현재날짜 및 시간을 확인
- 검침시 1번 항목표시 직전에 err code가 표시될 때는 계기부서로 중계처리

표 10·4 어느 아파트의 전자식 전기계량기 표시내용

표 시 내 용(수용가 아파트)			
번호	1종		
01	현재 년월일	2003년 9월 1일	2003년 10월 1일
02	현재 시간	11.08	11.10
03	수동복귀 횟수	0	0
04	현재누적 유효전력량-[kWh]	4834.20	5120.50
05	현재누적 무효전력량-[kVARh]	923.69	979.28
06	전월누적 유효전력량-[kWh]	4826.59	4986.58
07	전월누적 무효전력량-[kVARh]	922.24	952.86
08	전월누적 최대전력-[kW]	10.338	10.688
09	전전월누적 최대전력-[kW]	9.903	10.338
10	바로전 15분간(현재) 최대전력-[kW]	0.235	0.165
11	당월 최대전력-[kW]	0.311	0.304
12	바로전 15분간(현재)역률	98	100
13	당월평균역률	98	98
14	전월평균역률	98	98
15	프로그램 종류	1071	1071

〔검침시 유의사항〕
- 매월 정기검침시는 검침일확정일 00시 이후에 검침하여야 함(말일검침일은 매월 1일 이후)
- 검침시마다 1 ~ 2번 항목의 현재날짜 및 시간을 확인
- 검침시 1번 항목표시 직전에 err code가 표시될 때는 계기부서로 중계처리

예제 10·1 전기요금 계산 예

풀이 (a) 주택용 전력량 1 [kWh]당 단가는?

주택용 전기요금은 에너지 절약을 유도하기 위해 많이 쓰면 쓸수록 단가가 비싸지는 누진요금제도로 1 [kh]당 단가가 얼마라고 말할 수 없다. 주택용 전력에 적용하는 요금은 사용량에 따라 기본요금은 3단계로 전력량 요금은 5단계로 적용한다.

*1주택 수 가구 거주 수용의 경우

㉠ 기본요금 : 호당 사용량별 기본요금 적용

㉡ 전력량 요금 :

i) 50 [kWh]×가구수×1단계 단가

ii) 가구당 50 [kWh] 초과 사용량은 호당 기준 2단계 단가부터 순차적으로 누진 적용 이 표에 의해 계산한 기본요금+전력량 요금 합산액에 10 [%]의 부가가치세를 더하면 한전에서 청구하는 전기요금이 된다.

(b) 225 [kWh]를 사용했다면 전기요금은?

전기요금은 21,040원인데 전기요금 영수증 뒷면의 전기요금표를 보면 기본요금과 전력량 요금으로 되어 있는데, 기본요금은 200 [kWh] 초과로 1,440원이고, 전력량 요금은 처음 50 [kWh]×33.0=1650원, 다음 50 [kWh]×78.10=3425원, 다음 100 [kWh]×117.50 =11,750원, 나머지 25 [kWh]×169.80=4245원, 계 225 [kWh], 21,550원.

요금합계 : 1440+21,550원=22,990원

부가가치세 : 22,990×10 [%]=2299원

합계 : 25,289원

청구금액 : 25,280원(국고금 단수법에 의해 10원 미만 절삭)

10.3 전기절약

10.3.1 전기절약방법

1) 한낮, 심야에는 광고용 조명기기를 소등하자

네온싸인, 광고용 전광판 등은 광고효과가 없는 심야까지 점등되어 있는 경우가 많다. 타이머를 설치하여 정해진 시간에 자동 소등하거나, 수동으로 꺼서 에너지를 절약하자.

2) 고효율 형광등 기구를 사용하자

① 32 [W] 고효율형광등은 40 [W] 형광등 보다 20~35 [%]의 절전효과가 있다(단, 반드시 별도의 32 [W] 전용 안정기를 채택해야 함).

② 형광등 기구에 고조도 반사갓을 설치하여 에너지를 절약하자.

3) 실내에는 자연조명을 적극 활용하자

① 단층으로 된 일반주택이나 공장의 경우 지붕에 자연채광 시설을 하면 흐린 날에도 조명을 할 필요가 없으며, 창고 같은 곳에서도 좋은 효과를 낼 수 있다.

② 천장에 선라이트를 설치하여 자연조명을 사용하자.

③ 창고 같은 곳에서는 천장에 자연조명을 하거나 반사경으로 창문에서 자연광을 받아들이자.

④ 건축을 설계할 때는 자연조명 가능성을 최대한 고려하여 설계하자.

4) 창가측 조명은 개별스위치를 달거나 자동점멸장치를 설치하자

창가측은 자연광에 의하여 조도가 다른 면에 비해 높기 때문에 이 경우 개별스위치를 부착하여 소등하거나 밝기를 자동으로 감지하여 점·소등하는 자동점멸장치를 부착하자.

5) 외곽등은 고압 나트륨등이나 메탈핼라이드등으로 교체하자

외곽등은 에너지소비가 많은 수은등보다 더 밝고 전기가 적게 소비되는 고압나트륨등이나 메탈핼라이드등으로 교체하자.

6) 백열등을 전구형 형광등으로 교체하자

백열등을 전구형 형광등으로 교체하면 65~70 [%]의 절전이 가능하고, 8배의 수명연장 효과가 있다. 또한 작은 램프 여러 개보다 큰 것 하나를 사용하는 것이 좋다.

7) 중식시간과 퇴근시간에는 반드시 소등하자

중식시간과 퇴근시간 등 소등이 필요한 시간에는 반드시 소등하고 야간근무시에는 꼭 필요한 곳만 점등하도록 하자.

8) 실내는 밝은 색으로 꾸미자.

① 어두운 색은 광선을 흡수하나 밝은 색은 빛을 반사하기 때문에 같은 밝기의 광원으로도 밝은 벽지는 조도를 더 높여 준다.

② 천장이 밝은 색이면 조도가 더 높아 보인다.

③ 창에서 마주보는 벽이 밝아야 좋다.

④ 회색, 황색, 분홍색 등을 방의 용도에 따라 적절히 사용하자.

9) 조명은 실내 넓이에 알맞는 밝기로 하자

① 거실, 서재, 응접실, 공부방 등 용도에 따라 적절한 밝기를 맞추는 것이 좋다.

② 방크기에 따라 조명기구수를 정하자.

③ 반사갓을 이용하면 밝기가 30 [%] 정도 밝아진다.

④ 사무실의 조도는 200룩스([lux])를 초과하지 않게 한다.

⑤ 상점의 조도는 300룩스([lux])를 넘지 않게 한다.

⑥ 상점 진열장에는 주간 조명을 절제있게 소등하자.

⑦ 가급적 백열전구 대신 전구형 형광등을 사용하자.

⑧ 필요한 곳에는 조광기를 달자.

10) 빈방 등 쓰지 않는 곳과 외출시에는 반드시 소등을 확인하자

① 아파트 거실처럼 충분한 채광이 되는 곳에서도 조명을 켜둔 채 있을 때가 많은데 이것은 매우 나쁜 습관이다.

② 빈방과 외출시 소등은 생활패턴에 따라 다르지만 적어도 10 [%] 이상의 절전효과가 있다.

③ 한집 한등 끄기 운동을 펼치자.

11) 조명기기 및 반사판을 자주 닦자

① 한 달에 한 번쯤 전구 주위를 깨끗이 닦아주면 훨씬 밝기를 증가시킬 수 있다. 특히 조명에 고조도 반사갓을 달 경우 조건에 따라서 25~35 [%] 정도 절전효과가 있다.

② 반사갓도 한 달에 한 번씩 닦아주면 지속적인 밝기를 유지할 수 있다.

12) 복도 현관 등에는 타임스위치를 설치하자

① 타임스위치를 사용하여 불필요한 곳에서는 자동절전을 하자.

② 다음 장소에는 타임스위치를 설치하자.

표 10・5 가정용 전기기구용량

1. 전열기		헤어 드라이어(온풍기)	280 [W]
• 난방용		헤어 드라이어(냉풍기)	8 [W]
전기 스토브	300~5000 [W]	대형 헤어 드라이어	1000 [W]
전기 히터	200~500 [W]	라이터	100 [W]
전기 화부	300 [W]	2. 소형 전동기에 의한 전기기구	
전기 족온기	100 [W]	전기 냉장고(1/8 [HP])	180 [W](역률 60 [%])
전기 방석	20~60 [W]	전기 청소기(1/8 [HP])	180 [W](역률 90 [%])
• 주방용		전기 세탁기	(100~200 [W])(역률 60 [%])
전기 솥	500~1000 [W]	천장용 선풍기 51 [in]	180 [W](역률 90 [%])
전기 곤로	500~2000 [W]	탁상용 선풍기 12 [in]	〃 (역률 0 [%])
전기 냄비	500~2000 [W]	믹서	〃 (역률 90 [%])
전기 탕비기	500 [W]	전기 시계	〃 (역률 80 [%])
전기 커피 포트	400 [W]	금전 등록기	70 [W](역률 90 [%])
전기 우유 포트	200 [W]	전기 사인용 자동 점감기	12 [W](역률 85 [%])
전기 토스터	500 [W]	(원판 전동기 사용)	
전기 레인지	3000~12,000 [W]	헬츠 모터(1/4 [HP])	300 [W](역률 65 [%])
투입 탕비기	500~5000 [W]	전기 우물펌프(낮은 우물)	100~200 [W]
순간 탕비기	5000~20,000 [W]	〃 (깊은 우물)	200~400 [W]
전기 온수조	1000~3000 [W]	전기 소제기	200~400 [W]
• 전기 인두, 기타		3. 기 타	
전기 아이론(31b)	220 [W]	라디오 수신기(5구식)	30 [W](역률 90 [%])
〃 (41b)	250 [W]	전기 축음기	80 [W](역률 85 [%])
〃 (61b)	500 [W]	전기 이발기(전자석식)	20 [W](역률 70 [%])
〃 (101b)	1000 [W]	전기 면도기	10 [W](역률 20 [%])
〃 (151b)	1500 [W]	텔레비전(14in)	180 [W](역률 90 [%])
전기 재봉 인두	60 [W]	〃 (17in)	240 [W](역률 90 [%])
전기 납땜 인두	50~500 [W]	바이브레이터(전기자석식)	10 [W](역률 30 [%])
전기 헤어 아이론	20~40 [W]	오존 발생기(가정용)	50 [W](역률 25 [%])
파머넌트기	1000 [W]		

- 아파트 현관 및 계단
- 복도(공공건물, 아파트)
- 일반주택 현관

③ 타임스위치는 일정기간마다 체크 관리하자.

10.3.2 주파수와 가전제품

[1] 주파수가 50 [Hz] 또는 60 [Hz]인 이유

가정용 전기로 직류가 좋은지 교류가 좋은지 또는 발전소에서 송전을 할 때 직류송전이 유리한가 교류송전이 유리한가 하는 문제는 전기공급이 시작될 때부터 제기되었다.

에디슨은 직류가 유리하다고 보고 직류배전을 실현하였고, 반대로 웨스팅 하우스사는 1886년 교류배전을 실험하였다. 실제로 직류배전과 교류배전을 비교한 결과 교류는 변압기를 사용해서 간단히 전압을 변화시킬 수 있다는 것이 큰 장점으로 부각되면서 교류배전이 많이 사용되고 있다.

일본에서는 1889년 미국으로부터 교류발전기를 수입해서 교류배전을 시작하였다. 그러나 초기에는 발전소에서도 50 [Hz], 60 [Hz], 125 [Hz], 133 [Hz] 등 4종류의 발전기가 서로 다른 주파수의 전기를 생산·공급하면서 산업용 기기들이 주파수변동에 따른 회전수변동 때문에 심각한 문제가 발생하였다. 이를 해결하기 위해 1895년에 일본의 한 전기회사가 독일의 AEG사로부터 50 [Hz] 교류발전기를 수입하여 배전하였고, 반면에 다른 전기회사는 미국의 GE사로부터 60 [Hz]의 교류발전기를 수입하여 배전하면서 현재까지도 일본에서는 50 [Hz]와 60 [Hz]를 같이 사용하고 있다. 반면에 우리나라의 한국전력에서 공급되는 교류전원의 주파수는 전부 60 [Hz]이다.

세계 각국의 상용주파수와 전압을 살펴보면 표 10·6과 같다.

표 10·6 각국의 상용주파수와 전압

국명	상용전원	국명	상용전원
한국	60 [Hz] 110/220 [V]	일본	50 [Hz], 60 [Hz] 100 [V]
미국	60 [Hz] 110 [V]	호주	50 [Hz] 240 [V]
대만	60 [Hz] 110/220 [V]	홍콩	50 [Hz] 200 [V], 220 [V]
북한	60 [Hz] 220 [V]	이집트	50 [Hz] 220 [V]
중국	60 [Hz] 220/240 [V]	인도	50 [Hz] 220 [V]
프랑스	50 [Hz] 220 [V]	러시아	50 [Hz] 220 [V]
영국	50 [Hz] 240 [V]	태국	50 [Hz] 220 [V]

이와 같이 세계 각국의 주파수가 50 [Hz]나 60 [Hz] 중 하나로 통일된 이유는 주파수가 높으면 리액턴스가 증가하므로 리액턴스 성분에 의한 전압강하가 증가하고, 반대로 주파수가 낮으면 발전기나 전동기의 손실이 커지게 되므로 이를 최소화할 수 있는 주파스로서 50 [Hz]나 60 [Hz]가 가장 적절하기 때문이다.

[2] 주파수와 가전제품

전기제품은 저항, 코일, 콘덴서, 트랜지스터, 다이오드, IC 등 다양한 소자로 구성되어 있으며 이러한 소자들 가운데 주파수에 의해 특성이 변하는 소자는 인덕턴스 성분을 가지는 코일과 커패시턴스 성분을 가지는 콘덴서가 있다. 이 2개의 소자들은 주파수가 변함에 따라 리액턴스의 크기가 변하기 때문에 교류의 흐름을 방해하는 힘이 달라지게 된다.

유도성 리액턴스의 성질을 가지는 코일은 높은 주파수의 교류를 흐르지 못하게 하는 특성이 있고, 반대로 용량성 리액턴스의 성질을 가지는 콘덴서는 낮은 주파수의 교류를 흐르지 못하게 하는 특성이 있다. 따라서 코일이나 콘덴서가 부착된 전기제품은 공급되는 전원의 주파수가 변하면 그 특성이 변하게 된다.

형광등의 경우 안정기로서 초크코일을 사용하는 경우 50 [Hz]용의 형광등에 60 [Hz]의 전원을 공급하게 되면 주파수가 1.2배가 되어 초크코일의 리액턴스도 1.2배로 되고, 따라서 그만큼 전류가 감소하여 형광등의 밝기가 감소한다. 반대로 60 [Hz]용 형광등을 50 [Hz]의 전원으로 사용하게 되면 밝기는 증가하나 초크코일에 많은 열이 발생한다.

반면에 전기제품 중에는 주파수의 영향을 받지 않는 것들도 많이 있는데 저항소자만

표 10·7 주파수가 변할 때의 가전제품의 영향

기기이름	50 [Hz]용을 60 [Hz]에서 사용	60 [Hz]용을 50 [Hz]에서 사용
형광등	램프가 어둡고 전등이 잘 안 된다.	램프가 밝아지고 전류가 증가하여 안정기가 발열하므로 수명이 짧아진다.
테이프레코더 (교류용)	레코드나 테이프의 회전이 빨라져 음질이 고음으로 된다.	레코드나 테이프의 회전이 늦어져 음질이 저음으로 된다.
세탁기	모터의 회전이 빨라져 모터에 주는 부담이 커지며, 타이머는 빨라진다.	모터의 회전이 늦어지고 타이머도 늦어진다.
냉장고	냉각능력은 변하지 않으나 타이머식의 경우는 타이머가 빨라지고 서리제거가 빨라진다.	냉각능력은 변하지 않으나 타이머가 늦어지고, 서리제거도 늦어진다.
전자레인지	가열이 불균일하게 되고, 타이머는 빨라지며, 트랜스의 부담이 커져 가열한다.	가열이 불균일해지고 타이머는 늦어진다.
전열기, TV	영향없이 정상적으로 사용할 수 있다.	영향없이 정상적으로 사용할 수 있다.

으로 된 제품들로, 백열전구, 다리미, 전기밥솥 등이다. 이러한 기구들은 전압만 정격으로 공급되면 주파수에는 영향을 받지 않고 사용할 수 있다.

코일 및 콘덴서 외에 교류전동기를 사용한 전기제품은 주파수가 변하면 특성도 변한다. 전동기의 회전수는 주파수에 비례하기 때문이다. 중요한 전기제품들의 주파수 변환에 따른 영향을 정리하면 표 10・7과 같다.

10.4 전기와 안전

10.4.1 감전재해 발생의 구성

전기는 대단히 편리한 것이며, 전기의 혜택으로 우리들은 여러 가지 문명의 이기를 누리고 있다. 그러나 가정이나 직장에서 100 [V] 세탁기나 코드에 접촉되어 사망했다는 안타까운 이야기를 이따금 듣게 되는데, 길가의 전주 위 6 [kV] 배전선에 앉아 있는 새들은 감전되지 않고도 날아오르고 있다. 감전사고는 배전선 위의 새와 같이 전압이 높아도 감전이 일어나지 않는 경우도 있으므로 일괄해서 전압의 대소만으로 논의할 수는 없다. 이것에는 전로의 배전방식, 접지방식 등이 깊이 관계되고 있다.

일반적으로 감전은 전격이라고도 하며, 인체에 전류가 흐름으로써 발생한다. 우리들 가까이에 있는 전기는 100 [V], 200 [V] 또는 6 [kV]와 같은 정전압으로 감전재해는 일반적으로 이들 정전압원에 인체의 일부가 접촉되었을 때 인체를 포함한 전기회로가 구성되어 일어난다. 고압배전선에 앉은 새가 감전사고를 일으키지 않는 것은 새 자신은 높은 전압에 충전되어도 주위의 공기가 전기저항이 큰 절연물이고 전류가 흐르지 않기 때문이다.

그림 10・2는 100 [V]나 200 [V]의 저압전기에서 가장 일반적으로 일어나는 감전재해를 만화식으로 나타낸 그림이다. 이와 같이 고압을 저압으로 내리는 변압기의 저압측 한 끝에는 원칙적으로 접지(제2종 접지라고 한다)가 되어 있다. 이것은 변압기 내에서 고압권선과 저압권선이 혼촉되어 저압측으로 고압이 가해지면 대단히 위험하므로 혼촉되더라도 저압측에 높은 전압이 발생하지 않도록 하기 위한 조치이다. 이때 그림과 같이 대지에 서 있는 사람이 접지되어 있지 않은 전선(전압측 전선)에 접촉되면 점선과 같이 전류가 인체 → 대지 → 변압기 접지선 → 변압기의 저압측 권선 → 전압측 전선 → 인체로 흘러 감전재해가 일어난다.

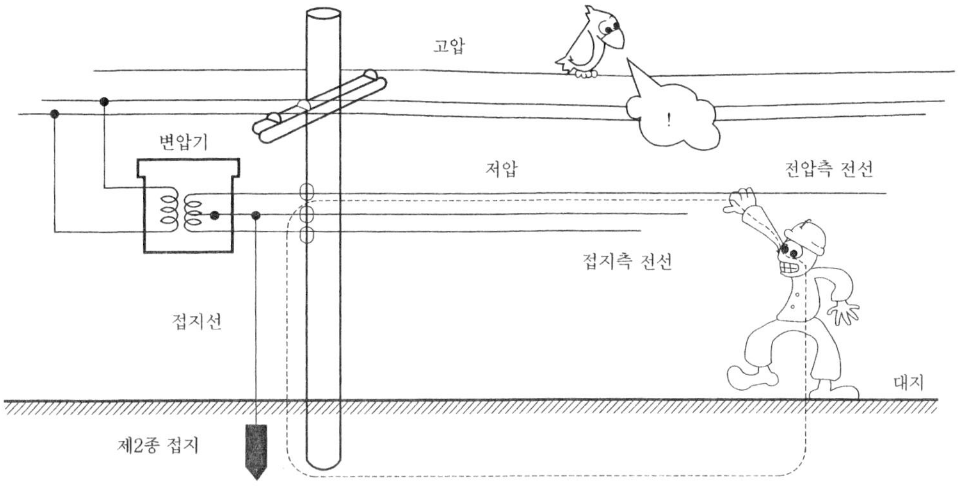

그림 10 · 2 감전재해 발생의 구성

10.4.2 감전재해 발생의 패턴

저압에서는 인체의 일부가 직접 접촉되지 않으면 감전이 일어나지 않지만 6[kV]를 넘는 고압 이상에서는 충전부에 직접 접촉되지 않더라도 인체의 일부가 접근한 것만으로도 주위의 공기절연이 파손되어 감전재해가 일어난다. 또한 저압충전부는 전로나 전기기기의 도체부분에 한하지 않고 전기기기의 금속 케이스와 같은 비충전 노출 금속부분도 절연불량 등의 원인으로 누전되고 있으면 충전부가 된다.

그림 10 · 3 (a)와 같은 경우는 특별고압과 같이 높은 전압에서 발생되는 것으로, 사람의 접근에 대해서는 항상 전압에 대응한 이격거리를 유지하며, 설비적으로는 사람이 이격거리 내에 접근할 수 없도록 절연벽 등을 시설하여야 한다. 또한 그림 10 · 3 (b)와 같이 충전부분에 직접접촉되어 일어나는 사고는 전기기기에 고장이 없고 정상적으로 동

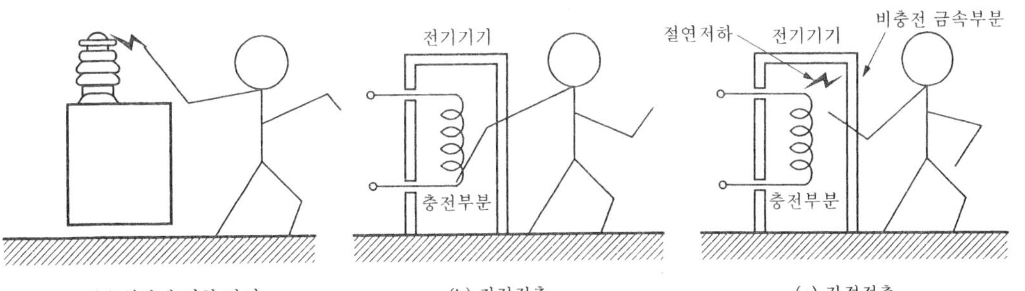

(a) 섬락에 의한 감전 (b) 직접접촉 (c) 간접접촉

그림 10 · 3 감전재해 발생의 패턴

작하고 있어도 일어나지만 그림 10 · 3 (c)와 같이 비충전 금속부분이 충전되어 그것에 접촉하여 발생하는 사고는 전기기기에 고장이 생기면 비로소 일어난다.

그러나 최근의 전압 전기기기는 충전부가 노출되어 있는 것이 거의 없고 직접접촉에 의한 사고도 적다. 이에 비해 간접접촉에 의한 사고는 정상시에는 충전되어 있지 않은 부분이며, 보통은 접촉하거나 잡거나 하고 있는 것으로, 누전되고 있어도 색도 냄새도 없기 때문에 무심히 접촉하여 사고로 발전되기 쉽다.

10.4.3 감전재해의 특성

일반적으로 전기재해는 인체에 전기가 통하여 발생하는 감전재해와 전기가 점화원으로 작용하여 발생되는 화재·폭발 및 정전기·전자파에 의한 자동화 전기기계 설비의 오동작 등이 있다.

감전에 의한 재해는 그 빈도수에 있어서 전체 산업재해 중 차지하는 비율은 높지 않으나 잠재적 사고요인을 항상 내포하고 있어, 재해 중 가장 높은 비율을 차지하는 기계적인 재해와는 달리 전기재해는 몇 가지 고유한 특성을 지니고 있다.

① 첫째, 전기의 위험성은 감지가 어렵다는 것이다. 즉, 전기는 눈에 보이지도 않고 소리라든가 냄새도 맡을 수 없을 뿐만 아니라 손으로 확인할 수 없기 때문에 더더욱 위험하다고 할 수 있다.

② 둘째, 높은 사망률이며 이는 수분 이내에 죽음에까지 이를 수 있다는 것이다.

10.4.4 전기안전의 필요성

현대 문명사회 발전에 전기는 중요한 역할을 할 뿐만 아니라 우리의 일상생활에 잠시도 없어서는 안 되는 중요한 요소로서, 인간생활의 복지향상에 크게 기여하고 있다. 이렇게 전기는 일상생활에 있어서 필수 불가결한 요소이며, 누구나 손쉽게 사용하고 있으므로 "전기란 본래 위험한 성질을 가지고 있다"는 사실을 망각할 때가 있다.

인간은 위험한 성질을 가지고 있는 전기를 적당히 제어하여 생활에 이용하고 있다. 그러나 위험한 성질을 원천적으로 제거하고 사용하는 것은 아니므로 제어하는 방법이 적당치 못하면 전기는 사정없이 위험성을 나타내어 재해나 사고를 발생시키므로 이와 같은 사고가 발생하지 않도록 이에 대한 본질이나 특성을 잘 이해하여야 하며, 그에 대한 지식에 의거하여 사용하는 것이 안전한 생활을 위하여 중요하다.

근대산업이 고도로 발전함에 따라 전기의 사용이 광역화되었고, 설비, 기계 또한 복잡

다양화되므로 이에 따르는 전기재해 또한 증가하는 경향에 있다. 그러므로 이에 대한 전기안전관리가 더욱 절실히 요구된다.

10.4.5 전기재해의 종류

이와 같이 각 부분별로 법률로 정하여 안전규제를 하고 있고, 전기기기의 품질도 향상되고 있음에도 불구하고 전기로 인한 재해는 감소되지 않고 있으며 오히려 증가추세에 있다. 이는 전기설비의 다양화와 함께 전기사용량이 지속적으로 증가되고 있으나, 전기를 실제로 사용하는 국민의 안전의식은 이를 뒤따르지 못하기 때문이라고 분석된다. 때문에 우리 주변에서 전기로 인하여 발생될 수 있는 재해의 종류와 내용에 대해 기술하면 다음과 같다.

[1] 전기재해

1) 감전

사람의 체내에 전기가 흘러 받는 현상이다.

① 전기통로에 인체 등이 접촉되어 인체에서 단락 또는 단락회로의 일부를 구성하여 감전되는 것

② 전선로에 인체 등이 접촉되어 인체를 통하여 지락전류가 흘러 감전되는 것

③ 누전상태에 있는 기계에 인체 등이 접촉되어 인체를 통하여 지락 또는 교락에 의한 전류로 감전되는 것

④ 전기의 유도현상에 의하여 인체를 통과하는 전류가 발생하여 감전되는 것

2) 아크의 복사열 등에 의한 화상

전기가 흐르고 있는 전기회로를 개폐할 때는 적으나 많으나 아크가 발생한다. 만약 큰 전류가 흐르거나 고전압이 가압된 회로에서 단락 또는 지락사고가 발생하면 강렬한 아크로 되며, 고온으로 폭발하며 순간에 전선 등을 기화시켜 버린다. 이와 같은 때에 근처에 작업자가 있다면 이 아크의 복사열에 의해 화상을 입게 된다.

3) 전기화재

전류는 방전·발열 등의 현상을 수반하는 것이며, 전기에너지는 1 [kWh]가 약 860 [kcal]의 열량을 발생하기 때문에 전기가 화재의 원인이 될 수 있다.

① 전기기계의 사용상의 부주의로 인한 발화

ⓐ 전기다리미, 전열기구 등의 통전된 상태로의 방치에 의한 것

ⓑ 전구나 전열기구에 가연성 물질의 접근 또는 접촉에 의한 것

② 전기설비의 단락 · 소손에 의한 발화

ⓐ 단락 또는 과부하에 의한 발열

ⓑ 접속 및 접촉불량에 의한 불량

③ 전기설비로부터의 누설전류에 의한 발화(누전화재)

④ 전기불꽃에 의한 발화 · 폭발

4) 전기설비의 손괴, 기능의 일시정지 등

이른바 정전사고를 말하는 것으로, 원인별로 천재지변에 의한 것, 인위적이고 우발적인 것, 시설의 노후 · 노화에 의한 것, 동 · 식물에 의한 것 등으로 분류할 수 있다.

[2] 정전기 재해

1) 정전기에 의한 전격

전격에 의한 쇼크로 놀라거나 불쾌감을 느끼게 된다.

2) 정전기 화재

방전불꽃으로 발화 · 착화 · 폭발하여 화재가 발생하는 일이 있다. 정전기에 의한 화재 발생의 예는 다음과 같다.

① 주유소에서 비닐호스 드럼통에서 지하탱크로 주유하던 중 정전기에 의한 화재가 발생한 경우

② 수소 봄베이의 밸브가 깨어져 분출된 수소에 착화된 경우

③ 설비의 기능저하

정전기는 정(正)과 부(負) 사이에서는 흡인력이 작용하고, 같은 종류 사이에서는 반발력이 작용하여 방직공장에서는 방적실이 부풀고 인쇄공장에서는 인쇄지가 붙어 버려 생산에 막대한 지장을 주는 일이 있다.

[3] 낙뢰재해

낙뢰재해는 다음과 같이 낙뢰로 인한 감전, 전격으로 실신 또는 사망, 직격뢰에 의한 건물이나 구조물 등의 화재, 물건의 손괴(損壞) 등과 같이 분류할 수 있다.

한편 그림 10 · 4에 전기재해의 분류에 대해 정리해 놓았다.

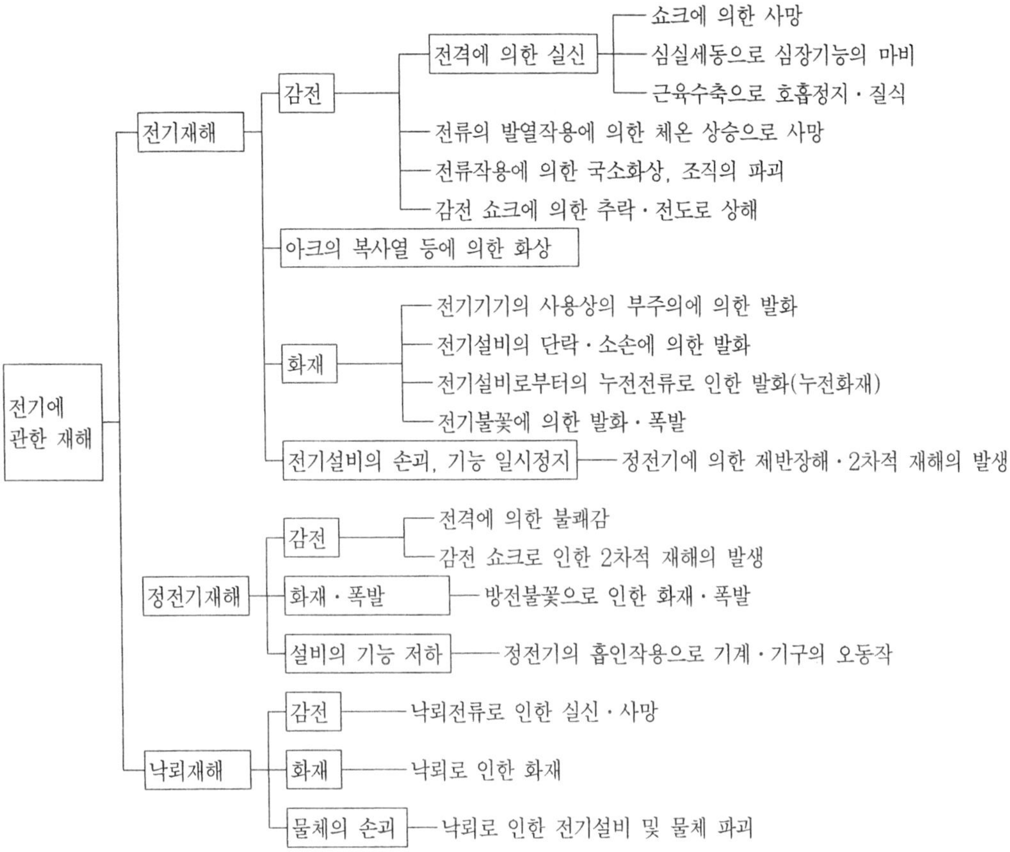

그림 10 · 4 전기재해의 분류

10.4.6 감전재해의 원인

전기재해는 일반적으로 다른 재해에 비하여 발생률은 낮으나 일단 재해가 발생하면 사망할 위험이 높으며, 또 다행히 생명은 구한다 해도 일생 동안 장애자가 될 가능성이 높다. 이것은 감전되었을 때의 호흡정지, 심장마비, 근육이 수축되는 등의 신체기능장해와 그에 따른 추락 등으로 인한 2차 재해 때문이라고 추정된다.

그리고 전기재해는 빈도율이 낮은 재해이므로 장시간 재해가 발생하지 않았다 하더라도 반드시 설비나 작업방법이 안전하다고는 할 수 없으므로 과거의 무재해 실적만으로 안전이 보장되는 것은 아니며, 현재의 전기설비나 작업면에서 재해의 요인이 되는 것이 어느 정도 존재하느냐 하는 것이 문제이다. 따라서 이와 같은 요인을 검출하여 제거하는 것이 가장 바람직한 것이다.

[1] 전격에 대한 인체의 생리적 반응

전기에 관한 재해 중 가장 빈도수가 높은 것이 감전재해, 즉 전격에 의한 재해이다. 감전(전격)이란, 인체의 일부 또는 전체에 전류가 흘렀을 때 인체 내에서 일어나는 생리적인 현상으로서, 근육의 수축, 호흡곤란, 심실세동 등으로 인하여 사망하거나 추락, 전도 등 2차적 재해를 유발하는 현상을 말한다.

이러한 전격에 의한 인체의 반응 및 사망한계는 그 속성상 인체실험이 매우 어렵고 또 어떠한 실험결과가 나와도 그것의 검증이 어렵다는 점과 인간의 다양성(키, 몸무게, 성별, 인종별), 재해 당시 상황의 변수(땀, 습기, 접촉 부위의 물리적 상태) 등의 이유로 국제적으로 그 기준이 일치되어 있지 않다.

인체가 감전되었을 경우 그 위험도는 다음과 같은 요소의 순으로 영향을 받는다.

① 통전전류의 크기(인체에 흐르는 전류의 값[mA])

② 통전시간

③ 통전경로 : 즉 전류가 흐르는 인체의 부위, 특히 심장을 통과하게 되면 심장에 충격을 주어 소위 심실세동현상을 일으켜 이것이 전격에 의한 사망의 주된 원인이 된다.

④ 전원의 종류 : 직류보다 상용주파수의 교류전원이 더 위험하다.

그리고 인체에 대한 전격의 영향은 크게 두 가지로 나눌 수 있는데, 첫째는 전격이 신경과 근육을 자극해서 정상적인 기능을 저해하는 것으로, 신경과 근육에 전기신호가 가해져 근육의 수축 또는 심실세동을 일으키는 현상이고, 둘째는 전기에너지가 생체조직의 파괴, 소손 등의 구조적 손상을 일으키는 것이다.

[2] 감전전류의 영향

보통의 공기는 전기가 잘 흐르지 못하는 부도체이나, 인체는 금속체와 같이 양도체는 못되지만 비교적 전기가 잘 통하는 편에 속한다. 인체에 전류가 흐르게 되면 극히 미약한 전류에서는 아무런 느낌이 없으나 통전전류가 조금씩 증가하면 찌릿찌릿함을 느끼게 되고, 더욱 증가되면 참을 수 없는 고통과 함께 화상을 입거나 근육이 수축되기도 한다.

인체는 「통전전류의 크기 × 시간」이 어느 정도 이상이 되면 전류의 열작용으로 전류의 유입구와 유출구에는 화상을 입게 되고, 인체 내의 조직세포를 파괴하거나 혈구를 변질시킨다.

특히 문제가 되는 것은 감전전류의 자극에 의해 근육이 수축됨으로써 호흡작용의 정지, 질식 또는 심장경련으로 심실세동을 일으켜 체내의 혈액순환이 정지되어 버리는 것

표 10·8 통전경로별 위험도

통전경로	위험도
왼손 –가슴	1.5
오른손 – 가슴	1.3
왼손 – 한발 또는 양발	1.0
양손 – 양발	1.0
오른손 – 한발 또는 양발	0.8
한손 또는 양손 – 앉아 있는 자리	0.7
왼손 – 등	0.7
왼손 – 오른손	0.4
오른손 – 등	0.3

이다. 또, 높은 장소에서 감전이 되는 경우에는 비록 통전전류가 적어서 의식을 잃지는 않는다 하더라도 자신을 스스로 움직일 수 없게 되어 추락이라는 2차적 재해가 발생할 수도 있다.

감전전류가 인체에 미치는 영향에 대한 기준은 국제전기기술위원회에서 국제적인 협조를 통해 확립되었는데, 이 기준은 지금까지 축적된 지식에 근거한 것으로 학자들 사이에 일치된 기준들을 표 10·8과 그림 10·5에 제시하였다.

그림 10·5에서 숫자가 클수록 위험도가 높아진다. 예를 들면 왼손과 오른손 간에 200[mA]의 전류가 통전되는 것과 양손과 양발 사이에 80[mA] 전류가 통전되는 것은 그 위험도가 서로 동일하다. 또, 그림 10·5의 심실세동전류는 모두 위험도 1.0의 경우에 있어서 한계값을 나타내고 있다. 그림 10·5에서 감지전류는 교류 0.5[mA], 직류 2[mA]이고 이탈전류는 교류 10[mA], 직류 30[mA] 정도이며, 곡선 C가 심실세동전류가 된다.

표 10·9는 체중 및 통전시간에 따른 심실세동전류의 한계값을 나타낸다.

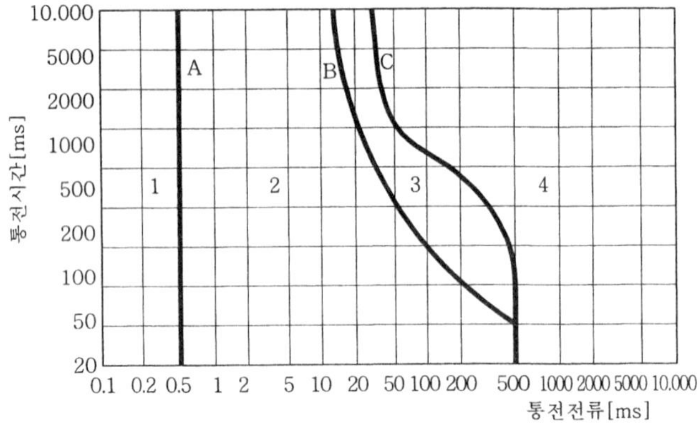

(a) 교류(15~100[mA])

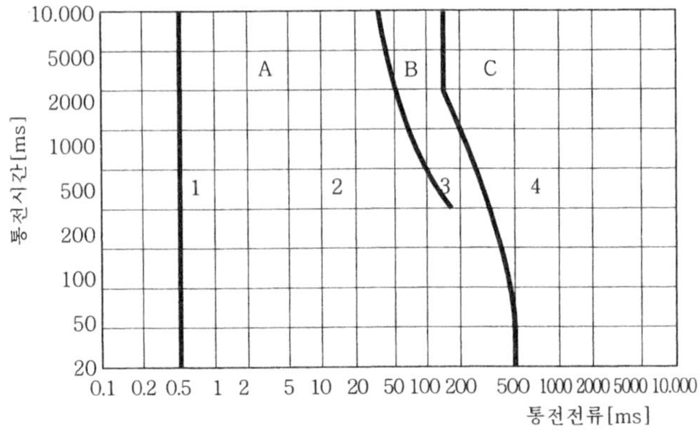

(b) 직 류

참고 Zone 1 : 별다른 반응이 없는 지역
Zone 2 : 일반적으로 위험한 반응이 없는 지역
Zone 3 : 인체조직의 파괴가 없는 지역, 즉 근육수축, 호흡장애, 회복성 심장정지 등은 일어나나 심실세동은 일어나지 않음
Zone 4 : 심실세동이 일어날 수 있는 지역

그림 10 · 5 통전경로별 위험도

표 10 · 9 심실세동전류와 통전시간 및 체중과의 관계

체중 [kg]	한계의 종류	인원수[%]	통전시간(초)				인체저항을 500 [Ω]으로 하였을 때(W초)
			0.005	0.03	1	3	
70	위험전류	0.5 [%]가 심실세동을 일으킨다.	2340	955	165.4	95.5	13.7
	위험한계전류	50 [%]가 심실세동을 일으킨다.	6440	2630	455	263	103.5
	치사전류	99.5 [%]가 심실세동을 일으킨다.	10,530	4300	744	430	277
57.4	위험전류	0.5 [%]가 심실세동을 일으킨다.	1950	796	137.8	79.6	9.5
	위험한계전류	50 [%]가 심실세동을 일으킨다.	5380	2190	380	219	72
	치사전류	99.5 [%]가 심실세동을 일으킨다.	8800	3580	622	358	193

[3] 인체저항

인체의 각 부위, 즉 팔, 다리, 가슴, 내부기관 등의 저항값에 관한 연구가 활발히 진행되고 있으나 아직까지는 각 부위별로 인체저항 기준을 확립할 만큼 지표가 충분하지 않은 상태이다.

따라서 현재까지는 인체를 1개의 단일 저항체로 보아 최악의 상태에서의 값을 사용하고 있다. 미국에서는 안정성과 관련하여 1000[Ω]으로 하여 안정성 계산을 하고 있고, 기타 유럽 각국은 인가전압에 따른 함수로 표 10・10의 값을 사용하고 있다. 표 10・10의 인체저항은 통계적 방법에 의하여 그 결과가 제시되고 있을 뿐이며 사람의 체질이나 상처의 유무 등에 따라 저항값이 달라진다.

표 10・10 인가전압에 따른 인체저항

인가전압[V]	인체저항[Ω]		
	인구의 5[%]	인구의 50[%]	인구의 95[%]
25	1750	3250	6100
50	1450	2625	4375
75	1250	2200	3500
100	1200	1875	3200
125	1125	1625	2875
220	1000	1350	2125
700	750	1100	1550
1000	700	1050	1500
접근한계값	150	750	850

〔참고〕 전체인구의 5[%], 50[%] 및 95[%]가 주어진 인체저항값을 초과하지 않음.

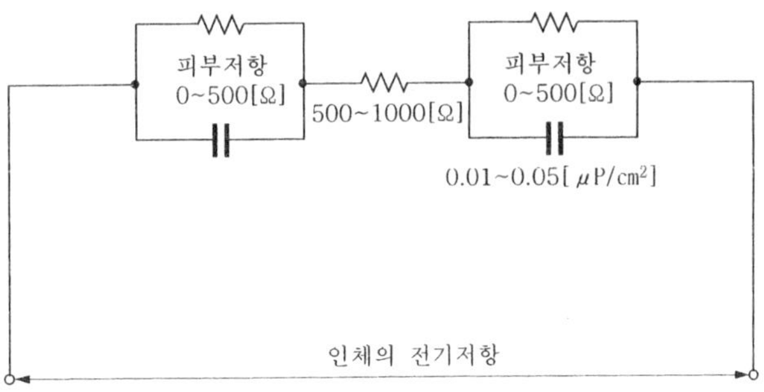

그림 10・6 인체의 전기적 등가회로

[4] 위험전압과 안전전압

전격에 의한 사망은 심장을 통과하는 전류에 의하여 유발된 심실세동이 주된 원인이며, 그것을 유발하는 심실세동전류 및 인체저항에 관해서는 앞에서 그 기본사항에 대하여 알아보았다.

전기공학의 기본식인 옴(Ohm)의 법칙 $E=IR$(I : 전류, E : 전압, R : 저항)에서 인체에 관한 전류 I와 저항 R에 관하여 알아보았으므로 다음은 인체에 인가되는 전압 E에 관하여 고찰하고자 한다.

1) 전원과 인체의 접촉형태

어떠한 형태이든 전원과 인체가 접촉되어야 전압이 인체에 인가되게 되고 따라서 인체를 통과하는 전류가 일정수준이면 전격을 유발하게 된다. 접촉되는 형태는 여러 가지로 분류가 가능하나 전기안전을 위한 대책의 관점에서 크게 직접접촉과 간접접촉의 형태로 분류된다.

① 직접접촉형태

평상시 충전되어 있는 충전부에 인체의 일부가 직접접촉하여 전압이 인가되는 형태로 활선작업 중의 부주의나 정전작업 중 타인이 전원스위치를 투입하였을 때 자주 발생되는 형태이다.

② 간접접촉형태

전선의 피복절연손상 또는 아크발생에 의하여 발생되며, 평상시 충전되지 않는 기기의 금속제 외함 등에 누전되어 있는 상태에서 인체의 일부가 이 외함과 접촉하여 인체에 전압이 인가되는 형태이다.

특히 이 간접접촉의 형태는 누전되어 있는 기기의 외함과 그렇지 않은 경우를 육안으로 구분하기가 불가능하며 특별한 주의없이 기기 외함과 접촉할 수 있다는 점 때문에 각별한 대책이 수립되어야 한다. 각국의 전기안전기준의 많은 부분이 이 간접접촉시에

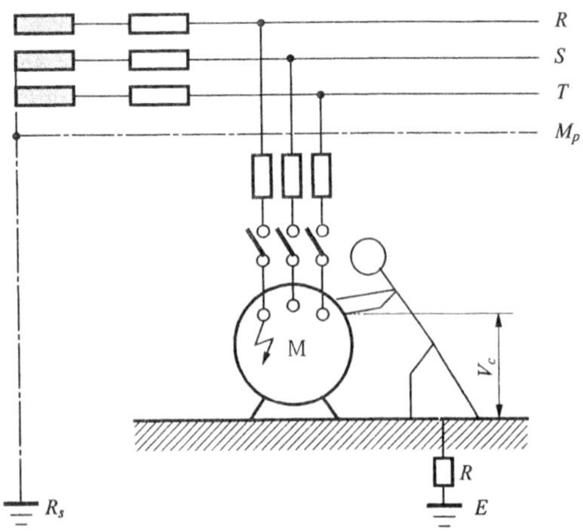

그림 10-7 간접접촉의 예

발생하는 위험을 제거하기 위한 것이라고 볼 수 있다. 그림 10·7은 전형적인 간접접촉의 경우로 누전된 전동기 외함에 손이 접촉되어 있는 경우를 보여 주고 있다.

2) 위험전압

전원과 인체의 접촉으로 인하여 인체에 인가될 수 있는 전압을 위험전압이라고 하고 보통 접촉전압 및 보폭전압의 두 가지로 구분된다. 접촉전압은 사람의 손과 다른 신체의 일부 사이에 인가되는 위험전압을 말하며, 그림 10·8의 V_C가 이에 해당한다.

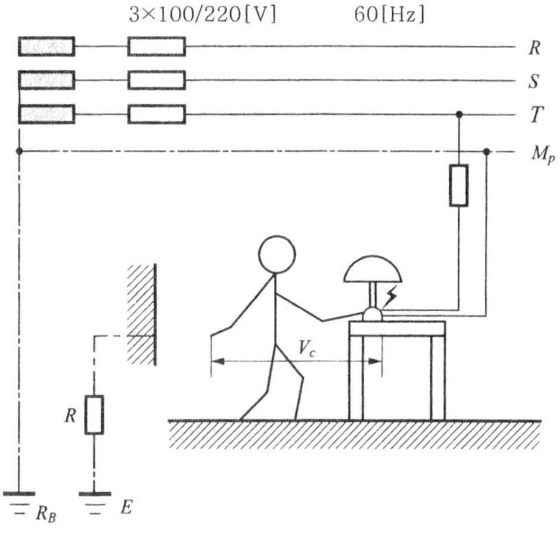

그림 10·8 손과 손 사이에 접촉전압이 인가된 상태

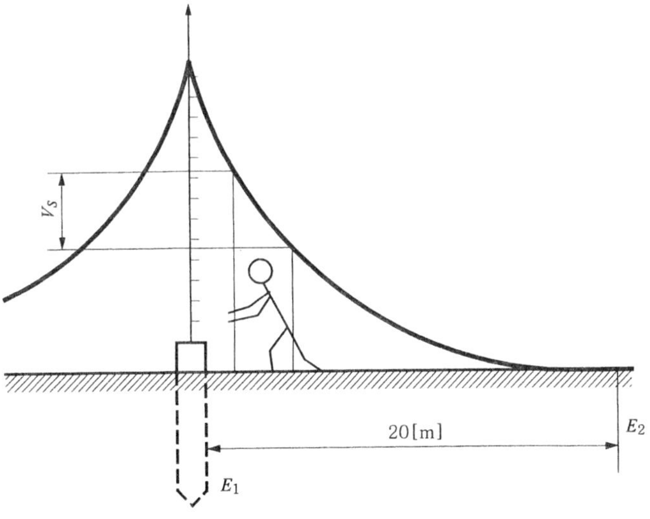

그림 10·9 보폭전압이 인가된 상태

보폭전압은 사람의 양발 사이에 인가되는 전압을 말하며, 이것은 접지극을 통하여 대지로 전류가 흐를 때 접지극 주위의 지표면의 전위분포를 가지게 되어 양발 사이에 전위차가 발생, 인가되는 전압을 말한다. 그림 10·9는 보폭전압의 예를 나타낸 것이며 V_S가 보폭전압이다.

3) 안전전압

안전전압이란, 회로의 정격전압이 일정수준 이하의 낮은 전압으로, 절연파괴 등의 사고시에도 인체에 위험을 주지 않는 전압이다. 이 전압 이하를 사용하는 기기들은 제반 안전대책을 강구하지 않아도 되며, 안전전압은 주위의 작업환경과 밀접한 관련이 있다. 예를 들면 일반사업장과 농경작업장 또는 목욕탕 등과 같은 수중에서의 안전전압은 각각 다를 수밖에 없으며, 일반사업장의 안전전압은 산업안전보건법에서 30 [V]로 정하고 있으며, 각국의 안전전압의 예를 들면 표 10·11과 같다.

표 10·11 각국의 안전전압

국 명	안전전압[V]	국 명	안전전압[V]
체 코	20	벨기에	35
독 일	24	스위스	36
영 국	24	프랑스	24(AC), 50(DC)
일 본	24~30	네델란드	50
한 국	30	오스트리아	60(0.5초) 110~130(0.2초)

[5] 감전회로

감전사고는 일반적으로 대지와 전기적으로 접지상태인 작업자가 충전부에 접촉하여 누전전류가 작업자의 인체를 통하여 대지로 흘러 발생하는 것이다. 이 감전은 인체가 충전부에 접촉되는 경우와 비충전부에 접촉되는 경우로 나누어 생각해 볼 수 있다.

1) 충전부의 감전회로

직접접촉에 의한 감전 중 가장 위험한 것은 그림 10·10의 (a), (b)와 같이 사람의 양손이 전부 충전부에 접촉되는 경우로서 감전전류는 「인체 → 전압선(중성선) → 변압기의 저압측」으로 흐르게 된다. 다음은 10·10 (c)와 같이 인체가 하나의 전압선에 접촉되는 경우로서 감전전류는 「인체 → 대지 → 변압기의 저압측」으로 흐르게 되는데, 이는 변압기의 2차측의 중성선이 접지됨으로써 감전전류의 회로가 구성되기 때문에 감전이 발생한다. 만일 그림 10·10 (c)에서 접지를 하지 않으면 고·저압혼촉이 없는 한 감전

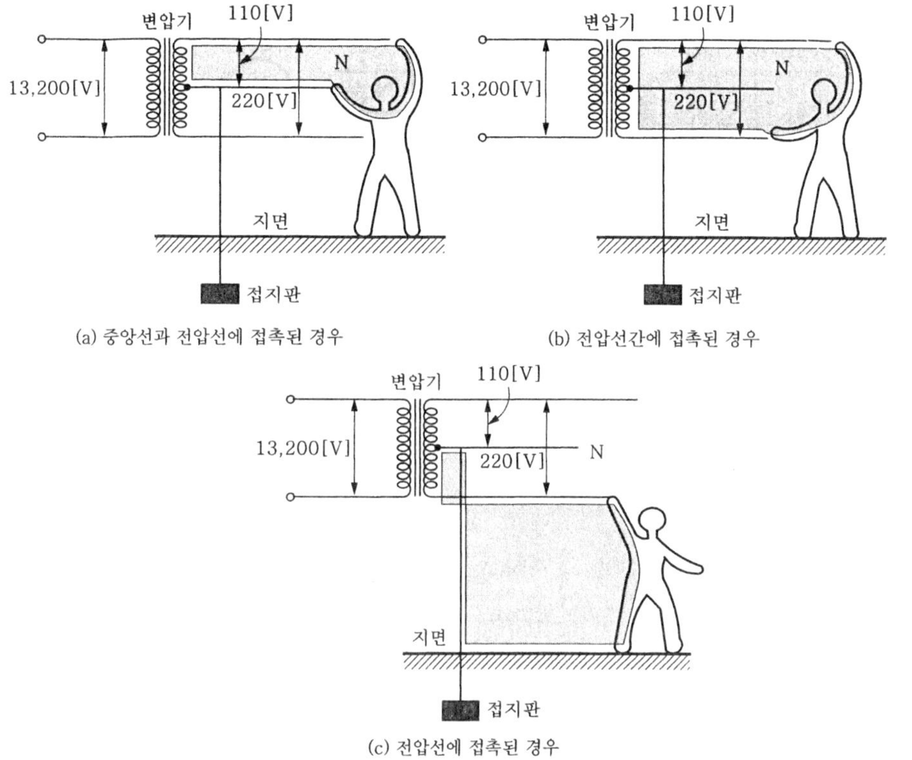

그림 10 · 10 충전부의 감전회로

회로가 구성되지 못하므로 전로의 대지 정전용량(capacitance)에 의한 누설전류가 없는 한 감전사고는 발생하지 않는다.

그러나 전기설비기술기준에 관한 규칙에서는 변압기의 고압과 저압의 혼촉에 의한 위험방지를 위하여 반드시 접지(제2종 접지공사)를 하도록 규정하고 있다.

이것은 비접지식으로 하였을 경우 변압기의 1차와 2차 간의 절연파괴 또는 고 · 저압 혼촉이 발생하면 저압측에 고압이 인가되므로 부하설비가 파손되고 사람들에게 위험을 초래하게 되므로 작은 위험을 감수하고서라도 큰 위험을 방지하기 위하여 접지방식을 채택하고 있다.

2) 비충전부의 감전회로

전기설비 중 전원설비를 제외한 모든 부하설비의 금속제 외함은 산업안전보건법안전규칙에 의거하여 그림 10 · 11의 (a)와 같이 접지하여야 한다. 만일, 그림 10 · 11 (a)와 같이 전기기기의 정상운전중 내부 코일과 접지된 외부의 비충전부에 절연이 파괴되면 그림 10 · 11 (b)와 같이 기계기구에 접촉될 경우 인체를 통하여 감전전류가 흐르게 된다.

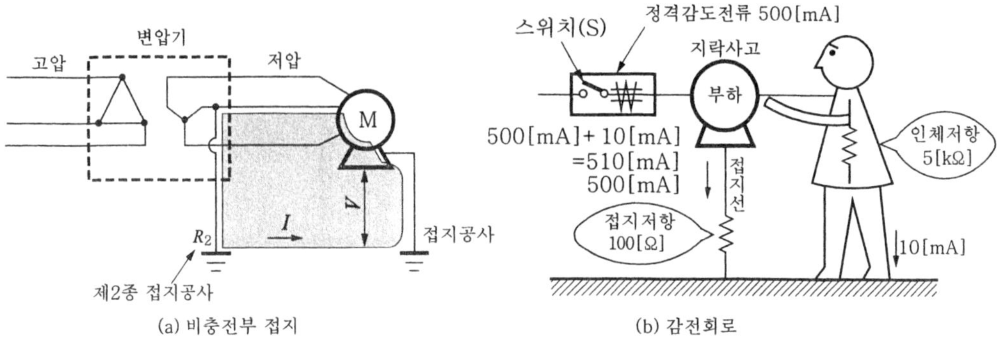

그림 10·11 비충전부의 감전회로

3) 고압 및 특별고압 전선로의 감전회로

고압이나 특별고압의 전선로는 저압과는 달리 전선을 직접 접지하는 것이 아니고 발전소나 변전소에서 3상의 중성점을 접지하고 있으므로 그림 10·12와 같이 인체는 대지에 대한 정전용량 C_0의 한쪽 극이 되므로 충전전하가 대전된다. 이 전하가 방전되지 못하고 축적되어 대전된 상태에서 다른 기계기구의 금속체에 접촉되면, 일시에 많은 전하가 방전되면서 전류가 흘러 감전이 발생되며, 이때 아크열에 의한 화상을 입게 된다. 또한 인체가 움직여서 임피던스 Z_0가 변하면 직접 대지로 전하가 방전되어 화상을 입는 경우도 있다.

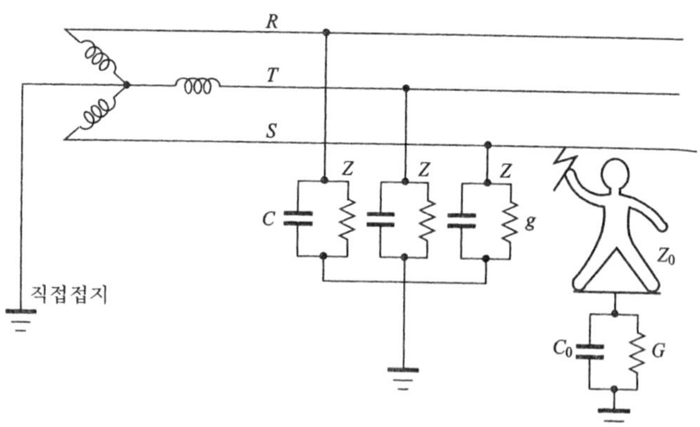

그림 10·12 고압 및 특별고압 전선로의 감전회로

10.4.7 감전재해의 방지대책

[1] 전기기계기구에 대한 감전재해 방지대책

전기기계기구(전기기기)에 의한 감전사고는 전기기기의 노출된 충전부에 직접접촉하여 발생하는 경우와 전기기기의 금속제 외함 등의 비충전부분이 절연열화 등의 원인으로 누전되었을 경우 접촉하여 발생하는 것이다.

1) 직접접촉에 대한 방지대책

작업도중의 부주의나 기타 사고에 의하여 충전부에 작업자가 직접접촉되어 발생하는 감전사고의 방지대책은 다음과 같다(안전기준 제327조).

- 충전부가 노출되지 아니하도록 폐쇄형 외함구조로 제작
- 충전부에 방호망 또는 절연덮개 설치
- 발전소·변전소 및 개폐소 등 구획되어 있는 장소로서 관계근로자 외의 자의 출입이 금지되는 장소에 설치
- 전주 위 및 철탑 위 등 격리되어 있는 장소로서 관계근로자 외의 자가 접근할 우려가 없는 장소에 설치

2) 간접접촉에 대한 방지대책

절연손상으로 인한 위험전압의 발생으로 야기되는 간접접촉은 신뢰성 있는 기기의 사용과 유자격자에 의하여 신중하게 기기를 설치함으로써 방지할 수 있다.

① 보호절연

누전이 발생된 기기를 사람이 접촉하더라도 인체전류의 통전경로를 절연시킴으로써 인체의 통과전류를 안전한계 이하로 낮추는 방법으로, 대상기기가 고정식일 때에는 작업자의 작업장소를 절연하는 것 또는 대상기기 자체를 이중절연기기로 하는 것이다. 작업장소를 절연하고자 할 때에는 작업자가 접촉될 수 있는 모든 도전성 금속(작동시 충전되는 부분 제외)을 절연처리해야 하며 작업장 바닥도 절연물로 마감하여야 한다.

② 안전전압 이하의 전기기기 사용

안전전압 이하의 전압을 사용하는 전기기기를 사용함으로써 누전이 발생하더라도 감전사고를 유발시키지 않는다.

③ 접지

접지에는 인체보호를 목적으로 한 것 외에 통신기기나 컴퓨터의 접지처럼 기능적으로 필요한 것 등 여러 종류의 접지가 있다. 그러나 구조체 접지나 강전과 약전에 접지를

공용하는 데 대해서는 해결하지 못한 문제도 많고 각자의 입장에서 일응의 지침 등은 제시되었지만 별로 명확치 않는 부분도 많다.

현재 법적으로 규정된 접지는 전력용 접지로서 전기설비기술기준령(이하 전기령이라고 한다)에 정해진 제1종 접지공사, 제2종 접지공사, 제3종 접지공사, 특별 제3종 접지공사의 4종류가 있다. 또, 전기설비에 관련하는 규격이나 지침 등은 이러한 접지를 중심으로 설명한다.

전력용 접지를 대별하면 그림 10·13에서처럼 기계기구류 금속성 외함의 접지, 변압기 2차측 전로의 접지(계통접지), 피뢰기 등의 접지로 구분할 수 있다. 이러한 접지의 최종목적은 감전이나 화상 등에서 인체를 보호하는 것이지만 접지의 직접적인 목적은 차단기의 확실한 동작, 접촉전압의 저감, 기준전위의 확보, 전기기기의 절연유지 등을 들 수 있다. 또, 전력용 접지에는 포함되지 않지만 피뢰침도 건축설비에서는 중요한 접지의 한 가지이고 뇌격에 의해서 일어나는 갖가지 장해의 방지를 목적으로 하고 있다.

전력용 접지의 접지저항값의 원칙은, 제1종 접지공사는 10 [Ω] 이하, 제2종 접지공사는 150/1선 지락전류 [Ω] 이하, 제3종 접지공사는 100 [Ω] 이하, 특별 제3종 접지공사는 10 [Ω] 이하 등으로 정해져 있지만 목적에 응해서 그 안전이 확보되는 경우에는 각각의 접지에 완화규정이 설정되어 있다. 그러나 반대로 더 안전성을 높이기 위해서 규정보다 엄격한 접지저항값을 주장하는 예도 있다(병원 전기설비 등).

전기령(전기설비기술기준)에서는 대지 사이와의 전기저항값이 2 [Ω] 이하를 유지하고 있는 건물의 철골, 기타의 금속체는 비접지식 고압전로에 시설하는 기계기구의 철대 또는 금속제 외함에 시행하는 제1종 접지공사 및 저압회로에 하는 제2종 접지공사에 사용하는 것은 인정하고 있지만 기타의 접지극에 사용하는 것은 명시되지 않았다. 또한 내선규정에서는 철근 콘크리트조의 건물은 인정하지 않고 있다.

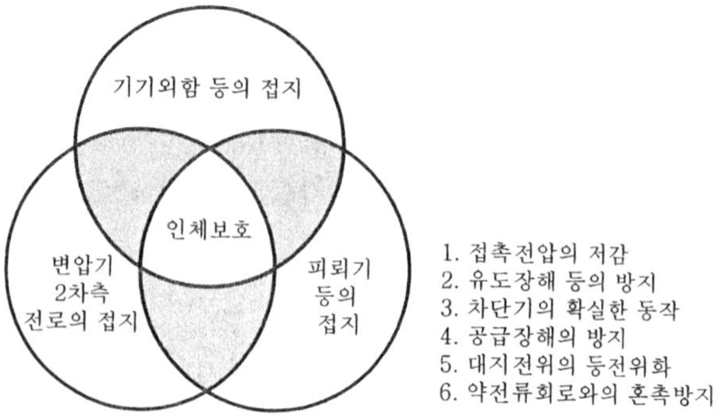

그림 10·13 전력용 접지의 목적

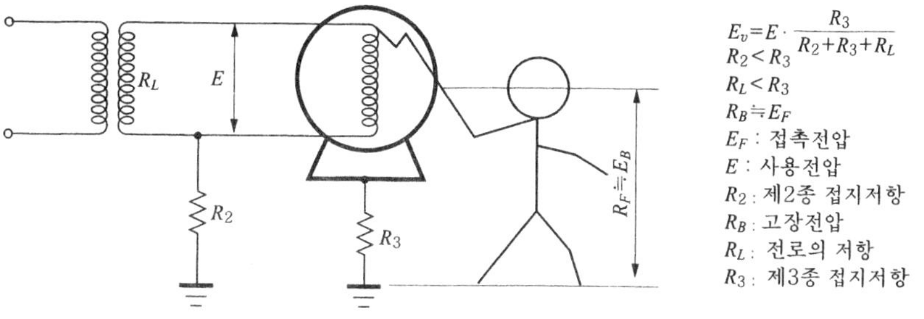

그림 10 · 14 전로의 사용전압과 접촉전압

또, 전기령에서는 피뢰기 등의 접지를 단독으로 하도록 규정하지는 않았지만 내선규정에서는 공용을 인정하지 않고 있다.

접지사고시 및 피뢰기 동작시에는 대지전압의 상승 등에 의해 건전기기에 역섬락을 일으키고, 또 평상시 운전중에서도 유도장해를 일으키므로 설비기기의 종류에 따라 그 사고 발생빈도를 고려하여 접지계통을 분리할 필요가 있다.

· 일반기기 및 제어반 : 변압기, 차단기, 발전기, 전동기 등의 접지개소는 모두 연접선과 연결한다.
· 피뢰기 및 피뢰침 : 피뢰기 및 피뢰침은 동작시 동작전류에 의해 악영향을 미치므로 별도로 접지한다.
· 옥외철구 : 옥외철구 등의 시설에 대해서는 그 변전소에 시설되어 있는 기계기구 등의 접지와 연접접지를 하는 것이 바람직하다.
· 케이블 : 구내의 동력 케이블은 금속시스의 일단(부하측)을 연접선에 연결하고 양자를 접지하지 않는다.

접지선의 올바른 설치방법은 다음과 같다.

· 접지선의 굵기는 아크 용접 · 윈치 · 이동용 벨트 컨베이어 등 현장설비의 경우 5.5 [mm^2] 이상의 녹색 비닐 절연전선을 사용하여 견고하게 설치한다(파손이나 이탈 등을 전혀 고려할 필요가 없는 경우에는 2.0 [mm^2] 이상이면 된다).
· 접지선은 기본적으로 도중에서 접속하여 사용하지 말아야 한다.
· 접지선 설치는 기본적으로 너트 · 클램프로 죄어서 설치하고, 클립에 의한 간이설치는 하지 말아야 한다(감아 붙이는 배선이나 클립설치방식은 외부충격에 의해 쉽게 이탈된다).
· 철골 · 가대 · 수도배관에 접지할 경우 접지가 충분히 효력을 발휘하는가를 확인한다.

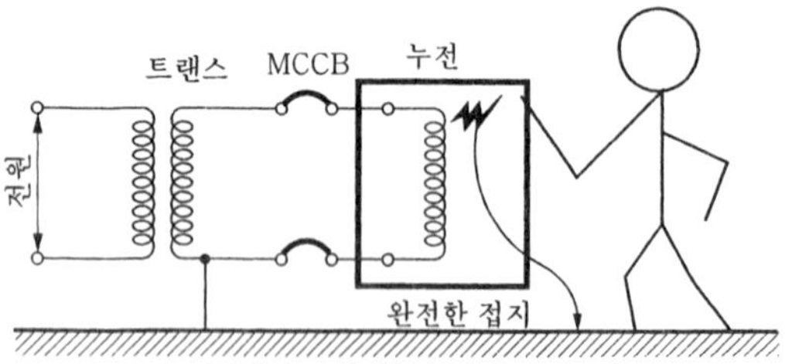

누전되더라도 인체를 통하지 않고
전부 접지선을 통과하여 안전하다

(a) 완전한 접지

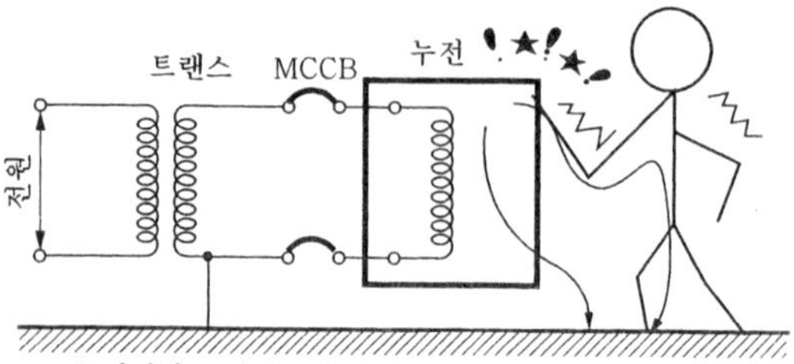

누전되면 누전전류가 불완전한 접지선으로 흐르지만
인체에도 전류가 흐르기 때문에 감전상태가 된다

(b) 불완전한 접지

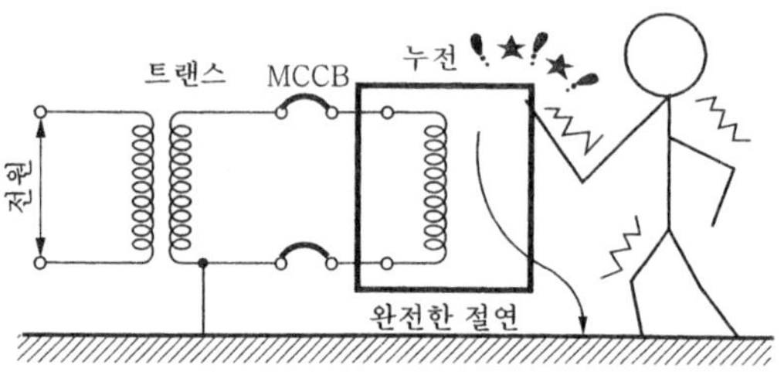

누전되면 누전전류가 전부 체내를 통과하여 감전상태가 된다

(c) 접지선 없음

그림 10·15 올바른 접지방법

- 가스배관·유압배관 등에는 접지선을 접속하지 않는다.
- 접지선을 설치하는 곳은 녹슨 것이나 칠한 것을 없애고 접촉저항이 없도록 충분히 죄어 붙인다(압착단자 설치에 의한 부착이 가장 좋다).
- 접지봉을 지중에 설치할 경우는 습윤되어 있는 곳을 선택하여 박아 넣는다. 그리고 박아 넣는 깊이는 50 [cm] 이상으로 한다(건조되어 있는 모래땅 등은 부적합하다).
- 접지봉(동봉 또는 동 피막봉) 대용으로 철근 등을 사용하면 안 된다.

④ 사고회로의 신속한 차단

누전이 발생할 경우 가능한 짧은 시간 내에 사고회로의 전원을 차단하여 가능한 위험 구역을 줄여야 하며, 습기가 많은 장소 등 필요한 장소에는 반드시 누전차단기 등을 설치하여야 한다.

⑤ 비접지식 전로의 채용

저압배전선로는 일반적으로 고압을 저압으로 변환시키는 변압기의 2차측이 접지된 접지계통이므로 누전시에 작업자가 접촉되면 감전사고가 발생하게 된다.

그러나 그림 10·16과 같이 변압기의 저압측을 비접지식 전로로 할 경우 기기가 누전되더라도 전기회로가 구성되지 않았기 때문에 안전하다. 이와 같은 선로는 선로의 길이가 길지 않고 3 [kVA] 이하인 경우에는 안정적으로 사용되는데, 비접지식 전로의 경

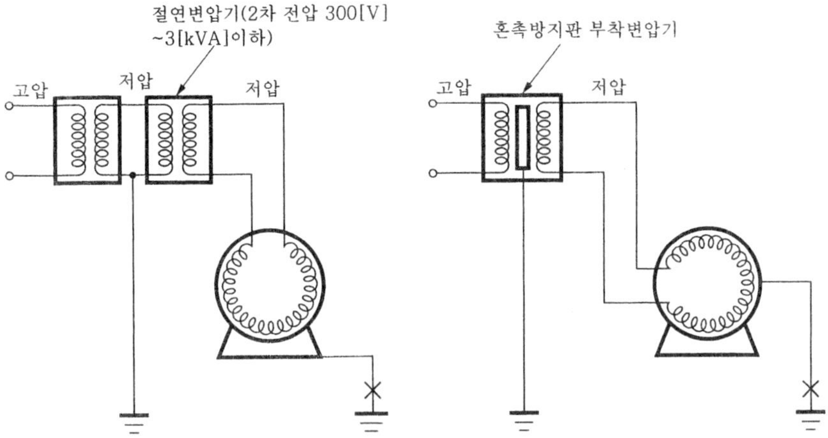

그림 10 · 16 비접지식 전로의 변압기

우는 그림 10 · 16 (a)와 같이 절연변압기를 사용하거나 그림 10 · 16 (b)와 같이 혼촉방지판 부착변압기를 사용한다.

⑥ 2중 절연 전기기기의 사용

2중 절연 전기기기는 충전부를 2중으로 절연한 것이다. 기기를 사용할 때는 기능절연 파괴시의 감전사고를 확실히 방지하기 위해 기능절연과는 별도로 또다시 보호절연한 것이다. 산업안전보건법에 따라 이중절연 전기기기는 누전차단기 등을 설치하지 않고 보통 콘센트를 이용할 수 있다는 이점이 있다.

3) 설치상의 안전대책시

전기기기의 설치상 안전대책 중 육안점검으로 그 적부를 판단할 수 있는 사항을 중심으로 다음에 기술한다.

- 전기기계기구의 구조는 그 사용장소의 환경에 적합한 형식을 사용하여야 한다(방수형 · 옥내형 · 옥외형 · 방폭형 등).
- 운전, 보수 등을 위한 충분한 작업공간 및 냉각이 잘 이루어질 수 있는 장소에 설치한다.
- 리드선의 접속은 기계의 진동 등에 의한 스트레스를 받지 않도록 한다.
- 전동기류의 가동부에 의한 재해 우려가 있는 기계의 조작부는 작업자의 위치에서 쉽게 조작 가능한 위치에 있어야 한다.

10.5 접지란 무엇인가?

10.5.1 접지의 정의 및 유래

1) 접지의 정의

접지란 어떤 대상물을 전기적으로 대지에 낮은 저항으로 연결시키는 것을 접지라 하며, 즉 대지에 전기적 단자를 시설하는 것으로서 이를 원어로서 영국에서는 EARTHING, 미국에서는 GROUNDING이라 하고, 우리나라에서는 보통 어스라 하며 접지의 목적은 유도체를 대지와 똑같은 전위로 하는 것으로서 대지의 표면전위는 영전위이기 때문에 그 물체의 전위를 대지와 동전위 또는 최소의 전위차로 하기 위해 접지를 하는 것이다.

2) 접지의 유래

접지의 시작은 1754년 미국의 프랭클린이 뇌운에 대한 연구와 낙뢰로 인한 인명 및 시설물 피해를 방지하기 위해 피뢰침 접지를 한데서 비롯되었다.

이후 1853년 유선통신의 대지귀로방식에 적용하였고 이어서 전화선을 통해 들어오는 뇌서지로부터 보호하기 위한 피뢰기 접지를 하게 되었다. 강전분야는 1882년 미국에서 배전용 변압기 내부에서 고·저압 혼촉, 고장시 감전 및 화재사고시의 방지를 위해 저압측 권선에 접지를 시키는 소위 "계통접지"가 등장되었다. 그후 전력계통이 확장되면서 발전소와 변전소에 대규모적인 저저항 접지망의 구성으로 뇌격이나 전력계통의 지락사고시 접촉전압이나 보폭전압으로 인한 감전사고와 설비피해를 방지하게 되었다. 또한 각종 전기기기가 생활주변에 보급됨으로써 인간의 감전사고와 누전화재를 방지하기 위한 보안접지가 강조되었다.

이와 같이 강전분야에 확대 적용된 접지기술은 최근에 이르러 전자기술과 기기의 보급과 함께 전자회로의 안정성을 유지하기 위해 약전접지 기술로 다시 환원되는 시대를 맞이하게 되었다. 뿐만 아니라 접지시공도 그 목적에 따라 다양화되었고 접지가 하나의 전기적인 "회로기능"과 전자, 정전유도, 전파장해로 인한 환경장애로부터 보호받는 "안정기능"을 유지하기 위한 접지기술로 발전되어 가고 있다.

이와 같이 접지는 피뢰침 접지에서 약전 접지 그리고 강전 접지로 발전되었다가 다시 약전 접지로 일순하는 현상을 나타나게 되었다.

10.5.2 접지공사의 목적

접지공사는 전기설비 절연보호, 감전방지, 이상전압 발생억제, 뇌해 보호를 위시하여, 대지 이용접지, 전식방지, 정전기 장해방지, 노이즈 방지 등을 목적으로 하고 있다. 그림 10·17에 접지 공사 목적을 나타낸다.

1) 전기설비의 보호

뇌서지, 개폐서지, 아크 지락 등에 의한 이상전압 발생을 억제하고 전기설비 절연보호를 한다.

① **피뢰기 접지**

전기설비의 낙뢰, 유도뢰, 서지 등의 이상전압 발생을 피뢰기 → 접지방전에 의하여 이상전압 발생을 억제하고 전기설비의 절연보호를 한다.

② **전기회로 접지**

전기회로 중성점 또는 1선 접지(저압회로), 발전기, 전선로(변압기)의 이상전압 억제와 지락검출을 하기 위하여 중성점을 직접 또는 저항, 리액턴스 등으로 접지한다.

또 특별고압·고압회로 → 저압회로로 변성하는 회로에 고압측에서의 혼촉에 의한 이상전압을 방지하기 위하여 저압 전로측 중성점 또는 1선을 접지한다.

③ **케이블 등의 실드 접지**

고전압 케이블, 계측 제어용 실드 케이블은 일반적으로 실드 케이블이 사용된다. 이

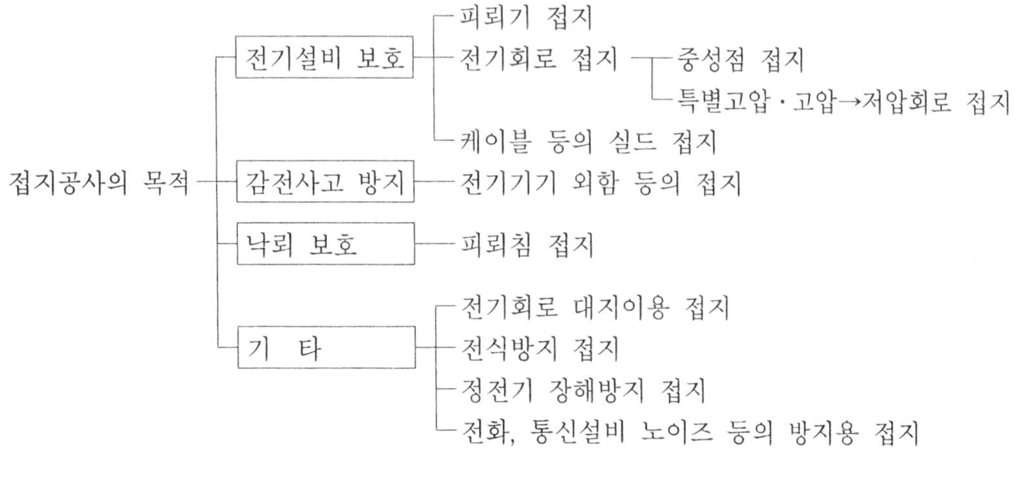

그림 10·17 접지공사의 목적

실드는 절연강도(전력 케이블), 전자유도 또는 정전유도 방지를 위한 실드의 한쪽 접지(정전유도), 양단 접지(전자유도)를 한다.

2) 감전사고 방지용 접지

① 전기기기의 외함 등의 접지

발전기, 변압기, 개폐장치, 계기용 변성기, 전동기, 조명기구, 가정 전자제품 등 모든 것의 전기설비, 기구 등의 금속 케이스 부분(외함)을 접지하고 누전사고 또는 정전유도 등에 의한 감전사고 방지를 한다.

이 감전사고 방지에 대한 사고방식은 누전 → 기기 → 케이스 → 인체 통전(감전)을 방지하기 위하여 접지선에 의해 누설전류를 직접대지로 방전시켜 인체 통전(감전)를 방지한다.

이와 같이 전기설비, 기계기구 등의 외함에 인체가 접촉하였을 경우, 인체 → 대지간에 가해지는 전압을 접촉전압이라 한다. 또 지락전류가 대지에 흘러 이 때문에 지표면에 전위차가 발생하여 인간의 두 다리 사이에 가해지는 전위차를 보폭전압이라 한다.

인체의 감전보호를 하기 위해서는 이 접촉전압과 보폭전압을 허용값 이하가 되도록 하는 접지저항으로 할 필요가 있다. 이 때문에 접지공사는 가능한 접지저항을 적게 설계할 필요가 있다.

3) 낙뢰 보호

① 피뢰침 접지

직격 뇌해를 방지하기 위하여 지상고가 높은 건축물, 구조물, 가연성 가스・기름 등의 저장탱크에는 피뢰침을 설치하여 접지선으로 통해 뇌전류를 직접대지로 방전시켜 건축물이나 보호 대상물을 보호한다.

4) 기타

① 전기회로 대지이용 접지

전차선로, 통신선 대지이용 접지, 안테나 접지, 전기로 접지 등 대지이용 회로를 접지하여 선로절연 합리화를 도모한다.

② 지중매설 금속관 전식방지용 접지

지중매설물, 철관로, 케이블 연피 등의 금속면에서 유출하는 전류(부식전류)에 의한 금속면의 전류로서 부식을 방지한다. 전기방식시설(被防蝕體)의 부식을 방지하기 위하여 지중 또는 수중에 시설하는 양극과 피방식체 간에 방식전류를 흘리는 것을 말한다.

보통 접지공사라 하면 전기적 장해나 사고로부터 인체 혹은 기기를 보호하기 위해 실시되는 것으로 알고 있지만 전기방식계에서는 그 내용을 달리한다. 즉 일반적으로 말하는 접지극은 전기적 장해나 사고가 발생한 경우만 작동하지만 전기방식용 접지극은 방식대상물에 항상 방식전류를 공급하고 쉬지 않고 작동한다. 따라서 전기방식계에서는 이것을 접지극이라 하지 않고 전극상 또는 양극상(anode, ground bed)이라고 한다. 전극상의 설계・시공은 접지극과 큰 차이가 없지만 사용재료와 구조가 다르다.

ⓐ 전기방식법의 원리

금속의 부식은 금속이 전해질에 접했을 때 그 표면에 생기는 부분적인 전위차이로 일어나는 것이므로 부식을 일으키지 않기 위해서는

㉠ 금속을 전해질에 접촉시키지 말 것

㉡ 금속표면의 전위차를 없앨 것

의 두 가지가 고려된다. ㉠은 오래 전부터 하고 있는 방법이고 ㉡이 전기방식법이다.

전기방식법이 본격적으로 실용된 이후 이미 수십 년이 경과하여 지금은 물속이나 토양 중에 있는 금속구조물의 방식법으로 완전히 정착되어 도장이나 부식억제와 함께 방식의 주류로 되었다.

그러나 최근에 와서 지하매설물의 증가와 전기철도 설비의 증가로 인하여 지중매설에 대한 전식방지를 위해 방식대상물의 금속표면에 전해질을 통하여 직류전원을 흘려서 그 전위를 방식전위로 유지하면 된다는 간단한 원리에 기초한 것이다.

③ 정전기 장해방지용 접지

병원, 송수관, 가스취급 설비 등 정전기에 의한 인화폭발 방지를 위하여 정전기 발생방지를 위한 접지를 한다.

정전기란 물체에 전하가 축적되어 이것이 방전하는 것을 말하며, 정전기 방전에 의하여 발생되는 전자노이즈는 컴퓨터나 자동제어를 포함한 OA기기나 FA기기의 전자회로에 중대한 영향을 주고 있다.

정전유도가 적고 감전의 위험이 없는 정도로서 통신선의 잡음장해를 파급한 경우 임피던스 측정기에 교류브리지의 표유 정전용량의 영향방지 등의 대책으로서 차폐 케이블, 어떤 차폐선을 사용한 것을 접지하는 경우는 장해가 경감된다.

마찰 등으로 발생한 정전기가 축적하여 각종 장해를 일으키지 않도록 정전기를 신속히 대지에 방지하기 위한 접지이다. 최근에는 화학섬유나 플라스틱 등 정전기가 생기기 쉬운 재료가 증가하고, 소형화, 고밀도로 인하여 정전기의 발생이 쉬운 조건이다. 한편 반도체의 집합체인 IC의 고기능화, 저소비 전력화, 소형, 경량으로 발달되고 있기 때문

이다.

인텔리전트 빌딩에서는 각종 절연재료의 다양화, 고순도에 의하여 정전기가 발생하기 쉬운 상황에 이르고 있다. 따라서 IC를 내장하는 컴퓨터처럼 정전기 때문에 장해를 받는 장치도 많아졌다. 탱크로리(tank loory : 휘발유 등을 운반하는 차량)가 끌고 다니는 쇠사슬도 말하자면 정전기 장해방지용인 가설적인 접지이다.

유도장해 방지를 위한 접지의 목적은 한마디로 "피유도체를 대지와 동일한 전위로 하는 것"이다. 대지의 전위는 영전위라 생각되므로 도전성 물체를 대지와 전기적으로 접속하여 물체의 전위를 대지와 동전위 혹은 최소차로 하기 위해 접지한다. 즉 마찰이나 유도 등으로 물체 중에 발생한 전하를 대지로 방출시켜 전하의 축적을 방지하거나 억제하는 것이다. 단 전하의 발생을 방지하는 효과는 없다.

④ 전화, 통신설비 등의 잡음방지용 접지

내외부의 강한 전계 침입으로 인한 잡음으로 인하여 기록측정, 검사장해, 통신기기 장해로 인한 기능저하를 막기 위한 접지를 말한다. 병원에서는 뇌파검사실, 심전도실에 이용되며 이러한 접지가 적용된 곳이 일명 전자 실드룸으로 불린다.

10.5.3 접지의 분류

1) 접지공사에 따른 분류

접지공사의 종별은 전기설비기술 기준에 정해져 있으며 제1종 접지공사, 제2종 접지공사, 제3종 접지공사 및 특별 제3종 접지공사로 대별되어 있다. 표 10·12에 접지공사 종별과 그 적용 예를 나타낸다.

① 제1종 접지공사

제1종 접지공사는 10 [Ω] 이하 접지저항으로 할 필요가 있으며 특별 고압 → 고압 전선로에 접속되는 고압측 방전장치, 특별고압 계기용 변성기 2차측 전로, 특별고압 및 고압 기기 철대 등의 외피, 피뢰기, 피뢰침 등 접지에 적용된다.

② 제2종 접지공사(고저압 혼촉시 저압측 대지전위가 150 [V] 이하가 되는 접지저항 [Ω] 이하)

제2종 접지공사는 고압 전로 → 저압 전로에 접속하는 변압기 저압측 중성점 또는 1선을 접지하여 고압 전로 → 저압 전로 혼촉사고 경우에 저압 전로측 절연보호 및 감전사고 방지를 위한 접지로 고압 → 저압 혼촉 사고시에도 저압측 전로 대지간 전압이 150 [V] 이하가 되도록 하는 저항값으로 접지한다.

③ **제3종 접지공사**(100 [Ω] 이하)

제3종 접지공사는 고압전로의 계기용 변성기 2차 회로 400 [V] 이하 저압용 기기의 철대 및 외함, 전선 관로 등을 접지하여 감전사고 방지에 대비한다.

④ **특별 제3종 접지공사**(10 [Ω] 이하)

특별 제3종 접지공사는 400 [V]를 넘는 저압기기 철대 및 금속제 외함, 저압용 배선에 사용되는 관로 등의 금속제부분 접지를 하고 감전사고 방지에 대비한다. 다만, 누전차단기의 감도전류에 따라 접지저항이 다르게 적용한다(내선규정 제140절 접지).

표 10 · 12 접지공사에 따른 분류

접지공사의 종류	내 용
제1종 접지공사	① 변압기로 특별고압 전로에 결합되는 고압 전로의 방전장치 ② 특별고압 계기용 변압기의 2차측 전로 ③ 고압용 기계 기구의 철대 및 금속제 외함 ④ 고압 전로에 시설하는 피뢰기 및 피뢰기에 대응하는 장치 ⑤ 특별고압 전선로의 시설로 관 기타의 케이블을 넣는 방호장치 외 금속제 전선 접속함 및 케이블의 피복에 사용하는 금속체 ⑥ 특별고압 가공전선이 가공 약전류 전선과 접근 또는 교차시의 보호망 ⑦ 고압 옥내배선에 사용되는 관 기타의 케이블을 넣는 방호장치의 금속제 부분 금속제 전선 접속함 및 케이블의 피복에 사용하는 금속체 ⑧ 방전등용 안정기의 외함 및 방전등용 전등기구의 금속제 부분(관등 회로의 사용전압이 고압이고 또한 방전등용 변압기의 2차 단락전류 또는 관등회로의 동작전류가 1 [A]를 넘을 경우) ⑨ 옥측 또는 옥외에 시설하는 관등회로의 사용전압이 1000 [V]를 넘는 방전등 ⑩ 전극식 온천용 승온기 차폐 장치의 전극 ⑪ 풀장용 수중 조명등 등에 사용하는 절연 변압기의 1차 권선과의 사이에 설치하는 금속제의 혼촉 방지판 ⑫ 고압의 표피전류 가열장치에 사용하는 발열관(박스를 포함한다)
제2종 접지공사	① 고압 전로와 저압 전로를 결합하는 변압기의 저압측의 중성점 또는 1단자(사용전압이 300 [V] 이하의 경우이고 당해 접지공사를 변압기의 중성점에 시설하기 어려울 때) ② 고압 전로와 저압 전로를 결합하는 변압기이고, 고압 권선과의 사이에 설치하는 금속제의 혼촉 방지판 ③ 다심형 전선을 사용하는 경우의 중성선 또는 접지측 전선용으로서, 절연물로 피복하지 아니한 도체
제3종 접지공사	① 고압 계기용 변압기의 2차측 전로 ② 400 [V] 미만의 저압용 기계 기구의 철대, 또는 금속제 외함 ③ 저압 가공전선 또는 고압 가공전선에 케이블을 사용하고, 이것을 조가하는 경우의 메신저 와이어 및 케이블의 피복에 사용하는 금속체
특별 제3종 접지 공사	① 400 [V]를 넘는 저압용 기기의 외함 ② 400 [V]를 넘는 저압용 배선에 사용하는 관로 등의 금속부분

연습문제

1. 누전이란?

2. 감전이란?

3. 안전한 전기사용 요령에 대하여 장소별로 설명하라.

4. 접지에 대하여 설명하라.

11 반도체의 기초

11.1 반도체란?

1930년대 이전까지 물질은 전기적 성질에 따라 전류가 흐르기 쉬운 물질인 도체(또는 양도체)와 흐르기 어려운 물질인 부도체(또는 절연체)로 구별되었으나, 1930년경 물질에는 도체와 절연체 그 어느 쪽에도 속하지 않고 양쪽의 중간 성질을 가진, 즉 도체처럼 전류가 흐르기 쉽지도 않고 부도체처럼 전류가 흐르기 어려운 것도 아닌 새로운 물질이 있음을 발견하였으며, 이 특유한 성질의 물질을 반도체라 부르게 되었다.

11.2 반도체 소자

11.2.1 전자의 운동

물질의 특성이 바뀌지 않도록, 즉 화학적으로 성질이 바뀌지 않게 나누어진 최소입자를 분자라 한다. 이를 다시 분해하면 다른 물질로 변화하는 것처럼 나누어지는데 이를 원자라 부른다.

원자는 물질을 이루는 기본성질로 100여 종이 있으며, 원소라는 종류명을 갖고 있는

데 양자와 중성자의 집합체인 원자핵과 그 주위를 운동하는 전자로 구성된다. 원자를 구성하는 양자와 전자의 수는 서로 같으며 원자번호로 표시된다.

물질 → 분자(molecule) → 원자(atom) → ┌ 원자핵(atomic nucleus) → ┌ 양자(proton)
　　　　　　　　　　　　　　　　　　　　└ 전자(electron)　　　　　　　└ 중성자(neutron)

전자에서 기본이 되는 양을 전하(electric charge)라 하는데 이는 양전하(양자)와 음전하(전자)의 두 가지로 구분된다. 따라서 원자핵은 양자의 수를 Z라 할 때 양전하 $+Ze$와 같은 수의 전자가 갖고 있는 음전하 $-Ze$로 구성되어 전기적 균형을 이루고 있다.

여기서 전자 1개의 전하량은 $e=1.602\times10^{-19}$ [coulomb]이며 정지시 전자의 질량은 $m_0=9.1\times10^{-31}$ [kg]이다. 양자는 전자보다 약 1840배 무거운 1.672×10^{-27} [kg]이다. 이러한 일련의 수치는 우리의 상상을 초월한 값으로 자연계에 풍요롭게 존재하는 전자의 실체를 논리로만 규정할 수밖에 없을지도 모른다.

원자핵을 돌고 있는 전자 중 최외각 궤도를 돌고 있는 전자들은 원자핵과의 결합이 약해 원자핵을 떠나서 물질 안에서 자유로이 움직일 수 있는데, 이들을 자유전자라 한다. 이들 자유전자의 활동에 의하여 여러 현상들이 나타난다. 한편 이러한 전자는 에너지 공간에서 지켜보면 엄밀한 질서와 구조 안에서 명확하게 순응하는 것을 볼 수 있다.

전자 하나가 지니고 있는 에너지는 사람이 경험하는 에너지와 비교하여 대단히 작아서 특이한 단위를 따로 사용한다. 1 [V]의 전위차에서 주어지는 전자의 위치에너지를 1 [eV]라고 정의하면 1 [eV]$=1.602\times10^{-19}$ [J]이 된다.

후에 세밀한 분광실험 결과 수정이 필요했던 보어(Bohr)의 수소 원자모형(1914년)이나 슈뢰딩거(Schrödinger)의 파동방정식(1926년)을 통해 전자의 존재는 거리 공간과 에너지 공간의 양면에서 살펴볼 수 있으나 질서가 잡힌 전자의 세계는 에너지 공간에서만 찾아보게 된다.

원자구조를 평면적으로 살펴보면 원자번호와 같은 수의 전자가 정해진 궤도상을 정해진 개수만큼 원자핵을 중심으로 그 주위를 돌고 있다. 이 궤도를 원자핵에 가까운 순으로 K, L, M ……Q 궤도로 부르며 각각의 궤도에는 원자핵 쪽에서부터 세어 n번째에 최대 $2n^2$개의 전자가 들어갈 수 있다. 즉 이 규칙에 따르면 원자핵 쪽으로부터 전자가 들어가는 것이 되는데 K궤도에는 2개, L궤도는 8개, M궤도에는 18개의 전자가 들어갈 수 있다.

표 **11·1**은 원소의 주기율표로 이 원리를 정확하게 설명하고 있다.

표 11 · 1 원소의 주기율표(H-Kr)

원소		K (n=1) 1s	L (n=2) 2s	2p	M (n=3) 3s	3p	3d	N (n=4) 4s	4p
1	H	1							
2	He	2							
3	Li	2	1						
4	Be	2	2						
5	B	2	2	1					
6	C	2	2	2					
7	N	2	2	3					
8	O	2	2	4					
9	F	2	2	5					
10	Ne	2	2	6					
11	Na	2	2	6	1				
12	Mg	2	2	6	2				
13	Al	2	2	6	2	1			
14	Si	2	2	6	2	2			
15	P	2	2	6	2	3			
16	S	2	2	6	2	4			
17	Cl	2	2	6	2	5			
18	Ar	2	2	6	2	6			
19	K	2	2	6	2	6		1	
20	Ca	2	2	6	2	6		2	
21	Sc	2	2	6	2	6	1	2	
22	Ti	2	2	6	2	6	2	2	
23	V	2	2	6	2	6	3	2	
24	Cr	2	2	6	2	6	4	2	
25	Mn	2	2	6	2	6	5	2	
26	Fe	2	2	6	2	6	6	2	
27	Co	2	2	6	2	6	7	2	
28	Ni	2	2	6	2	6	8	2	
29	Cu	2	2	6	2	6	10	1	
30	Zn	2	2	6	2	6	10	2	
31	Ga	2	2	6	2	6	10	2	1
32	Ge	2	2	6	2	6	10	2	2
33	As	2	2	6	2	6	10	2	3
34	Se	2	2	6	2	6	10	2	4
35	Br	2	2	6	2	6	10	2	5
36	Kr	2	2	6	2	6	10	2	6

그림 11 · 1은 반도체 재료에 많이 사용되고 있는 실리콘(Si)의 원자구조를 평면적으로 나타낸 것이다. 이 그림에서 실리콘은 그 원자번호와 같은 14개의 전자가 원자핵을 중심으로 돌고 있다.

이와 같이 전자는 궤도에 의한 어떤 간격의 에너지값을 가지고 있는데, 이것을 에너

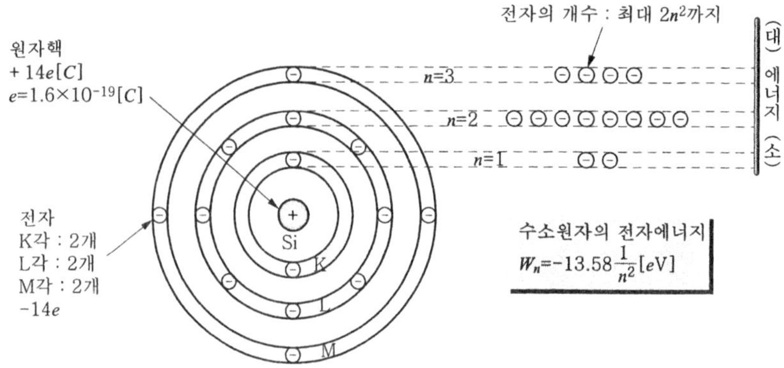

그림 11 · 1 실리콘의 원자구조

지 준위라고 하며, K궤도의 전자가 가장 낮은 에너지 준위를 갖는다.

[1] 정전편향

그림 11 · 2와 같이 평등 전기장 E[V/m] 중에 전기장과 직교하는 방향으로 초속도 V_0[m/s]의 전자가 진입되도록 하면, 전기장에 의한 힘이 전자에 작용하여 양극판 방향으로 포물선을 그리며 전자가 진행된다. 이 모양은 물체를 수평방향으로 던졌을 때 포물선을 그리며 낙하하는 것과 같은 모양이 된다. 이것을 정전편향이라 한다. 이러한 정전편향 운동이 있는 평행극판 D를 편향판(deflecting plate)이라 한다. 편향판을 벗어난 전자는 전기장의 힘을 받지 않으므로 편향판의 출구에 이어지는 접선방향으로 직진한다.

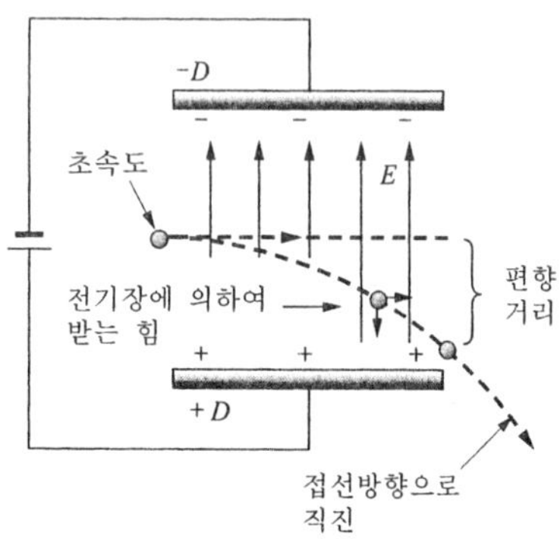

그림 11 · 2 정전편향

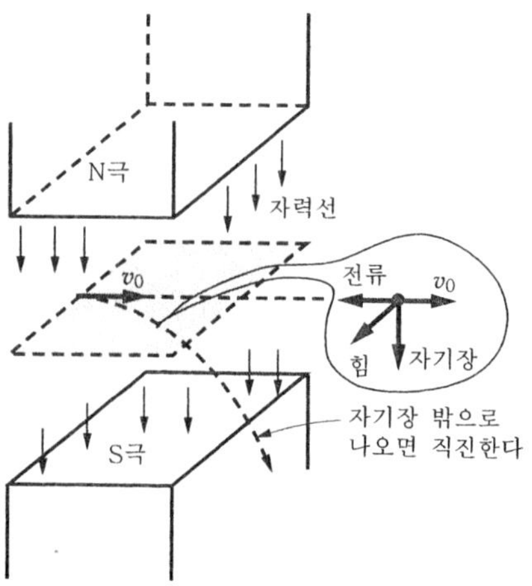

그림 11 · 3 전자편향

[2] 자기장 중의 전자운동

자기장 중에 정지하고 있는 전자 또는 자기장 방향으로 이동하는 전자는 그 자기장에 의한 편향력을 받지 않는다. 그러나 그림 11·3과 같이 자기장과 직교하는 방향으로 진입된 전자는 플레밍의 왼손 법칙에 의한 힘을 받아서 진로가 휘어지게 된다.

이때 전자가 받는 힘은

$$F = FIl = eV_0 B\,[\mathrm{N}]$$

이 된다.

이러한 현상을 전자편향(electromagnetic deflection)이라 한다. 한편 전자가 자기장의 방향에 대하여 θ의 각도로 진입하면 전자는 나선운동을 하게 된다.

11.2.2 에너지대 구조

물질은 주위의 온도와 압력에 따라서 고체·액체·기체의 세 가지 상태를 갖는다. 사람이 쉽게 가공 및 보존할 수 있는 상태는 고체인데, 이를 이루는 원자나 분자는 일반적으로 격자로 짜여져 있어 결정구조를 나타낸다. 결정구조는 다양하며 조건에 따라 구조가 변화되기도 하는데 다음의 결정형태를 나타냈다.

- 고체
  - 결정
    - 단결정(single crystal)
    - 다결정(poly crystal)
  - 비결정(amorphous 또는 non-crystal)

고체의 결정 내에서는 각 원자 내의 전자가 다른 다수의 원자핵으로부터 영향을 받아 각 원자의 같은 궤도상에 있던 전자의 에너지 준위는 겹쳐지거나, 약간 틈이 발생하여 밴드상태를 형성하게 된다. 이 같은 에너지 준위를 에너지대(energy band)라고 한다. 그림 11·4는 원자간격 $d\,[\mathrm{m}]$에 있는 고체의 에너지대 구조를 나타낸 것이다.

에너지대는 에너지가 낮은 순으로 충만대, 금지대, 전도대라고 하는 단계적으로 일정한 폭을 가진 3단계의 대역으로 되어 있다.

충만대(filled band)는 가전자가 들어갈 수 없는 곳인데, 실리콘과 같은 반도체는 이 폭이 극히 좁게 되어 있다. 또한 전도대(conduction band)는 충만대에 있던 전자가 에너지를 얻으면, 그 전자가 들어갈 수 있는 곳으로 전류를 구성할 수 있다.

일반적으로 금지대가 비교적 큰(약 5 [eV]) 물질을 절연체, 작은(약 1 [eV]) 물질을 반도체, 거의 없거나(약 0 [eV]) 충만대와 전도대가 겹쳐진 물질을 도체라 한다.

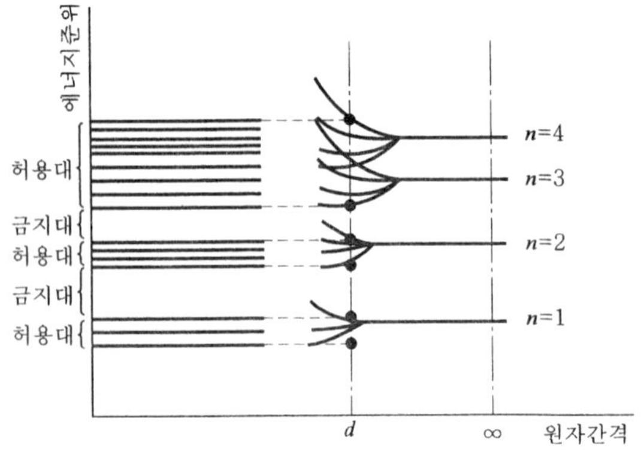

그림 11 · 4 에너지대 구조

[1] 도체

그림 11 · 5와 같이 전도대와 충만대가 중복되어 전기전도가 매우 좋다.

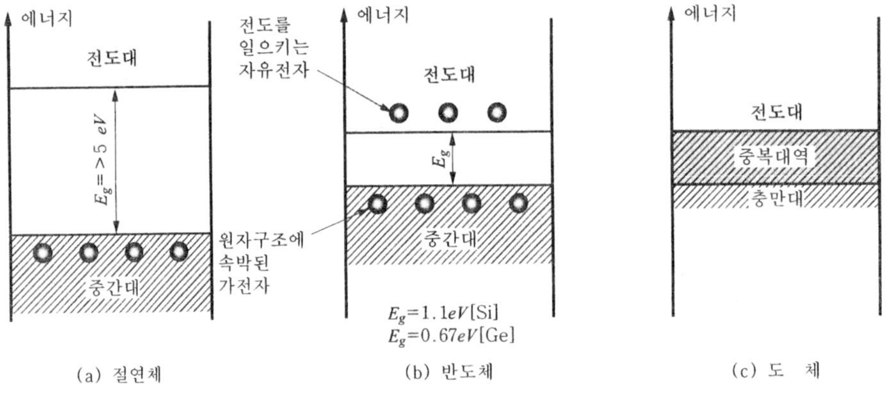

그림 11 · 5 도체, 반도체, 절연체

[2] 반도체

전도대와 충만대 사이의 금지대 폭이 좁아 열이나 빛 등의 적은 에너지로도 일부 전자는 쉽게 금지대를 넘어 전도대로 들어가 전도전자가 된다. 그러나 전자수가 적어 고저항이 된다.

[3] 절연체

전자의 움직임은 반도체와 같다고 보나, 전도대와 충만대 사이의 에너지 갭(gap)이 크므로 상당히 큰 에너지를 가하지 않으면 충만대의 전자는 전도대에 올라갈 수 없다.

11.2.3 전자방출

어떤 원자 안에 구속되어 있는 전자가 절대온도 [°K]에서 파울리(Pauli)의 배타율에 따라 기저 준위로부터 차례로 채워져 나갈 때 가질 수 있는 최고의 에너지 준위를 페르미 준위(Fermi level)라 하고, 이 준위로부터 전자가 자유공간 밖으로 방출되어 원자핵과 결정체의 응집력에서 해방되는 데 필요한 최소한의 에너지를 일함수라 한다. 일함수가 갖는 전위차를 전자가 뛰어넘는다는 관점에서 전위장벽으로 부를 수 있다.

에너지 공간의 충만대에 갇혀 있는 전자는 원자핵의 양성자와 전기적 인력으로 현재 소속된 원자 안에 구속되어 있다. 이 구속된 전자가 외부로부터 어떤 에너지(보통 열 또는 광에너지)를 받아 에너지 공간의 금지대를 뛰어넘어 전도대로 옮겨지면, 특정한 원자로부터는 해방되었으나 물질 안에 포함된 모든 양성자와는 여전히 전기적으로 결합되어 있다. 금속의 가전자는 외부에너지의 도움없이도 이렇게 존재하고 있다. 그러나 일함수보다 더 큰 에너지를 얻은 전도대의 전자는 물질표면으로부터 이탈하게 되어 자유롭게 움직일 수 있다.

이와 같은 여러 종류의 전자를 에너지 대역으로 분류하면 구속전자와 자유전자로 나눈다. 자유전자는 특정원자로부터 해방되어 물질 안의 전도대에서 자유롭게 돌아다닐 수 있는 전도전자와, 전위장벽을 넘어 물질표면으로부터 탈출하여 공간에서 홀로 존재하는 방출전자로 구별할 수 있다.

물질의 표면 밖으로 전자가 튀어나오는 현상을 전자방출이라 하며, 방출원인이 될 에너지의 형태에 따라 방출전자를 다음과 같이 분류한다.

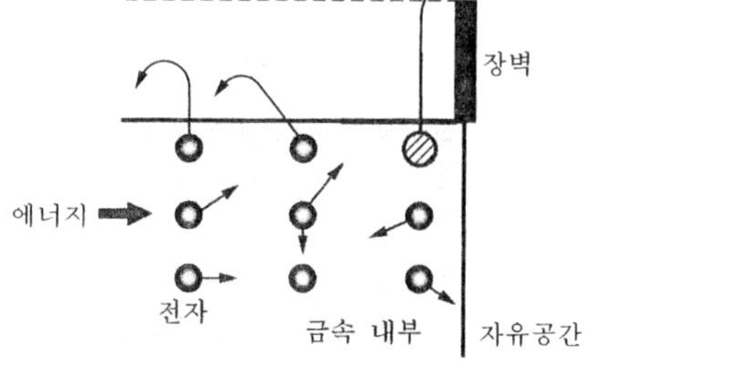

그림 11 · 6 에너지 준위와 장벽

[1] 열전자 방출

금속을 고온으로 가열하면 전도전자의 운동에너지가 커지면, 그 중에는 전위장벽을 넘어 금속체 밖으로 뛰어나가는 전자가 있게 된다. 이것을 열전자라 하며, 열전자 방출에 필요한 에너지는 다음과 같다.

$$W = kT\,[\mathrm{J}]$$

(볼츠만 상수 $k = 1.38062 \times 10^{-23}\,[\mathrm{J/°K}]$, 절대온도 $T\,[°\mathrm{K}]$)

[2] 광전자 방출

금속에 빛을 비추면 그 부분에서 전자가 공간에 방출된다. 이것을 광전자 방출이라 하며, 이때 방출된 전자를 광전자(photoelectron)라고 한다. 이 같은 현상을 광전효과(photoelectric effect)라 하고, 광전효과를 일으키는 에너지를 가진 입자를 광양자(photon)라 한다(그림 11·7 참조). 광양자가 가지는 에너지의 크기 E는 다음과 같다.

$$E = hf\,[\mathrm{J}]$$

($f\,[\mathrm{Hz}]$: 주파수, $h = 6.626 \times 10^{-34}\,[\mathrm{J \cdot S}]$: 플랑크 상수)

광전효과에서 금속표면을 떠나는 광전자가 가지는 운동에너지는 다음과 같다.

$$\frac{1}{2}mv^2 = hf - e\phi\,[\mathrm{J}] \qquad (\phi\,[\mathrm{J}] : \text{일함수})$$

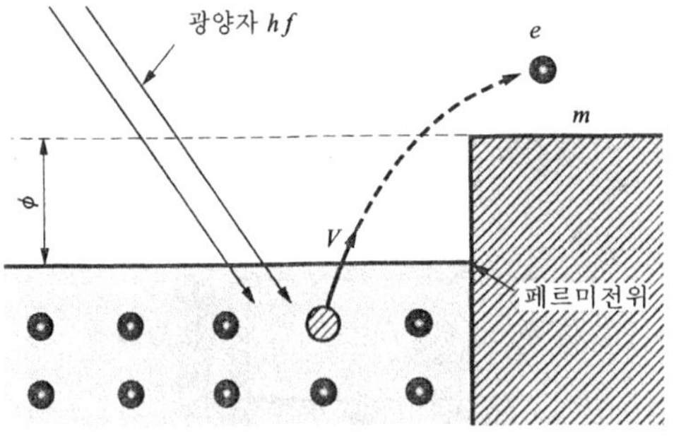

그림 11·7 광전자 방출

[3] 2차 전자방출

금속면에 가속된 전자를 충돌시키면 충돌전자와 가까이 있던 전자가 공간으로 방출된다.

이 현상을 2차 전자방출이라 하고, 충돌한 전자를 1차 전자(primary electron), 충돌에 의해 방출된 전자를 2차 전자(secondary electron)라고 한다.

[4] 전기장 방출

상온에서 금속 내의 전자의 운동에너지는 낮으므로 탈출 준위를 넘는 일은 없지만, 금속면에 전자를 방출시키는 방향으로 10^8 [V/m] 정도의 아주 강한 전기장을 가하면 전자가 방출되게 된다. 즉 이를 **전기장 방출** 또는 **냉음극 방출**이라고 한다.

이때 발생되는 전자의 방출량은 전기장의 강도에 따라 변하며, **터널효과**(tunnel effect)와 **쇼트키 효과**(Schottky effect)가 있다.

11.2.4 반도체

전선으로 사용되는 구리나 알루미늄 등의 금속은, 전기를 잘 흐르게 한다는 뜻에서 도체라고 한다. 또 전선의 피복에 사용되고 있는 고무나 비닐은 전기를 잘 통하지 않으므로 절연체라고 한다.

반도체는 문자 그대로 반도체라는 것으로, 도체와 절연체의 중간, 즉 저항률이 10^{-5} ~ 10^6 [Ω · m] 정도까지의 범위에 있는 물질이다.

일반적으로 반도체는 20세기 초까지도 전기적으로 쓸모가 없는 재료였으나 에너지 공간에서 미묘한 대역구조를 갖는 고순도 결정체 원석을 만들고 이것을 미세 가공기술에 의하여 N형 및 P형 반도체로 변성시킨 후 P-N접합을 형성함으로써 놀라운 세계를 창출하기 시작하였다.

반도체 재료는 대부분의 경우 단결정인 Si(규소, 실리콘)과 Ge(게르마늄)으로 다이오드, 트랜지스터, IC 등의 소자에 많이 사용되고 있다. 또 비결정 반도체는 빛을 비추면 도전성이 높아지는 광전효과 등의 특성이 나타난다.

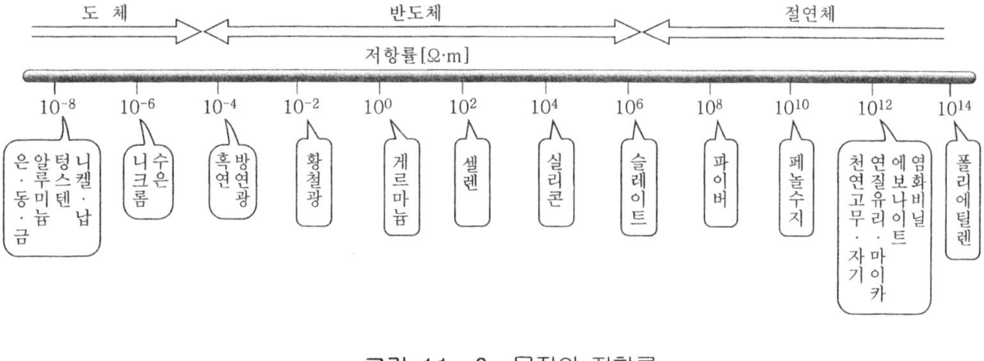

그림 11 · 8 물질의 저항률

[1] 진성 반도체

진성 반도체란 불순물로 오염되지 않은 고순도의 반도체를 말하며 순수 반도체라고 한다. 다음은 결정구조에 따른 반도체의 종류를 나타냈다.

- 반도체
  - 진성 반도체
  - 불순물 반도체
    - N형 반도체
    - P형 반도체

실리콘 결정의 순도 99.999999999 [%](9가 12개 나열되므로 twelve-nine), 게르마늄은 99.9999999 [%](9가 9개 나열되므로 nine-nine이라 한다) 이상으로 높다. 이 같은 반도체의 결정구조는 비교적 약한 공유결합으로 되어 있어 열이나 빛과 같은 에너지를 받으면, 결정 속에 있는 일부의 가전자는 원자핵의 구속에서 벗어나 자유전자가 된다. 이렇게 가전자가 빠진 빈 자리는 전자와 동일한 전기량이고 정(+) 극성이기 때문에 정공(hole)이라 한다. 이 정공의 근처에는 공유결합을 하고 있는 가전자가 많이 존재하고 있으므로 다음 전자가 들어갈 수 있다. 또 다음 정공이 생기면 전자는 이곳으로 이동하며 이와 같이 정공과 전자가 계속 이동함으로써 전류가 흐를 수 있게 된다.

그림 11·9와 같이 진성 반도체에는 자유전자와 정공이 같은 수로 존재한다.

전자와 정공의 이동을 할 수 있게 하는 외부적인 에너지가 전원이다. 즉 반도체에 전계를 가하면 반도체 속의 전자와 정공은 그림 11·10에 나타내는 바와 같이 각각 반대 방향으로 이동해서 전류가 흐른다. 이와 같이 전기전도에 관계되는 전자와 정공을 반송자(캐리어 : carrier)라고 한다.

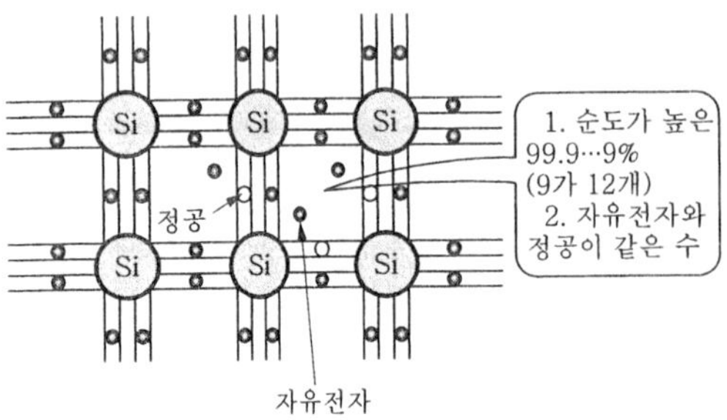

그림 11·9 진성 반도체의 결정구조

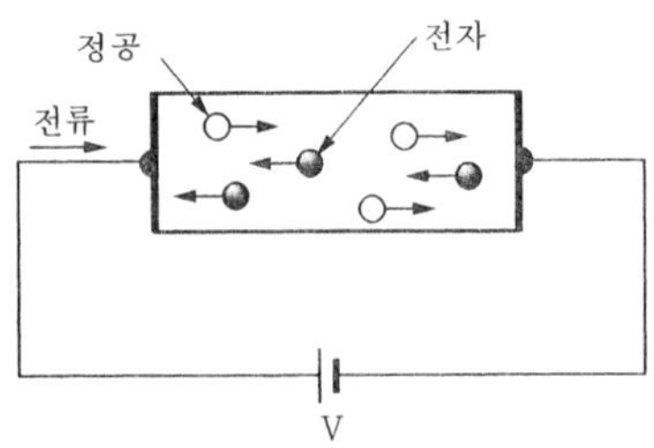

그림 11·10 진성 반도체의 전기전도

[2] 불순물 반도체

진성 반도체에 전자나 정공, 어느 한쪽의 수를 증가시키기 위해 의도적으로 불순물을 살짝 퍼뜨리는 작업을 도핑(doping)이라 한다. 불순물 반도체란 Si나 Ge의 진성 반도체 결정에 다른 원자의 개수를 100만분의 1에서 1000만분의 1 정도 혼합한 반도체를 가리키며 도핑된 불순물에 의해 전자의 수가 늘면 N형, 정공이 많아지면 P형 반도체라 한다.

그림 11·11에 N형 반도체와 P형 반도체의 불순물 원자와 불순물 농도에 따른 진성 반도체의 저항률 변화를 나타냈다.

진성 반도체 (가전자 4개)		불순물 반도체			
		N형 반도체 (가전자 5개)		P형 반도체 (가전자 3개)	
실리콘	Si	비소	As	인듐	In
게르마늄	Ge	인	P	갈륨	Ga
		안티몬	Sb	알루미늄	Al

(a) N형, P형 반도체

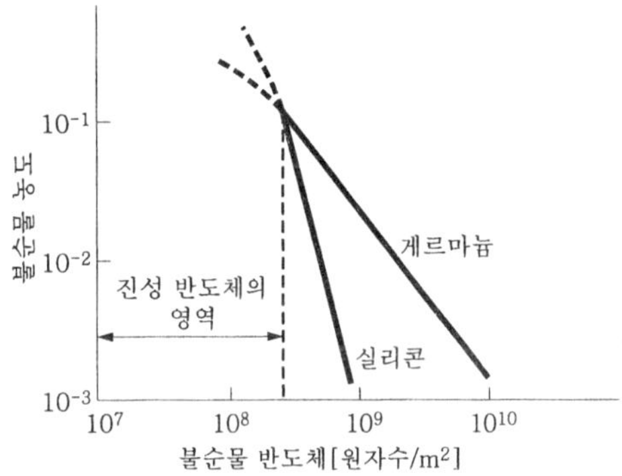

(b) 저항률

그림 11·11 불순물 반도체

1) N형 반도체

Si의 진성 반도체 중에 약간의 비소(As)를 불순물로써 혼합하면 N형 반도체가 된다. 즉 그림 11·12와 같이, Si는 가전자가 4개인데 반해, As는 5개이므로 결합할 수 없는 가전자가 1개 남는다. 이 전자가 자유전자로 되며, 전체의 반송자는 정공보다 음(−)의 전기를 가진 자유전자의 쪽이 많아진다. 이때 전자를 다수 반송자(majority carrier), 정공을 소수 반송자(minority carrier)라고 한다.

그림 11·13은 이 모양을 에너지대로 나타낸 것으로, 결합에 관계없는 가전자를 과잉전자라고 한다. 과잉전자는 그림에 나타낸 바와 같이, 금지대 내의 전도대측에 새로운 에너지 준위를 만든다. 이 준위는, 과잉전자를 부여하는 5가의 불순물을 도너라고 하므로 도너 준위라고 한다. 따라서 도너 준위에 있는 과잉전자는 에너지 준위가 높으므로 상온에서도 용이하게 전도대에 올릴 수 있다.

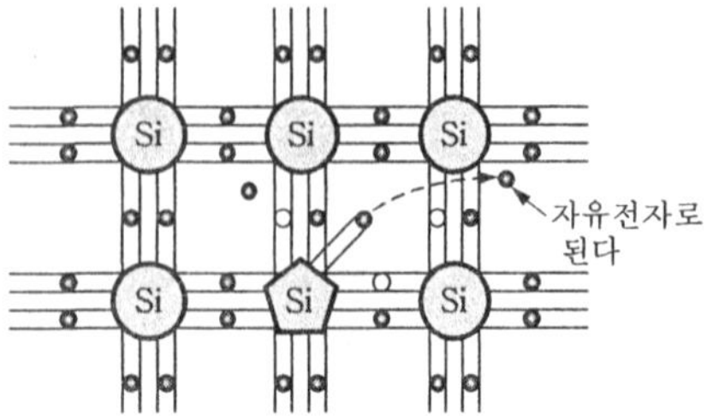

그림 11·12 N형 반도체

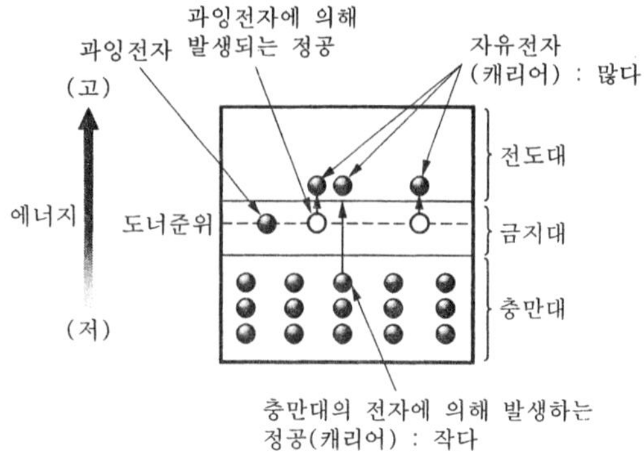

그림 11·13 에너지대

2) P형 반도체

Si의 진성 반도체 내에 N형 반도체와는 대조적으로, 가전자가 3개인 인듐(In)을 불순물로서 혼합하면 P형 반도체가 된다.

즉 그림 11·14와 같이 Si는 가전자가 4개인데 대해, In은 3개이므로 결합하기 위해서는 가전자가 1개 부족하다. 이 부족한 곳이 정공이 되며 전체의 반송자는 자유전자보다 양의 전기를 가진 정공의 쪽이 많아진다.

그림 11·15는 이 모양을 에너지대로 나타낸 것으로서 만들어진 정공은 그림에 나타낸 바와 같이 금지대 내의 충만대 측에 새로운 에너지 준위를 만든다.

이 준위는 가해진 세 가지의 불순물을 억셉터(acceptor)라고 하므로, 억셉터 준위라고 한다. 따라서 충만대에 있는 전자는 상온에서도 용이하게 억셉터 준위로 이동하므로, 충만대에서는 정공이 발생하여 이것이 반송자가 된다.

이와 같이 불순물 반도체는 상온에서도 거의 도체에 가까운 전기재료가 된다. 한편 P형 반도체에서는 정공을 다수 반송자로 하며 전류흐름을 결정한다. 표 11·2는 반도체

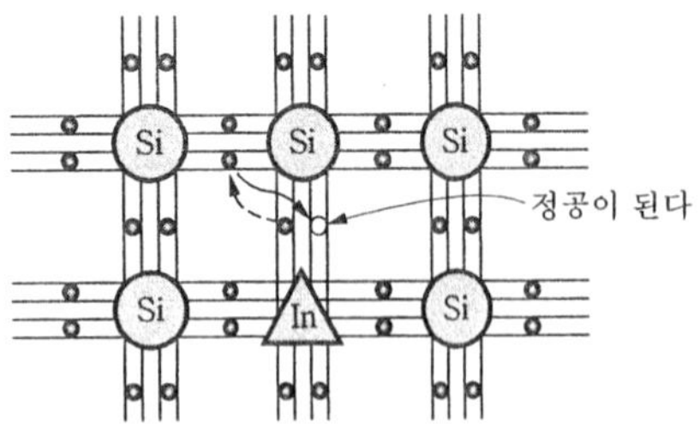

그림 11·14 결정구조

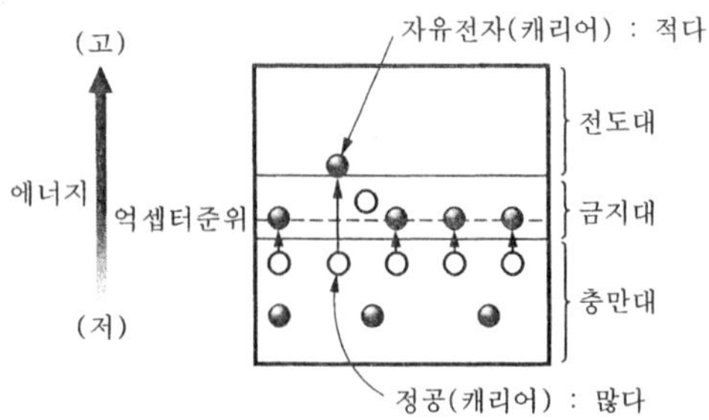

그림 11·15 에너지대

표 11・2 반도체와 반송자

구 분	다수 반송자	소수 반송자
진성 반도체	전자와 정공 동수	
N형 반도체	전 자	정 공
P형 반도체	정 공	전 자

와 반송자의 관계를 정리하였다.

[3] 전도전류

반도체 안에서 반송자의 흐름은 두 가지 원인에 따른다.

① 확산(diffusion) : 반송자의 농도가 반도체 내부에서 지역적으로 다를 때

② 이동(drift) : 반도체 외부의 전장에 따라 운동할 때

이처럼 반도체의 전류는 다수 반송자와 소수 반송자의 확산과 이동에 의하여 형성된다. 그러나 소수 반송자의 농도는 다수 반송자의 농도에 비하여 무시할 만큼 작으므로 일반적으로 다수 반송자의 흐름만을 추적한다.

이동에 의한 속도를 V라 하고, 인가된 전장을 E라 하면

$$V = \mu E$$

윗식이 성립한다. 이때의 비례상수 μ는 이동도(mobility)라 부르며, 이것을 반송자의 격자와의 평균충돌시간에 비례하고 실효정량에 반비례하며, 단위세기의 전장 안에서 반송자의 평균속도를 뜻한다(표 11・3 참조).

표 11・3 반도체의 이동도와 확산상수

원 소	N형 반도체		P형 반도체	
	μ_n [m²/V・s]	D_n [m²/s]	μ_p [m²/V・s]	D_p [m²/s]
규 소	약 0.12	약 3×10^{-3}	약 5×10^{-2}	약 13×10^{-4}
게르마늄	약 0.39	약 10^{-2}	약 0.19	약 49×10^{-4}

전기 도전율을 σ라 하고 금속과 반도체 재료 안에서 성립하는 옴의 법칙에 따라

$$i = \sigma E$$

가 된다. 이때 첨가 반도체의 다수 반송자에 의한 전류밀도 i는

$$i = Nqv = Nq\mu E$$

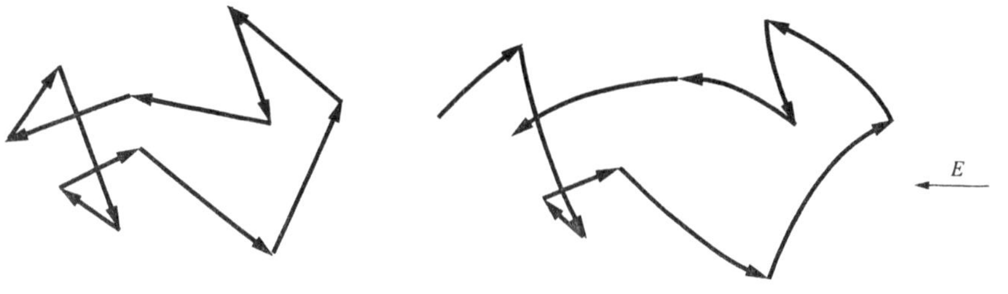

(a) 반송자의 격자 충돌 (b) 전장에 의한 영향

그림 11·16 반도체의 전기전도

이고, 여기서 N은 다수 반송자의 농도이고 q는 그 전하량이다.

따라서

$$\sigma = Nq\mu$$

가 됨을 알 수 있다.

즉, 전기 도전율은 반송자가 전계의 영향만으로 움직일 때의 단위전계 강도당의 평균 속도인 이동도에 비례하는데 여기서 전기 도전율은 저항률의 역수를 말한다.

11.3 다이오드

11.3.1 P-N접합

일반적으로 다이오드라고 하는 것은 한 방향으로만 전류가 흐르기 쉬운 성질을 이용한 정류용이나 검파용의 것을 말한다. 다이오드는 형태에 따라 그림 11·17과 같이 본체에 기호가 표시되어 있는데, 화살표의 방향은 전류가 흐르기 쉬운 방향을 나타낸다. 그리고 화살표 끝의 전극을 캐소드(K : 음극), 다른 한쪽의 전극을 애노드(A : 양극)라고 한다.

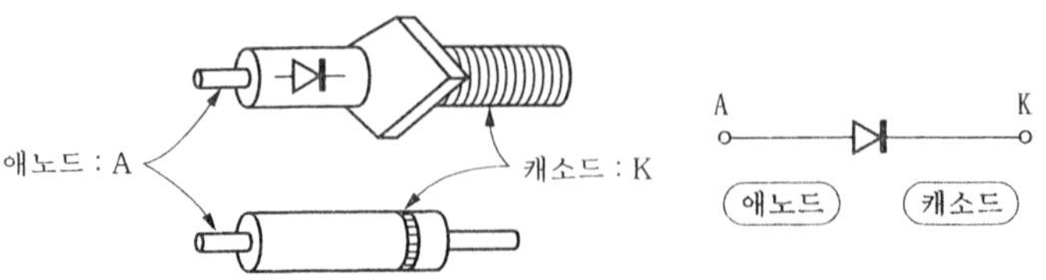

(a) 본체 표시 (b) 기 호

그림 11·17 다이오드 본체와 기호

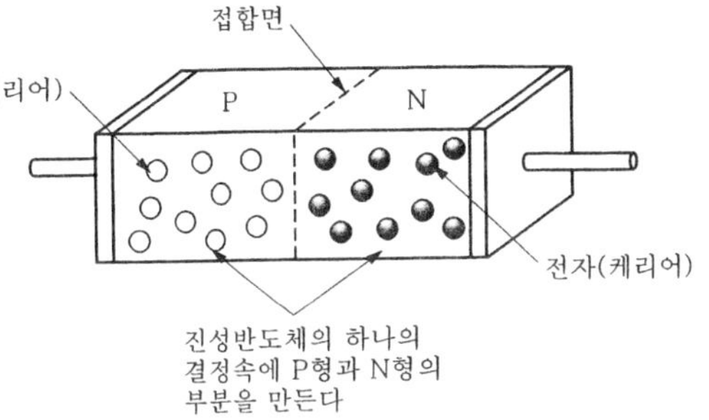

그림 11 · 18 P-N접합

P-N접합이란 실리콘이나 게르마늄의 진성 반도체의 결정 내에 그림 11 · 18과 같이 P형 반도체 부분과 N형 반도체 부분을 만들고 이들을 서로 접합한 것을 말한다.

여기서 P형 부분과 N형 부분이 접하고 있는 면을 접합면이라 한다. 이 접합면은 다만 전기적 성질의 변화를 나타낼 뿐이지 금속적인 결합이나 결정체의 구조적 단층이 있어서는 안 된다. P형이나 N형의 명칭은 다수 반송자의 전하부호에 따른 것이나, 어느 부분에서든지 다수 반송자와 불순물 이온의 전하량 총화는 0(zero)이 되어 P층이든 N층이든 전기적으로 중성을 나타낸다.

일단 P-N접합이 이루어지면 양쪽의 다수 반송자들은 상대적으로 농도가 묽은 쪽으로 확산되어 들어가서 그쪽의 소수 반송자가 된다. 확산이 진행되는 도중에 접합면 근처에서 만난 일부의 전자-정공은 결합에 의하여 쌍소멸되어 반송자의 결핍층이 형성된다. 이것을 공핍층이라 한다.

공핍층이란 접합면의 P형 쪽에서는 정공이, N형 쪽에서는 전자가 결합되어 생긴 층이다. 따라서 P형 쪽 공핍층에서는 정공(+)이 소멸되므로 그 지역 불순물 전하가 나타나고, 반대로 N형 쪽 공핍층은 전자(−)의 소멸로 P형의 불순물 전하가 그 공간지역에 나타난다. 그러므로 공핍층을 전기적 성질로 표현하면 공간전하 영역이라 한다. 이 공간전하 영역에는 접합면 사이로 전위차가 발생한다. 이를 전위장벽이라 한다. 이 전위장벽은, Si는 0.7 [V], Ge은 0.3 [V] 정도이다.

11.3.2 바이어스(bias) 전압

접합면 한쪽에 (+), 다른 쪽에 (−)로 외부에서 직류전압을 걸었을 때 이 직류전원을 바이어스 전압이라 부른다. 이때 P형 쪽에 (+)단자를, N형 쪽에 (−)단자를 접속시키는 방식을 순바이어스라 한다.

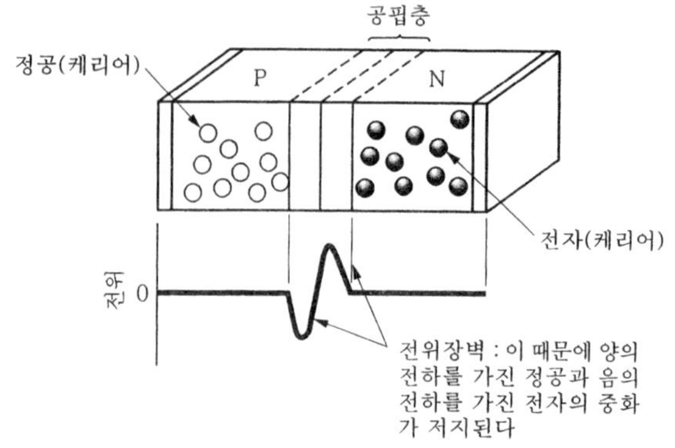

그림 11·19 전위장벽과 공핍층

바이어스 전압이 0으로부터 증가되기 시작하여 역방향으로 내장된 전위장벽에 이르기까지는 거의 전류가 흐르지 않다가 장벽의 수준을 넘기면서부터는 갑자기 전류가 상승하는데 이것을 순방향 전류(forward current)라 한다.

지속적인 순방향 전류가 흐른다는 것은 P-N접합에 순방향으로 (+) 및 (−) 반송자가 계속 흐르고 있다는 증거이다. 바로 순바이어스 전원에서 P형 영역에 정공을, N형 영역에 전자를 공급받고 있는 것이다. 이때 P형 쪽의 다수 반송자이던 정공이 접합을 넘어 N형 영역에서 소수 반송자로서 흐르며, 반대로 N형 쪽으로 전자에 대해서는 상대적인 설명이 가능하며 이와 같은 현상을 주입이라 한다.

한편 전압원의 (+)극을 N형에 (−)극을 P형에 연결하는 접속방식을 역바이어스라 한다. 이렇게 되면 접합면 양쪽의 다수 반송자들은 외부 단자쪽으로 끌어당겨져서 공간전하 영역은 더욱 넓어지고 전위장벽은 높아져서 다수 반송자에 의한 전류는 흐를 수 없

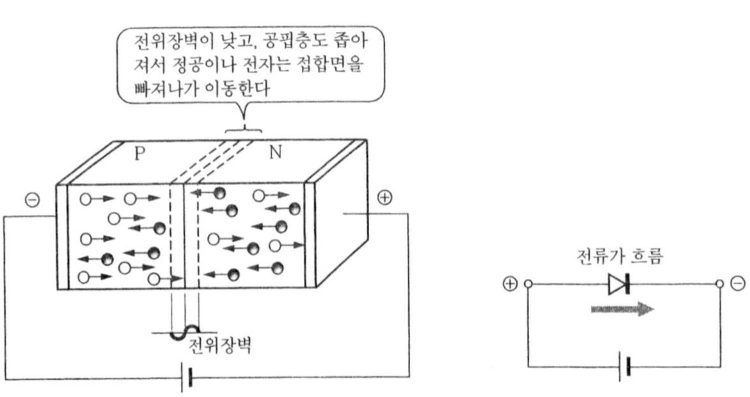

그림 11·20 순방향 바이어스

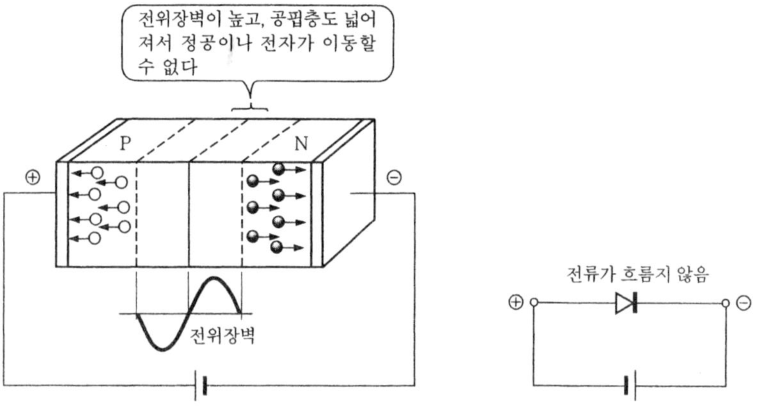

(a) 전위장벽 (b) 기 호

그림 11 · 21 역방향 바이어스

게 된다. 그러나 소수 반송자의 입장에서는 오히려 순바이어스로 되어 있어서 이것에 의한 전류가 지극히 작더라도 생긴다. 이것을 역포화 전류라 하며 상온에서 Si의 경우 4 [μA] 정도 형성된다.

11.3.3 다이오드의 특성

P-N접합의 전기적 특성을 전압전류 평면에 나타내었다.

순바이어스 때의 순방향 저항값은 아주 작고, 역바이어스 때의 저항값은 대단히 크다. 그러므로 다이오드는 교류형 전기신호에 대하여 스위칭 작용을 하게 된다. 즉 순방향 신호에 대하여 ON, 역방향 신호에 대해서는 OFF이다.

충분히 높은 역바이어스는 돌발사건을 일으키기도 한다. 이것은 공핍층의 높은 전계에 의해 원자 내의 전자가 방출되어 자유전자와 정공을 만드는 것에 따른 제너 항복이라고 하는 현상과 공핍층의 고전계에 의해 가속된 전자나 정공이 원자를 분리하여 다시 자유전자와 정공을 만드는 것에 따른 전자사태라고 하는 현상에 의해 일어난다.

전류가 급히 증가하기 시작할 때의 전압을 항복전압 또는 제너전압이라 하며 이때 발생된 과전류에 의한 열이 밖으로 적절하게 방출되지 못하면 접합면에 부분적으로 구멍이 뚫려 치유 불능상태가 야기될 수 있다.

반도체 다이오드는 보통 다음의 형태 중 하나이다. 즉 성장 접합형(grown junction), 합금형(alloy), 확산형(diffusion), 에피택시얼 성장형(epitaxial growth), 점 접촉형(point contact) 등이다.

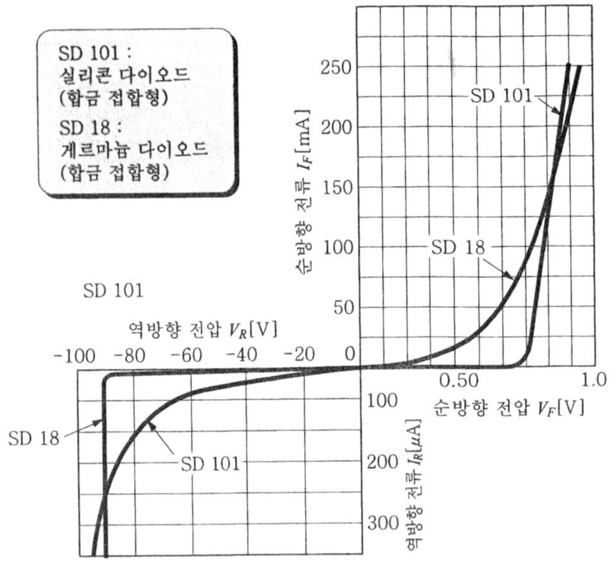

그림 11 · 22 다이오드 전압전류 특성

[1] 성장 접합

이러한 형태의 다이오드는 당김처리법에 의해 형성된다. 그림 11 · 23과 같이 결정체가 당겨질 때 P-N접합이 형성된다. 성장 접합형 다이오드의 면적은 커서 큰 전류를 다룰 수 있으나 넓은 면적을 가지므로 바람직하기 못한 접합 커패시터(capacitor)의 영향을 초래한다.

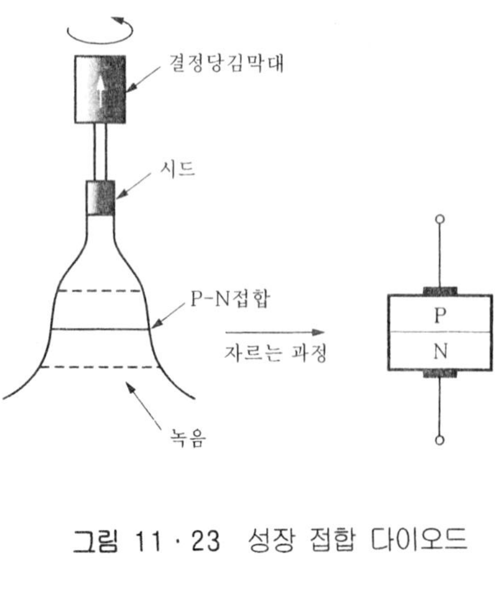

그림 11 · 23 성장 접합 다이오드

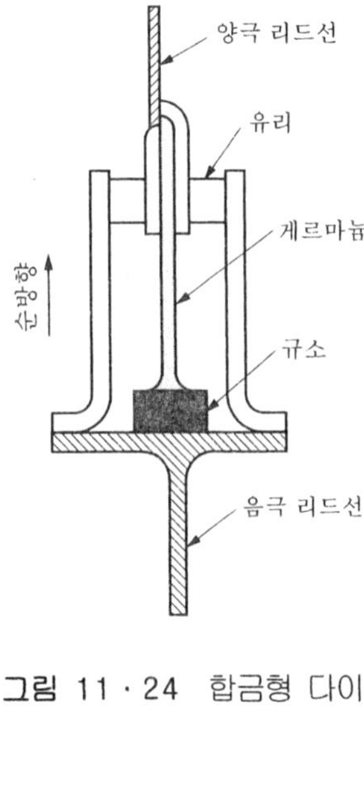

그림 11 · 24 합금형 다이오드

[2] 합금형

합금처리를 통해 높은 정격전류를 갖는 접합형 반도체 다이오드를 만든다. 그러나 접합면적이 크기 때문에 접합 커패시턴스가 또한 크다.

먼저 P형 재료를 N형 기판에 두고 두 재료의 접합면이 액화될 때까지 두 재료를 가열하면 P-N접합이 이루어진다. 냉각되었을 때 합금과 기판의 경계에 P-N접합을 이룬다. N형과 P형 재료의 기능이 바뀌어질 수 있다.

구조는 환원성 또는 불활성의 가스에서 N형의 Si와 Ge을 P-N접합한 것이 가장 많이 쓰인다.

[3] 확산형

이 처리는 합금처리보다 더 많은 시간을 필요로 하지만 비교적 비용이 적게 들고 대단히 정확하게 조절될 수 있다. P-N접합을 확산법으로 실현한 다이오드로서 스위칭용 다이오드, 정전압 다이오드, 가변용량 다이오드, 전원 정류용으로도 사용되고 있으며 현재 합금형에서 확산형으로 변하여, 오늘날 반도체 다이오드를 제조하는 데 가장 많이 사용된다.

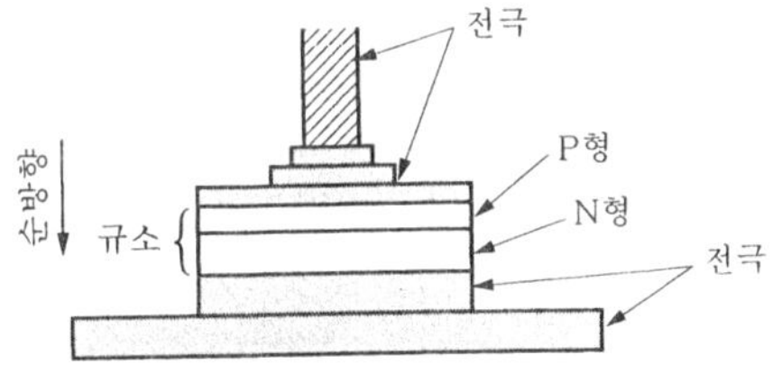

그림 11 · 25 확산형 다이오드

11.3.4 다이오드의 종류와 용도

[1] 제너 다이오드

제너 다이오드는 순방향으로 바이어스되면 일반 다이오드처럼 동작한다. 역방향 바이어스를 걸어주면 미세한 전류가 흐르는데 항복 영역까지는 거의 일정하게 지속된다. 그러나 역방향 바이어스 전압이 제너전압 V_z 근처에 이르면 역방향으로 전류가 급속히 증가한다. 이와 같은 현상을 제너 항복현상이라 한다. 이 다이오드는 전류가 변하여도 전압이 일정하므로 정전압 회로에 매우 중요하다. 제너 영역의 위치는 도핑 레벨을 변화시켜서 조절할 수 있다.

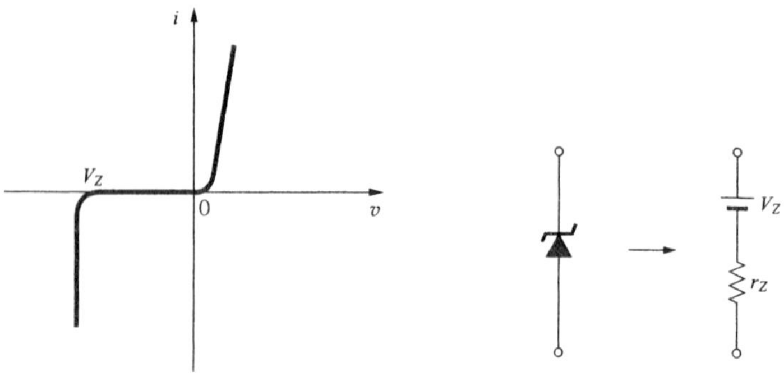

(a) 전류-전압특성 (b) 등가회로

그림 11 · 26 제너 다이오드

제너 다이오드는 1/4~50 [W] 사이의 정격전력을 갖는 것과 2.4~200 [V] 사이의 제너전압을 갖는 것이 있다. 온도와 전류용량이 크기 때문에 제너 다이오드의 제조에는 보통 실리콘이 널리 사용된다.

[2] 쇼트키 장벽 다이오드

낮은 주파수에서 일반 다이오드는 바이어스가 순방향에서 역방향으로 변했을 때 쉽게 차단될 수 있다. 그러나 주파수가 증가함에 따라 다이오드는 역방향의 반주기 동안에 상당히 많은 전류를 제한시킬 만큼 차단될 수 없는 점까지 이른다. 이 해결책으로 쇼트키 장벽을 이용한 쇼트키(Schottky) 다이오드(열적-캐리어 다이오드라고도 함)를 사용한다.

쇼트키 다이오드의 중요한 응용은 디지털 컴퓨터이다. 컴퓨터의 속도는 이들 다이오드와 트랜지스터가 얼마나 빨리 도통 · 차단되는가에 달려 있다. 또 레이더 시스템, 통신장비에서 혼합기와 검출기, A/D변환기 등의 많은 응용범위를 갖고 있다.

(a) 구 조 (b) 회로

그림 11 · 27 쇼트키 다이오드

[3] 가변용량 다이오드(variable capacitance diode)

P-N접합 다이오드에 역방향 전압을 가하면 접합부 전위장벽이 높게 되고 그것에 따라서 공핍층의 폭이 넓어지기 때문에 P-N접합 용량은 가해지는 역방향의 전압크기에 따라 변화한다. 이 성질을 이용해서 약 2~100 [PF]의 가변용량 다이오드로 이용할 수가 있다.

그림 11·28에 가변용량 다이오드의 동작과 특성을 나타냈다.

가변용량 다이오드는 버랙터(varactor), 배리캡(varicap), 전압가변 커패시턴스(VVC), 튜닝 다이오드라고도 하며, TV나 FM 수신기의 AFC 회로에 많이 사용되고 있다.

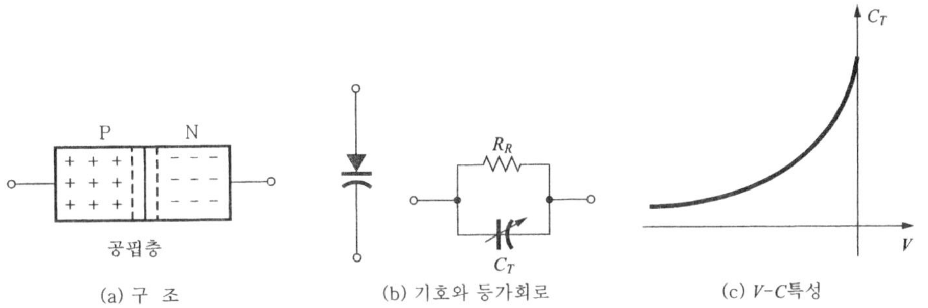

(a) 구 조 (b) 기호와 등가회로 (c) V–C특성

그림 11·28 가변용량 다이오드

[4] 터널(tunnel) 다이오드

터널 다이오드는 단자전압이 증가할 때 다이오드 전류가 감소하는 부저항(negative resistance) 영역을 갖는다. 그림 11·29에서 순방향 바이어스에서는 도통이 순간적으

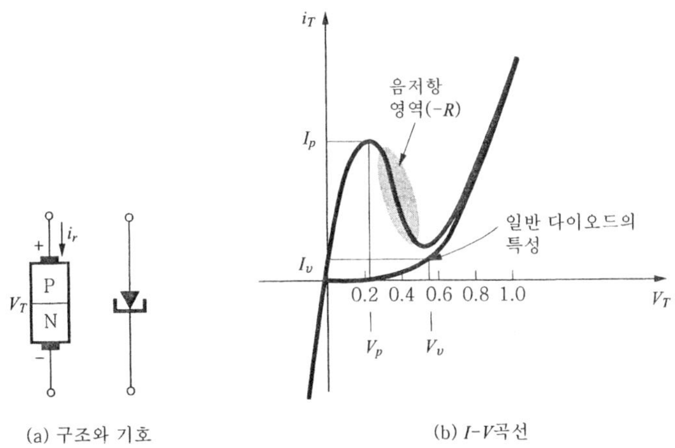

(a) 구조와 기호 (b) I–V곡선

그림 11·29 터널 다이오드

로 발생하도록 한다. 다이오드 전압이 V_p일 때 전류는 최대값 I_p(피크전류)에 도달한 후 전압 V_v에서 전류는 최소값 I_v(계곡전류)로 감소한다. 이 같은 터널 다이오드의 부저항은 발진기와 같은 고주파 회로에 유용하게 사용된다. 이 회로는 정현파 신호를 발생시킬 수 있으므로 직류전력을 교류전력으로 변화시킬 수가 있다. 또한 응답속도가 매우 빨라 초고주파의 특수파형 발생 등에도 사용된다.

[5] 포토(photo) 다이오드

포토 다이오드는 동작 영역이 역방향 바이어스 영역으로 제한되는 반도체이다.

광자라 불리는 입자의 형태로 전달되는 빛에너지의 크기는 다음과 같다.

$$W = hf\,[\mathrm{J}]$$

여기서 h는 플랭크 상수이므로 투사광파의 에너지는 전송파의 주파수에 관계되며 주파수와 파장은 다음과 같다.

$$\lambda = \frac{v}{f} \quad (\lambda : \text{파장 [m]},\ v : \text{광속 } 3\times 10^8\,[\mathrm{m/s}],\ f : \text{주파수 [Hz]})$$

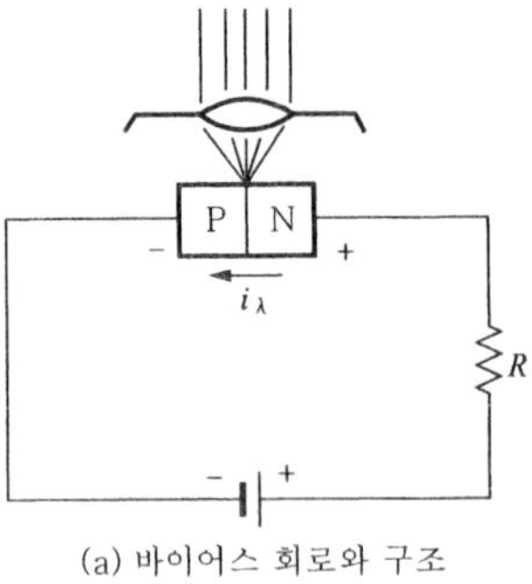

(a) 바이어스 회로와 구조

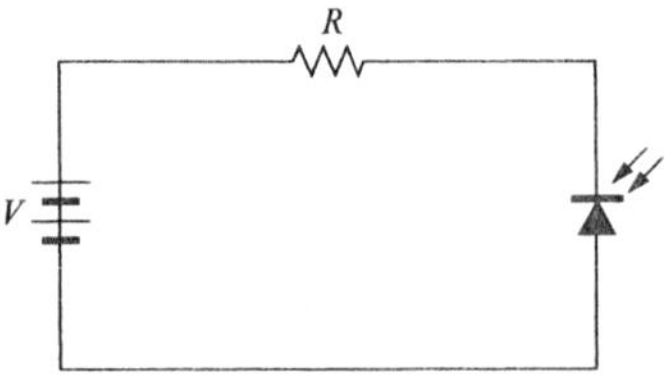

(b) 기 호

그림 11 · 30 포토 다이오드

[6] 발광 다이오드

순방향 바이어스된 다이오드에서 자유전자는 접합부분을 넘어서 정공에 떨어진다. 이 자유전자는 높은 에너지 준위에서 낮은 에너지로 떨어질 때 에너지를 발산하게 된다. 보통 다이오드에서 이 에너지는 열의 형태로 발산되지만 발광 다이오드(light-emitting diode : LED)는 그 에너지를 빛으로 발산한다.

갈륨(Ga), 비소(As), 인(P)과 같은 재료로 붉은색, 초록색, 노랑색, 오렌지색, 또는 적외선 등과 같은 색을 발하는 LED를 만든다. 보이는 광선을 LED는 계측기, 계산기 등에 쓰이고 적외선 LED는 카드 판독기, 샤프트 인코더, 데이터 전송 시스템, 도난 경보기 등에 응용된다.

[7] 7-세그먼트 표시기

이는 7개의 사각형 LED(A에서 G까지)를 포함하고 있다. 각각의 LED는 기호 및 숫자의 한 부분을 구성하고 있으므로 세그먼트(segment)라 불린다.

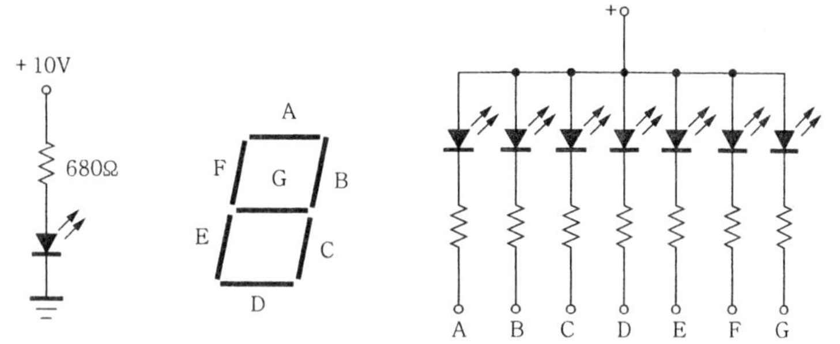

(a) LED (b) 7-세그먼트 (c) 회로도

그림 11 · 31 7-세그먼트 표시기

[8] 광 결합기

광 결합기(photo coupler)는 1개의 패키지 내에 LED와 포토 감지기와 결합되어 있는 것이다. 광 결합기의 큰 장점은 입력과 출력회로 사이의 전기적 절연이다. 이 때문에 두 회로 사이에 수천 메그옴(megohm)의 절연저항을 가질 수가 있다. 이 같은 절연은 두 회로의 전위차가 수천 볼트되는 고전압 응용에서도 쉽게 적용할 수 있다.

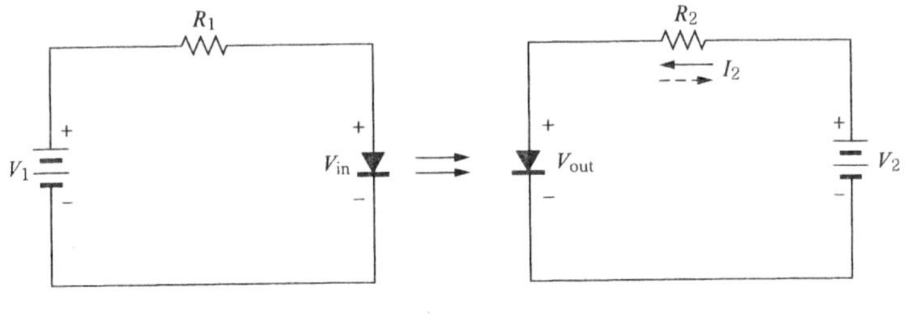

그림 11 · 32 광 결합기

[9] 태양전지(solar cell)

태양전지에 가장 널리 사용되는 재료는 Se(셀렌)과 Si이다. Se전지의 응답곡선은 가시광선 스펙트럼에 상당히 가깝기 때문에 노출계, 자동 빛 조리개와 같은 사진 장비에 널리 응용된다.

[10] 서미스터(thermistor)

온도가 변화하면 매우 많은 저항값이 변화하는 반도체를 서미스터라고 하고 Ge, Si으로 제조하거나 Co, Ni, Sr, Mn의 산화물들을 혼합하여 제조한다.

서미스터의 온도계수는 대개의 경우 부(−)이지만 정(+)의 것도 있다. 서미스터의 종류는 사용목적에 따라 통신기용, 계측용, 온도 보상용으로 나누어진다.

그림 11·34에 서미스터의 저항-온도 특성 예를 나타냈다. 특성도에서 알 수 있듯이 정(+)의 온도계수를 갖는 정특성 서미스터(포지스터 : posistor)가 새로운 서미스터로

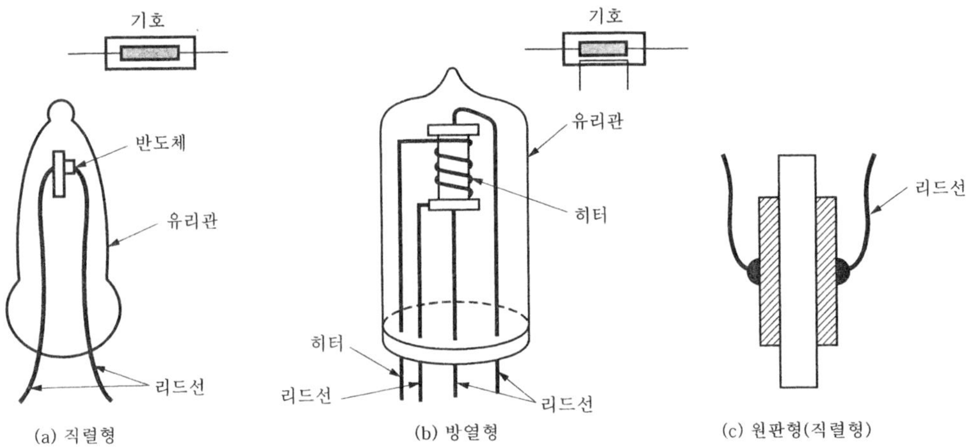

그림 11·33 서미스터

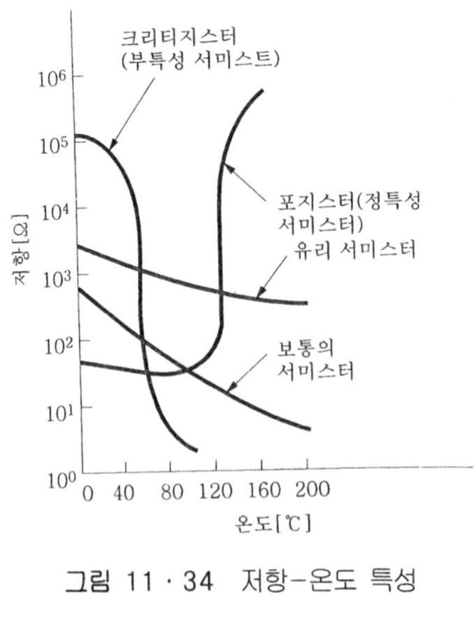

그림 11·34 저항-온도 특성

실용화되어 냉장고의 자동 서리제거, 화재 경보기 등 많은 분야에 응용되고 있다. 서미스터 자신에 흐르는 전류로 가열되어 저항이 변화하는 것을 직렬형이라고 하고, 유리판 등에 넣어서 그 바깥측에 히터를 감아 가열하는 것을 방열형이라 한다.

[11] 배리스터(varistor)

가해진 전압에 의해 저항값이 비직선으로 변화하는 것을 배리스터라고 한다. 배리스터는 실리콘 카바이드를 주원료로 하는 반도체로서 이 Si 입자와 입자의 접속면에 P-N접합을 해서 이것이 병렬 또는 직렬로 된 것이 다수 집합하여 있기 때문에 고내압이 된다.

그림 11·35와 같이 원점을 대칭으로 하는 정전압 특성을 가지고 있기 때문에 다이오드를 역·병렬로 접속한 형태로 얻어진다. 그림 11·35(a)에서 나타나는 특성과 같이 전압이 2배가 되면 전류는 4~20배로 지수적으로 크게 된다.

일반적으로 가해진 전압 V_1, 전류 I의 사이에는

$$I = KV^n \quad (n = 2 \sim 5 \text{ 정도})$$

의 관계가 성립한다. 배리스터는 서지전압을 흡수하고, 전자회로를 보호하거나 또한 스위치나 계전기의 접점을 개폐할 때에 불꽃 소거용이나 전화기의 플리커 잡음방지용 등에 사용되고 있다.

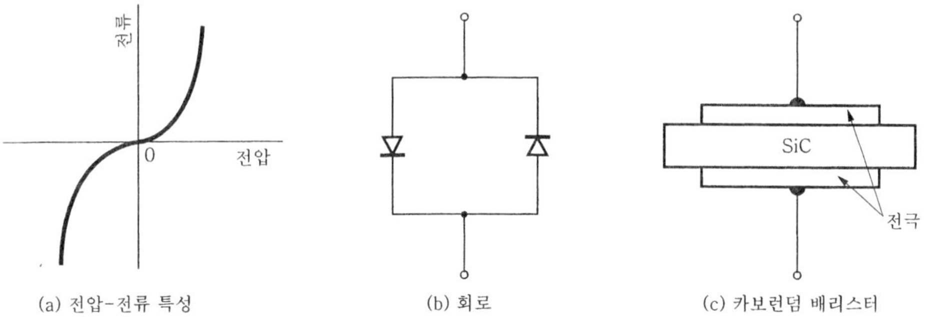

(a) 전압-전류 특성 (b) 회로 (c) 카보런덤 배리스터

그림 11·35 배리스터

연습문제

1. 다음 용어를 설명하라.

2. 물질의 전도성은 무엇에 의하여 결정되는가?

3. 반도체의 특성에 대하여 기술하라.

4. 다이오드의 용도에 따라 분류하면 고주파용과 대전력용으로 할 수 있는데 어떤 것이 사용되고 있는지 써라.

5. LED의 이점을 열거하라.

12 자동화의 기초

자동제어의 현상은 사람이 태어나면서부터 있었다. 인체의 구조가 자동적으로 제어되고 있는 현상이 바로 그것이다. 눈동자의 조리개가 햇볕이 강할 때는 줄어들고 햇볕이 약해지면 넓게 퍼지는 현상, 자동차를 운전할 때 손발과 눈, 그리고 뇌의 작용이 바로 자동제어의 현상이다.

그러나 이러한 자동제어의 현상을 생활에 적용하기 시작한 것은 1784년 제임스 와트(James watt)가 증기 기관차의 속도를 조절하기 위해 기관 조절기(engine flyball governor)에 사용한 것이 최초이다. 그후, 사회의 발전과 더불어 사람이 사용하는 도구나 기계가 복잡해지고 정밀해짐에 따라 자동제어는 계속 발전해 왔으며, 우리 생활주변에서 거의 모든 분야에 걸쳐 이용하게 되었다.

여기서는, 이와 같은 자동제어를 올바르게 이해할 수 있도록 제어와 자동제어의 개념, 자동제어의 필요성 및 종류, 그리고 자동제어가 이용되는 분야에 대해서 알아보기로 한다.

12.1 제어와 자동제어

12.1.1 제 어

그림 12 · 1에서 전열기 사용은 스위치를 개폐하면 되고, 또 그림 12 · 2에서 전열기의 온도를 일정한 값으로 유지시키려면 전압 조정기를 조절하면 된다. 이와 같이 어떤 대상물의 현재 상태를 사람이 원하는 상태로 조절하는 것을 제어(control)라 하며, 제어하려는 물리량을 제어량(controlled variable)이라 한다. 그리고, 그림 12 · 1, 12 · 2에서 스위치의 개폐작용과 전압 조정기의 제어량을 원하는 상태로 하기 위한 입력신호를 제어명령(control instruction)이라 한다. 제어명령은 정성적인 제어명령과 정량적인 제어명령의 두 가지로 나눈다. 정성적인 제어명령은 그림 12 · 1의 전열기 제어에서와 같이, 전열기의 발열량에는 관계 없이 스위치를 개폐하여 전류를 흐리게 하거나 차단시키는 두 동작 가운데 어느 한 동작에 의하여 제어명령이 내려지는 것을 말하며, 정량적인 제어명령은 그림 12 · 2의 전기로의 제어와 같이 온도의 높고 낮음, 즉 크기 및 양에 대하

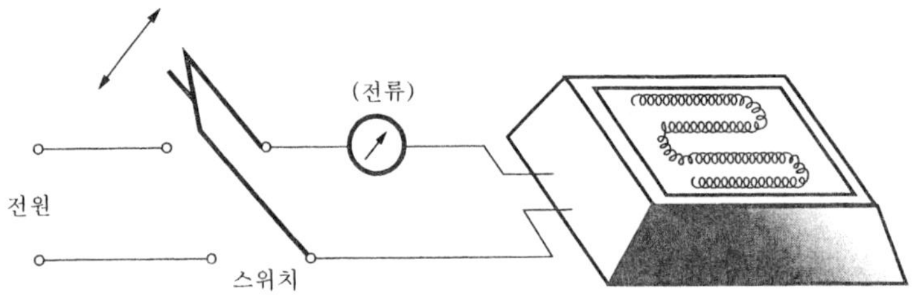

그림 12 · 1 전열기 제어(정성적 제어의 예)

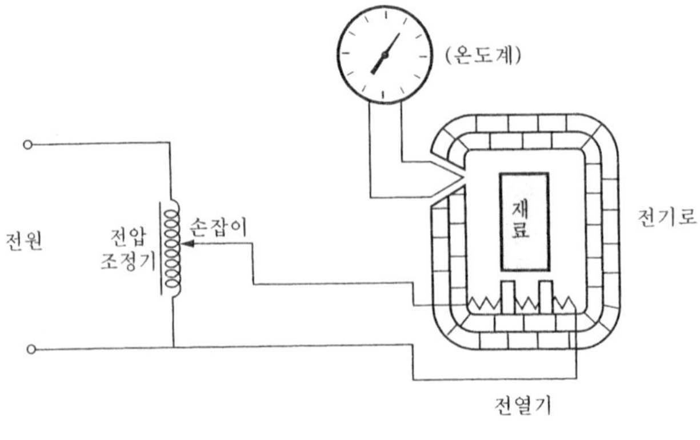

그림 12 · 2 전기로의 온도제어(정량적 제어의 예)

여 제어명령이 내려지는 것을 말한다.

여기서 정성적인 제어명령에 의하여 이루어지는 제어를 정성적 제어(qualitative control), 정량적인 제어명령에 의하여 이루어지는 제어를 정량적 제어(quantitative control)라 한다.

또, 제어명령은 실제로는 전류, 전압, 변위 또는 온도 등과 같은 물리량의 상태로 주어지지만, 제어라는 입장에서 볼 때 물리량의 종류가 어떤 것인가 하는 문제보다는 그것의 크기가 어느 정도이며, 어떻게 변화하는가 하는 물리량의 상태가 더 중요하다. 이와 같이, 물리량의 종류에는 관계하지 않고 크기 및 변화 상태만을 고려한 것을 신호라 한다. 전열기의 정성적 제어에서 제어명령이 되는 신호는 전열기에 전류를 흐르게 하든지, 차단시키는 2개의 상태로 구별되는 것이면 된다. 이와 같이 2개의 신호로만 되는 것을 2진 신호(binary signal)라 한다. 이에 대하여 전기로의 경우, 정량적 제어명령이 되는 신호는 온도를 작은 값으로부터 큰 값에 이르기까지 여러 상태를 구별해야 한다. 이와 같이, 크기를 연속적으로 나타내는 신호를 아날로그 신호(analog signal)라 한다. 제어명령이 아날로그 신호인 경우의 제어명령을, 특히 목표값(desired value)이라 한다. 또한 그림 12·1의 전열기와 그림 12·2의 전기로에서와 같이 제어하려는 목적의 장치를 제어대상(controlled system)이라 한다.

12.1.2 자동제어

제어는 그림 12·1, 12·2와 같이 사람이 직접조작하는 수동제어(manual control)와 사람의 힘에 의하지 않고 제어장치에 의해서 자동적으로 이루어지는 자동제어(automatic control)가 있다.

수동제어는 제어의 판단이나 조작을 모두 사람이 하는 것이지만, 사람 대신 기계가 하도록 되어 있는 것을 자동제어라 한다.

그리고 오토메이션(automation)은 자동제어와 내용적으로는 비슷하나, 오토메이션은 작업의 전부 또는 일부를 자동화한다고 하는 목적으로 만들어진 말이고 자동제어는 그것을 실현하기 위한 방법으로 사용되는 말이다. 즉, 오토메이션이란 자동화를 말하는 데 계측제어·계산·작업관리·사무처리·정보처리의 자동화를 뜻하는 경우가 많다.

12.1.3 자동제어의 필요성

일반적으로, 사람이 가지고 있는 작업능력은 매우 우수하다고 할 수 있다. 간단하게 보이는 수작업이라도 그것과 동일하게 기계로 작업을 실행하려면 때때로 매우 높은 수준의 복잡한 장치가 필요하기도 하고, 혹은 불가능할 때도 있다. 또한, 사람은 어느 정도 돌발적인 사태에 대해서도 그 나름으로 적절한 판단을 내릴 수가 있고, 또 아주 새로운 작업에 대해서도 비교적 신속히 그것에 익숙해질 수가 있으며, 어떠한 정밀기계를 이용해도 도저히 흉내낼 수 없는 고도의 능력을 가지고 있다.

그러나, 그 반면에 사람은 기계에 도저히 미치지 못하는 점도 있다. 우선 그 발생할 수 있는 힘과 연속성에 있어서 한도가 있으며, 또한 단조로운 작업을 장시간 연속해서 실행하는 능력, 즉 인내에 있어서는 기계에 훨씬 미치지 못한다. 이에 따라 작업을 기계화·자동화함으로써 기계가 고장나지 않는 한 사람이 직접 일을 하는 것보다도 훨씬 더 정확하게 계속적인 일을 할 수 있게 된다.

결국, 사람 대신 자동제어계로 대행시키면 제어의 정확도와 정밀도를 높일 수 있고, 이것을 생산공정이나 기계, 장치 등에 이용하면 다음과 같은 이점이 있다.

① 생산속도를 증가시킨다.

② 제품의 품질이 균일화되고 향상되어 불량품이 감소된다.

③ 수동조작을 위한 작업원이 필요없으며, 노동력이 줄어들어 인건비가 감소된다.

④ 생산설비의 수명이 길어진다.

⑤ 노동조건이 향상된다.

12.2 자동제어의 종류

자동제어의 종류에는 분류방법에 따라 여러 가지로 구분할 수 있겠으나, 여기서는 시퀀스 제어(sequence control)와 되먹임 제어(feedback control)는 무엇이며, 어떤 목적으로 쓰이고 있는지에 대해서만 간단히 알아보기로 한다.

12.2.1 시퀀스 제어

그림 12·3과 같이 전등의 제어에 있어서 스위치 S_3의 개폐를 손으로 조작하는 대신 타이머를 사용하여 스위치 S_2를 조작함으로써 주개폐기 S_3가 동작하게 된다. 여기서 전등을 "켜라" 또는 "꺼라"하는 외부에서 주어지는 명령을 실행하는 스위치 S_1의 개폐를 작업명령, 스위치 S_2의 개폐는 제어명령이라 하며, 이들 중간에는 그림 12·4와 같이 타이머에 의하여 작업명령과 제어명령 사이에 명령처리가 이루어진다. 이와 같은 시퀀

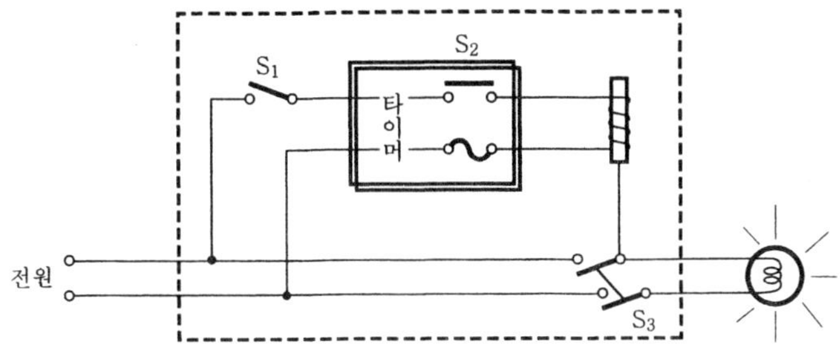

그림 12 · 3 시퀀스 제어의 보기

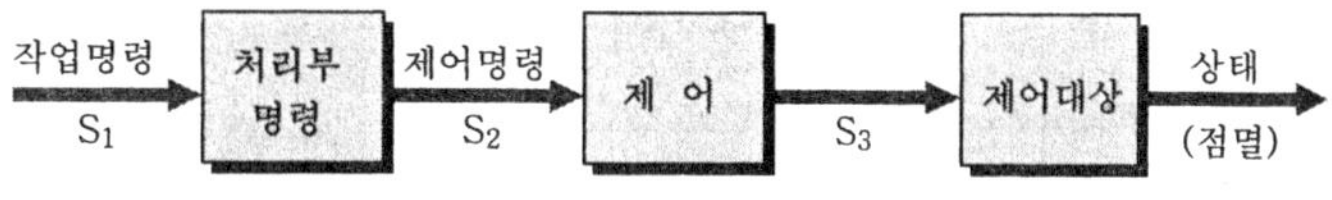

그림 12 · 4 신호전달계통

스 제어는 제어명령이 스위치를 열거나 닫는 두 동작 가운데 한 동작으로 내려지는 것이므로 정성적 제어에 속한다. 이상과 같이, 정성적 제어와 그것에 필요한 명령처리를 자동적으로 하는 제어, 즉 미리 정해 놓은 순서에 따라 제어의 각 단계를 순차적으로 행하는 제어를 **시퀀스** 제어라 한다. 또한 그림 12 · 4와 같은 시퀀스 제어계는 출력이 입력에 전혀 영향을 주지 못하여 열린 루프제어(open-loop control)라고도 한다.

12.2.2 되먹임 제어

그림 12 · 5는 전기로 안의 온도를 일정하게 유지시키기 위하여 전압 조정기를 사용한 보기를 나타낸 것이다. 이 제어계의 제어명령인 목표값, 즉 시간에 따라 원하는 온도가 그림 12 · 6과 같이 미리 정해졌다고 할 때, 이에 따라서 제어하려면 전압 조정기의 손잡이 위치를 목표값에 대응하여 움직이면 되지만, 경우에 따라서는 주위온도나 전원

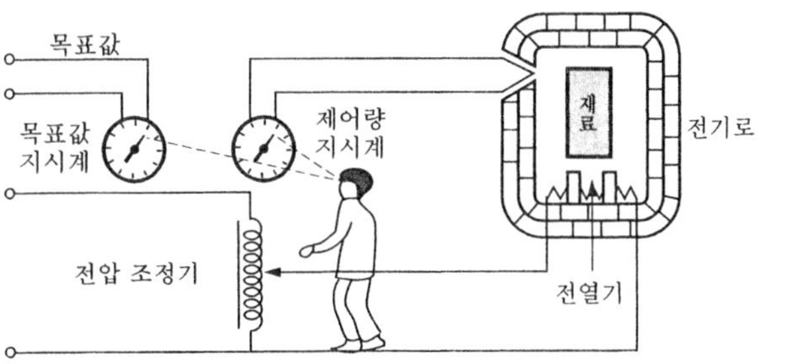

그림 12 · 5 전기로 제어의 보기

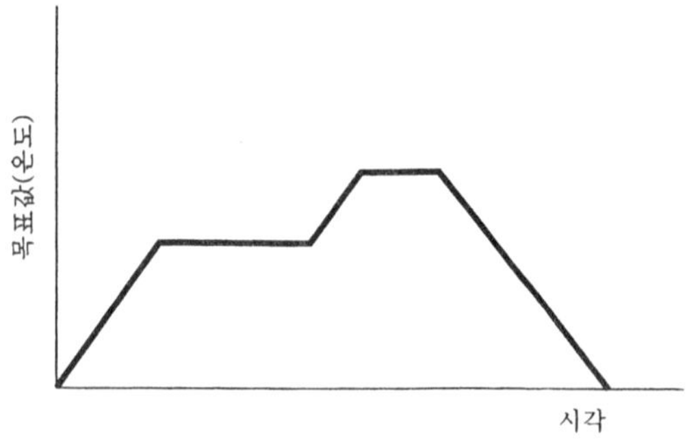

그림 12·6 목표값

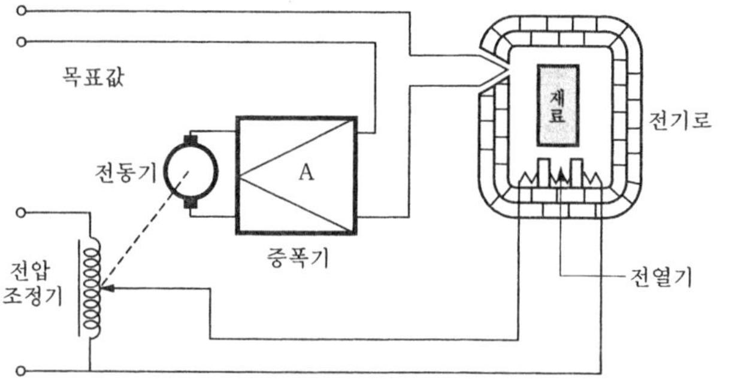

그림 12·7 되먹임 제어의 보기

전압의 변화 또는 가열물질의 크기에 따라 손잡이를 어느 위치에 고정시켜도 노 안의 온도가 변하는 때가 있다. 이와 같은 제어를 목표값에 따라 제어하기 위해서는 노 안의 온도, 즉 제어량의 지시와 목표값의 지시를 비교해야 한다. 그 결과, 제어량이 목표값에 이르지 못했을 때에는 노의 온도를 높이고, 목표값보다 클 때에는 온도를 내리도록 손잡이를 움직여서 항상 조정해야 한다. 그림 12·7은 이 작업을 전도기와 증폭기를 사용하여 자동화하는 방법을 나타낸 것이다. 즉 제어계 밖에서 주어지는 목표값과 온도의 측정값의 차를 시시각각으로 구하고, 이 값을 증폭시켜 전동기에 가하여 줌으로써 자동 전압 조정기의 손잡이를 움직여서 차가 없도록 한다.

그림 12·8은 되먹임 제어계의 동작 계통도를 나타낸 것으로, 이 제어계에서는 제어량이 노 안의 온도에서 얻은 신호를 목표값이 있는 곳으로 되돌아오게 하여 비교함으로써 제어하는 것이다. 이와 같이, 출력신호를 입력 쪽으로 되돌아오게 하는 것을 되먹임이라 하며, 되먹임에 의하여 목표값에 따라 자동적으로 제어하는 것을 되먹임 제어라 한다. 이 제어계는 주로 양에 관한 것을 제어하므로 정량적 제어에 속한다. 또, 이와 같은 제어계는 되먹임을 하기 위하여 제어계가 닫힌 루프를 구성하므로 닫힌 루프제어

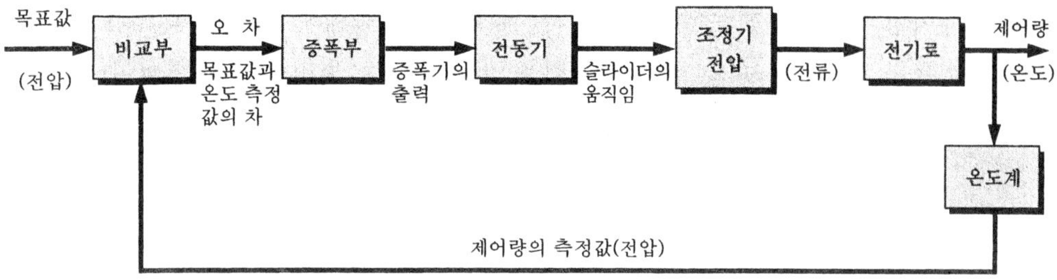

그림 12 · 8 되먹임 제어계의 동작 계통도

(closed loop control)라고도 한다.

12.3 자동제어의 분야

자동제어는 단지 생산공장의 공정이나 기계장치의 자동화에만 국한되는 것이 아니라 우리가 살고 있는 생활주변의 현상 및 각 분야에 걸쳐 널리 이용되고 있다.

자동제어계가 이용되는 분야를 살펴보면, 가정에서 사용되는 냉장고, 전기 세탁기, 전기 밥솥, 선풍기, 온수 가열기 등과 같이 자동제어의 원리를 이용한 것은 매우 많다. 또 기계, 전기, 화학, 섬유, 제철 공업 등 대부분의 생산제조 공업분야에서도 공장 및 기계장치의 자동화라고 불리는 자동제어 기술이 많이 쓰인다. 그리고 전력계통의 자동제어나 화력발전소의 보일러 제어 등과 같은 전력분야, 자동열차 정지장치(ATS)나 열차집중 제어장치, 가동교통 신호장치와 같은 교통, 운수분야와 유·무선 통신, 원자력, 우주, 항공, 선박 및 미사일 산업분야에서도 고도의 자동제어 기술을 필요로 하고 있다. 더구나, 컴퓨터 기술의 급진적인 발달과 보급에 따른 계산기 제어나 프로그램 제어, 수치제어의 활용으로 자동제어는 더욱 획기적인 발전이 이루어지고 있다. 그 밖에, 산업기술이나 공학적인 이용분야 외에도 자동창고관리, 재고관리, 농경의 자동화, 각종 경영업무 및 정보처리 시스템, 우편 자동화 시스템 등은 자동제어의 원리를 이용한 좋은 예이다.

12.4 시퀀스 제어계의 목적

시퀀스 제어는 앞에서 설명한 바와 같이, 미리 정해진 순서에 따라 제어의 각 단계를 차례로 진행한다. 즉 기계나 장치의 시동, 정지, 운전상태의 변경, 또는 제어계에서 얻고자 하는 목표값의 변경 등을 미리 정해진 순서에 따라 행하는 것이다.

시퀀스 제어방식을 사용하는 목적은 생산, 제조, 공정 등에서 시동정지 작업이나 또는 가공, 조립, 운반, 포장 등과 같은 기계작업을 자동적으로 처리하기 위해서이다.

시퀀스 제어는 처음에는 발전소의 시동, 정지를 자동적으로 처리하거나 원격제어하는 것에서부터 발달하였으며, 그후 오늘날과 같은 오토메이션 시대에 있어서 공장설비의 운전 자동화에까지 이용이 가능하게 되었다. 따라서, 각종 공장에 설치되어 있는 기계장치의 수동운전에 필요한 노동력이 감소되어 생산원가가 줄어들게 되었다. 또 제품의 품질을 균일하게 하고, 생산속도를 증가시키며, 작업환경을 개선하는 데 중요한 역할을 하게 되었다. 더구나, 앞으로 각종 생산공장에서는 생산량이 증가함에 따라 생산설비를 확충하고 이를 종합적으로 집중관리하기 위해서는 자동화의 실현이 시급한 실정이므로 시퀀스 제어의 역할은 매우 중요하다고 하겠다.

12.5 시퀀스 제어계의 구성

12.5.1 시퀀스 제어계의 일반구성

일반적으로 시퀀스 제어계는 그림 12·9와 같이 명령 처리부, 조작부, 제어대상, 표시경보부, 검출부 등으로 구성된다.

그림 12·9에서 블록은 시퀀스 제어계의 각 구성요소를 표시하고, 화살표는 그 진행방향을 나타낸다.

이들의 구성요소 및 신호에 대하여 설명하면 다음과 같다.

① 작업명령 : 제어계 외부에서 주어지는 간단한 명령신호를 말한다.

② 명령 처리부 : 작업명령이나 검출신호를 미리 기억시켜 둔 신호 등에 의해서 제어명령을 만드는 부분을 말한다.

③ 제어명령 : 제어대상을 어떻게 제어하는가 하는 것을 나타내는 신호를 말한다.

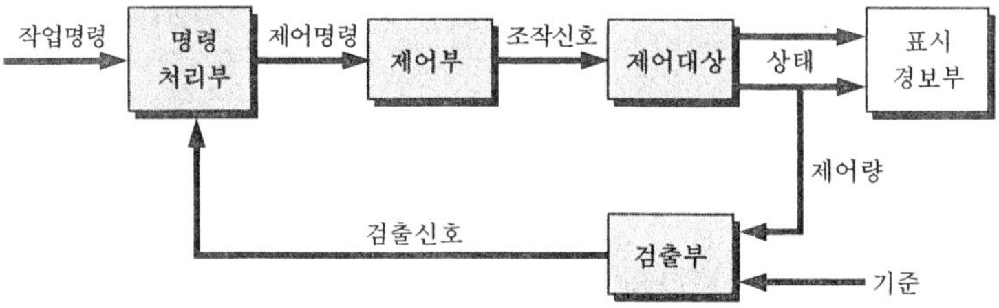

그림 12·9 시퀀스 제어계의 기본구성

④ 조작부 : 제어명령의 신호를 증폭하여 제어대상을 직접 제어할 수 있도록 하는 부분을 말한다.

⑤ 조작신호 : 제어대상을 조작하기 위한 제어대상의 입력신호를 말한다.

⑥ 제어대상 : 제어하고자 하는 목적의 장치 또는 기기를 말한다.

⑦ 표시 경보부 : 제어대상의 상태를 표시하거나 경보신호를 발생시키는 부분을 말한다.

⑧ 제어량 : 제어하고자 하는 목적의 상태를 말한다.

⑨ 기준량 : 검출의 기준을 나타내는 신호를 말한다.

⑩ 검출부 : 제어량이 소정의 상태인지, 아닌지를 표시하는 2진 신호를 발생하는 부분을 말한다.

⑪ 검출신호 : 제어량이 소정의 조건을 만족하고 있는가를 지시하는 신호를 말한다.

이상에서 검출부, 명령 처리부, 조작부, 표시 경보부를 총칭하여 제어부라고 한다.

시퀀스 제어계에서 명령처리를 위하여 제어대상에서 신호가 되돌아가고 있지만, 이것은 되먹임 제어계에서의 되먹임 신호와는 다르다.

12.5.2 자동양수장치의 제어계 구성

실제의 시퀀스 제어계는 그 규모에 따라 다르지만 여기서는 자동양수장치에 관하여 어떤 기능 요소로 구성되어 있는가를 알아보자.

그림 12·10은 자동양수장치의 실체 배선도의 보기를 나타낸 것이다. 이 장치는 수조의 수위가 하한점 이하로 내려가면 자동적으로 전동기 펌프가 운전하며, 수위가 상한점까지 올라가면 전동기 펌프는 자동정지하고, 그대로 하한점 수위로 내려갈 때까지 정지상태는 계속된다. 그러나, 수위가 하한점 이하로 내려가면 전동기 펌프는 자동적으로 운전하여 항상 일정량의 물을 수조에 저장시킨다.

1) 자동양수장치의 동작기구

그림 12·11은 자동양수장치의 동작기구를 플로차트(flow chart)로 표시한 것이다.

구체적인 각 기능에 대한 요소 및 신호는 다음과 같다.

① 작업명령 : 스위치 S_0의 개폐가 장치의 운전 및 정지를 지시하는 명령신호이다.

② 명령 처리부 : 액면 스위치의 검출신호에 따라 전자 계전기 X가 개폐되어 수위를 제어하므로 이 전자 계전기 X를 명령 처리부라 한다.

③ 제어명령 : 전자 계전기 X의 개폐가 제어신호가 된다.

④ 조작부 : 전자 접촉기 MC가 장치를 직접 제어하는 조작부가 된다.

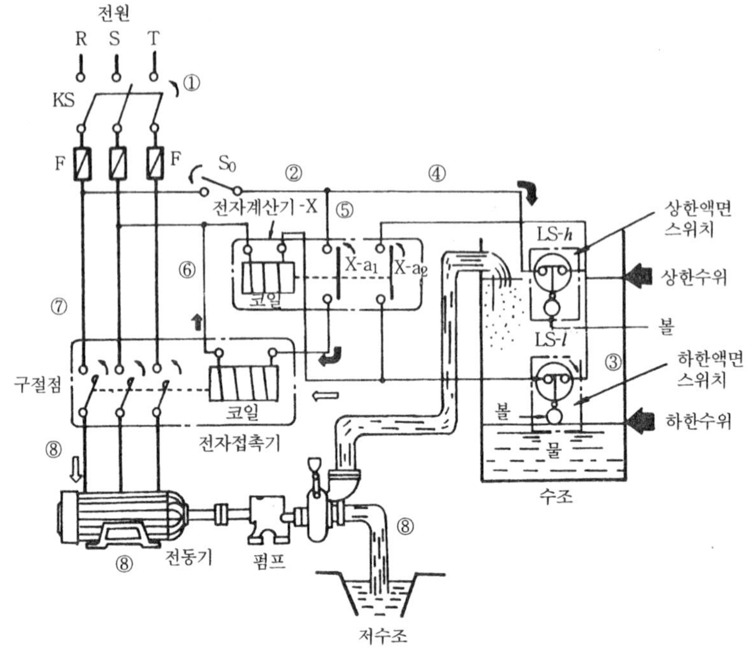

수위 하한시의 동작(도면 내의 번호는 동작순서, 화살표는 전류방향 표시)

그림 12·10 자동양수장치의 실체 배선도

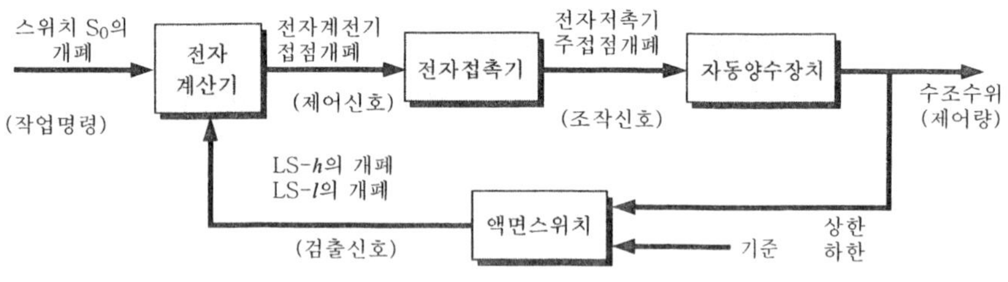

그림 12·11 자동양수장치의 동작기구

⑤ 조작신호 : 전자 접촉기 MC의 개폐가 조작신호가 된다.

⑥ 제어대상 : 전동기 펌프, 저수조 및 수조 등으로 구성되는 양수장치가 제어대상이 된다.

⑦ 표시 경보부 : 이 장치에서는 생략되었다.

⑧ 제어량 : 수조의 수위가 제어량이다.

⑨ 기준량 : 액면 스위치의 설정값인 높이가 수위의 기준량이다.

⑩ 검출부 : 액면 스위치 LS-h, LS-l이 수위를 검출하는 검출부가 된다.

⑪ 검출신호 : 액면 스위치에 의하여 수위의 상한, 하한을 검출하는 2개의 신호가 검

출신호가 된다.

이 자동양수장치의 경우는 단순한 것이지만 복잡한 시퀀스 제어회로에서는 여러 가지 요소와 신호가 있게 된다. 그러나, 일반적으로 시퀀스 제어계의 기본구성 그림 12 · 9에서 어떤 요소는 실제로 이용되는 제어계에 없는 경우도 있다.

보기를 들면, 그림 12 · 1의 제어계에서는 검출부 및 명령 처리부가 없으며, 그림 12 · 5의 제어계에서는 검출부가 없다.

2) 자동양수장치의 동작순서

그림 12 · 12는 12 · 10의 실체 배선도를 시퀀스 제어회로로 표시한 것이며, 여기서 수위가 하한일 때의 동작순서를 알아보기로 한다.

① 나이프 스위치 KS를 투입한다.

② 작업명령 스위치 S_0를 ON시킨다.

③ 수조의 수위가 저하되어 하한 수위에 도달하면 하한용 액면 스위치가 복귀하여 폐로가 된다.

④ 전자 계전기의 코일 X에 전류가 흘러 동작한다.

⑤ 전자 계전기의 접점 X-a_1이 ON된다.

⑥ 전자 접촉기의 코일 MC에 전류가 흘러 동작한다.

⑦ 전자 접촉기의 주접점 MC가 ON된다.

⑧ 전동기 M에 전류가 흘러서 회전하면 펌프 P가 가동하여 물을 퍼올린다.

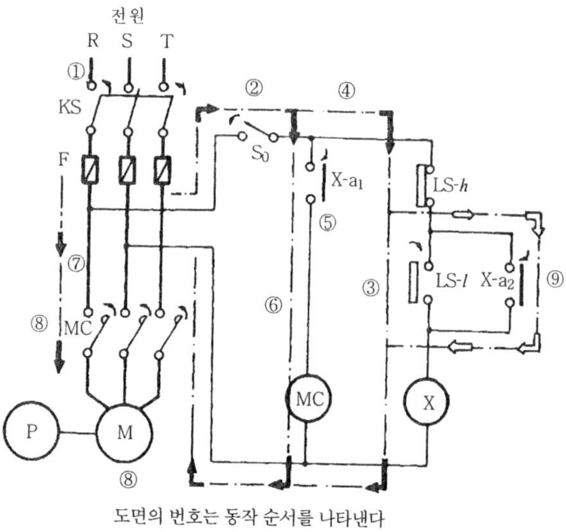

그림 12 · 12 자동양수장치의 제어 회로도

⑨ 전자 계전기 X가 동작하면 접점 X-a_2가 ON되어 기억회로를 형성시킨다.

⑩ 수조의 수위가 상승하면 액면 스위치 LS-l의 접점은 부력에 의하여 OFF가 되나, 기억회로의 접점 X-a_2를 통하여 수위가 상한점에 도달할 때까지는 계속 운전한다.

⑪ 수위가 상한점에 도달하면 상한용 액면 스위치 LS-h의 볼(ball)이 부력에 의하여 접점 b가 개로가 되며 전동기는 정지한다.

⑫ 수조의 수위가 저하되어 하한점에 도달할 때까지 전동기는 정지되었다가 수위가 하한점 이하로 내려가면 순서 ③에 따라 운전을 반복한다.

12.6 제어용 기기

시퀀스 제어에 사용하는 기기 및 기구를 제어의 요소라 하며, 이들을 적절히 연결시켜 주어야만 제어회로를 구성할 수 있다. 여기서는 많은 종류의 제어요소 중에서 널리 사용하고 있는 수동 스위치, 검출 스위치, 제어용 계전기 및 전자 개폐기의 원리와 구조, 동작에 대하여 알아보기로 한다.

12.6.1 수동 스위치

시퀀스 제어에서 작업명령을 지시하거나, 명령처리의 방법을 변경하는 데 수동 스위치가 쓰이고 있다. 즉, 수동 스위치는 사람의 조작으로 제어장치에 입력신호를 넣어 주는 기구라 할 수 있다. 수동 스위치의 종류로는 조작방법에 따라 여러 가지가 있으나, 보통 동작기능에 따라서 복귀형과 유지형으로 나눈다.

[1] 복귀형 수동 스위치

복귀형 수동 스위치는 사람이 조작하고 있는 동안에는 접점이 열리거나 닫히고, 조작을 중지하면 즉시 원래의 상태로 복귀한다. 그림 12·13의 (a)는 복귀형 수동 스위치에 해당하며, 공업용으로 많이 사용되고 있는 푸시버튼 스위치(push button switch)의 보기이고, 그림 12·14는 기호와 동작내용을 나타낸 것으로, 여기서 조작이 가해지는 동안에는 닫히고 조작이 끝나면 열리는 접점을 접점 a(arbeit contact) 또는 메이크 접점(make contact)이라 한다. 이와 반대로, 조작이 가해지는 동안에는 열리고, 조작이 끝나면 닫히는 접점을 접점 b(b contact) 또는 브레이크 접점(break contact)이라 한다.

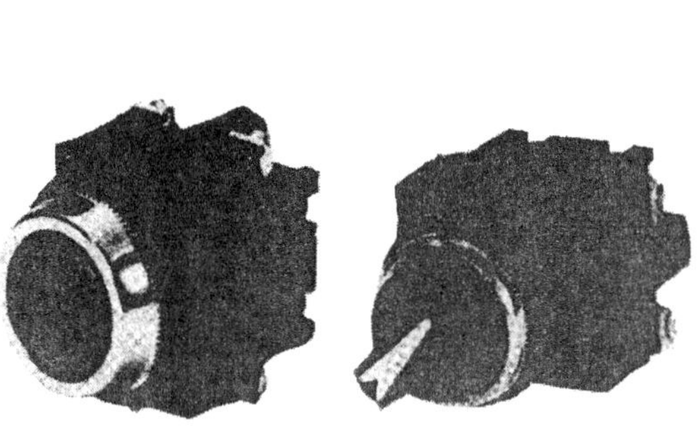

(a) 푸시버튼 스위치 (b) 실렉터 스위치

그림 12 · 13 수동 스위치의 보기

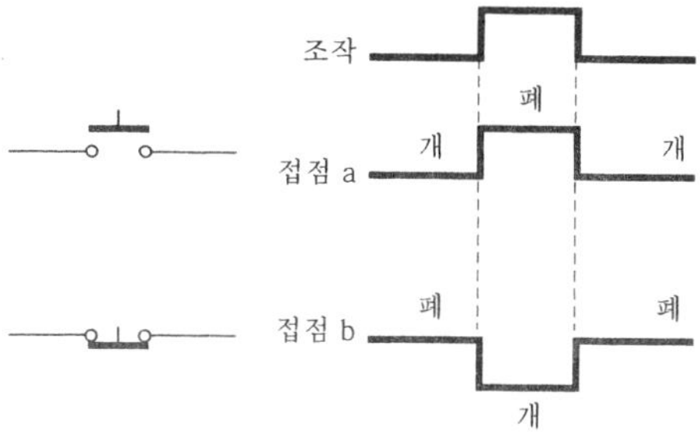

(a) 기 호 (b) 동작내용

그림 12 · 14 복귀형 수동 스위치의 기호와 동작

[2] 유지형 수동 스위치

유지형 수동 스위치는 사람이 스위치를 조작하여 a접점은 닫히고 접점 b는 열리도록 놓았다면 그 상태가 계속 유지되다가, 이와 반대로 조작을 해야만 접점 a는 열리고 접점 b는 닫히는 원래 상태로 복귀한다. 이러한 스위치로는 셀렉터 스위치(selector switch). 텀블러 스위치(tumbler switch), 토글 스위치(toggle switch) 등이 있다. 그림 12 · 13의 (b)는 셀렉터 스위치의 보기이고, 그림 12 · 15는 기호와 동작내용을 나타낸다.

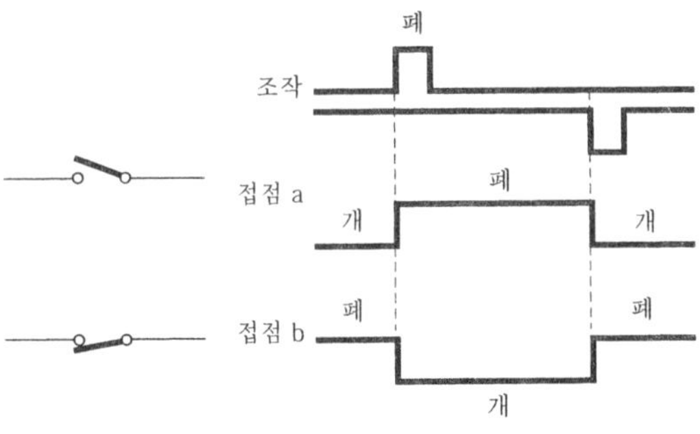

(a) 기 호 (b) 동작내용

그림 12 · 15 유지형 수동 스위치의 기호와 동작

12.6.2 검출 스위치

검출 스위치는 제어대상의 상태 또는 변화를 검출하기 위한 것이다. 이것은 위치, 액면, 압력, 온도, 전압, 그 밖의 여러 가지 제어량을 검출하여 전기적 신호로 바꾸어 주는 역할을 한다.

[1] 리밋 스위치

리밋 스위치(limit switch)는 기계적 운동을 전기적 신호로 바꾸어 주는 것으로 물체가 소정의 위치에 있는가, 힘이 가해져 있는가 등의 기계량의 검출에 널리 사용된다. 그림 12·16은 위치의 검출에 쓰이는 리밋 스위치와 그 기호이며, 이 스위치는 접촉자에 어떤 물체가 닿게 되면 접촉자가 움직여서 접점이 개폐된다. 이와 같은 리밋 스위치는 그림 12·17과 같이 차고 셔터의 상한과 하한을 검출하고, 밀링 머신에서 테이블이 왕복운동을 하게 되면 이것의 반전위치를 검출하는 등, 여러 분야에 이용되고 있다.

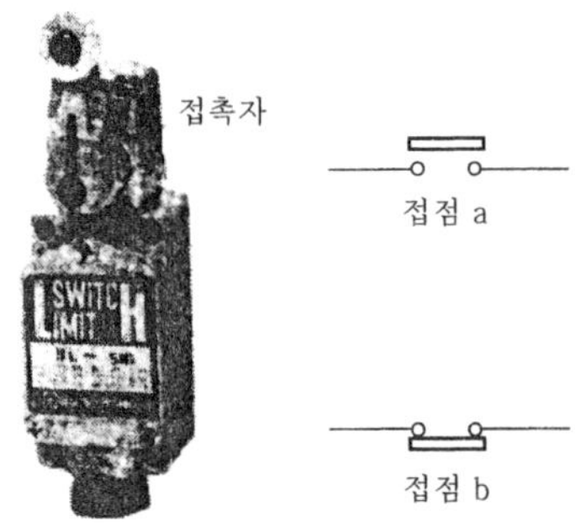

(a) 외 관 (b) 기 호

그림 12·16 리밋 스위치

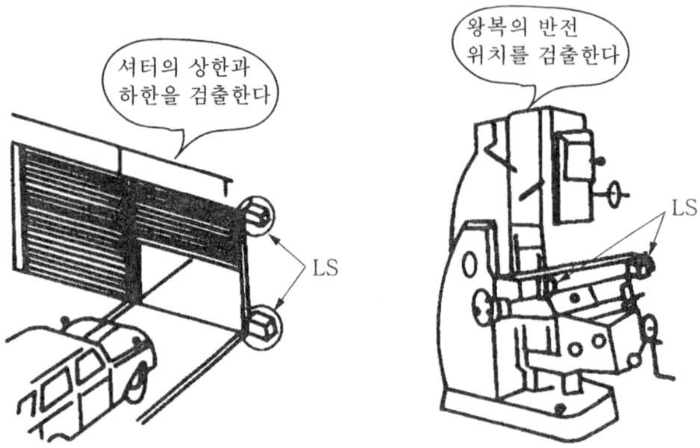

그림 12·17 리밋 스위치의 이용

[2] 액면 스위치

액면을 검출하기 위한 액면 스위치는 검출방법에 따라, 플로트를 사용하는 플로트(float)식과 액체가 전극에 접촉했을 때 전극간의 저항의 변화를 검출하는 전극식으로 나눈다. 그림 12·18의 (a)는 플로트 스위치의 일종으로서, 이 장치 전체가 액체 속으로

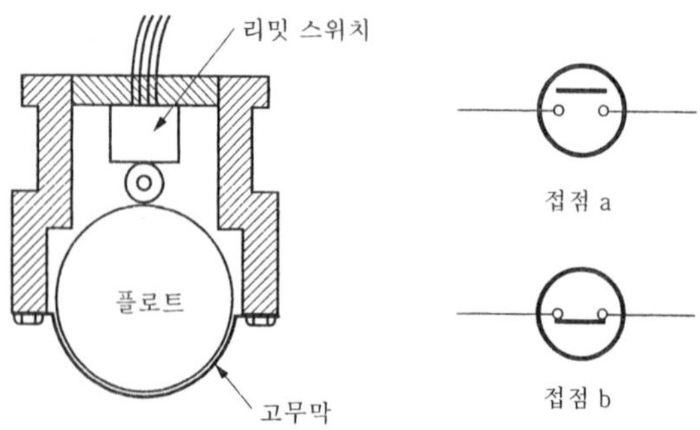

(a) 구 조 (b) 기 호

그림 12·18 플로트 스위치

가라 앉으면 플로트가 리밋 스위치 접촉자를 밀어올려서 접점을 개폐한다. 그림 12·18의 (b)는 플로트 스위치의 기호를 나타낸 것이다.

[3] 근접 스위치

근접 스위치(proximity switch)란 자계의 에너지를 이용하여 검출헤드에 접근하는 금속체를 기계적으로 접촉시키지 않고 검출하되 그것에 연결되는 전기회로를 개폐하여 제어하는 검출 스위치를 말하며, 고주파 자계를 이용한 고주파 발진형이 많이 사용되고 있다. 고주파 발진형이란 검출단에서 고주파를 발진하고, 검출물체 내에 와전류손을 발생시켜 이 와전류손에 의한 발진전력의 변화를 검출, 동작시키는 형식을 말한다(그림 12·19 참조).

[4] 광전 스위치

광전 스위치(photo electric switch)란 광을 매체로 하는 검출기로서 투광기 내의 광원에서 방사된 광이 물체에 의하여 차단 또는 반사되어 변화하는 광량을 수광기 내의 광전변환 소자에 의하여 전기량으로 변환시킴으로써 스위치를 동작시키고 물체의 유무나 상태의 변화 등을 무접촉으로 검출하는 스위치를 말한다. 광전 스위치는 검출물이 꼭 금속이어야 할 필요가 없을 뿐만 아니라 비교적 원거리에서의 검출도 가능한 것이 특징이다(그림 12·20 참조).

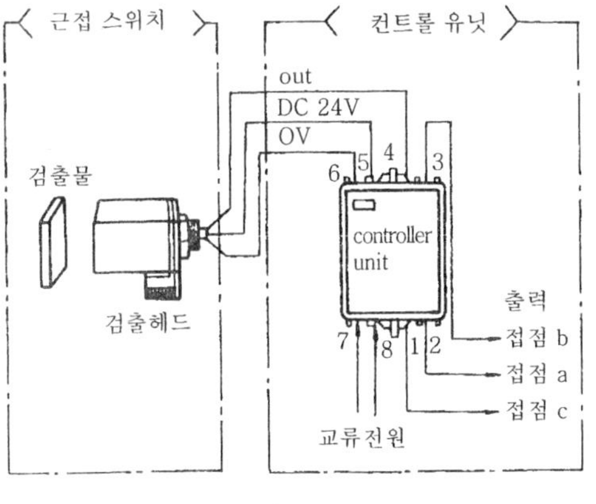

그림 12·19 근접 스위치

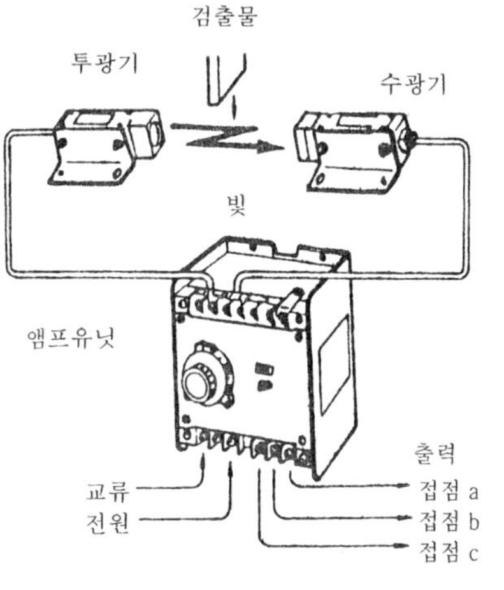

그림 12·20 광전 스위치

[5] 온도 스위치

온도 스위치(thermo switch)란 온도가 예정치에 달했을 때 동작하는 검출 스위치를 말하며 온도의 변화에 대하여 전기적 특성이 변화하는 소자, 예를 들면 서미스터, 백금 등과 같이 온도변화에 따라 저항이 변화하는 것, 또는 열기전력이 생기는 열전대 등을 측온체로 이용하여 그 변화에서 미리 설정된 온도를 검출하여 동작하는 스위치를 말한다(그림 12 · 21 참조).

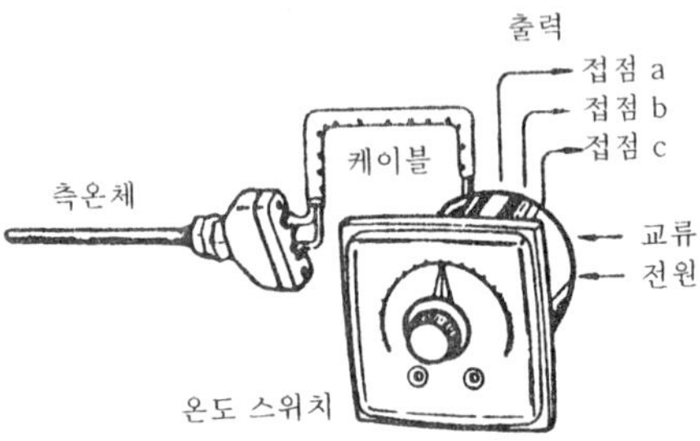

그림 12 · 21 온도 스위치

12.6.3 제어용 계전기

[1] 전자 계전기

전자 계전기(electro magnetic relay)는 전자력에 의하여 접점을 개폐하는 스위치의 기능을 가지는 장치를 말하는 것으로서 기본구조에 따라 힌지형(hinge type)과 플런저형(plunger type)으로 나눈다.

1) 힌지형 전자 계전기

힌지형은 그림 12 · 22의 (a)와 같이 전자석과 접점기구로 구성되어 있으며, 동작을 살펴보면 다음과 같다. 코일이 여자되면 가동철편이 어느 한 점을 지지점으로 하여 철심에 흡인되고, 코일이 소자되면 가동철편은 복귀 스프링의 힘에 의하여 원래상태로 되돌아가는 원 운동을 하게 된다. 이러한 움직임을 이용하여 접점이 개폐되는데, 실제의 계전기에서는 1개의 코일에 의하여 몇 개의 접점이 동시에 개폐하도록 되어 있다. 접점 중에는 코일이 여자하면, 닫히는 접점 a와 열리는 접점 b가 있는데, 힌지형에서는 접점 a 요소와 접점 b 요소가 1조가 되어 상호 공통의 접점 단자를 가지는 경우 접점 a, 접점 b를 일괄하여 접점 c 또는 트랜스퍼 접점(transfer contact)이라 한다. 그러나, 접점 c는 접점 a와 접점 b가 각각 독립된 접점과 구별하여 회로를 구성할 때 유의하여야 하며, 그림 12 · 22의 (b)는 그 기호를 나타낸다.

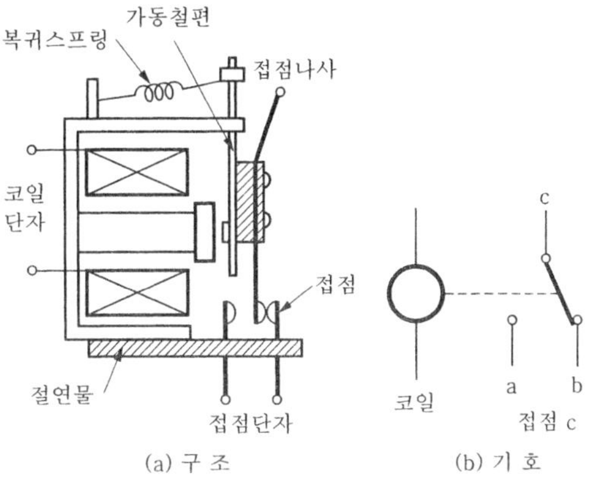

(a) 구 조 (b) 기 호

그림 12 · 22 힌지형 전자 계전기의 구조와 기호

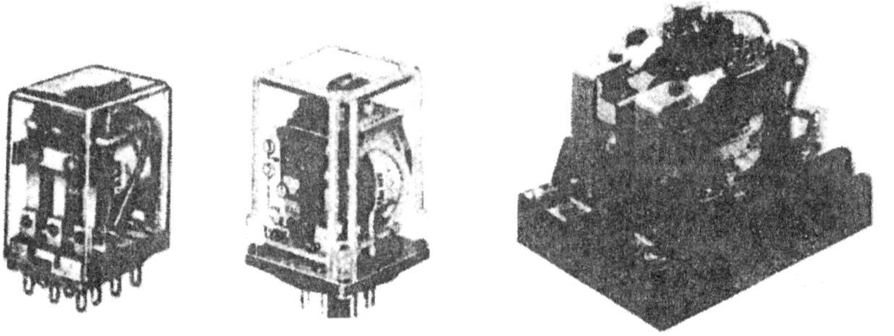
(a) (b) (c)

그림 12 · 23 힌지형 전자 계전기의 보기

힌지형 전자 계전기는 일반적으로 제어 계전기(control relay)라고 부르며, 그림 12 · 23은 이들의 보기를 나타낸다. 그림 12 · 23의 (a)는 통신기, 계측기 등의 저전압 미소 전류회로 및 자동설비장치의 신호전류 개폐에 사용되는 소형의 제어 계전기이며, 그림 12 · 23의 (b)는 일반 제어용으로 광범위하게 사용되는 보통의 제어 계전기이고, 그림 12 · 23의 (c)는 대용량 전력회로의 개폐가 가능한 대전력 회로용 전자 계전기이다.

2) 플런저형 전자 계전기

플런저형은 그림 12 · 24의 (a)와 같이 플런저라 하는 가동철심, 고정철심과 접점 기구로 구성되어 있으며, 그 동작은 다음과 같다.

코일이 여자되면 가동철심이 고정철심에 직선적으로 돌입하여 흡인되며, 코일이 소자되면 가동철심은 복귀 스프링의 힘에 의하여 즉시 원래 상태로 자동복귀하는 직선운동을 하게 되므로 이러한 가동철편의 움직임을 이용하여 접점이 개폐된다. 플런저형은 차단 특성이 뛰어남과 동시에, 접점 용량이 크다는 점에서 전력용 보조 계전기, 전자 접촉

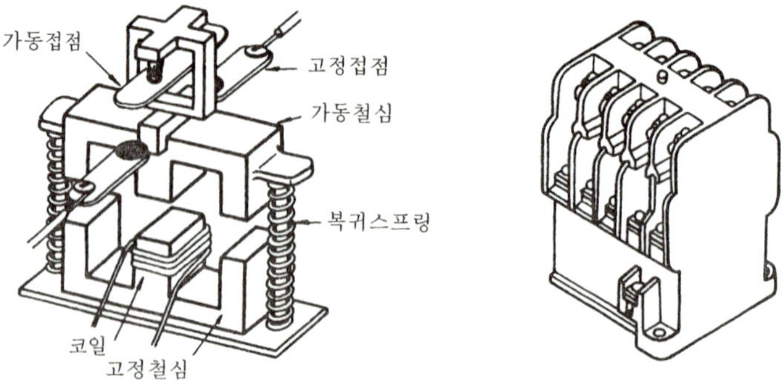

(a) 구 조

(b) 보조 계전기의 보기

그림 12 · 24 플런저형 전자 계산기

표 12 · 1 플런저형 전자 계전기의 구조와 기호

	기 호	시간적인 동작내용
코 일		 소자 여자 소자 여자
접점 a	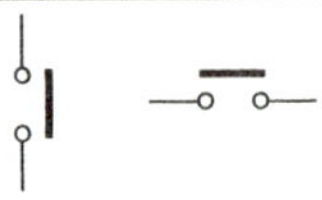	 개 폐 개 폐
접점 b	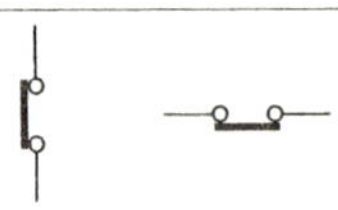	 폐 개 폐 개

기, 전자 개폐기 등에 쓰인다. 그림 12 · 24의 (b)는 플런저형인 보조 계전기의 보기이고, 표 12 · 1은 그 기호와 시간적인 동작내용을 나타낸다.

이와 같이, 코일에 가하는 입력에 의하여 접점을 동작시키는 전자 계전기가 지니고 있는 여러 가지의 작용과 기능 및 현상을 알아보면 다음과 같다.

① 전자 계전기의 기능

ⓐ 증폭 기능 : 계전기의 코일에 가하는 전류를 입력, 접점의 전류개폐 능력을 출력이라고 하면 작은 입력으로 큰 출력을 얻을 수 있다.

ⓑ 전달 기능 : 계전기의 출력 접점은 간단한 방법으로 여러 개 얻을 수 있으므로 회로의 차단, 접속, 전환 등의 전달을 동시에 많이 할 수 있다.

ⓒ 변환 또는 반전 : 계전기는 전자석과 접점이 전기적으로 절연되어 있기 때문에 각각 다른 성격의 신호를 취급할 수가 있다. 즉, 코일은 직류, 접점은 교류의 전원을 사용하든가, 또는 접점 b를 사용하여 입력과 반대의 관계를 가지는 신호를

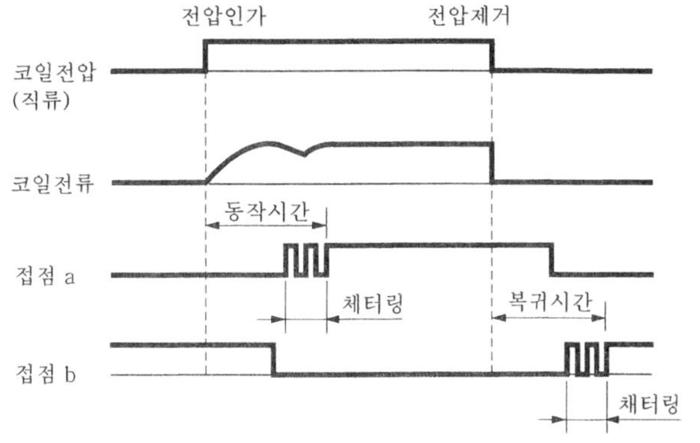

그림 12 · 25 전자 계전기의 동작 · 복귀시간

얻을 수 있다.

ⓓ 연산 기능 : 여러 개의 계전기를 사용하여 각각의 접점을 직렬 또는 병렬로 접속함으로써 논리판단과 연산기능을 가지게 할 수 있다.

② 전자 계전기의 동작 · 복귀시간

코일에 전압을 가한 후 접점 a가 닫힐 때까지의 시간을 동작시간이라고 하며 또 코일의 전압을 제거한 후 접점 b가 닫히기까지의 시간을 복귀시간이라고 한다. 이들 시간을 세분하여 보면 그림 12 · 25와 같이 코일에 전압을 가한 후 가동철심이 동작하기까지의 시간에 지연이 생기는데 이것은 전자석이 가지는 시정수(마치 기계에서 취급하는 관성 모멘트와 같은 것)에 의하여 코일의 전류가 급격히 변화되지 않고 서서히 증가하기 때문이다. 계전기에 따라 다르지만 동작 · 복귀시간은 일반적으로 10~20 [ms] 정도로 보면 된다. 또 접점 a가 투입된 때는 접점까지의 충돌에 의하여 약간의 반발 등 접촉 불안정 상태를 볼 수 있다. 이것을 채터링(chattering)이라 하며 유접점의 제어계에서는 어느 정도 피할 수 없는 현상이다. 계전기에서 계전기로의 고속도 전환 등에서는 동작 · 복귀시간이 문제가 되는 경우가 있다.

[2] 유지형 계전기

유지형 계전기는 래치 계전기(latch relay) 또는 키프 계전기(keep relay)라고도 하며, 그림 12 · 26과 같이 동작용과 복귀용의 두 가지 코일을 가지고 있다. 동작코일에 전류가 흐르면 코일이 여자되어 접점이 닫히게 되고, 이와 동시에 동작코일의 전류를 끊어도 접점은 닫힌 상태로 유지된다. 이 상태에서 복귀코일에 전류가 흘러 여자가 되면 처음상태로 돌아가 접점이 열린다. 접점이 열린 다음에는 복귀코일의 전류를 끊어도 접점 상태는 동작코일이 여자할 때까지 그대로 유지된다. 표 12 · 2는 유지형 계전기의 기호

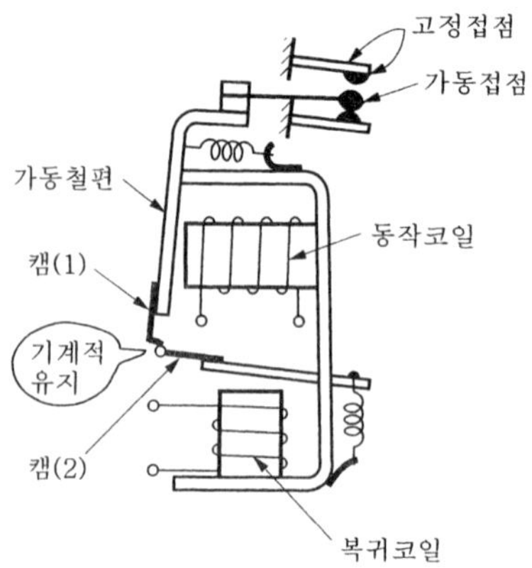

그림 12 · 26 유지형 계전기

표 12 · 2 유지형 계전기의 기호와 동작내용

	기 호	시간적인 동작내용
코 일	(HC) 동작용 / (TC) 복귀용	HC: 소자 → 여자 → 소자 TC: 소자 → 여자 → 소자
접점 a		개 → 폐 → 개
접점 b		폐 → 개 → 폐

와 시간적인 동작내용을 나타낸다.

이와 같은 유지방식은 코일에 전류가 흐르는 시간이 짧고, 소비되는 전력이 작으며, 또 발열도 작아서 소형 코일로 대용할 수 있으므로 대형의 전자 접촉기나 차단기에도 응용된다. 또, 이 계전기는 출력 접점의 개폐가 정전되었을 때에도 그대로 유지되므로 정전, 순시정전, 전압강하 등으로 전자 계전기가 개방되어서는 안 되는 중요한 회로에 적합하다.

[3] 무접점 계전기

전자 계전기는 여자전류를 코일에 흘리거나 끊음으로써 접점이 닫히거나 열린 상태가 되어 필요한 신호를 전달하게 된다. 그런데 트랜지스터, 다이오드, IC(집적회로, integrated circuit), 자기 증폭기 등과 같이 접점을 가지지 않은 소자로 이루어진 전기회로에서도 전자 계전기와 같이 신호처리를 할 수 있다. 이와 같은 회로를 무접점 계전기라 한다.

시퀀스 제어용 기구 또는 회로에서는 2진 신호를 취하는 것이 보통이다. 즉 전자 계전기에서는 접점의 열린 상태와 닫힌 상태를, 그리고 코일에서는 자기를 띤 상태와 잃은 상태를 2진 신호로 나타내고 있다. 이에 대하여, 무접점 계전기에서는 이와 같은 2개의 신호값으로 0과 1을 사용한다. 즉 전압, 전류 등의 물리량이 없을 때의 신호값을 0, 물리량이 있을 때의 신호값을 1로 하는 논리값으로 나타낸다.

그림 12 · 27은 트랜지스터를 이용한 무접점 계전기의 보기와 특성을 나타낸 것이다. 여기서, 트랜지스터 입력신호 I_i가 일정한 값을 넘었을 때 출력신호 I_o가 흐르고, I_i가 일정한 값 이하에서는 I_o도 지극히 작은 값이 된다. 즉, 그림 12 · 27의 (b)에서 최소동작 입력신호 $I_{i\ \mathrm{min}}$까지의 입력신호에 대해서는 출력쪽 전류가 0에 가까운 최소값이고, 이를 넘으면 급격히 최대값으로 되어 트랜지스터의 포화전류에 가까운 출력신호가 얻어진다. 따라서, 이와 같은 트랜지스터의 스위칭 작용에 의해서 2진 신호를 전달하게 된다.

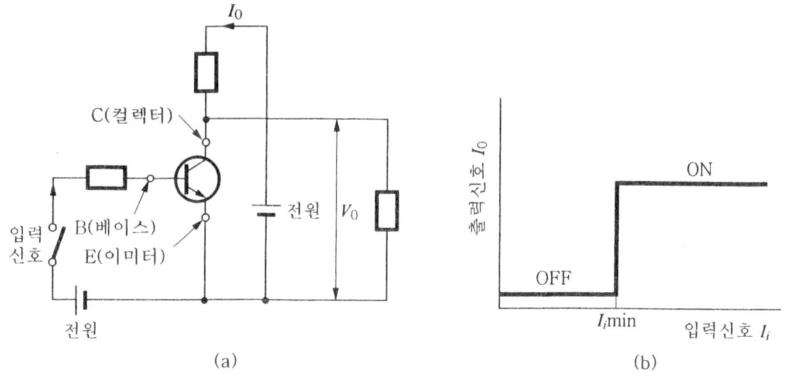

그림 12 · 27 트랜지스터를 이용한 무접점 계전기

[4] 한시 계전기

시퀀스 회로에 있어서 입력 신호값이 변화하고 나서 시간의 차를 두고 출력 신호값이 변화하게 만든 회로를 시간지연회로(time delay circuit)라 하며, 이와 같이 전기적으로 부여된 입력신호에 의하여 미리 정하여진 일정한 시간이 경과된 후 출력신호를 내어 보내는 기구를 한시 계전기라 한다. 한시 계전기는 일반적으로 타이머(timer)라 말하며, 그 종류로는 전동기를 이용한 전동기식 타이머, 공기와 전자석을 이용한 공기식 타이머와 같이 기계적인 운동량을 시간으로 바꾸는 방식과 콘덴서를 이용한 전자식 타이머 등 전

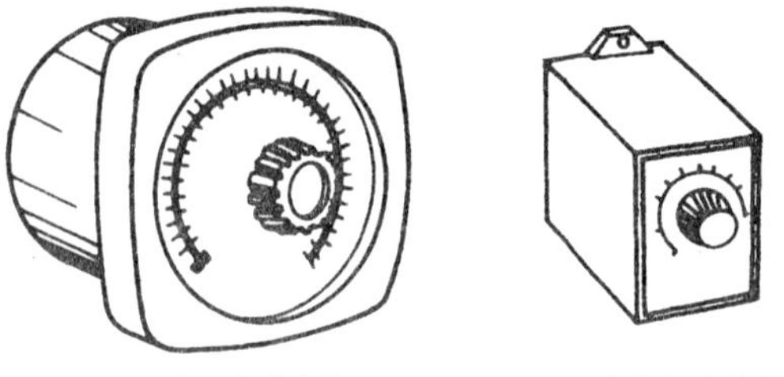

(a) 전동식 타이머 (b) 전자식 타이머

그림 12 · 28 한시 계전기

기적으로 처리하는 방식이 있다. 그림 12 · 28은 한시 계전기의 보기를 나타낸다. 여기서, 그림 12 · 28의 (a)는 전동기식 타이머로 입력신호(전압)에 의하여 소형 동기 전동기를 시동시켜, 미리 설정된 시간이 경과된 다음에 접점의 개폐를 행하는 것이며, 그림 12 · 28의 (b)는 전자식 타이머로 콘덴서 C와 저항 R의 회로에 있어서 충전 또는 방전에 요하는 시간을 이용하여 전자 계전기 접점을 개폐하는 것을 말하며 CR 타이머라고도 한다. 그리고 동작형식의 차이에 따라서 한시동작 · 순시복귀 타이머(on delay timer), 순시동작 · 한시복귀 타이머(off delay timer)로 나눈다.

1) 한시동작 · 순시복귀 타이머

입력신호가 공급된 순간부터 설정시간만큼 지연되어 접점이 동작하며, 입력신호가 끊어지면 접점이 순시 복귀한다. 즉, 한시동작 · 순시복귀의 접점 a는 타이머에 전원이 투입되면 설정시간 경과 후에 동작하여 닫히고, 전원이 제거되면 순간적으로 복귀하여 열리는 접점이며, 한시동작 · 순시복귀의 접점 b는 타이머에 전원이 투입되면 설정시간 경과 후에 동작하여 열리고, 전원이 제거되면 순간적으로 복귀하여 닫히는 접점을 말한다. 그림 12 · 29는 이것의 기호와 시간적 동작내용을 나타낸다.

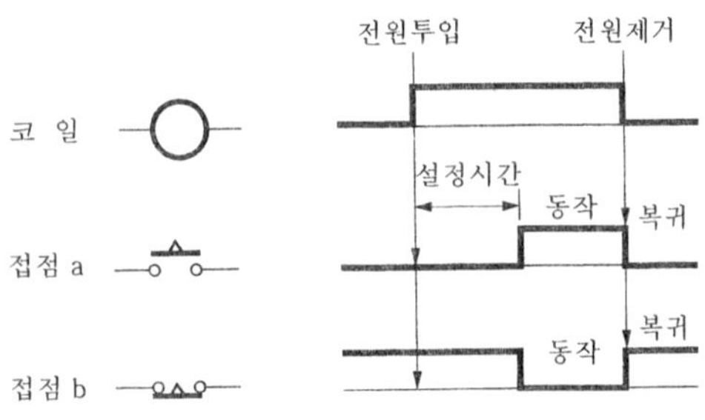

(a) 기 호 (b) 타임차트

그림 12 · 29 한시동작 · 순시복귀 타이머의 기호와 동작

2) 순시동작 · 한시복귀 타이머

입력신호가 공급되면 접점이 순간적으로 동작하며, 부여된 입력신호가 없어지면 설정시간만큼 지연되어 접점이 복귀한다. 즉, 순시동작 · 한시복귀의 접점 a는 타이머에 전원이 투입되면 순간적으로 동작하여 닫히고, 전원이 제거되면 설정시간 경과 후에 복귀하여 열리는 접점이며, 순시동작 · 한시복귀의 접점 b는 타이머에 전원이 투입되면 순간적으로 동작하여 열리고, 전원이 제거되면 설정시간 경과 후에 복귀하여 닫히는 접점을 말한다.

그림 12 · 30은 이것의 기호와 시간적 동작내용을 나타낸다.

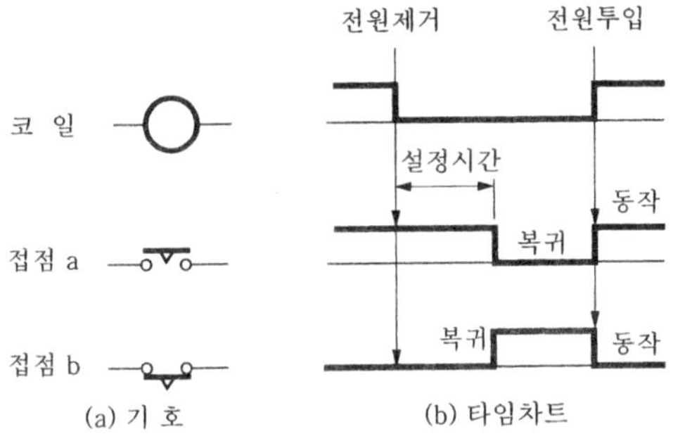

그림 12 · 30 순시동작 · 한시복귀 타이머의 기호와 동작

[5] 전자 접촉기와 전자 개폐기

전자 접촉기(electromagnetic contactor)란 전자석의 동작에 의하여 부하전로를 빈번하게 개폐하는 접촉기를 말하며 주로 전력회로의 개폐에 사용한다. 전자 접촉기는 보조계전기와 그 원리, 구조 등에 큰 차이가 없으며, 접점에는 주접점과 보조접점이 있다. 주접점은 전동기 주회로의 전류개폐 등에 사용하며, 보조접점은 보조 계전기와 마찬가지로 작은 전류용량의 것에 사용한다. 그리고 주접점이 동작하는 데 따라서 보조접점도 같이 동작하게 된다.

또, 전자 개폐기(electromagnetic switch)는 그림 12 · 31과 같이 전자 접촉기에 열동형 과전류 계전기(thermal relay)를 조합한 것을 말하며 전동기 등의 과부하 보호장치를 가진 주회로용 스위치이다. 열동형 과전류 계전기는 주로 히터(heater)라고 하는 저항 발열체와 바이메탈(bimetal)을 조합한 열동 소자(heat element) 및 접점부로 구성되어 있다.

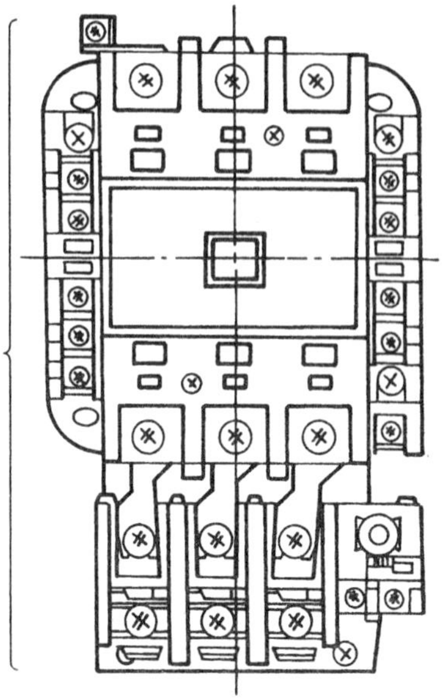

그림 12・31 전자 개폐기

12.7 유접점 계전기의 제어회로

일반적으로 시퀀스 제어는 다양하고 복잡하며, 각종의 많은 계전기가 조합되어 하나의 회로를 구성한다. 이 중에서 유접점 계전기 제어는 전자 계전기의 접점동작으로 이루어지는 것을 말하며 유접점 시퀀스라고도 한다. 지금까지 설명으로 전자 계전기의 작용을 이해할 수 있으리라 믿으며, 여기서는 전자 계전기 회로의 가장 기본적인 형태를 알아본다.

12.7.1 자기유지 회로

어떤 신호가 순간적으로 주어졌을 때, 또는 A상태에서 B상태로 옮길 때 각각 이것을 기억해 둘 필요가 있을 경우 이 회로를 자기유지(self hold) 또는 기억회로(memory circuit)로 만든다. 일반적으로 기억회로는 전자 계전기, 전자 접촉기 등의 조작회로에 많이 이용되는 기본회로에 속하며 전동기의 기동제어, 정・역전제어에 채용된다.

[1] 정지우선 기억회로

그림 12・32에서 PBS(ON)를 누르면 계전기 X가 여자되며 접점 X-a_1이 닫히게 되어 기억회로가 된다. PBS(ON)에서 손을 떼어도 접점 X-a_1을 통하여 계전기 X는 계속

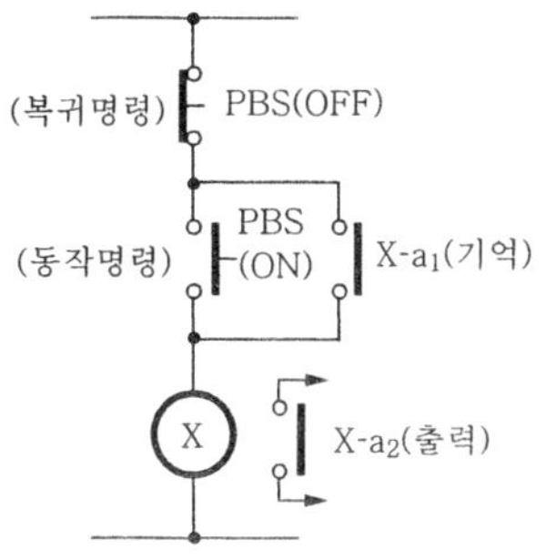

그림 12 · 32 정지우선 기억회로

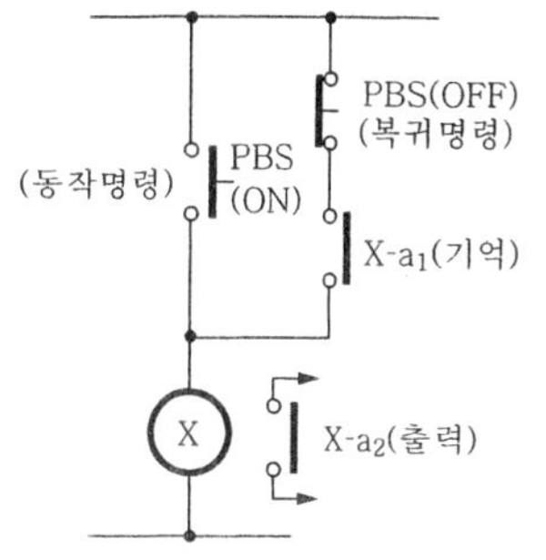

그림 12 · 33 기동우선 기억회로

여자상태를 유지한다. PBS(OFF)를 누르면 계전기 X는 소자되며 복귀한다. 만일 동시에 PBS(ON)와 PBS(OFF) 스위치를 누르면 계전기 X는 동작하지 않게 되므로 이것을 **정지우선 기억회로**라고 한다. 따라서 이 회로는 안전성이 있으며, 주로 전동기 기동제어 회로에 많이 사용된다.

[2] 기동우선 기억회로

그림 12 · 33에서 PBS(ON)를 누르면 계전기 X가 여자되어, 접점 X-a_1이 닫히게 되고 기억회로가 된다. PBS(OFF)를 누르면 계전기 X가 소자되며 복귀한다. 만일 동시에 PBS(ON)와 PBS(OFF)를 누르면 계전기 X는 동작하게 된다. 따라서 이것을 **기동우선 기억회로**라고 하며, 순서제어 또는 선택, 우선회로에 채용된다.

12.7.2 우선회로

우선회로란 2개 이상의 입력접점이 있을 때 어느 쪽을 먼저 우선적으로 동작시키는가 하는 것을 정하는 회로이다.

[1] 인터로크 회로

그림 12 · 34는 인터로크(interlock) 회로의 보기로서 다른 회로의 동작을 금지시키는 기능을 한다. 즉, 전동기의 정 · 역전회로 등에서 다른 계전기의 동시동작을 금지시키는 회로로서 사용된다.

그림 12 · 34에서 접점 A-a가 입력신호를 받아 계전기 X가 동작하면 접점 X-b가 열리게 되므로 그후에 입력접점 B-a가 동작해도 계전기 Y는 동작이 되지 않는다. 또, 입력접점 A-a, B-a가 동시에 닫혀도 둘 중에서 빠른 쪽이 동작하게 된다.

그림 12 · 35의 (a)는 인터로크를 이용한 병렬 우선회로로 먼저 입력이 주어진 회로

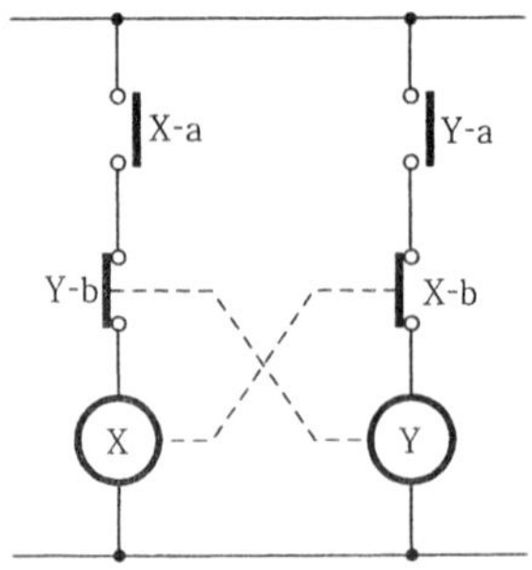

그림 12 · 34 인터로크 회로

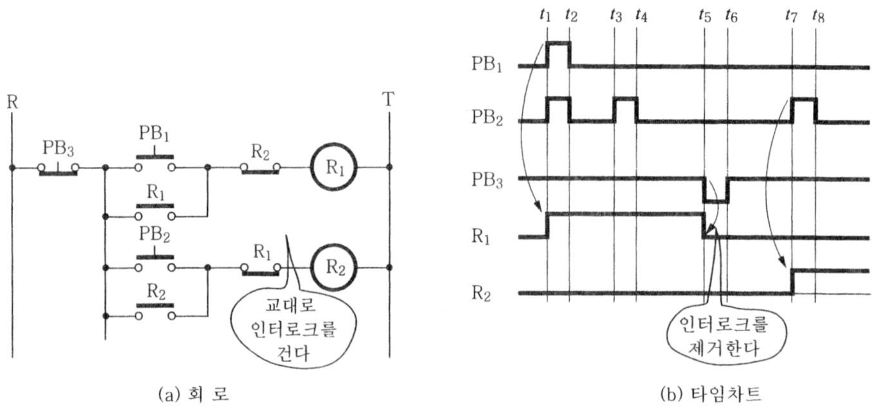

그림 12 · 35 병렬 우선회로

가 동작하여 다른 회로를 개방시킨다. 이들의 동작관계를 타임차트로 나타내면 그림 11 · 35의 (b)와 같다.

[2] 신입력 우선회로

신입력 우선회로란 먼저 진행되고 있는 조건을 해제하고 새로 주어진 입력신호가 항상 우선하는 회로이다. 즉, 그림 12 · 36의 (a)와 같은 회로에서 나중에 ON 조작을 한 PB의 회로가 우선되고, 지금까지 동작하고 있던 회로는 정지하여 버린다. 이들의 동작관계를 타임차트로 나타내면 그림 12 · 36의 (b)와 같이 된다.

그림 12 · 37은 신입력 우선회로를 이용하여 어떤 가공기계에서 부품의 공급을 제어하는 보기를 나타낸 것으로, 이것의 회로는 그림 12 · 38의 (a)와 같다. 동작을 알아보면, 먼저 부품이 지점 A까지 옮겨져 오면 LS_1이 이것을 검출하고, 계전기 R_1을 여자하여 솔레노이드(solenoid)를 작동시켜 다음 부품의 공급을 정지시킴과 동시에 적색램프 RL을 점등시켜서 표시한다. 다음에 부품이 가공되어 지점 B까지 옮겨져 오면 이번에는

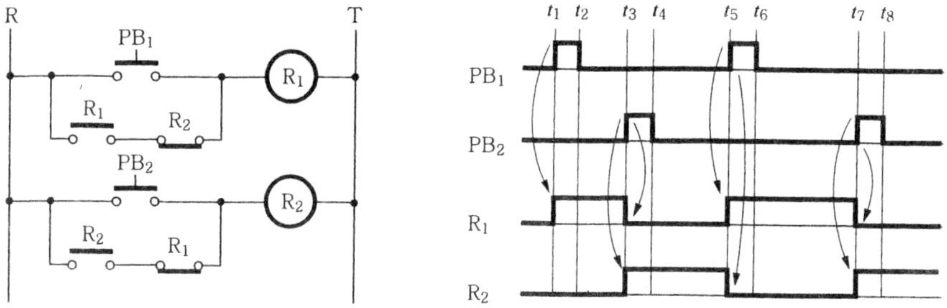

(a) 회 로

(b) 타임차트

그림 12 · 36 신입력 우선회로

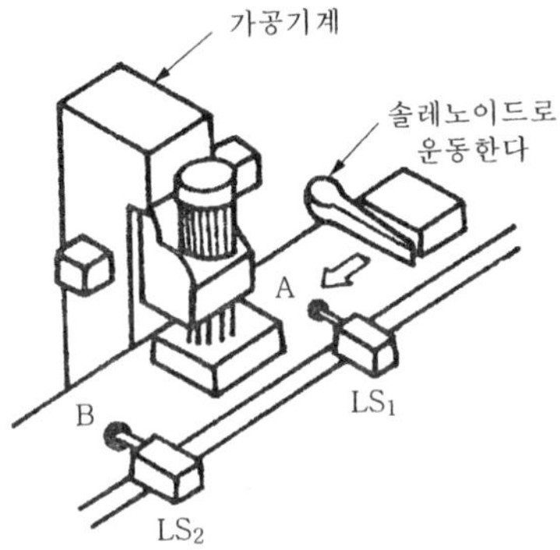

그림 12 · 37 제 어

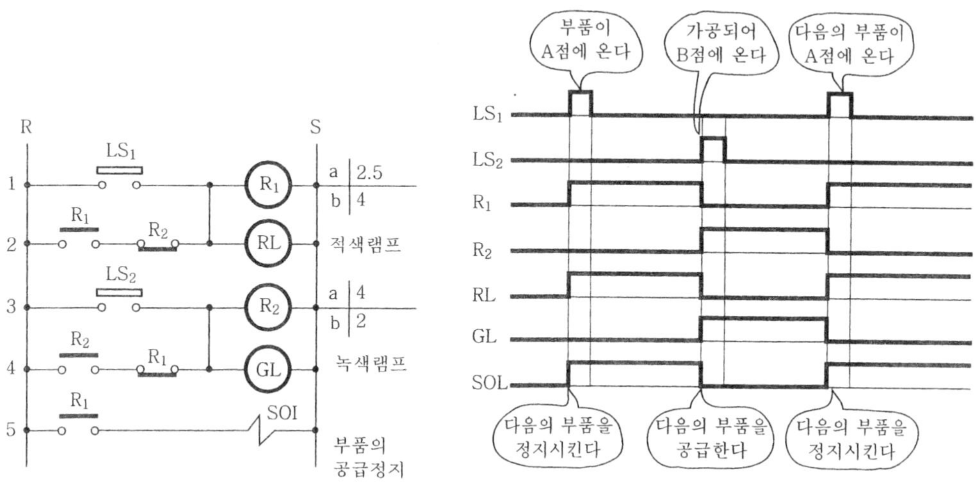

(a) 회 로

(b) 타임차트

그림 12 · 38 신입력 우선회로의 이용

LS₂가 이것을 검출하고, 계전기 R_2를 여자함과 동시에 녹색램프 GL을 점등시킨다. 이 단계에서 계전기 R_1은 소자되고 솔레노이드가 복귀하기 때문에 다음의 부품이 가공기계로 옮겨진다. 이들의 동작관계를 타임차트로 나타내면 그림 11 · 38의 (b)와 같이 된다.

[3] 직렬 우선회로

그림 12 · 39의 (a)와 같이 전원측에 가까운 계전기부터 순차적으로 동작되어 나가는 회로를 직렬 우선회로라고 한다. 이들의 동작관계를 타임차트로 나타내면 그림 12 · 39의 (b)와 같이 된다.

이와 같은 직렬 우선회로는 순차기동 회로, 비상정지 회로에 사용하며, 그림 12 · 40과 같이 컨베이어 회로에도 이용할 수 있다. 여기서 C 컨베이어를 먼저 시동시키면 제품이 B 컨베이어로 이동하여 제품들이 서로 충돌한다. 따라서 A 컨베이어를 시동시키고 계속하여 B, C의 순서로 시동시킨다. 컨베이어를 정지시키는 경우에는 PB_4를 누르면 된다.

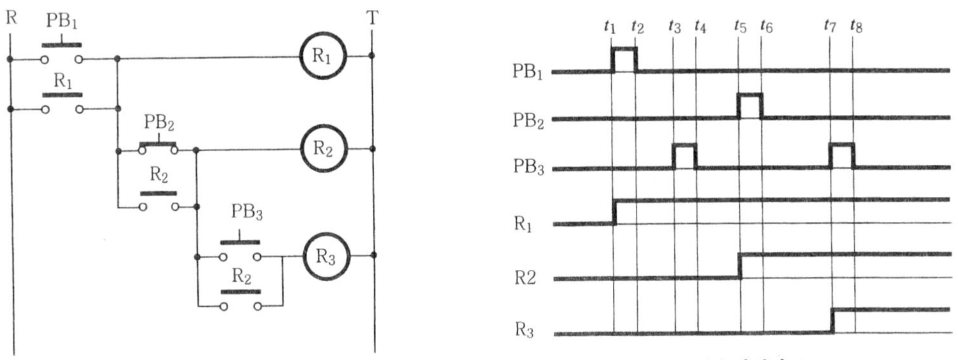

(a) 회 로 (b) 타임차트

그림 12 · 39 직렬 우선회로

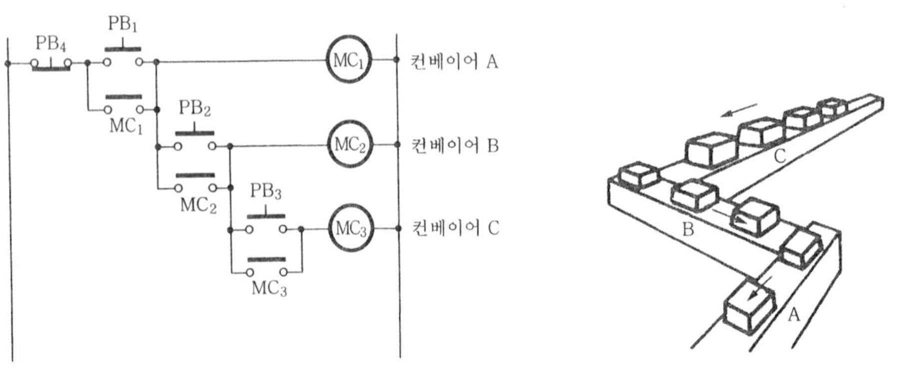

그림 12 · 40 컨베이어 회로

12.7.3 순차동작, 순차복귀 회로

그림 12·41은 계전기 X, Y, Z가 입력신호 A, B, C에 대해서 순차적으로 동작하여 나가는 회로이다.

접점 B가 접점 A보다 먼저 ON되어도 계전기 Y는 동작하지 않는다.

① 동작순서는 왼쪽에서 오른쪽으로 진행시켜 나간다.

② 복귀순서는 오른쪽에서 왼쪽으로 진행시켜 나간다.

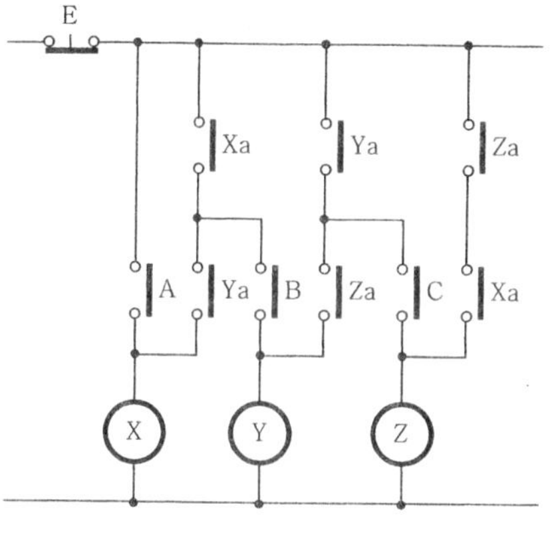

그림 12·41 순서회로

12.7.4 한시회로

[1] 지연동작 회로

그림 12·42의 (a)와 같이 스위치 PB를 ON하면, 어떤 일정시간(타이머의 설정시간) 후에 동작하는 회로를 지연동작 회로라고 한다. 이 회로의 타임차트는 그림 12·42의 (b)와 같다.

앞에서 배운 직렬 우선회로 그림 12·39를 타이머로 구성하여 보면 그림 12·43의 (a)와 같이 되며, 동작은 다음과 같다. 먼저, PB를 ON하면 계전기 R이 자기 유지되는 것과 동시에 타이머 T_1에 전압이 가해진다. 그리고 그후에는 각각의 타이머의 설정시간에 따라서 램프 L_1, L_2, L_3의 순서로 점등되어 간다. 그림 12·43의 (b)는 이것의 타임차트이며, 이러한 회로는 여러 단의 컨베이어를 자동적으로 최종단에서부터 차례로 움직여 가는 경우 등에 이용할 수 있다.

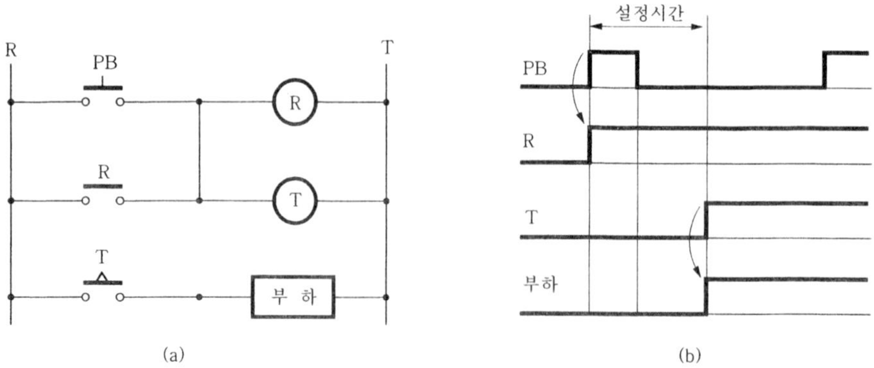

그림 12 · 42 지연동작 회로

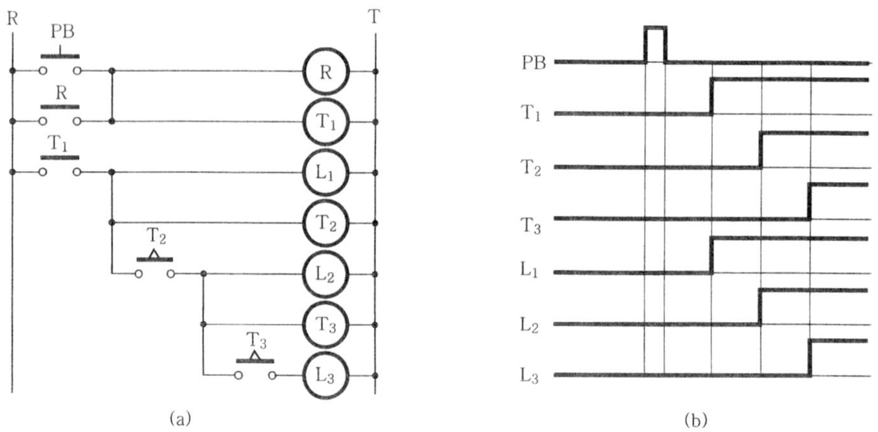

그림 12 · 43 지연동작 회로의 이용

[2] 일정시간 동작회로

그림 12 · 44에서 스위치 PB를 ON하면 계전기 R이 여자되어 자기유지되는 것과 동시에 타이머와 부하에 전류가 흐른다. 그리고, 일정시간이 지나면 타이머의 접점 b가 열리고, 자기유지 회로를 해제하여 부하에 흐르는 전류를 차단한다. 즉, PB를 ON하는 것과 동시에 동작하고, 타이머의 설정시간 후에 정지하는 일정시간 동작회로로 된다. 이들의 동작관계를 타임차트로 나타내면 그림 12 · 44의 (b)와 같다.

[3] 반복동작 회로

그림 12 · 45의 (a)와 같이 타이머 2개를 이용하여, 각각의 타이머에 주어진 설정시간에 따라서 ON과 OFF를 반복하여 동작하는 회로를 반복동작 회로라고 한다.

그림 12 · 45의 (b)에 나타낸 타임차트로 이 회로의 동작을 살펴보기로 한다.

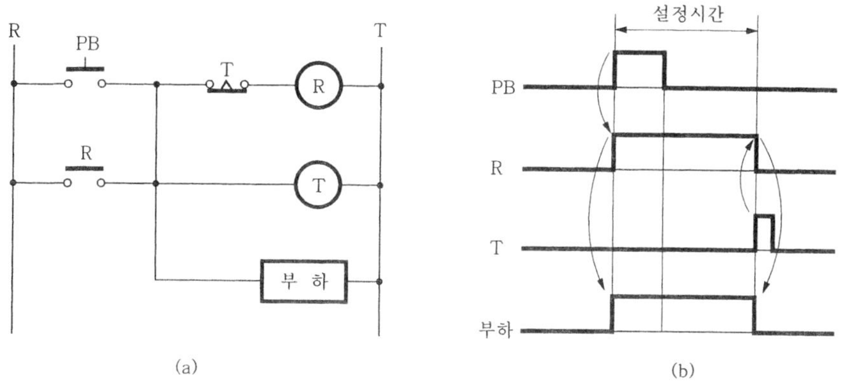

그림 12 · 44 일정시간 동작회로

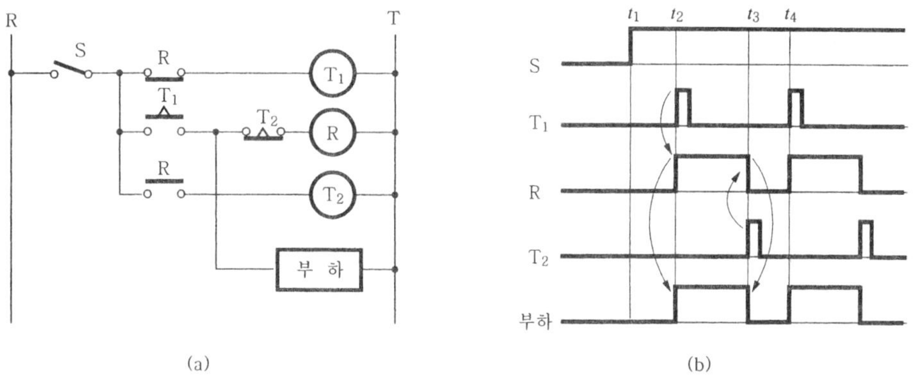

그림 12 · 45 반복동작 회로

시간 t_1 : 스위치 S의 ON과 동시에 타이머 T_1에 전류가 흐른다.

시간 t_2 : 타이머 T_1의 접점 a가 닫히고, 계전기 R을 여자한다 → 계전기 R의 접점 b가 열리고 타이머 T_1으로 흐르는 전류를 차단시키는 것과 동시에 계전기 R의 접점 a가 닫혀서, 부하와 타이머 T_2에 전류가 흐른다.

시간 t_3 : 타이머 T_2의 접점 b가 열리고 계전기 R을 소자한다 → 회로는 t_1의 상태로 복귀하고, 다시 타이머 T_1에 전류가 흐르기 시작한다.

이와 같은 회로는 연속운전을 할 필요가 없는 환기 팬(fan)의 자동반복 운전이나 부품의 가공시간중에만 정지시키는 컨베이어의 자동간헐 운전 등에 이용할 수 있다.

[4] 지연복귀 동작회로

그림 12 · 46의 (a)에서 스위치 S를 ON하면 타이머 T에 전류가 흘러 순시동작을 하

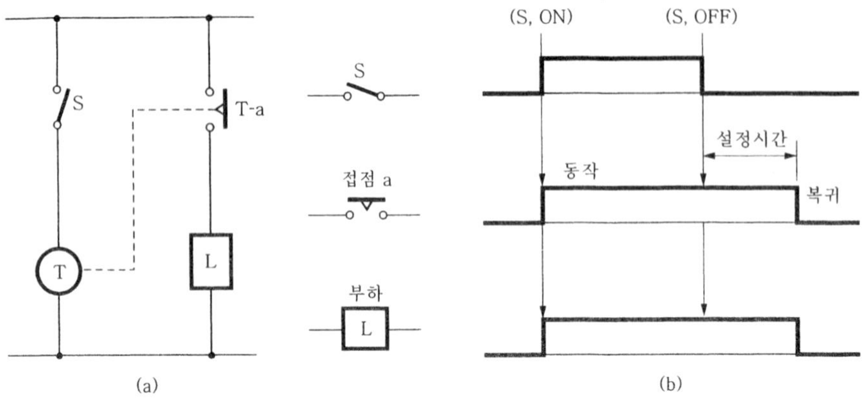

그림 12·46 지연복귀 동작회로

지만, 스위치 S를 OFF시켜도 타이머의 설정시간이 경과되어야 타이머 T의 접점 a가 OFF된다. 이러한 회로를 지연복귀 동작회로라 한다. 그림 12·46의 (b)는 이것의 타임차트이다. 지연복귀 동작회로는 열을 발생하는 히터와 송풍용 팬을 가진 송풍기 등에, 사용 후 스위치를 OFF시켜도 어떤 일정시간만큼 냉각을 하기 위하여 송풍팬을 계속하여 돌리도록 하고자 할 때 이용하면 편리하다.

12.7.5 경보표시 회로

표시회로에는 기기의 동작상태(운전, 정지) 개폐기류의 개로·폐로의 상태, 밸브류의 개폐상태 등을 표시하는 표시등 회로와 기기 및 장치가 고장난 경우 그 고장위치와 원인, 상황 등을 표시하는 고장표시 회로가 있다. 고장이 발생된 경우에는 그 표시와 함께 경보도 발하는 경우가 많으며 고장표시 회로와 경보회로는 밀접한 관계가 있다.

[1] 용도

기기의 운전, 정지상태 표시의 검출요소로서는 다음과 같은 것들이 사용된다.

① 전자 접촉기에서는 보조접점(접점 a, 접점 b)

② 전자 밸브, 전동 밸브에는 리밋 스위치

③ 수위에는 리밋이나 레벨 스위치(level switch)

④ 기타 압력 스위치, 속도 스위치 등

그림 12·47은 각 검출요소의 접점에 표시등을 연결하여 검출상태를 알아볼 수 있도록, 일반적인 보기를 나열한 것이다. 그리고 동작상태 및 고장 등을 구별하기 쉽게 표 12·3과 같이 색깔로 표시하여 사용한다.

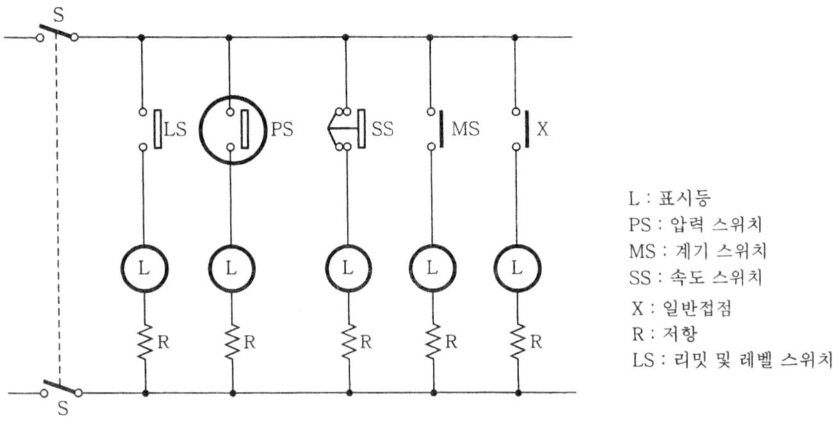

그림 12 · 47 일반적인 상태표시

표 12 · 3 표시등의 표시

표시종류	색 깔	약 호
전원표시(상태)	백색	WL, PL
운전표시(상태)	적색	RL
정지표시(상태)	녹색	GL
경보표시(경보)	등색 또는 황색	OL
고장표시(고장)		YL

[2] 표시방법

1) 전원표시

그림 12 · 48은 파일럿 램프(pilot lamp)를 전원의 표시등으로 사용한 보기로서, 전압계를 1차측에 사용한 경우에는 파일럿 램프를 생략할 수 있다.

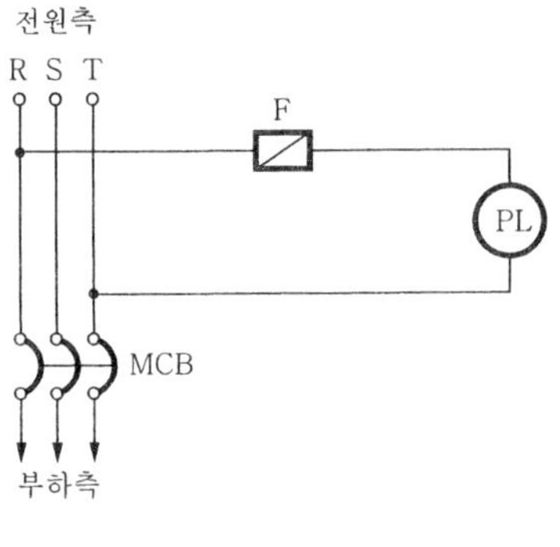

그림 12 · 48 전원의 표시

2) 상태표시

그림 12 · 49의 (a)는 적색 표시등 1개만을 사용하여 전자 접촉기의 개폐, 기기의 운전정지 등을 표시하는 것으로 1등식이라 한다. 이 회로에서는 전자 접촉기 MC가 여자되었을 때 적색 표시등 RL이 점등한다. 그림 12 · 49의 (b)는 적색 표시등 RL과 녹색 표시등 GL을 사용하는 2등식으로, 전자 접촉기 MC가 여자되었을 때 적색 표시등 RL이 점등하고, 전자 접촉기 MC가 소자되었을 때 녹색 표시등 GL이 점등한다. 이외에 등색 또는 백색을 사용해서 기동준비와 기동완료를 구별하기도 하고 보통기동과 자동기동을 구별하기도 하는 3등식이 있다.

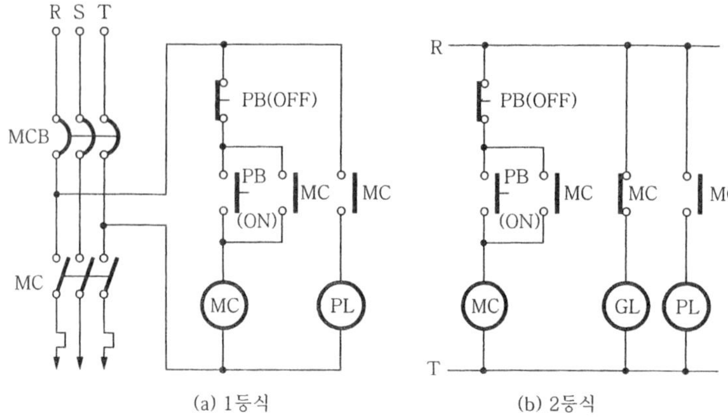

그림 12 · 49 전자 접촉기 회로

3) 경보표시

경보에는 정지중인 컨베이어가 기동하기 직전에 그 근방에서 일하는 작업원에게 주의를 환기시키는 경우와 주행 크레인의 접근을 알리는 경보등이 있지만 여기서는 고장발생을 알리는 경보에 대하여 알아보기로 한다.

경보기로서는 버저(buzzer), 벨(bell) 등이 많이 사용되고 있으나, 경미한 고장의 경보에는 버저를, 중대한 고장의 경보에는 벨을 구별해서 사용하는 경우도 있다. 경보회로에 사용되는 검출 계전기나 접점은 그림 12 · 47에 나타낸 표시등의 경우와 마찬가지로 여러 가지 종류가 사용된다.

그리고 고장표시를 할 곳이 적을 때에는 경보만을 하는 경우도 있지만, 일반적으로 경보와 동시에 고장표시를 행하는 경우가 많고 그 회로로서는 그림 12 · 50과 같은 방법이 있다. 이 회로에서는 고장이 발생하면 접점 F가 닫혀 버저가 울리게 되어 경보를 발하며, 그 다음 스위치 PB를 누르면 계전기 BX가 여자되어 버저가 멎고 표시등 L이

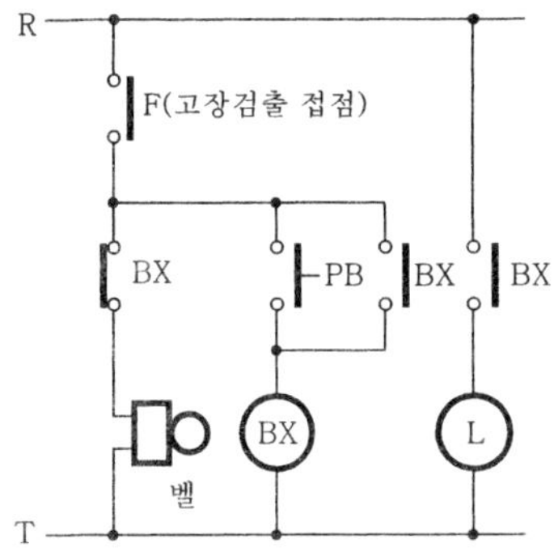

그림 12 · 50 경보표시 회로

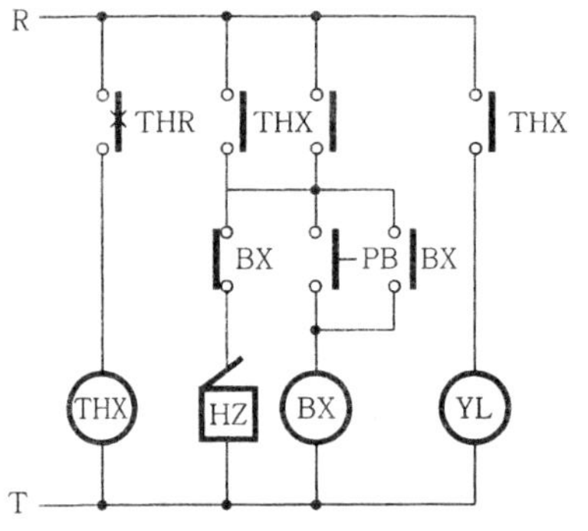

그림 12 · 51 열동형 과전류 계전기의 경보회로

점등한다. 그리고 고장이 복구되면 접점 F가 열리고 계전기 BX가 소자되어 표시등 L도 꺼진다. 그림 12 · 51은 많이 사용되는 열동형 과전류 계전기의 동작을 버저로 경보하며, 고장표시는 표시등으로 하는 회로이다.

4) 표시등 점검회로

표시등은 사용전압에 따라 교류와 직류용이 있으며, 사용전구에 제어회로의 전압이 그대로 인가되는 경우와 표시등 자체에 소형 변압기가 부착되어 전압을 낮추어 인가하는 경우 및 직렬 저항을 연결하여 전압을 분담시켜 인가하는 수가 있다. 이러한 표시등은 전구 또는 직렬 저항에 항상 단선의 위험성이 존재하는데, 고장표시에 사용되는 경우에는 평상시 거의 점등할 기회가 없기 때문에 단선의 발견이 매우 어렵다. 이에 따라서, 정기적으로 표시 등 회로의 점검을 위한 회로가 필요해진다. 그림 12 · 52는 간단한 점검회로의 보기로 스위치 PB를 누르면 계전기 X가 동작하여 표시등을 점등시키는 일괄점검 방식이다.

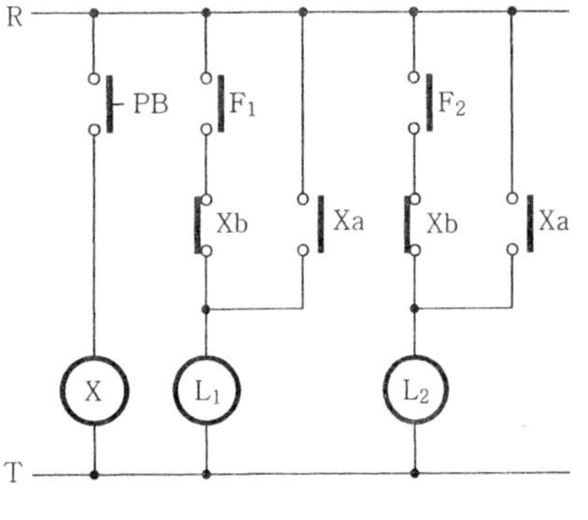

그림 12 · 52 일괄점검 방식

12.7.6 유극회로

유극회로란 전자 계전기의 코일에 직렬 또는 병렬로 정류기(rectifier, Rf)를 접속시켜 그 순방향과 역방향의 저항특성을 이용해서 코일에 가해지는 전압의 정·부 극성에 따라 전자 계전기가 동작 또는 부동작되는 회로이다. 이와 같은 회로는 직류에만 적용되며 정류기로서는 일반적으로 다이오드(diode)가 사용된다.

[1] 정류기를 직렬 또는 병렬로 접속시킨 유극회로

그림 12·53의 (a)는 계전기 코일에 직렬로 정류기를 접속시킨 회로로서 입력접점 A가 ON되면 공급전원의 극성에 따라 순방향이면 동작, 역방향이면 부동작하는 유극회로이다. 그림 12·53의 (b)는 계전기 코일에 병렬로 정류기를 접속시킨 회로로서 입력접점 A가 ON되면 공급전원 극성이 순방향일 때는 계전기 코일은 여자가 되지를 않아 출력이 안 나오고 역방향일 때는 여자가 되며 출력이 나온다.

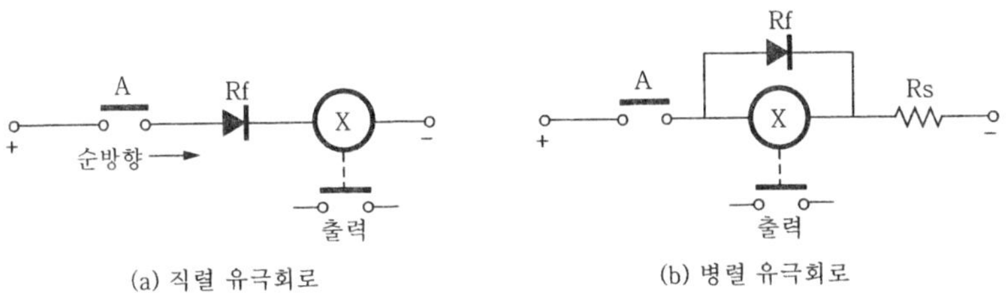

그림 12·53 유극회로

12.8 불 대수와 시퀀스 제어

불 대수(Boole algebra)는 1854년 영국의 수학자 불(Boole, G.)에 의하여 창안된 것으로서, 일반 대수학과는 달리 수치의 연산을 하기 위한 것이 아니고, 논리적인 연산을 하기 위한 대수학이므로 이를 논리 대수 또는 논리 수학이라 한다. 불 대수를 개폐회로(switching circuit)에 적용하게 됨으로써 시퀀스 제어의 회로해석이나 합성, 그리고 회로 소자의 최소화가 편리하게 되었다.

12.8.1 불 대수의 변수

불 대수에서 변수(variable)는 보통 대수와는 달리 두 가지 상태를 취급하는 것으로

"0"과 "1"이 사용된다. 다시 말해서 2진 신호의 두 가지 신호 또는 물리현상의 두 가지 상태에서 한쪽을 "0", 다른 한쪽을 "1"이란 기호로써 표시한다.

보기를 들면

2개의 신호값에서	긍정은 "1"	부정은 "0"
전등을	켜라는 "1"	꺼라는 "0"
개폐접점에서	폐로상태 "1"	개로상태 "0"
전자코일에서	여자상태 "1"	소자상태 "0"

위의 보기에서 두 가지 상태 "1"과 "0"은 불 대수의 변수로서 취급되며, 이것은 어떤 두 가지 상태를 표시하는 것이지 수량을 나타내는 것은 아니다. 따라서 이것을 2진 변수(binary variable)라고 부르나, 2진수(binary number)라고는 부르지 않는다.

12.8.2 논리 소자

전등을 켜라 또는 꺼라 하는 신호명령은 두 가지 동작 상태뿐이다. 이와 같은 신호를 2진 신호라고 하며, 시퀀스 제어의 동작기호는 전부 이 2진 신호로 이루어진다.

일반적으로 어떤 2진 신호군에서 새로운 2진 신호군을 얻는 것을 **논리 연산**(logical operation)이라 하고, 논리 연산의 기본소자를 **논리 소자**(logical element)라고 한다. 논리 소자에는 AND 소자, OR 소자, NOT 소자의 3종류가 있으며, 이들 3종류의 논리 소자들을 조합하는 데 따라 어떤 시점에 대한 논리 연산이 이루어진다.

[1] AND 소자

그림 **12 · 54**의 (a)는 직렬로 접속된 2개의 입력접점을 가진 계전기 회로를 나타낸 것이다. 여기서 2개의 입력 접점의 개폐를 나타내는 신호를 각각 A, B라 하고 출력접점의 개폐를 나타내는 신호를 C라고 정해 둔다.

이 회로에서 C의 값이 1이 되는 것은 A 및 B의 값이 모두 1일 때 뿐이며, 그 밖의 경우에는 C의 값은 0이다. 따라서, 입력과 출력의 신호값 사이에 이와 같은 관계에 있는 소자를 AND 소자(AND element)라 하며, AND 소자의 작용을 하는 회로를 AND 회로(AND circuit)라 한다. 그림 **12 · 54**의 (b)는 AND 회로의 기호를 나타낸 것이며, 표 **12 · 4**는 AND 회로의 입력 신호값과 출력 신호값과의 관계를 나타낸 것이다. 표 **12 · 4**와 같이, 어느 소자 또는 회로의 입력과 출력의 모든 신호값의 관계를 구체적으로 나타낸 것을 **진리표**(truth table)라 한다.

AND 회로의 출력 신호값은 2개의 입력 신호값의 논리곱(logic product)이라고도 하는

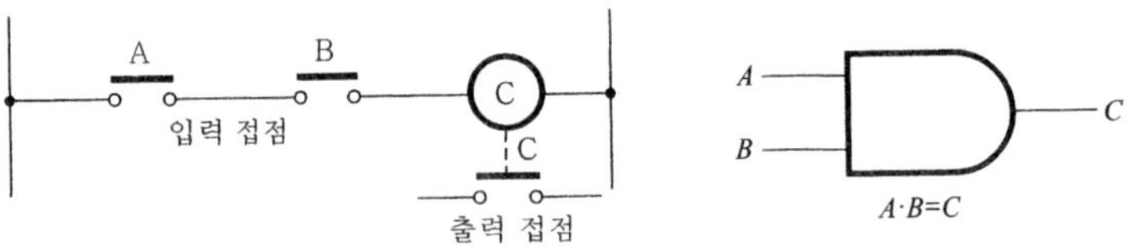

(a) 계전기에 의한 AND 회로 (b) AND 회로의 기호

그림 12 · 54 AND 회로

표 12 · 4 AND 회로의 진리표

입력 신호값		출력 신호값
A	B	C
0	0	0
0	1	0
1	0	0
1	1	1

데, 다음 식으로 나타내며 이것을 논리식(logic equation)이라 한다.

$$A \cdot B = C \qquad (12 \cdot 1)$$

[2] OR 소자

그림 12 · 55의 (a)에 나타낸 바와 같이, 병렬의 입력접점을 가지는 계전기 회로에서 2개의 입력 신호값을 각각 A, B라 하고 출력 신호값을 C라 할 때, C가 1이 되는 것은 A가 1 또는 B가 1일 때이며, C가 0이 되는 것은 A, B가 모두 0일 때 뿐이다. 따라서, 입력과 출력의 신호값 사이에 이와 같은 관계에 있는 소자를 OR 소자(OR element)라 하며, OR 소자의 작용을 하는 회로를 OR 회로(OR circuit)라 한다.

그림 12 · 55의 (b)는 OR 회로의 기호를 나타낸 것이며, 표 12 · 5는 OR 회로의 입력 신호값과 출력 신호값의 관계를 나타낸 진리표이다.

OR 회로의 출력 신호값은 2개의 입력 신호값의 논리합(logic sum)이라고도 하며, 논

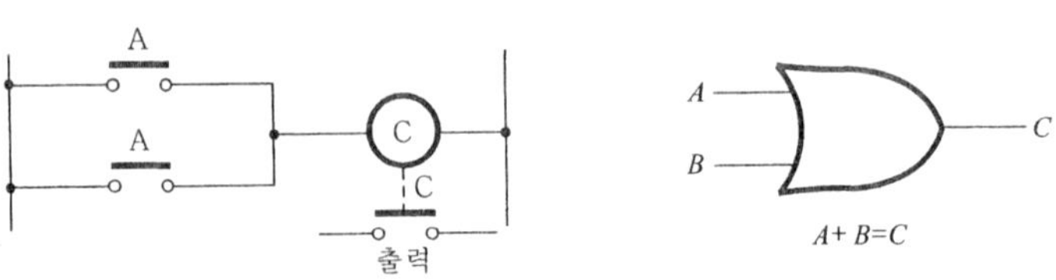

(a) 계전기에 의한 OR 회로 (b) OR 회로의 기호

그림 12 · 55 OR 회로

표 12·5 OR 회로의 진리표

입력 신호값		출력 신호값
A	B	C
0	0	0
0	1	1
1	0	1
1	1	1

리식으로 나타내면 다음과 같다.

$$A+B=C \tag{12·2}$$

[3] NOT 소자

그림 12·56의 (a)는 신호값을 반전시키는 계전기 회로의 보기를 나타낸 것이다. 입력 신호를 A, 출력 신호를 C라 하면, A와 C의 신호값은 서로 반대의 값이 되고, 진리표는 표 12·6과 같다.

이와 같은 작용을 하는 소자를 NOT 소자(NOT element)라 하며, NOT 소자의 작용을 하는 회로를 NOT 회로(NOT circuit)라고 한다. 그림 12·56의 (b)는 NOT 회로의 기호를 나타낸 것이다. NOT 회로의 기호를 나타낸 것이다. NOT 회로의 출력 신호는 입력 신호의 부정(negation)이라고도 하는데, 논리식으로 나타내면 다음과 같다.

$$\overline{A}=C \tag{12·3}$$

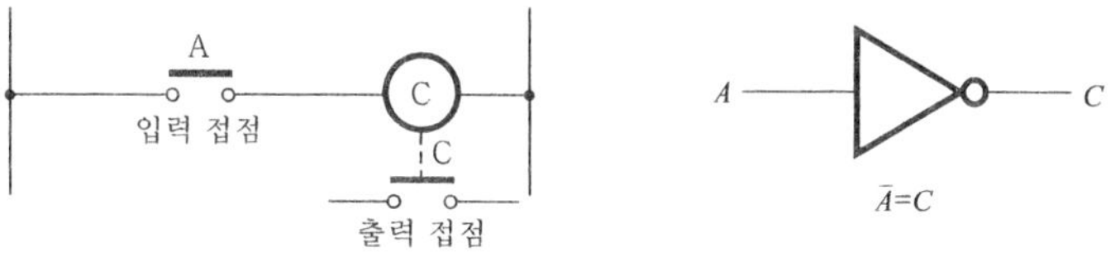

(a) 계전기에 의한 NOT 회로　(b) NOT 회로의 기호

그림 12·56 NOT 회로

표 12·6 NOT 회로의 진리표

입력 신호값	출력 신호값
A	C
0	1
1	0

1) NAND 회로

앞에서 설명한 AND 회로와 NOT 회로를 조합시키면 AND 소자의 참값표와 반대의 작용을 하는 회로를 구성할 수 있는데 이것을 NAND 회로(NAND circuit)라고 한다. 그림 12·57의 (a)는 계전기에 의한 NAND 회로를 나타내며, 여기서 입력 신호 A와 B가 1일 때 출력 신호 C는 0이 되고, 또 입력 신호 A와 B 중 어느 하나 또는 전부가 0일 때는 출력 신호 C가 1이 되는 회로이다. 이들의 관계를 진리표로 나타내면 표 12·7과 같다. 그리고 그림 12·57의 (b)는 NAND 회로의 기호이며, 입력과 출력의 관계를 논리식으로 나타내면 다음과 같다.

$$\overline{A \cdot B} = C \tag{12·4}$$

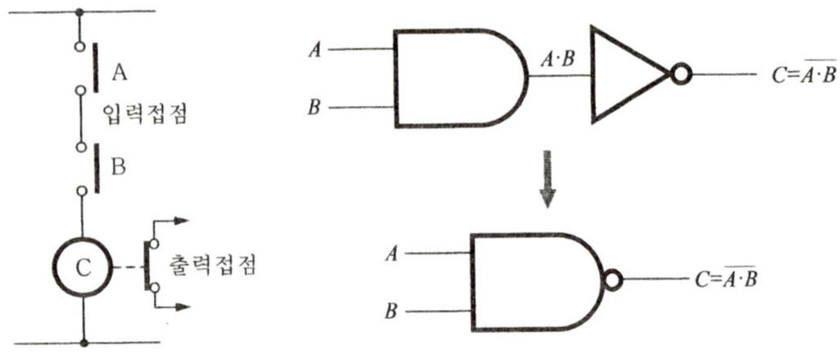

(a) 계전기에 의한 NAND 회로 (b) NAND 회로의 기호

그림 12·57 NAND 회로

표 12·7 NAND 회로의 진리표

입력 신호값		출력 신호값
A	B	C
0	0	1
0	1	1
1	0	1
1	1	0

2) NOR 회로

OR 회로와 NOT 회로를 조합시키면 OR 소자의 진리표와 반대의 작용을 하는 회로를 구성할 수 있는데 이것을 NOR 회로(NOR circuit)라고 한다. 그림 12·58의 (a)는 계전기에 의한 NOR 회로를 나타내며, 여기서 입력 신호 A와 B 중 어느 하나, 또는 전부가 1이 되면 출력 신호 C가 0이 되고, 또 입력 신호 A와 B가 전부 0일 때 출력 신호 C는 1이 되는 회로이다. 이들의 관계를 진리표로 나타내면 표 12·8과 같다. 그리고

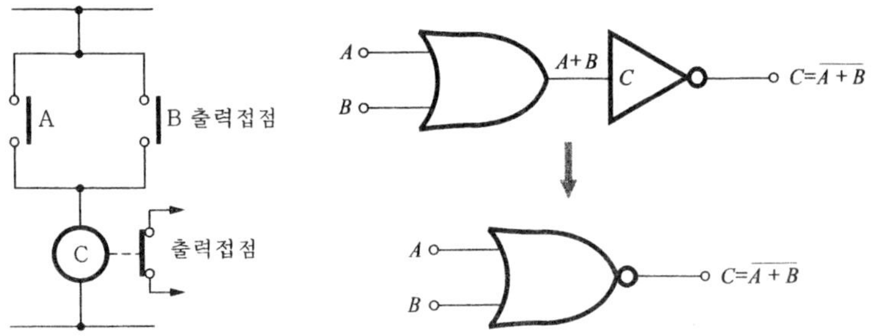

(a) 계전기에 의한 NOR 회로 (b) NOR 회로의 기호

그림 12 · 58 NOR 회로

표 12 · 8 NAND 회로의 진리표

입력 신호값		출력 신호값
A	B	C
0	0	1
0	1	0
1	0	0
1	1	0

그림 12 · 58의 (b)는 NOR 회로의 기호이며, 입력과 출력의 관계를 논리식으로 나타내면 다음과 같다.

$$\overline{A+B}=C \qquad (12 \cdot 5)$$

NOR 회로에서 입력 신호 단자 1개만 사용하면 NOT 회로가 되고, 2개 또는 3개의 NOR 회로를 조립하면 AND 회로 또는 OR 회로를 만들 수 있으므로 실제적인 구성요소로 많이 사용되고 있다.

12.8.3 불 대수의 여러 가지 법칙과 정리

[1] 불 대수의 공리

불 대수의 기본 연산 정의에서는 다음 네 가지 공리가 나온다.

[공리 1] $A=1$이 아니면 $A=0$ (회로접점이 폐로 아니면 개로상태)

$A=0$이 아니면 $A=1$ (회로접점이 개로 아니면 폐로상태)

[공리 2] $1+1=1$ (2개의 입력 신호를 동시에 주므로 출력은 나온다)

$0+0=0$ (입력 신호를 2개 동시에 안 주므로 출력은 안 나온다)

공리 3 0+0=0 (입력 신호를 하나도 안 주므로 출력은 안 나온다)

1・1=1 (2개의 입력 신호를 동시에 주므로 출력은 나온다)

공리 4 0+1=1 (입력 신호를 하나만 주어도 출력은 나온다)

1・0=0 (입력 신호를 2개 동시에 안 주므로 출력은 안 나온다)

위의 공리들을 접점회로와 논리기호로 나타내면 표 12・9와 같다.

표 12・9 불 대수의 공리

	공 리	대응 접점회로		대응논리기호
1	$\bar{1}=0$	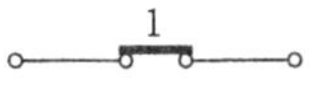 의 부정은 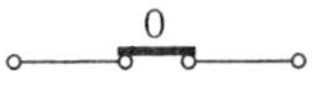		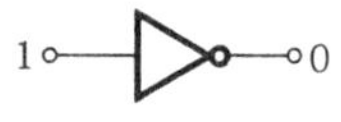
2	$\bar{0}=1$	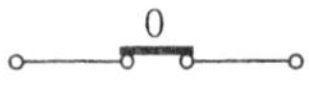 의 부정은 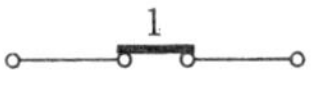		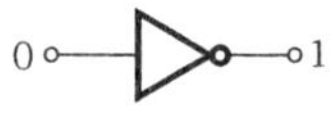
3	1+1=1	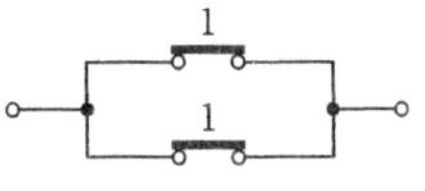	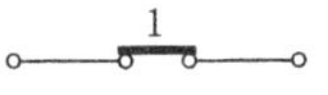	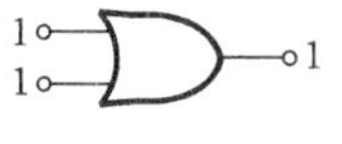
4	0・0=0		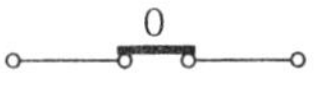	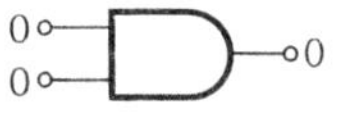
5	0+0=0	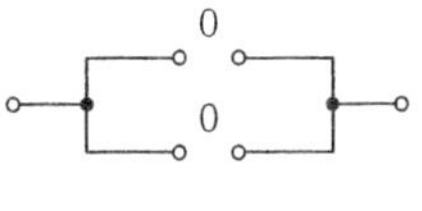	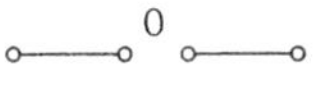	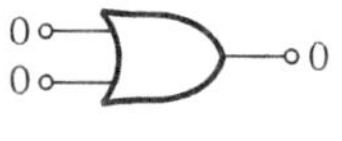
6	1・1=1	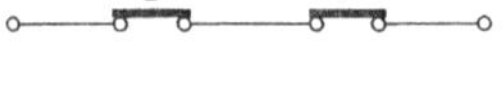		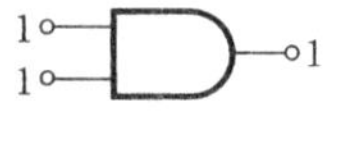
7	0+1=1	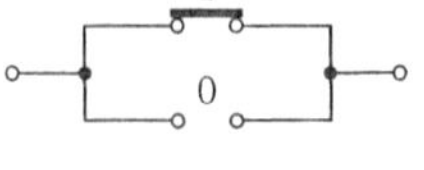	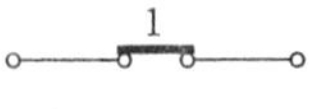	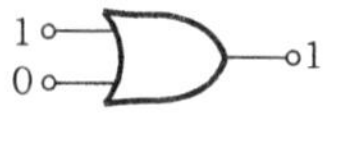
8	1・0=0	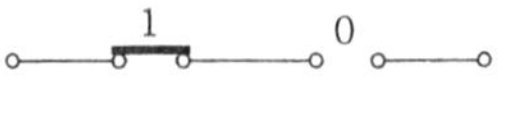	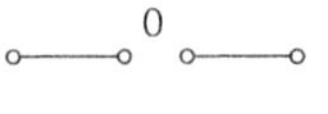	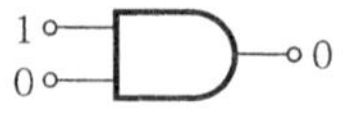

[2] 교환법칙, 결합법칙 및 분배법칙

일반 대수에서 교환법칙, 결합법칙 및 분배법칙이 성립되는 것과 마찬가지로, 불 대수에서도 A, B 및 C가 논리 변수일 때 이들 법칙이 성립된다.

1) 교환법칙

$$A+B=B+A \tag{12·6}$$

〈증명〉 불 대수에서 등식의 증명은 좌변과 우변의 변수에 같은 변수값을 대비하였을 때 항상 같은 결과가 나오면 이 등식은 다음과 같이 성립한다.

(좌변) $A+B$		(우변) $B+A$
0+0=0	………같음………	0+0=0
0+1=1	………같음………	1+0=1
1+0=1	………같음………	0+1=1
1+1=1	………같음………	1+1=1

즉, 좌변의 진리표와 우변의 진리표는 서로 같으므로 좌변과 우변은 같다.

AND 연산에 있어서도 교환법칙은 다음과 같이 성립한다.

$$A \cdot B=B \cdot A \tag{12·7}$$

〈증명〉

(좌변) $A\times B$		(우변) $B\times A$
0×0=0	………같음………	0×0=0
0×1=0	………같음………	1×0=0
1×0=0	………같음………	0×1=0
1×1=1	………같음………	1×1=1

즉, AND 연산에 있어서 $A\times B$나 $B\times A$의 결과는 같으므로 교환법칙이 성립된다.

2) 결합법칙

$$(A+B)+C=A+(B+C) \tag{12·8}$$

〈증명〉

(좌변)	(우변)
$(A+B)+C$	$A+(B+C)$
$(0+0)+0=0+0=0$	$0+(0+0)=0+0=0$
$(0+0)+1=0+1=1$	$0+(0+1)=0+1=1$
$(0+1)+0=1+0=1$	$0+(1+0)=0+1=1$
$(0+1)+0=1+1=1$	$0+(1+1)=0+1=1$
$(1+0)+0=1+0=1$	$1+(0+0)=1+0=1$
$(1+0)+1=1+1=1$	$1+(0+1)=1+1=1$
$(1+1)+0=1+0=1$	$1+(1+0)=1+1=1$
$(1+1)+1=1+1=1$	$1+(1+1)=1+1=1$

즉, 위에서 같은 변수에 대해서 좌변의 진리표와 우변의 진리표의 결과가 같으므로 두 논리식은 같다. 같은 모양으로 AND 연산에 있어서도 다음과 같이 성립된다.

$$(A \cdot B) \cdot C = A \cdot (B \cdot C) \tag{12・9}$$

식 (2・9)도 식 (2・8)과 같은 방법으로 증명할 수 있다.

3) 분배법칙

$$A \cdot (B+C) = A \cdot B + A \cdot C \tag{12・10}$$

〈증명〉

(좌변)	(우변)
$A\times(B+C)$	$A\times B+A\times C$
$0\times(0+0)=0\times0=0$	$0\times0+0\times0=0+0=0$
$0\times(0+1)=0\times1=0$	$0\times0+0\times1=0+0=0$
$0\times(1+0)=0\times1=0$	$0\times1+0\times0=0+0=0$
$0\times(1+1)=0\times1=0$	$0\times1+0\times1=0+0=0$
$1\times(0+0)=1\times0=0$	$1\times0+1\times0=0+0=0$
$1\times(0+1)=1\times1=1$	$1\times0+1\times1=0+1=1$
$1\times(1+0)=1\times1=1$	$1\times1+1\times0=1+0=1$
$1\times(1+1)=1\times1=1$	$1\times1+1\times1=1+1=1$

즉, 좌・우변의 진리표가 같으므로 분배법칙은 성립된다.

지금까지 배운 교환법칙, 결합법칙 및 분배법칙을 등가접점 회로로 나타내면 표 12・10과 같다.

표 12·10 불 대수의 법칙

법 칙	논 리 식	등가접점 회로
교환법칙	A+B=B+A	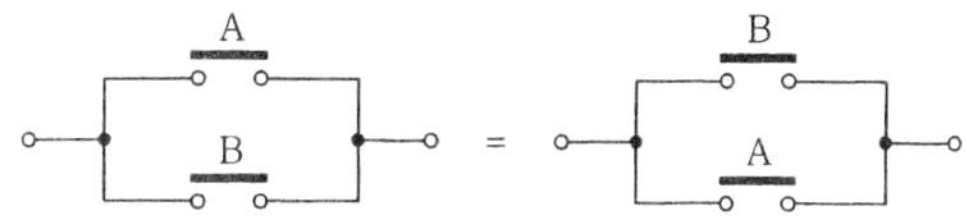
	A·B=B·A	
결합법칙	(A+B)+C =A+(B+C)	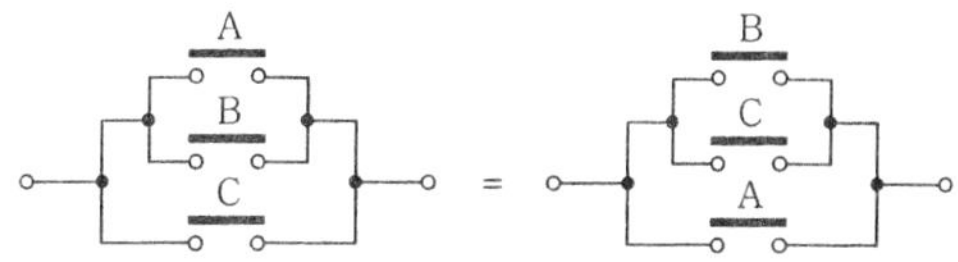
	(A·B)·C =A·(B·C)	
분배법칙	A·(B+C) =A·B+AC	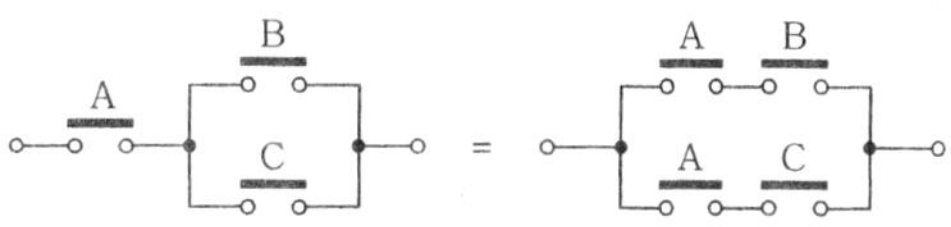

[3] 불 대수의 정리

연산기호와 공리에서 불 대수의 정리가 유도되며, 이들 정리를 사용하여 실용회로의 논리적 처리가 가능하게 된다.

정리 1 $A+0=A$ ………………………………………………………… (12·11)

〈증명〉 $A=1$일 때에는 $1+0=1$

$A=0$일 때에는 $0+0=0$이 되므로, $A+0$은 항상 A와 같다.

【보기 1】 정리 1에 의해서, $X \cdot \overline{Y}+Z+0=X \cdot \overline{Y}+Z$가 된다.

정리 2 $A \cdot 1=A$ ………………………………………………………… (12·12)

〈증명〉 $A=1$일 때에는 $1\times1=1$

$A=0$일 때에는 $0\times1=0$이 되므로, $A \cdot 1$은 항상 A와 같다.

정리 3 $A+1=1$ ………………………………………………………… (12·13)

〈증명〉 $A=1$일 때에는 $1+1=1$

$A=0$일 때에는 $0+1=1$이 되므로, $A+1$은 항상 1이다.

【보기 2】 정리 3에 의해서, $X \cdot \overline{Y}+Z+1=1$이 된다.

정리 4 $A \cdot 0=0$ ………………………………………………………… (12·14)

〈증명〉 $A=1$일 때에는 $1\times 0=0$

$A=0$일 때에는 $0\times 0=0$이 되므로, $A\cdot 0$은 항상 0이다.

정리 5 $A+A=A$ ··· $(12\cdot 15)$

〈증명〉 $A=1$일 때에는 $1+1=1$

$A=0$일 때에는 $0+0=0$

즉, 변수 자신과 같은 것을 OR 연산하면 결과는 변수 자체와 같아진다.

【보기 3】 정리 5에 의해서, $(X\cdot\overline{Y}\cdot Z)+(X\cdot\overline{Y}\cdot Z)+(X\cdot\overline{Y}\cdot Z)=X\cdot\overline{Y}\cdot Z$가 된다.

정리 6 $A\cdot A=A$ ··· $(12\cdot 16)$

〈증명〉 $A=1$일 때에는 $1\times 1=1$

$A=0$일 때에는 $0\times 0=0$

이 되므로, 같은 것끼리 AND 연산하면 그 자체와 같아진다.

【보기 4】 정리 6에 의해서, $(X\overline{Y}\overline{Y}+Z)\cdot(X\overline{Y}+Z)=(X\overline{Y}+Z)\cdot(X\overline{Y}+Z)=X\overline{Y}+Z$가 된다.

정리 7 $A+\overline{A}=1$ ··· $(12\cdot 17)$

〈증명〉 $A=1$일 때에는 $1+\overline{1}=1+0=1$

$A=0$일 때에는 $0+\overline{0}=0+1=1$

즉, $A+\overline{A}$는 2개의 항 중에서 하나는 반드시 1이 되므로, 이들을 OR 연산하면 그 결과는 1이다.

【보기 5】 정리 7에 의해서, $X+\overline{X}+Y=1$이 된다.

정리 8 $A\cdot\overline{A}=0$ ··· $(12\cdot 18)$

〈증명〉 $A=1$일 때에는 $1\times\overline{1}=1\times 0=0$

$A=0$일 때에는 $0\times\overline{0}=0\times 1=0$

즉, A와 $\overline{A}$ 중에서 하나는 반드시 0이 되므로, 0과 어떤 것을 AND 연산해도 그 결과는 0이 된다.

【보기 6】 정리 8에 의해서, $X\overline{X}+Y=Y$가 된다.

정리 9 $\overline{\overline{A}}=A$ ··· $(12\cdot 19)$

〈증명〉 $A=1$일 때에는 $\overline{\overline{1}}=\overline{0}=1$

$A=0$일 때에는 $\overline{\overline{0}}=\overline{1}=0$

즉, 어떤 변수이든지 두 번 NOT 연산하면 변수 자신과 같아진다.

정리 10 $A+A\cdot B=A$ ································ (12·20)

〈증명〉 $A+A\cdot B=A\cdot 1+A\cdot B=A\cdot(1+B)=A\cdot 1=A$

정리 11 $A\cdot(A+B)=A$ ································ (12·21)

〈증명〉 $A\cdot(A+B)=(A+0)\cdot(A+B)$ (정리 1에 의해서)

$=A\cdot A+A\cdot B+O\cdot A+O\cdot B$ (분배법칙에 의해서)

$=A+A\cdot B+O\cdot A\cdot O\cdot B$

$=A+A\cdot B$ (정리 4에 의해서)

$=A$ (정리 10에 의해서)

정리 12 $(A+B)\cdot(A+C)=A+B\cdot C$ ································ (12·22)

〈증명〉 $(A+B)\cdot(A+C)=A\cdot A+A\cdot C+A\cdot B+B\cdot C$ (분배법칙에 의해서)

$=(A+A\cdot C)+A\cdot B+B\cdot C$

$=A+A\cdot B+B\cdot C$ (정리 10에 의해서)

$=A+B\cdot C$ (정리 10에 의해서)

정리 13 $(A+\overline{B})\cdot B=A\cdot B$ ································ (12·23)

〈증명〉 $(A+\overline{B})\cdot B=A\cdot B+B\cdot\overline{B}=A\cdot B$

정리 14 $(A+\overline{B})\cdot B=A\cdot B$ ································ (12·24)

〈증명〉 $A\cdot\overline{B}+B=A\cdot\overline{B}+B\cdot(1+A)$

$=A\cdot\overline{B}+B+A\cdot B$

$=A\cdot\overline{B}+A\cdot B+B$

$=A\cdot(\overline{B}+B)+B$

$=A+B$

정리 15 $A\cdot B+A\cdot\overline{B}=A$ ································ (12·25)

〈증명〉 $A\cdot B+A\cdot\overline{B}=A\cdot(B+\overline{B})=A\cdot 1=A$

정리 16 $(A+B)\cdot(A+\overline{B})=A$ ································ (12·26)

〈증명〉 $(A+B)\cdot(A+\overline{B})=AA+A\overline{B}+AB+B\overline{B}$ (분배법칙에 의해서)

$=A+\overline{AB}+AB+0$

$=A+A(\overline{B}+B)$

$=A+A\cdot 1$ (정리 7에 의해서)

$=A+A$ (정리 2에 의해서)

$$= A \qquad \text{(정리 6에 의해서)}$$

정리 17 $A \cdot C + \overline{A} \cdot B \cdot C = A \cdot C + B \cdot C$ ······························ (12·27)

〈증명〉 $A \cdot C + \overline{A} \cdot B \cdot C = C(A + \overline{A} \cdot B)$

$$= C \cdot (A + B) \qquad \text{(정리 14에 의해서)}$$

$$= A \cdot C + B \cdot C$$

정리 18 $(A+C) \cdot (\overline{A} + B + C) = (A+C) \cdot (B+C)$ ······················ (12·28)

〈증명〉 $(A+C) \cdot (\overline{A} + B + C) = A\overline{A} + AB + AC + \overline{A}C + BC + CC$

$$= AB + AC + BC + \overline{A}C + C$$

$$= AB + AC + BC + C$$

$$= (A+C) \cdot (B+C) \qquad \text{(분배법칙에 의해서)}$$

정리 19 $A \cdot B + \overline{A} \cdot C = (A+C) \cdot (\overline{A} + B)$ ······························ (12·29)

〈증명〉 $A \cdot B + \overline{A} \cdot C = AB \cdot (1 + C) + \overline{A}C \cdot (1 + B)$ (정리 2, 3에 의해서)

$$= AB + ABC + \overline{A}C + \overline{A}BC$$

$$= AB + \overline{A}C + BC \cdot (A + \overline{A})$$

$$= AB + \overline{A}C + BC \qquad \text{(분배법칙에 의해서)}$$

$$= A\overline{A} + AB + \overline{A}C + BC$$

$$= (A+C) \cdot (\overline{A} + B) \qquad \text{(분배법칙에 의해서)}$$

정리 20 $(A+B) \cdot (\overline{A} + C) = A \cdot C + \overline{A} \cdot B$ ······························ (12·30)

〈증명〉 $(A+B) \cdot (\overline{A} + C) = A\overline{A} + AC + \overline{A}B + BC$

$$= AC + \overline{A}B + BC$$

$$= AC + \overline{A}B + BC \cdot (A + \overline{A})$$

$$= AC + \overline{A}B + ABC + \overline{A}BC$$

$$= AC \cdot (1 + B) + \overline{A}B \cdot (1 + C)$$

$$= A \cdot C + \overline{A} \cdot B$$

1) 드 모르간의 정리

다음의 두 논리식을 드 모르간의 정리(De Morgan's theorem)라 한다.

$$\overline{A+B} = \overline{A} \cdot \overline{B} \qquad (12 \cdot 31)$$

$$\overline{A \cdot B} = \overline{A} + \overline{B} \qquad (12 \cdot 32)$$

〈증명〉 표 12·11을 보면 $\overline{A+B}$와 $\overline{A} \cdot \overline{B}$는 A, B의 모든 값에 대해서 항상 같으므로 식 (11·31)의 좌변과 우변은 같다. 또, 표 12·12와 같이 좌변의 $\overline{A \cdot B}$와 우변의

표 12·11 드 모르간의 정리의 진리표(I)
〔식 (12·31)의 증명〕

A	B	$\overline{A}$	$\overline{B}$	$A+B$	$\overline{A+B}$	$\overline{A}\cdot\overline{B}$
0	0	1	1	0	1	1
0	1	1	0	1	0	0
1	0	0	1	1	0	0
1	1	0	0	1	0	0

표 12·12 드 모르간의 정리의 진리표(II)

A	B	$\overline{A}$	$\overline{B}$	$A\cdot B$	$\overline{A+B}$	$\overline{A}+\overline{B}$
0	0	1	1	0	1	1
0	1	1	0	0	1	1
1	0	0	1	0	1	1
1	1	0	0	1	0	0

$\overline{A}+\overline{B}$는 모든 A, B값에 대해서 서로 일치하므로, 식 (12·32)의 좌변과 우변은 같다.

드 모르간의 정리는 임의의 논리식의 보수(complement)를 구할 때에 사용된다.

즉, 임의의 논리식의 보수를 구할 때에는 다음 순서에 따른다.

① 모든 AND 연산은 OR 연산으로 바꾼다.

② 모든 OR 연산은 AND 연산으로 바꾼다.

③ 모든 상수 1은 0으로 바꾼다.

④ 모든 상수 0은 1로 바꾼다.

⑤ 모든 변수는 그의 보수로 나타낸다.

예제 12·1 $A+B$의 보수를 구하라.

풀이 $A+B$의 보수는 $\overline{A+B}$이므로 위의 순서에 따라 고치면 $\overline{A+B}=\overline{A}\cdot\overline{B}$로 된다.

예제 12·2 $A\cdot B$의 보수를 구하라.

풀이 $A\cdot B$의 보수는 $\overline{A\cdot B}$이므로 위의 순서에 따라 고치면 $\overline{A\cdot B}=\overline{A}+\overline{B}$로 된다.

예제 12·3 $1\cdot A+\overline{B}\cdot C+0$의 보수를 구하라.

풀이 $\overline{1\cdot A+\overline{B}\cdot C+0}=(0+\overline{A})\cdot(B+\overline{C})\cdot 1$

2) 쌍대 관계

식 (12·6)과 식 (12·7)을 비교해 보면 두 논리식은 다 같이 교환법칙을 나타내는 것이며, 다른 점은 다만 식 (12·6)은 OR 연산을 나타내고, 식 (12·7)은 AND 연산을 나타낸다는 것뿐이다. 불 대수에서는 하나의 논리식과 다른 논리식 사이에 있어서 다음 관계가 있을 때에는 서로 쌍대(duality) 관계에 있다고 하며, 이때 한 식을 다른 식의 쌍대(dual)라고 한다. 즉, 쌍대 관계는

① 모든 AND 연산은 OR 연산으로 바꾼다.

② 모든 OR 연산은 AND 연산으로 바꾼다.

③ 모든 상수 1은 0으로 바꾼다.

④ 모든 상수 0은 1로 바꾼다.

⑤ 모든 변수는 보수를 만들지 않고 그대로 둔다.

2개의 논리식이 서로 쌍대 관계에 있을 때에는 그 중에서 하나가 성립되면, 나머지 식도 성립되는 것이므로 하나만 성립 여부를 증명하면 된다.

이것은 정리의 증명, 또는 등가 변환의 응용에도 편리하다. 일반적으로 어떤 회로에 있어서 그 논리합과 논리곱을 교환하여 성립한 회로를 쌍대회로(dual circuit)라 한다.

예제 12·4 $1\cdot A+\overline{B}\cdot C+0$의 쌍대식을 구하라.

풀이 $1\cdot A+\overline{B}\cdot C+0$에서 $\cdot \to +$, $+ \to \cdot$, $1 \to 0$, $0 \to 1$로 바꾸면 쌍대식은 $(0+A)\cdot(\overline{B}+C)\cdot 1$로 한다.

예제 12·5 $(A+B)\cdot(B\cdot C)\cdot(C+A)=A\cdot B+B\cdot C+C\cdot A$가 성립함을 구하라.

풀이

$$\begin{aligned}(A+B)\cdot(B\cdot C)\cdot(C+A) &= (A\cdot B+B\cdot B+A\cdot C+B\cdot C)\cdot(C+A)\\ &= \{(A+B)\cdot B+(A+B)\cdot C\}\cdot(C+A)\\ &= \{B+(A+B)\cdot C\}\cdot(C+A)\\ &= (B+A\cdot C+B\cdot C)\cdot(C\cdot A)\\ &= \{B\cdot(1+C)+A\cdot C\}\cdot(C+A)\\ &= (B+A\cdot C)\cdot(C+A)\\ &= A\cdot B+B\cdot C+A\cdot C\cdot C+A\cdot A\cdot C\end{aligned}$$

12.9 펄스 디지털 회로

디지털 컴퓨터는 여러 가지 정보와 관련된 문제를 처리하며, 그 중에서 연산 처리 작용은 매우 중요한 기능이다. 기본적인 연산으로 반가산기, 전가산기, 반감산기, 전감산기 등을 들 수 있다. 이들 기능에 따르는 회로 설계는 다음과 같다.

12.9.1 반가산기(half adder)

2개의 2진수 A, B를 더하여 그 합계 S와 자리올림수 C가 발생하는 한 자리 수인 회로가 반가산기이다.

그림 12 · 59는 반가산기의 진리표 및 논리회로를 나타낸 것이다. 그림에서 논리회로를 보면 합(S)은 두 입력 XOR 게이트의 출력이고 자리올림수 C는 두 입력 AND 게이트의 출력이 된다.

입 력		출 력	
A	B	S	C
0	0	0	0
0	0	0	0
1	1	1	1
1	1	1	1

(a) 진리표

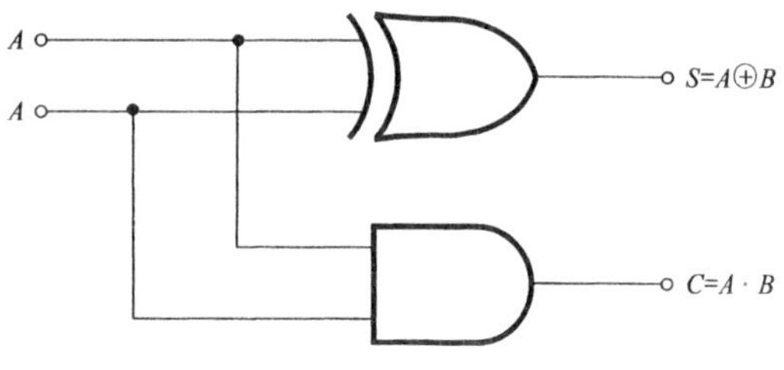

(b) 회로도

그림 12 · 59 반가산기

12.9.2 전가산기(full adder)

한 자리수인 2진수 A, B 두 입력 외에, 1개의 자리올림이 있는 3입력으로 하여 가산을 수행하는 회로를 전가산기라고 하는데, 그림 11 · 60은 반가산기를 이용한 전가산기 진리표 및 논리회로를 나타낸 것이다.

즉, 전가산기는 2개의 반가산기와 1개의 OR 게이트로 표현할 수 있다. 반가산기와 전가산기의 기본적 차이는 전가산기가 입력 자리올림수를 받을 수 있는 추가된 입력단이 더 있다는 것이다.

입 력			출 력	
A	B	C_0	합 (S)	자리올림 (C)
0	0	0	0	0
0	0	1	1	0
0	1	0	1	0
0	1	1	0	1
1	0	0	1	0
1	0	1	0	1
1	1	0	0	1
1	1	1	1	1

(a) 진리표

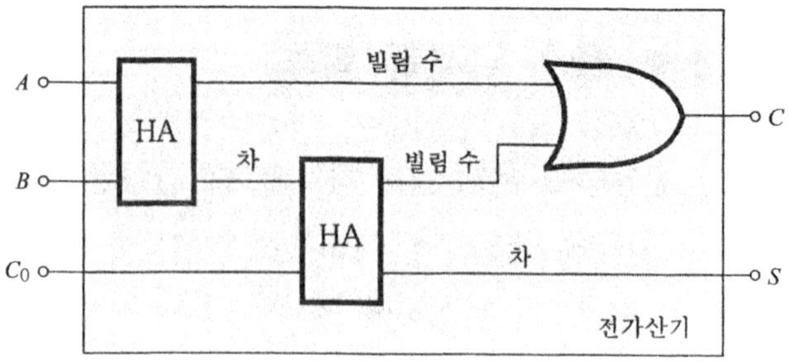

HA : 반감산기(half subtractor)

(b) 회로도

그림 12 · 60 전가산기

12.9.3 반감산기(half subtractor)

한 자리수인 2진수 A, B를 입력으로 받아들이고, 이를 감산($A-B$)하여 그 차 D와 빌림수 BR를 동시에 출력으로 나타내는 회로를 반감산기라 하는데, 그림 12 · 61은 반감산기의 진리표 및 논리회로를 나타낸 것이다. 논리회로를 보면 차(D)는 두 입력 XOR 게이트의 출력이고, 빌림수(BR)는 하나의 입력이 반전된 두 입력 AND 게이트의 출력이 된다.

입 력		출 력	
A	B	D	BR
0	0	0	0
0	1	1	1
1	0	1	0
1	1	0	0

(a) 진리표

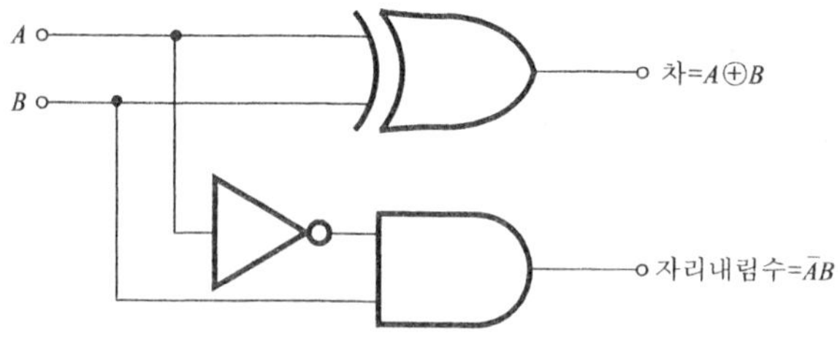

(b) 회로도

그림 12 · 61 반감산기

12.9.4 전감산기(full subtractor)

전감산기는 입력에 3개의 2진 계수를 받아들이고, 차와 빌림 수를 동시에 출력으로 나타내는 회로로서, 그림 12 · 62는 전감산기의 진리표 및 논리회로를 나타낸 것이다. 전가산기는 2개의 반감산기와 1개의 OR 게이트로 표현할 수 있다.

입 력			출 력	
BR_0	A	B	합 (D)	빌림 수 (BR)
0	0	0	0	0
0	0	1	1	1
0	1	0	1	0
0	1	1	0	0
1	0	0	1	1
1	0	1	0	1
1	1	0	0	0
1	1	1	1	1

(a) 진리표

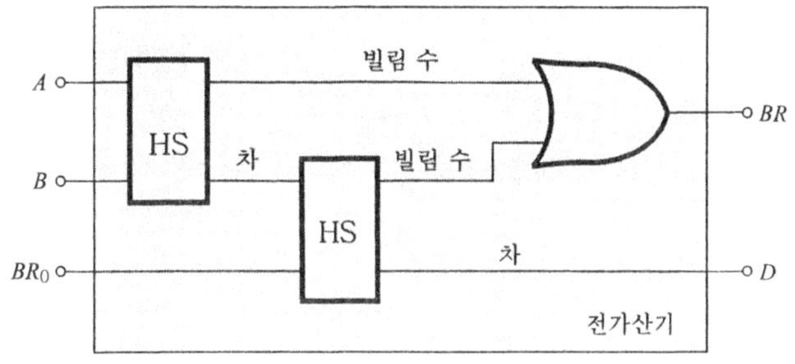

HS : 반감산기(half subtractor)

(b) 회로도

그림 12 · 62 전감산기

연습문제

1. 그림 12 · 63과 같은 논리회로의 논리식은?

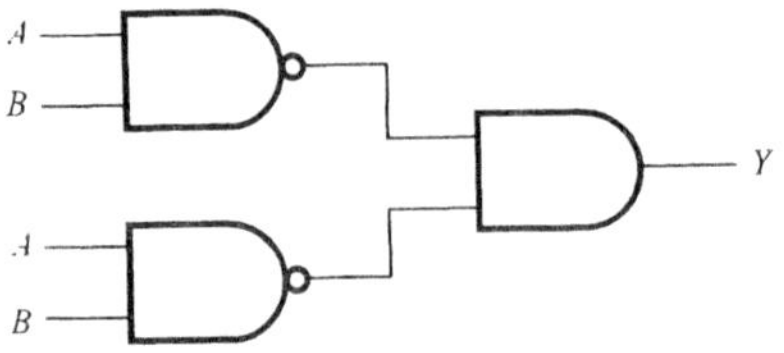

그림 12 · 63

2. 그림 12 · 64와 같은 논리회로의 출력식은?

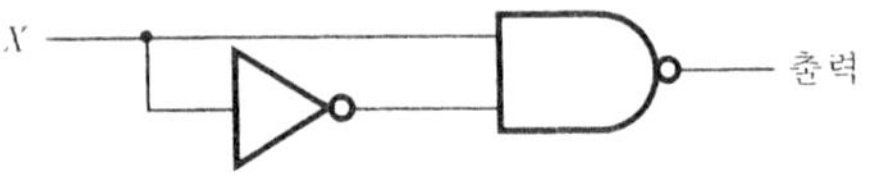

그림 12 · 64

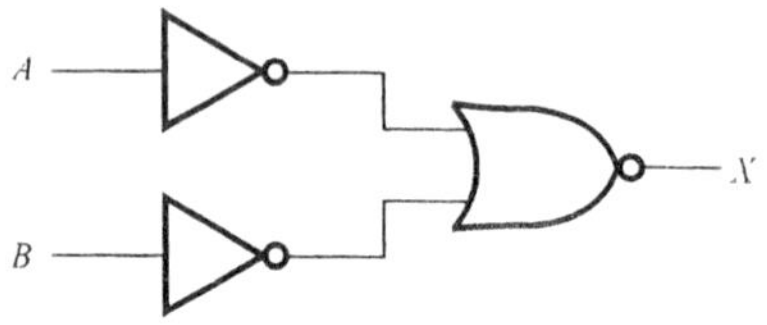

그림 12 · 65

3. 그림 12 · 65와 같은 논리회로의 출력식은?

4. 진리표가 다음과 같을 때 이것을 무슨 게이트라 하는가?

입력		출력
A	B	Y
0	0	1
0	1	1
1	0	1
1	1	0

5. 릴레이 시퀀스와 무접점 시퀀스에 사용되는 전자릴레이와 무접점 릴레이를 비교할 때 전자릴레이의 장 · 단점을 다섯 가지씩만 써라.

6. 3상 유도전동기의 기동회로이다. 무접점회로를 보고 접점회로를 주어진 물음에 답하여라.

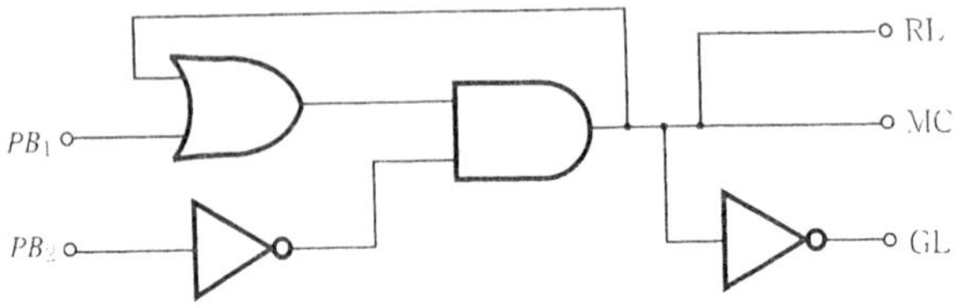

그림 12 · 66

찾아보기

ㄷ

ㄹ

ㅁ

ㅂ

ㅅ

ㅇ

ㅈ

최신전기전자공학개론

2004년 2월 25일 초판 발행
2005년 1월 25일 2쇄 발행
2009년 9월 1일 3쇄 발행

• 저 자 김동희·이광식
조 규 판

• 발행인 최 국 주
• 발행처 동 명 사

경기도 파주시 교하읍 문발리 파주출판단지 30블록 4롯트
전 화 : 031) 955-7200(代), 955-7201~4, 7203(편집부)
팩시밀리 : 031) 955-7205
출판등록 : 1950년 11월 1일(제1-76호)
e-mail : dms723@chol.com
홈페이지 : www.dmsbook.com

정가 18,000원

ISBN 978-89-411-1364-5 93560